Linux

原书第3版
典藏版

内核设计与实现

Linux Kernel Development **Third Edition**

［美］ 罗伯特·洛夫（Robert Love） 著

陈莉君 康华 译

机械工业出版社
CHINA MACHINE PRESS

图书在版编目（CIP）数据

Linux 内核设计与实现：原书第 3 版：典藏版 /（美）罗伯特·洛夫（Robert Love）著；陈莉君，康华译 . —北京：机械工业出版社，2024.2

书名原文：Linux Kernel Development, Third Edition

ISBN 978-7-111-74879-3

Ⅰ. ①L… Ⅱ. ①罗… ②陈… ③康… Ⅲ. ①Linux 操作系统 – 程序设计 – 高等学校 – 教材 Ⅳ. ① TP316.85

中国国家版本馆 CIP 数据核字（2024）第 024365 号

机械工业出版社（北京市百万庄大街 22 号　邮政编码 100037）

策划编辑：姚　蕾　　　　　　责任编辑：姚　蕾
责任校对：贾海霞　陈立辉　　责任印制：常天培
北京铭成印刷有限公司印刷
2024 年 4 月第 1 版第 1 次印刷
186mm×240mm · 21.75 印张 · 525 千字
标准书号：ISBN 978-7-111-74879-3
定价：89.00 元

电话服务　　　　　　　　网络服务
客服电话：010-88361066　　机　工　官　网：www.cmpbook.com
　　　　　010-88379833　　机　工　官　博：weibo.com/cmp1952
　　　　　010-68326294　　金　书　网：www.golden-book.com
封底无防伪标均为盗版　　机工教育服务网：www.cmpedu.com

不知不觉涉足 Linux 内核已经十多个年头了，与其他有志（兴趣）于此的朋友一样，我们也经历了学习—实用—追踪—再学习的过程。也就是说，我们也是从漫无边际到茫然无措，再到初窥门径，转而觉得心有戚戚焉这样一路走下来的。其中甘苦，犹然在心。

Linux 最为人称道的莫过于它的自由精神，所有源代码唾手可得。侯捷先生云："源码在前，了无秘密。"是的，但是我们在面对它的时候，为什么却总是因为这种规模和层面所造就的陡峭学习曲线陷入困顿呢？很多朋友就此倒下，纵然 Linux 世界繁花似锦，纵然内核天空无边广阔，但是，眼前的迷雾重重，心中的阴霾又怎能被阳光驱散呢？纵有雄心壮志，拔剑四顾心茫然，脚下路在何方？

Linux 内核入门不易，它之所以难学，在于庞大的规模和复杂的层面。规模一大，就不易现出本来面目，浑然一体，自然不容易找到着手之处；层面一多，就会让人眼花缭乱，盘根错节，怎能让人提纲挈领？

"如果有这样一本书，既能提纲挈领，为我理顺思绪，指引方向，同时又能照顾小节，阐述细微，帮助我们更好更快地理解 STL 源码，那该有多好。"孟岩先生如此说，虽然针对的是 C++，但道出的是研习源码的人们共同的心声。然而，Linux 源码研究的方法却不大相同。这还是由于规模和层面决定的。比如说，在语言学习中，我们可以采取小步快跑的方法，通过一个个小程序和小尝试，就可以取得渐进的成果，就能从新技术中有所收获。而掌握 Linux 呢？如果没有对整体的把握，即使你对某个局部的算法、技术或者代码再熟悉，也无法将其融入实用。其实，像内核这样的大规模的软件，正是编程技术施展身手的舞台（当然，目前的内核虽然包含了一些面向对象思想，但还不能让 C++ 一展身手）。

那么，我们能不能做点什么，让 Linux 的内核学习过程更符合程序员的习惯呢？

Robert Love 回答了这个问题。Robert Love 是一个狂热的内核爱好者，所以他的想法自然贴近程序员。是的，我们注定要在对所有核心的子系统有了全面认识之后，才能开始自己的实践，但却完全可以舍弃细枝末节，将行李压缩到最小，自然可以轻装快走，迅速进入动手阶段。

因此，相对于 Daniel P. Bovet 和 Marco Cesati 的内核巨著 *Understanding the Linux Kernel*，它少了五分细节；相对于实践经典 *Linux Device Drivers*，它多了五分说理。可以说，本书填补了 Linux 内核理论和实践之间的鸿沟，真可谓"一桥飞架南北，天堑变通途"。

就我们的经验，内核初学者（不是编程初学者）可以从本书着手，对内核各个核心子系统有个整体把握，包括它们提供什么样的服务，为什么要提供这样的服务，又是怎样实现的。而且，本书还包含了 Linux 内核开发者在开发时需要用到的很多信息，包括调试技术、编程风格、注意事项等。在消化本书的基础上，如果你侧重于了解内核，可以进一步研究 *Understanding the Linux Kernel* 和源代码本身；如果你侧重于实际编程，可以研读 *Linux Device Drivers*，直接开始动手工作；如果你想有一个轻松的内核学习和实践环节，请访问我们的网站 www.kerneltravel.net。

　　Linux 内核是一艘永不停息的轮船，它将驶向何方我们并不知晓，但在这些变化的背后，总有一些原理是恒定不变的，总有一些变化是我们想知晓的，比如调度程序的大幅度改进，内核性能的不断提升，本书第 3 版虽然针对的是较新的 2.6.34 Linux 内核版本，但在旧版本上积累的知识和经验依然有效，而新增内容将使读者在应对变化了的内核代码时更加从容。

　　感谢牛涛和武特，他们在第 2 版和第 3 版差异的校对中花费了大量精力。感谢素不相识的网友 Cheng Renquan，他主动承担了其中一章的修订。还要感谢苏锦绣、黄伟、王泽宇、赵格娟、刘周平、周永飞、曹江峰、陈白虎和孟阿龙，他们参与了后期的校对和查错补漏。

　　最后，特别感谢我的合作者康华，从十年前一块分析 Linux 内核代码到今天，他对技术孜孜不倦的追求不但在业界赢得声誉，也使我们在翻译过程中所遇到的技术难点和晦涩句子一一迎刃而解。

陈莉君

2010 年 10 月

随着 Linux 内核和 Linux 应用程序越来越成熟，越来越多的系统软件工程师涉足 Linux 开发和维护领域。他们中有些人纯粹是出于个人爱好，有些人是为 Linux 公司工作，有些人是为硬件厂商做开发，还有一些是为内部项目工作的。

但是所有人都必须直面一个问题：内核的学习曲线变得越来越长，也越来越陡峭。系统规模不断扩大，复杂程度不断提高。虽然现在的内核开发者对内核的掌握越发炉火纯青，但新手却无法跟上内核发展的步伐，长此以往将出现青黄不接的断层。

我认为这种新老鸿沟已经成为内核质量的一个隐患，而且问题将继续恶化。所以那些真正关心内核的人已经开始致力于扩大内核开发群体。

解决上述问题的一个方法是尽量保证代码简洁：接口定义合理，代码风格一致，"一次做一件事，做到完美"，等等。这也就是 Linus Torvalds 倡导的解决办法。

我提倡的解决办法是对代码慷慨地加上注释，即能够让读者立刻了解代码开发者意图的文字（识别意图和实现之间差异的工作称为调试。如果意图不明确显然调试就难以进行）。

可是，即使有注释，也没办法清楚地展现内核的各个主要子系统的全景，说明它们到底要做什么。那么，这些开发者又该从何下手呢？

由文字材料来说明这些在起步阶段就该理解的材料，其实是最合适的。

Robert Love 的贡献就在于此，有经验的开发者可以通过本书全面了解内核子系统提供的服务，同时还可以了解这些服务是怎么实现的。对不少人来说，这些知识就已经足够了：那些好奇的人，那些应用程序开发者，那些想对内核的设计品头论足一番的人，都有足够的谈资了。

但是对于那些有抱负的内核开发者来说，学习本书是他们更上一层楼的契机，可以帮他们更改内核代码以达到预定的目标。我建议有抱负的开发者能够亲身实践：理解内核某部分的捷径就是对它做些修改，这样能为开发者揭示仅仅通过看内核代码无法看到的深层机理。

严肃认真的内核开发者应该加入开发邮件列表，不断和其他开发者交流。这是内核开发者相互切磋和并肩前进的最好方法。而 Robert 在书中对内核生活中至关重要的文化和技巧都做了精彩介绍。

请学习和欣赏 Robert 的书吧。想必你也希望能精益求精，继续探索，成为内核开发社区中的一员，那么首先你要清楚的是：社区欢迎你。我们评价和衡量一个人是根据他所做的贡献，当你投身于 Linux 时，你要明白：虽然你仅仅贡献了一小份力，但马上就会有数千万或上亿人受益。这是我们的欢乐之源，也是我们的责任之本。

Andrew Morton

在我刚开始有把自己的内核开发经验结集成册，撰写一本书的念头时，我其实也觉得有点头绪繁多，不知道该从何下手。我实在不想落入传统内核书籍的窠臼，照猫画虎地再写这么一本。不错，前人著述备矣，但我终归是要写出点儿与众不同的东西来。我的书该如何定位，说实话，这确实让人颇费思量。

后来，灵感终于浮现出来，我意识到自己可以从一个全新的视角看待这个主题。开发内核是我的工作，同时也是我的嗜好，内核就是我的挚爱。这些年来，我不断搜集与内核有关的奇闻逸事，不断积攒关键的开发诀窍。依靠这些日积月累的材料，我可以写一本关于开发内核该做什么，更重要的是不该做什么的书籍。从本质上说，这本书仍旧是描述 Linux 内核是如何设计和实现的，但是写法却另辟蹊径，所提供的信息更倾向于实用。通过本书，你就可以做一些内核开发的工作了——并且是使用正确的方法去做。我是一个注重实效的人，因此，这是一本实践的书，它应当有趣、易读且有用。

我希望读者可以从这本书中领略到更多 Linux 内核的精妙之处（写出来的和没写出来的），也希望读者敢于从阅读本书和读内核代码开始跨越到开始尝试开发可用、可靠且清晰的内核代码。当然如果你仅仅是兴致所至，读书自娱，那也希望你能从中找到乐趣。

从第 1 版到现在，又过了一段时间，我们再次回到本书，修补遗憾。本版比第 1 版和第 2 版内容更丰富：修订、补充并增加了新的内容和章节，使其更加完善。本版融合了第 2 版以来内核的各种变化。更值得一提的是，Linux 内核联盟做出决定⊖，近期内不进行 2.7 版内核的开发，于是，内核开发者打算继续开发并稳定 2.6 版。这个决定意味深长，而本书从中的最大受益就是在 2.6 版上可以稳定相当长时间。随着内核的成熟，内核"快照"才有机会能维持得更久远一些。本书可作为内核开发的规范文档，既认识内核的过去，也着眼于内核的未来。

使用这本书

开发 Linux 内核不需要天赋异禀，不需要有什么魔法，连 UNIX 开发者普遍长着的络腮胡子都不一定要有。内核虽然有一些有趣并且独特的规则和要求，但是它和其他大型软件项目相比，并没有太大差别。像所有的大型软件开发一样，要学的东西确实不少，但是不同之处在于数量上的积累，而非本质上的区别。

认真阅读源码非常有必要，Linux 系统代码的开放性其实是弥足珍贵的，不要无动于衷地将它搁置一边，浪费了大好资源。实际上读了代码还远远不够，你应该钻研并尝试着动手改动一些代码。寻找一个 bug 然后去修改它，改进你的硬件设备的驱动程序，增加新功能——即使看起来微不足道，寻找痛痒之处并解决。只有动手写代码才能真正融会贯通。

⊖　这一决定是在加拿大渥太华 2004 年夏季举办的 Linux 内核年度开发者大会上做出的。

内核版本

本书基于 Linux 2.6 内核系列。它并不涵盖早期的版本，当然也有一些例外。比如，我们会讨论 2.4 系列内核中的一些子系统是如何实现的，这是因为简单的实现有助于传授知识。特别说明的是，本书介绍的是 Linux 2.6.34 内核版本。尽管内核总在不断更新，任何努力也难以捕获这样一只永不停息的"猛兽"，但是本书力图适合于新旧内核的开发者和用户。

虽然本书讨论的是 2.6.34 内核，但我也确保了它同样适用于 2.6.32 内核。后一个版本往往被各个 Linux 发行版本奉为"企业版"内核，所以我们可以在各种产品线上见到其身影。该版本确实已经开发了数年（类似的"长线"版本还有 2.6.9、2.6.18 和 2.6.27 等）。

读者范围

本书是写给那些有志于理解 Linux 内核的软件开发者的。本书并不逐行逐字地注解内核源代码，也不是指导开发驱动程序或内核 API 的参考手册（如果存在标准的内核 API 的话）。本书的初衷是提供足够多的关于 Linux 内核设计和实现的信息，希望读过本书的程序员能够拥有较为完备的知识，可以真正开始开发内核代码。无论开发内核是为了兴趣还是为了赚钱，我都希望能够带领读者快速走进 Linux 内核世界。本书不但介绍了理论而且也讨论了具体应用，可以满足不同读者的需要。全书紧紧围绕着理论联系实践，并非一味强调理论或者实践。无论你研究 Linux 内核的动机是什么，我都希望这本书能将内核的设计和实现分析清楚，起到抛砖引玉的作用。

因此，本书覆盖了从核心内核系统的应用到内核设计与实现等各方面的内容。我认为这点很重要，值得花工夫讨论。例如，第 8 章讨论的是所谓的下半部机制。本章分别讨论了内核下半部机制的设计和实现（核心内核开发者或者学者会感兴趣），随即便介绍了如何使用内核提供的接口实现你自己的下半部（这对设备驱动开发者可能很有用处）。其实，我认为上述两部分内容是相得益彰的，虽然核心内核开发者主要关注的问题是内核内部如何工作，但是也应该清楚如何使用接口；同样，如果设备驱动开发者了解了接口背后的实现机制，自然也会受益匪浅。

这好比学习某些库的 API 函数与研究该库的具体实现。初看，好像应用程序开发者仅仅需要理解 API——我们被灌输的思想是应该像看待黑盒子一样看待接口，库的开发者也只关心库的设计与实现，但是我认为双方都应该花时间相互学习。能深刻了解操作系统本质的应用程序开发者无疑可以更好地利用它。同样，库开发者也不应该脱离基于此库的应用程序，埋头开发。因此，我既讨论了内核子系统的设计，也讨论了它的用法，希望本书能对核心开发者和应用开发者都有用。

我假设读者已经掌握了 C 语言，而且对 Linux 比较熟悉。如果读者还具有与操作系统设计相关的经验和其他计算机科学的概念就更好了。

本书很适合在大学中作为介绍操作系统的辅助教材，与介绍操作系统理论的书相搭配。对于大学高年级课程或者研究生课程来说，可直接使用本书作为教材。

第 3 版致谢

Linux Kernel Development, Third Edition

与其他作者一样，我绝非是一个人躲在山洞里孤苦地写出这本书来的（那也是一件美差，因为有熊相伴）。我能最终完成本书原稿是与无数建议和关怀分不开的。仅仅一页纸无法容纳我的感激，但我还是要衷心地感谢所有给予我鼓励、给予我知识和给予我灵感的朋友和同事。

首先我要对为此书付出辛勤劳作的所有编辑表示感谢，尤其要感谢我的组稿编辑 Mark Taber，他为这一版的出版从头到尾倾注了许多心血。还要特别感谢业务开发编辑 Michael Thurston 和项目组织编辑 Tonya Simpso。

本版的技术编辑 Robert P. J. Day 也是我需要倍加感谢的人，他独到的洞察力和准确的校对使书稿质量大大提高。尽管他的工作称得上完美，但如果书中仍留有错误，责任由我承担。需要十分感谢的还有 Adam Belay、Zack Brown、Martin Pool 以及 Chris Rivera，他们对第 1 版和第 2 版所做的一切努力我依然记忆犹新。

许多内核开发者为我提供了大力支持，回答了许多问题，还有那些撰写代码的人——本书正是由于有了这些代码，才有了存在的意义。他们是 Andrea Arcangeli、Alan Cox、Greg Kroah-Hartman、Dave Miller、Patrick Mochel、Andrew Morton、Nick Piggin 和 Linus Torvalds。

我要大力感谢我的同事们。他们的创造力和智慧无与伦比，能与他们一起工作其乐无穷。因为篇幅原因，请谅解我不能列出所有人的名字。但不得不提的是 Alan Blount、Jay Crim、Chris Danis、Chris DiBona、Eric Flatt、Mike Lockwood、San Mehat、Brian Rogan、Brian Swetland、Jon Trowbridge 和 Steve Vinter，感谢他们给予我的支持、知识和友谊！

还有许多值得尊敬和热爱的人，他们是 Paul Amici、Mikey Babbitt、Keith Barbag、Jacob Berkman、Nat Friedman、Dustin Hall、Joyce Hawkins、Miguel de Icaza、Jimmy Krehl、Doris Love、Linda Love、Brette Luck、Randy O'Dowd、Sal Ribaudo 和他了不起的妈妈 Chris Rivera、Carolyn Rodon、Joey Shaw、Sarah Stewart、Jeremy VanDoren 和他的家人、Luis Villa、Steve Weisberg 和他的家人以及 Helen Whisnant 等。

最后，非常感谢我的父母。

Robert Love

Boston

Robert Love 是一位资深的开源软件开发者、讲师和作者，他研究和使用 Linux 已超过 15 年。目前他是 Google 公司的资深软件工程师，是 Android 移动平台内核开发团队的成员；在去 Google 工作之前，他就职于 Novell 公司，任职 Linux 桌面系统的首席架构师；在去 Novell 之前，他是 MontaVista 和 Ximain 公司的内核开发工程师。

Robert 参与的内核项目包括抢占式内核、进程调度器、内核事件层、通知机制、VM 改进以及一些设备驱动。

Robert 曾经发表过许多关干 Linux 内核的演讲和文章；他还是 *Linux Journal* 电子杂志的编辑。另外，除了本书，他的著作还包括 *Linux System Programming* 和 *Linux in a Nutshell*。

Robert 在佛罗里达大学获得数学学士学位和计算机理学学士学位。

目　录
Linux Kernel Development, Third Edition

Linux 内核简介

第 1 章将带我们从 UNIX 的历史视角来认识 Linux 内核与 Linux 操作系统的前世今生。今天 UNIX 系统业已演化成一个具有相似应用程序编程接口（API），并且基于相似设计理念的操作系统家族。但它又是一个别具特色的操作系统，从萌芽到现在已经有 40 余年的历史。若要了解 Linux，我们必须首先认识 UNIX 系统。

1.1 UNIX 的历史

UNIX 虽然已经使用了 40 年，但计算机科学家仍然认为它是现存操作系统中最强大和最优秀的系统。从 1969 年诞生以来，由 Dennis Ritchie 和 Ken Thompson 的灵感火花点亮的这个 UNIX 产物已经成为一种传奇，它历经了时间的考验依然声名不坠。

UNIX 是从贝尔试验室的一个失败的多用户操作系统 Multics 中涅槃而生的。Multics 项目被终止后，贝尔实验室计算科学研究中心的人们发现自己处于一个没有交互式操作系统可用的境地。在这种情况下，1969 年的夏天，贝尔实验室的程序员们设计了一个文件系统原型，而这个原型最终发展演化成了 UNIX。Thompson 首先在一台无人问津的 PDP-7 型机上实现了这个全新的操作系统。1971 年，UNIX 被移植到 PDP-11 型机中。1973 年，整个 UNIX 操作系统用 C 语言进行了重写，正是当时这个并不太引人注目的举动，给后来 UNIX 系统的广泛移植铺平了道路。第一个在贝尔实验室以外被广泛使用的 UNIX 版本是第 6 版，称为 V6。

许多其他的公司也把 UNIX 移植到新的机型上。伴随着这些移植，开发者们按照自己的方式不断地增强系统的功能，并由此产生了若干变体。1977 年，贝尔实验室综合各种变体推出了 UNIX System Ⅲ；1983 年 AT&T 推出了 System V $^{\ominus}$。

由于 UNIX 系统设计简洁并且在发布时提供源代码，所以许多其他组织和团体都对它进行了进一步的开发。加州大学伯克利分校便是其中影响最大的一个。他们推出的变体叫 Berkeley Software Distributions（BSD）。伯克利的第一个 UNIX 演化版是 1977 年推出的 1BSD 系统，它的实现基于贝尔实验室的 UNIX 版本，不但在其上加入了许多修正补丁，而且还集成了不少额外的软件；1978 年伯克利继续推出了 2BSD 系统，其中包含我们如今仍在使用的 csh 、vi 等应用软件。而伯克利真正独立开发的 UNIX 系统是于 1979 年推出的 3BSD 系统，该系统引入了一系列令人振奋的新特性，支持虚拟内存便是其一大亮点。在 3BSD 以后，伯克利又相继推出了 4BSD 系列，包括 4.0BSD、4.1BSD、4.2BSD、4.3BSD 等众多分支。这些 UNIX 演化版实现了任务管

$\ominus$　什么是系统 Ⅳ 呢？它是一个内部开发版本。

理、换页机制、TCP/IP 等新的特性。最终伯克利大学在 1994 年重写了虚拟内存子系统（VM），并推出了伯克利 UNIX 系统的最终官方版，即我们熟知的 4.4BSD。现在，多亏了 BSD 的开放性许可，BSD 的开发才得以由 Darwin、FreeBSD、NetBSD 和 OpenBSD 继续。

20 世纪 80 和 90 年代，许多工作站和服务器厂商推出了他们自己的 UNIX，这些 UNIX 大部分是在 AT&T 或伯克利发行版的基础上加上一些满足他们特定体系结构需要的特性。这其中就 包 括 Digital 的 Tru64、HP 的 HP-UX、IBM 的 AIX、Sequent 的 DYNIX/ptx、SGI 的 IRIX 和 Sun 的 Solaris 和 SunOS。

由于最初一流的设计和以后多年的创新与逐步提高，UNIX 系统成为一个强大、健壮和稳定的操作系统。下面的几个特点是使 UNIX 强大的根本原因。首先，UNIX 很简洁：不像其他动辄提供数千个系统调用并且设计目的不明确的系统，UNIX 仅仅提供几百个系统调用并且有一个非常明确的设计目的。第二，在 UNIX 中，所有的东西都被当作文件对待⊖。这种抽象使对数据和对设备的操作是通过一套相同的系统调用接口来进行的：open()、read()、write()、lseek() 和 close()。第三，UNIX 的内核和相关的系统工具软件是用 C 语言编写而成——正是这个特点使得 UNIX 在各种硬件体系架构面前都具备令人惊异的移植能力，并且使广大的开发人员很容易就能接受它。第四，UNIX 的进程创建非常迅速，并且有一个非常独特的 fork() 系统调用。最后，UNIX 提供了一套非常简单但又很稳定的进程间通信元语，快速简洁的进程创建过程使 UNIX 的程序把目标放在一次执行保质保量地完成一个任务上，而简单稳定的进程间通信机制又可以保证这些单一目的的简单程序可以方便地组合在一起，去解决现实中变得越来越复杂的任务。正是由于这种策略和机制分离的设计理念，确保了 UNIX 系统具备清晰的层次化结构。

今天，UNIX 已经发展成为一个支持抢占式多任务、多线程、虚拟内存、换页、动态链接和 TCP/IP 网络的现代化操作系统。UNIX 的不同变体被应用在大到数百个 CPU 的集群，小到嵌入式设备的各种系统上。尽管 UNIX 已经不再被认为是一个实验室项目了，但它仍然伴随着操作系统设计技术的进步而继续成长，人们仍然可以把它作为一个通用的操作系统来使用。

UNIX 的成功归功于其简洁和一流的设计。它能拥有今天的能力和成就应该归功于 Dennis Ritchie、Ken Thompson 和其他早期设计人员的最初决策，同时也要归功于那些永不妥协于成见，从而赋予 UNIX 无穷活力的设计抉择。

1.2 追寻 Linus 足迹：Linux 简介

1991 年，Linus Torvalds 为当时新推出的、使用 Intel 80386 微处理器的计算机开发了一款全新的操作系统，Linux 由此诞生。那时，作为芬兰赫尔辛基大学的一名学生的 Linus，正为不能随心所欲使用强大而自由的 UNIX 系统而苦恼。对 Torvalds 而言，使用当时流行的 Microsoft 的 DOS 系统，除了玩波斯王子游戏外，别无他用。Linus 热衷使用于 Minix，一种教学用的廉价 UNIX，但是，他不能轻易修改和发布该系统的源代码（由于 Minix 的许可证），也不能对 Minix 开发者所作的设计轻举妄动，这让他耿耿于怀并由此对作者的设计理念感到失望。

⊖ 好吧，我承认，不是所有——但是确实很多东西都被表示成文件。Sockets 就是一个典型的例外。不过最近有不少尝试，比如贝尔实验室中的 UNIX 后继项目，Plan9 等都在试图将系统全方位地以文件形式实现。

　　Linus 像任何一名生机勃勃的大学生一样决心走出这种困境：开发自己的操作系统。他开始写了一个简单的终端仿真程序，用于连接到本校的大型 UNIX 系统上。他的终端仿真程序经过一学年的研发，不断改进和完善。不久，Linus 手上就有了虽不成熟但五脏俱全的 UNIX。1991 年年底，他在 Internet 上发布了早期版本。

　　从此 Linux 便起航了，最初的 Linux 发布很快赢得了众多用户。而实际上，它成功的重要因素是，Linux 很快吸引了很多开发者、黑客对其代码进行修改和完善。由于其许可证条款的约定，Linux 迅速成为多人的合作开发项目。

　　到现在，Linux 早已羽翼丰满，它被广泛移植到 Alpha、ARM、PowerPC、SPARC、x86-64 等许多其他体系结构之上。如今 Linux 既被安装在最轻小的消费电子设备上，比如手表，同时也在服务规模最庞大的服务数据中心上，如超级计算机集群。今天，Linux 的商业前景也越来越被看好，不管是新成立的 Linux 专业公司 Red Hat 还是闻名遐迩的计算巨头 IBM，都提供林林总总的解决方案，从嵌入式系统、桌面环境一直到服务器。

　　Linux 是类 UNIX 系统，但它不是 UNIX。需要说明的是，尽管 Linux 借鉴了 UNIX 的许多设计并且实现了 UNIX 的 API（由 Posix 标准和其他 Single UNIX Specification 定义的），但 Linux 没有像其他 UNIX 变种那样直接使用 UNIX 的源代码。必要的时候，它的实现可能和其他各种 UNIX 的实现大相径庭，但它没有抛弃 UNIX 的设计目标并且保证了应用程序编程接口的一致。

　　Linux 是一个非商业化的产品，这是它最让人感兴趣的特征。实际上 Linux 是一个互联网上的协作开发项目。尽管 Linus 被认为是 Linux 之父，并且现在依然是一个内核维护者，但开发工作其实是由一个结构松散的工作组协力完成的。事实上，任何人都可以开发内核。和该系统的大部分一样，Linux 内核也是自由（公开）软件⊖。当然，也不是无限自由的。它使用 GNU 的 General Public License（GPL）第 2 版作为限制条款。这样做的结果是，你可以自由地获取内核代码并随意修改它，但如果你希望发布你修改过的内核，你也得保证让得到你的内核的人同时享有你曾经享受过的所有权利，当然，包括全部的源代码⊖。

　　Linux 用途广泛，包含的东西也名目繁多。Linux 系统的基础是内核、C 库、工具集和系统的基本工具，如登录程序和 Shell。Linux 系统也支持现代的 X Windows 系统，这样就可以使用完整的图形用户桌面环境，如 GNOME。可以在 Linux 上使用的商业和自由软件数以千计。在这本书以后的部分，当我使用 Linux 这个词时，我其实说的是 Linux 内核。在容易引起混淆的地方，我会具体说明到底我想说的是整个系统还是内核。一般情况下，Linux 这个词汇主要还是指内核。

1.3　操作系统和内核简介

　　由于一些现行商业操作系统日趋庞杂及其设计上的缺陷，操作系统的精确定义并没有一个统

⊖　谁有兴趣了解 free VS open 的论战，请参见 http://www.fsf.org and http://www.opensource.org。

⊖　如果你没有读过 GNU GPL 2.0，你最好还是先读读它吧。内核代码树种的 . COPYING 文件就是它的一份拷贝。你也可以在 http://www.fsf.org 找到它。注意最新的 GNU GPL 已经是 3.0 版本了，但内核开发者们仍然决定继续使用 2.0 版本。

一的标准。许多用户把他们在显示器屏幕上看到的东西理所当然地认为就是操作系统。通常，当然在本书中也这么认为，操作系统是指在整个系统中负责完成最基本功能和系统管理的那些部分。这些部分应该包括内核、设备驱动程序、启动引导程序、命令行 Shell 或者其他种类的用户界面、基本的文件管理工具和系统工具。这些都是必不可少的东西——别以为只要有浏览器和播放器就行了。系统这个词其实包含了操作系统和所有运行在它之上的应用程序。

当然，本书的主题是内核。用户界面是操作系统的外在表象，内核才是操作系统的内在核心。系统其他部分必须依靠内核这部分软件提供的服务，像管理硬件设备、分配系统资源等。内核有时候被称作是管理者或者是操作系统核心。通常一个内核由负责响应中断的中断服务程序，负责管理多个进程从而分享处理器时间的调度程序，负责管理进程地址空间的内存管理程序和网络、进程间通信等系统服务程序共同组成。对于提供保护机制的现代系统来说，内核独立于普通应用程序，它一般处于系统态，拥有受保护的内存空间和访问硬件设备的所有权限。这种系统态和被保护起来的内存空间，统称为内核空间。相对的，应用程序在用户空间执行。它们只能看到允许它们使用的部分系统资源，并且只使用某些特定的系统功能，不能直接访问硬件，也不能访问内核划给别人的内存范围，还有其他一些使用限制。当内核运行的时候，系统以内核态进入内核空间执行。而执行一个普通用户程序时，系统将以用户态进入以用户空间执行。

在系统中运行的应用程序通过系统调用来与内核通信（见图 1-1）。应用程序通常调用库函数（比如 C 库函数）再由库函数通过系统调用界面，让内核代其完成各种不同任务。一些库调用提供了系统调用不具备的许多功能，在那些较为复杂的函数中，调用内核的操作通常只是整个工作的一个步骤而已。举个例子，拿 printf() 函数来说，它提供了数据的缓存和格式化等操作，而调用 write() 函数将数据写到控制台上只不过是其中的一个动作罢了。不过，也有一些库函数和系统调用就是一一对应的关系，比如，open() 库函数除了调用 open() 系统调用之外，几乎什么也不做。还有一些 C 库函数，像 strcpy()，根本就不需要直接调用系统级的操作。当一个应用程序执行一条系统调用，我们说内核正在代其执行。如果进一步解释，在这种情况下，应用程序被称为通过系统调用在内核空间运行，而内核被称为运行于进程上下文中。这种交互关系——应用程序通过系统调用界面陷入内核——是应用程序完成其工作的基本行为方式。

内核还要负责管理系统的硬件设备。现有的几乎所有的体系结构，包括全部 Linux 支持的体系结构，都提供了中断机制。当硬件设备想和系统通信的时候，它首先要发出一个异步的中断信号去打断处理器的执行，继而打断内核的执行。中断通常对应着一个中断号，内核通过这个中断号查找相应的中断服务程序，并调用这个程序响应和处理中断。举个例子，当你敲击键盘的时候，键盘控制器发送一个中断信号告知系统，键盘缓冲区有数据到来。内核注意到这个中断对应的中断号，调用相应的中断服务程序。该服务程序处理键盘数据然后通知键盘控制器可以继续输入数据了。为了保证同步，内核可以停用中止——既可以停止所有的中断也可以有选择地停止某个中断号对应的中断。许多操作系统的中断服务程序，包括 Linux 的，都不在进程上下文中执行。它们在一个与所有进程都无关的、专门的中断上下文中运行。之所以存在这样一个专门的执行环境，就是为了保证中断服务程序能够在第一时间响应和处理中断请求，然后快速地退出。

这些上下文代表着内核活动的范围。实际上我们可以将每个处理器在任何指定时间点上的活动必然概括为下列三者之一：

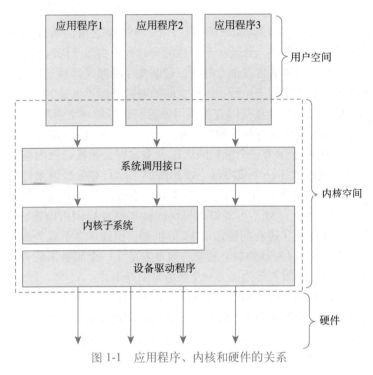

图 1-1　应用程序、内核和硬件的关系

- 运行于用户空间，执行用户进程。
- 运行于内核空间，处于进程上下文，代表某个特定的进程执行。
- 运行于内核空间，处于中断上下文，与任何进程无关，处理某个特定的中断。

以上所列几乎包括所有情况，即使边边角角的情况也不例外，例如，当 CPU 空闲时，内核就运行一个空进程，处于进程上下文，但运行于内核空间。

1.4　Linux 内核和传统 UNIX 内核的比较

由于所有的 UNIX 内核都同宗同源，并且提供相同的 API，现代的 UNIX 内核存在许多设计上的相似之处（请看参考目录中我所推荐的关于传统 UNIX 内核设计的相关书籍）。UNIX 内核几乎毫无例外的都是一个不可分割的静态可执行库。也就是说，它们必须以巨大、单独的可执行块的形式在一个单独的地址空间中运行。UNIX 内核通常需要硬件系统提供页机制（MMU）以管理内存。这种页机制可以加强对内存空间的保护，并保证每个进程都可以运行于不同的虚地址空间上。初期的 Linux 系统也需要 MMU 支持，但有一些特殊版本并不依赖于此。这无疑是一个简洁的设计，因为它可以使 Linux 系统运行在没有 MMU 的小型嵌入系统上。不过现实之中，即便很简单的嵌入系统都开始具备内存管理单元这种高级功能了。本书中，我们将重点关注支持MMU 的 Linux 系统。

单内核与微内核设计之比较

操作系统内核可以分为两大阵营：单内核和微内核（第三阵营是外内核，主要用在科研系统中）。

单内核是两大阵营中一种较为简单的设计，在 1980 年之前，所有的内核都设计成单内核。所谓单内核就是把它从整体上作为一个单独的大过程来实现，同时也运行在一个单独的地址空间上。因此，这样的内核通常以单个静态二进制文件的形式存放于磁盘中。所有内核服务都在这样的一个大内核地址空间上运行。内核之间的通信是微不足道的，因为大家都运行在内核态，并身处同一地址空间：内核可以直接调用函数，这与用户空间应用程序没有什么区别。这种模式的支持者认为单模块具有简单和性能高的特点。大多数 UNIX 系统都设计为单模块。

另一方面，微内核并不作为一个单独的大过程来实现。相反，微内核的功能被划分为多个独立的过程，每个过程叫作一个服务器。理想情况下，只有强烈请求特权服务的服务器才运行在特权模式下，其他服务器都运行在用户空间。不过，所有的服务器都保持独立并运行在各自的地址空间上。因此，就不可能像单模块内核那样直接调用函数，而是通过消息传递处理微内核通信：系统采用了进程间通信（IPC）机制，因此，各个服务器之间通过 IPC 机制互通消息，互换"服务"。服务器的各自独立有效地避免了一个服务器的失效祸及另一个。同样，模块化的系统允许一个服务器为了另一个服务器而换出。

因为 IPC 机制的开销多于函数调用，又因为会涉及内核空间与用户空间的上下文切换，因此，消息传递需要一定的周期，而单内核中简单的函数调用没有这些开销。结果，所有实际应用的基于微内核的系统都让大部分或全部服务器位于内核，这样，就可以直接调用函数，消除频繁的上下文切换。Windows NT 内核（Windows XP、Windows Vista 和 Windows 7 等基于此）和 Mach（Mac OS X 的组成部分）是微内核的典型实例。不管是 Windows NT 还是 Mac OS X，都在其新近版本中不让任何微内核服务器运行在用户空间，这违背了微内核设计的初衷。

Linux 是一个单内核，也就是说，Linux 内核运行在单独的内核地址空间上。不过，Linux 汲取了微内核的精华：其引以为豪的是模块化设计、抢占式内核、支持内核线程以及动态装载内核模块的能力。不仅如此，Linux 还避其微内核设计上性能损失的缺陷，让所有事情都运行在内核态，直接调用函数，无须消息传递。至今，Linux 是模块化的、多线程的以及内核本身可调度的操作系统，实用主义再次占了上风。

当 Linus 和其他内核开发者设计 Linux 内核时，他们并没有完全彻底地与 UNIX 诀别。他们充分地认识到，不能忽视 UNIX 的底蕴（特别是 UNIX 的 API）。而由于 Linux 并没有基于某种特定的 UNIX，Linus 和他的伙伴们对每个特定的问题都可以选择已知最理想的解决方案——在有些时候，当然也可以创造一些新的方案。Linux 内核与传统的 UNIX 系统之间存在一些显著的差异：

- Linux 支持动态加载内核模块。尽管 Linux 内核也是单内核，可是允许在需要的时候动态地卸除和加载部分内核代码。
- Linux 支持对称多处理（SMP）机制，尽管许多 UNIX 的变体也支持 SMP，但传统的 UNIX 并不支持这种机制。

- Linux 内核可以抢占（preemptive）。与传统的 UNIX 变体不同，Linux 内核具有允许在内核运行的任务优先执行的能力。在其他各种 UNIX 产品中，只有 Solaris 和 IRIX 支持抢占，但是大多数 UNIX 内核不支持抢占。
- Linux 对线程支持的实现比较有意思：内核并不区分线程和其他的一般进程。对于内核来说，所有的进程都一样——只不过是其中的一些共享资源而已。
- Linux 提供具有设备类的面向对象的设备模型、热插拔事件，以及用户空间的设备文件系统（sysfs）。
- Linux 忽略了一些被认为是设计得很拙劣的 UNIX 特性，像 STREAMS，它还忽略了那些难以实现的过时标准。
- Linux 体现了自由这个词的精髓。现有的 Linux 特性集就是 Linux 公开开发模型自由发展的结果。如果一个特性没有任何价值或者创意很差，没有任何人会被迫去实现它。相反的，针对变革，Linux 已经形成了一种值得称赞的态度：任何改变都必须要能通过简洁的设计及正确可靠的实现来解决现实中确实存在的问题。于是，许多出现在某些 UNIX 变种系统中，那些出于市场宣传目的或没有普遍意义的一些特性，如内核换页机制等都被毫不迟疑地摒弃了。

不管 Linux 和 UNIX 有多大的不同，它身上都深深地打上了 UNIX 烙印。

1.5　Linux 内核版本

Linux 内核有两种：稳定的和处于开发中的。稳定的内核具有工业级的强度，可以广泛地应用和部署。新推出的稳定内核大部分都只是修正了一些 Bug 或是加入了一些新的设备驱动程序。另一方面处于开发中的内核中许多东西变化得都很快。而且由于开发者不断试验新的解决方案，内核常常发生剧烈的变化。

Linux 通过一个简单的命名机制来区分稳定的和处于开发中的内核（见图 1-2）。这种机制使用三个或者四个用 "." 分隔的数字来代表不同内核版本。第一个数字是主版本号，第二个数字是从版本号，第三个数字是修订版本号，第四个可选的数字为稳定版本号（stable version）。从副版本号可以反映出该内核是一个稳定版本还是一个处于开发中的版本：该数字如果是偶数，那么此内核就是稳定版；如果是奇数，那么它就是开发版。举例来说，版本号为 2.6.30.1 的内核，它就是一个稳定版。这个内核的主版本号是 2，从版本号是 6，修订版本号是 30，稳定版本号是 1。头两个数字在一起描述了 "内核系列" ——在这个例子中，就是 2.6 版内核系列。

图 1-2　Kernel 版本命名规则

处于开发中的内核一般要经历几个阶段。最开始，内核开发者们开始试验新的特性，这时候出现错误和混乱是在所难免的。经过一段时间，系统渐渐成熟，最终会有一个特性审定的声明。这时候，Linus 就不再接受新的特性了，而对已有特性所进行的后续工作会继续进行。当 Linus 认为这个新内核确实是趋于稳定后，就开始审定代码。这以后，就只允许再向其中加入修改 bug 的代码了。在经过一个短暂（希望如此）的准备期之后，Linus 会将这个内核作为一个新的稳定版推出。例如，1.3 系列的开发版稳定在 2.0，而 2.5 稳定在 2.6。

在一个特定的系列下，Linus 会定期发布新内核。每个新内核都是一个新的修订版本。比如 2.6 内核系列的第一个版本是 2.6.0，第二个版本是 2.6.1。这些修订版包含了 BUG 修复、新的驱动和一些新特性。但是，像 2.6.3 和 2.6.4 修订版本之间的差异是很微小的。

这种开发方式一直持续到 2004 年，当时在受邀参加的 Linux 开发者峰会上，内核开发者们确定延长 2.6 内核系列，从而推迟进入到 2.7 系列的步伐。原因是 2.6 版本的内核已经被广泛接受、其已经证明了稳定成熟，而那些还不成熟的新特性其实并非人们所需。如今看来 2.6 版本内核的稳定出色无疑证明了该方针是多么英明。在编写本书时，2.7 版本内核仍未提上议程，而且也看不出任何启动迹象。相反，每个 2.6 系列内核的修订版本发布变得越发长久，每个修订版都伴随有一个最小的开发版系列（称其微缩开发版）。Andrew Morton，Linus 的副手，重新定义了他所维护的 2.6-mm 代码树（它曾经用于内存管理相关改动的测试版本），使其成为一个通用目的的测试版本。任何尚未稳定的修改都将首先进入 2.6-mm 树中，等其稳定后，再进入某个 2.6 的微缩开发版。如此策略的结果是：最近几年，每一个 2.6 系列的修订版本（比如 2.6.29）都会较其前身有深刻的变化，也都会经历数月才面世。这种"微缩开发版方式"被证明是可行的、成功的，它更有利于在引入新特性的同时，维持系统的稳定性。想必在近期内开发策略不会改弦易辙，事实上内核开发者们就新版本的发布流程延续目前方式已经达成了一致意见。

为了解决版本发布周期变长的副作用，内核开发者们引入了上面提到的稳定版本号。这个稳定版本号（如 2.6.32.8 中的 8）包含了关键性 bug 的修改，并且常会向前移植处于开发版内核（如 2.6.33）的重要修改。依靠这种方式，以前版本保证了仍然能将重点放在稳定性上。

1.6　Linux 内核开发者社区

当你开始开发内核代码时，你就成为全球内核开发社区的一分子了。这个社区最重要的论坛是 linux kernel mailing list（常缩写为 lkml）。你可以在 http://vger.kernel.org 上订阅邮件。要注意的是这个邮件列表流量很大，每天有超过几百条的消息，所以其他的订阅者（包括所有的核心开发人员，甚至包括 Linus 本人）可没有心思听人说废话。这个邮件列表可以给从事内核开发的人提供价值无穷的帮助，在这里，你可以寻找测试人员，接受评论（peer review），向人求助。

后续内容列出了内核开发过程的全景，并详尽地描述了如何成功地加入内核开发社区中。但是要明白，在 Linux 内核邮件列表中潜伏（安静地阅读）是你阅读本书的最好补充。

1.7　小结

这是一本关于 Linux 内核的书：内核的目标，为达到目标所进行的设计以及设计的实现。这本书侧重实用，同时在讲述工作原理时会结合理论联系实践。我的目标是让你从一个业内人士的视角来欣赏和理解 Linux 内核的设计和实现之美。力求以一种有趣的方式（伴随着我个人在开发内核过程中收集的种种奇闻逸事和方法技巧）引导你走过跌跌撞撞的起步阶段。无论你是立志于开发内核代码，或者进行驱动开发，甚至只是希望能更好地了解 Linux 操作系统，你都将从本书受益。

　　当你阅读本书时，我希望你有一台装有 Linux 的机器，我希望你能够看到内核代码。其实，这很理想了，因为这意味着你是一位 Linux 的使用者，并且早已经开始拿起手术刀对着源代码进行探索了，只不过需要一份结构图以便对整个经脉有个总体把握罢了。相反，你可能没有使用过 Linux，只是在好奇心的驱使下希望了解一些内核设计的秘密而已。但是，如果你的目的只是撰写自己的代码，那么，源代码的作用无可替代。而且，你不需要付出任何代价，尽管用吧。

　　好了，最重要的是，在其中寻找快乐吧。

从内核出发

在这一章，我们将介绍 Linux 内核的一些基本常识：从何处获取源码，如何编译它，又如何安装新内核。那么，让我们考察一下内核程序与用户空间程序的差异，以及内核中所使用的通用编程结构。虽然内核在很多方面有其独特性，但从现在来看，它和其他大型软件项目并无多大差别。

2.1 获取内核源码

登录 Linux 内核官方网站 http://www.kernel.org，可以随时获取当前版本的 Linux 源代码，可以是完整的压缩形式（使用 tar 命令创建的一个压缩文件），也可以是增量补丁形式。

除特殊情况下需要 Linux 源码的旧版本外，一般都希望拥有最新的代码。kernel.org 是源码的库存之处，那些领导潮流的内核开发者所发布的增量补丁也放在这里。

2.1.1 使用 Git

在过去的几年中，Linus 和他领导的内核开发者们开始使用一个新版本的控制系统来管理 Linux 内核源代码。Linus 创造的这个系统称为 Git。与 CSV 这样的传统的版本控制系统不同，Git 是分布式的，它的用法和工作流程对许多开发者来说都很陌生。我强烈建议使用 Git 来下载和管理 Linux 内核源代码。

你可以使用 Git 来获取最新提交到 Linus 版本树的一个副本：

```
$ git clone git://git.kernel.org/pub/scm/linux/kernel/git/torvalds/linux-2.6.git
```

当下载代码后，你可以更新你的分支到 Linus 的最新分支：

```
$ git pull
```

有了这两个命令，就可以获取并随时保持与内核官方的代码树一致。要提交和管理自己的修改，请看第 20 章。关于 Git 的全面讨论已经超出了本书的范围，许多在线资源都提供了有效的指导。

2.1.2 安装内核源代码

内核压缩以 GNU zip（gzip）和 bzip2 两种形式发布。bzip2 是默认和首选形式，因为它在压缩上比 gzip 更有优势。以 bzip2 形式发布的 Linux 内核叫作 linux-x.y.z.tar.bz2，这里 x.y.z 是内核源码的具体版本。下载了源代码之后，就可以轻而易举地对其解压。如果压缩形式是 bzip2，则运行：

```
$ tar xvjf linux-x.y.z.tar.bz2
```

如果压缩形式是 GNU 的 zip，则运行：

```
$ tar xvzf linux-x.y.z.tar.gz
```

解压后的源代码位于 linux-x.y.z. 目录下。如果你是使用 git 获取和管理内核源代码，那么就不需要下载压缩文件，只要像前面描述的那样运行 git clone 命令，git 就会下载并且解压最新的源代码。

何处安装并触及源码

内核源码一般安装在 /usr/src/linux 目录下。但请注意，不要把这个源码树用于开发，因为编译你的 C 库所用的内核版本就链接到这棵树。此外，不要以 root 身份对内核进行修改，而应当是建立自己的主目录，仅以 root 身份安装新内核。即使在安装新内核时，/usr/src/linux 目录都应当原封不动。

2.1.3　使用补丁

在 Linux 内核社区中，补丁是通用语。你可以以补丁的形式发布对代码的修改，也可以以补丁的形式接收其他人所做的修改。增量补丁可以作为版本转移的桥梁。你不再需要下载庞大的内核源码的全部压缩，而只需给旧版本打上一个增量补丁，让其旧貌换新颜。这不仅节约了带宽，还省了时间。要应用增量补丁，从你的内部源码树开始，只需运行：

```
$ patch -p1 < ../patch-x.y.z
```

一般来说，一个给定版本的内核补丁总是打在前一个版本上。

有关创建和应用补丁更深入的讨论会在后续章节进行。

2.2　内核源码树

内核源码树由很多目录组成，而大多数目录又包含更多的子目录。源码树的根目录及其子目录如表 2-1 所示。

表 2-1　内核源码树的根目录描述

目　　录	描　　述
arch	特定体系结构的源码
block	块设备 I/O 层
crypto	加密 API
Documentation	内核源码文档
drivers	设备驱动程序
firmware	使用某些驱动程序而需要的设备固件
fs	VFS 和各种文件系统

（续）

目　　录	描　　述
include	内核头文件
init	内核引导和初始化
ipc	进程间通信代码
kernel	像调度程序这样的核心子系统
lib	通用内核函数
mm	内存管理子系统和 VM
net	网络子系统
samples	示例，示范代码
scripts	编译内核所用的脚本
security	Linux 安全模块
sound	语音子系统
usr	早期用户空间代码（所谓的 initramfs）
tools	在 Linux 开发中有用的工具
virt	虚拟化基础结构

在源码树根目录中的很多文件值得提及。COPYING 文件是内核许可证（GNU GPL v2）。CREDITS 是开发了很多内核代码的开发者列表。MAINTAINERS 是维护者列表，它们负责维护内核子系统和驱动程序。Makefile 是基本内核的 Makefile。

2.3　编译内核

编译内核易如反掌。让人叹为观止的是，这实际上比编译和安装像 glibc 这样的系统级组伴还要简单。2.6 内核提供了一套新工具，使编译内核更加容易，比早期发布的内核有了长足的进步。

2.3.1　配置内核

因为 Linux 源码随手可得，那就意味着在编译它之前可以配置和定制。的确，你可以把自己需要的特定功能和驱动程序编译进内核。在编译内核之前，首先你必须配置它。由于内核提供了数不胜数的功能，支持了难以计数的硬件，因而有许多东西需要配置。可以配置的各种选项，以 CONFIG_FEATURE 形式表示，其前缀为 CONFIG。例如，对称多处理器（SMP）的配置选项为 CONFIG_SMP。如果设置了该选项，则 SMP 启用，否则，SMP 不起作用。配置选项既可以用来决定哪些文件编译进内核，也可以通过预处理命令处理代码。

这些配置项要么是二选一，要么是三选一。二选一就是 yes 或 no。比如 CONFIG_PREEMPT 就是二选一，表示内核抢占功能是否开启。三选一可以是 yes、no 或 module。module 意味着该配置项被选定了，但编译的时候这部分功能的实现代码是以模块（一种可以动态安装的独立代码段）的形式生成。在三选一的情况下，显然 yes 选项表示把代码编译进主内核映像中，而不是作为一个模块。驱动程序一般都用三选一的配置项。

　　配置选项也可以是字符串或整数。这些选项并不控制编译过程，而只是指定内核源码可以访问的值，一般以预处理宏的形式表示。比如，配置选项可以指定静态分配数组的大小。

　　销售商提供的内核，像 Canonical 的 Ubuntu 或者 Red Hat 的 Fedora，他们的发布版中包含了预编译的内核，这样的内核使得所需的功能得以充分地启用，并几乎把所有的驱动程序都编译成模块。这就为大多数硬件作为独立的模块提供了坚实的内核支持。但是，话又说回来，如果你是一个内核黑客，你应当编译自己的内核，并按自己的意愿决定包括或不包含哪一模块。

　　内核提供了各种不同的工具来简化内核配置。最简单的一种是一个字符界面下的命令行工具：

```
$ make config
```

　　该工具会逐一遍历所有配置项，要求用户选择 yes、no 或是 module（如果是三选一的话）。由于这个过程往往要耗费掉很长时间，所以，除非你的工作是按小时计费的，否则应该多利用基于 ncurse 库编制的图形界面工具·

```
$ make menuconfig
```

　　或者，是用基于 gtk+ 的图形工具：

```
$ make gconfig
```

　　这三种工具将所有配置项分门别类放置，比如按"处理器类型和特点"。你可以按类移动、浏览内核选项，当然也可以修改其值。

　　这条命令会基于默认的配置为你的体系结构创建一个配置：

```
$ make defconfig
```

　　尽管这些缺省值有点随意性（在 i386 上，据说那就是 Linus 的配置），但是，如果你从未配置过内核，那它们会提供一个良好的开端。赶快行动吧，运行这条命令，然后回头看看，确保为你的硬件所配置的选项是启用的。

　　这些配置项会被存放在内核代码树根目录下的 .config 文件中。你很容易就能找到它（内核开发者差不多都能找到），并且可以直接修改它。在这里面查找和修改内核选项也很容易。在你修改过配置文件之后，或者在用已有的配置文件配置新的代码树的时候，你应该验证和更新配置：

```
$ make oldconfig
```

　　事实上，在编译内核之前你都应该这么做。

　　配置选项 CONFIG_IKCONFIG_PROC 把完整的压缩过的内核配置文件存放在 /proc/config.gz 下，这样当你编译一个新内核的时候就可以方便地克隆当前的配置。如果你目前的内核已经启用了此选项，就可以从 /proc 下复制出配置文件并且使用它来编译一个新内核：

```
$ zcat /proc/config.gz > .config
$ make oldconfig
```

　　一旦内核配置好了（不论你是如何配置的），就可以使用一个简单的命令来编译它了：

```
$ make
```

　　这跟 2.6 以前的版本不同，你不用在每次编译内核之间都运行 make dep 了——代码之间的依赖关系会自动维护。你也无须再指定像老版本中 bzImage 这样的编译方式或独立地编译模块，默认的 Makefile 规则会打点这一切。

2.3.2　减少编译的垃圾信息

如果你想尽量少地看到垃圾信息，却又不希望错过错误报告与警告信息的话，你可以用以下命令来对输出进行重定向：

```
$ make > .. /detritus
```

一旦你需要查看编译的输出信息，你可以查看这个文件。不过，因为错误和警告都会在屏幕上显示，所以你需要看这个文件的可能性不大。事实上，我只不过输入如下命令：

```
$ make > /dev/null
```

就可把无用的输出信息重定向到永无返回值的黑洞 /dev/null。

2.3.3　衍生多个编译作业

make 程序能把编译过程拆分成多个并行的作业。其中的每个作业独立并发地运行，这有助于极大地加快多处理器系统上的编译过程，也有利于改善处理器的利用率，因为编译大型源代码树也包括 I/O 等待所花费的时间（也就是处理器空下来等待 I/O 请求完成所花费的时间）。

默认情况下，make 只衍生一个作业，因为 Makefiles 常会出现不正确的依赖信息。对于不正确的依赖，多个作业可能会互相踩踏，导致编译过程出错。当然，内核的 Makefiles 没有这样的编码错误，因此衍生出的多个作业编译不会出现失败。为了以多个作业编译内核，使用以下命令：

```
$ make -jn
```

这里，n 是要衍生出的作业数。在实际中，每个处理器上一般衍生出一个或者两个作业。例如，在一个 16 核处理器上，你可以输入如下命令：

```
$ make -j32 > /dev/null
```

利用出色的 distcc 或者 ccache 工具，也可以动态地改善内核的编译时间。

2.3.4　安装新内核

在内核编译好之后，你还需要安装它。怎么安装就和体系结构以及启动引导工具（boot loader）息息相关了——查阅启动引导工具的说明，按照它的指导将内核映像拷贝到合适的位置，并且按照启动要求安装它。一定要保证随时有一个或两个可以启动的内核，以防新编译的内核出现问题。

例如，在使用 grub 的 x86 系统上，可能需要把 arch/i386/boot/bzImage 拷贝到 /boot 目录下，像 vmlinuz-version 这样命名它，并且编辑 /etc/grub/grub.conf 文件，为新内核建立一个新的启动项。使用 LILO 启动的系统应当编辑 /etc/lilo.conf，然后运行 lilo。

所幸，模块的安装是自动的，也是独立于体系结构的。以 root 身份，只要运行：

```
% make modules_install
```

就可以把所有已编译的模块安装到正确的主目录 /lib/modules 下。

编译时也会在内核代码树的根目录下创建一个 System.map 文件。这是一份符号对照表，用以将内核符号和它们的起始地址对应起来。调试的时候，如果需要把内存地址翻译成容易理解的函数名以及变量名，这就会很有用。

2.4 内核开发的特点

相对于用户空间内应用程序的开发，内核开发有一些独特之处。尽管这些差异并不会使开发内核代码的难度超过开发用户代码，但它们依然有很大不同。

这些特点使内核成了一只性格迥异的猛兽。一些常用的准则被颠覆了，而又必须建立许多全新的准则。尽管有许多差异一目了然（人人都知道内核可以做它想做的任何事），但还是有一些差异晦暗不明。最重要的差异包括以下几种：

- 内核编程时既不能访问 C 库也不能访问标准的 C 头文件。
- 内核编程时必须使用 GNU C。
- 内核编程时缺乏像用户空间那样的内存保护机制。
- 内核编程时难以执行浮点运算。
- 内核给每个进程只有一个很小的定长堆栈。
- 由于内核支持异步中断、抢占和 SMP，因此必须时刻注意同步和并发。
- 要考虑可移植性的重要性。

让我们仔细考察一下这些要点，所有内核开发者必须牢记以上要点。

2.4.1 无 libc 库抑或无标准头文件

与用户空间的应用程序不同，内核不能链接使用标准 C 函数库——或者其他的那些库也不行。造成这种情况的原因有许多，其中就包括先有鸡还是先有蛋这个悖论。不过最主要的原因还是速度和大小。对内核来说，完整的 C 库——哪怕是它的一个子集，都太大且太低效了。

别着急，大部分常用的 C 库函数在内核中都已经得到了实现。比如操作字符串的函数组就位于 lib/string.c 文件中。只要包含 <linux/string.h> 头文件，就可以使用它们。

头文件

当我在本书中谈及头文件时，都指的是组成内核源代码树的内核头文件。内核源代码文件不能包含外部头文件，就像它们不能用外部库一样。

基本的头文件位于内核源代码树顶级目录下的 include 目录中。例如，头文件 <linux/inotify.h> 对应内核源代码树的 include/linux/inotify.h。

体系结构相关的头文件集位于内核源代码树的 arch/<architecture>/include/asm 目录下。例如，如果编译的是 x86 体系结构，则体系结构相关的头文件就是 arch/x86/include/asm。内核代码通过以 asm/ 为前缀的方式包含这些头文件，例如 <asm/ioctl.h>。

在所有没有实现的函数中，最著名的就数 printf() 函数了。内核代码虽然无法调用 printf()，但它提供的 printk() 函数几乎与 printf() 相同。printk() 函数负责把格式化好的字符串拷贝到内核日志缓冲区上，这样，syslog 程序就可以通过读取该缓冲区来获取内核信息。printk() 的用法很像 printf()：

```
printk("Hello world! A string:'%s' and an integer:'%d'\n", str, i);
```

printk() 和 printf() 之间的一个显著区别在于，printk() 允许你通过指定一个标志来设置优先级。syslogd 会根据这个优先级标志来决定在什么地方显示这条系统消息。下面是一个使用这种优先级标志的例子：

```
printk(KERN_ERR "this is an error!\n");
```

注意　在 KERN_ERR 和要打印的消息之间没有逗号，这样写是别有用意的。优先级标志是预处理程序定义的一个描述性字符串，在编译时优先级标志就与要打印的消息绑在一起处理。贯穿整本书，我们会使用 printk()。

2.4.2　GNU C

像所有自视清高的 UNIX 内核一样，Linux 内核是用 C 语言编写的。让人略感惊讶的是，内核并不完全符合 ANSI C 标准。实际上，只要有可能，内核开发者总是要用到 gcc 提供的许多语言的扩展部分。（gcc 是多种 GNU 编译器的集合，它包含的 C 编译器既可以编译内核，也可以编译 Linux 系统上用 C 语言写的其他代码。）

内核开发者使用的 C 语言涵盖了 ISO C99 ⊖ 标准和 GNU C 扩展特性。这其中的种种变化把 Linux 内核推向了 gcc 的怀抱，尽管目前出现了一些新的编译器如 Intel C，已经支持了足够多的 gcc 扩展特性，完全可以用来编译 Linux 内核了。最早支持 gcc 的版本是 3.2，但是推荐使用 gcc 4.4 或之后的版本。Linux 内核用到的 ISO C99 标准的扩展没有什么特别之处，而且 C99 作为 C 语言官方标准的修订本，不可能有大的或是激进的变化。让人感兴趣的，与标准 C 语言有区别的，通常也是人们不熟悉的那些变化，多数集中在 GNU C 上。就让我们研究一下内核代码中所使用到的 C 语言扩展中让人感兴趣的那部分吧，这些变化使内核代码有别于你所熟悉的其他项目。

1. 内联（inline）函数

C99 和 GNU C 均支持内联函数。inline 这个名称⊖就可以反映出它的工作方式，函数会在它所调用的位置上展开。这么做可以消除函数调用和返回所带来的开销（寄存器存储和恢复）。而且，由于编译器会把调用函数的代码和函数本身放在一起进行优化，所以也有进一步优化代码的可能。不过，这么做是有代价的（天下没有免费的午餐），代码会变长，这也就意味着占用更多

⊖　ISO C99 是 ISO C 的最新修订版。C99 相对于前一个修订版 C90 做了许多加强，ISO C99 引入了指定初始化，可变长度的数组，C++ 风格的注释，long long 和 complex 数据类型，但是 linux 内核只使用了 C99 特性的一个子集。

⊖　译者注：inline 翻译成内联似乎并不贴切，直译应该是 "在字里行间展开" 的意思，不过约定俗成，我们也把它翻译成 "内联"。

的内存空间或者占用更多的指令缓存。内核开发者通常把那些对时间要求比较高，而本身长度又比较短的函数定义成内联函数。如果一个函数较大，会被反复调用，且没有特别的时间上的限制，我们并不赞成把它做成内联函数。

定义一个内联函数的时候，需要使用 static 作为关键字，并且用 inline 限定它。比如：

```
static inline void wolf(unsigned long tail_size)
```

内联函数必须在使用之前就定义好，否则编译器就没法把这个函数展开。实践中一般在头文件中定义内联函数。由于使用了 static 作为关键字进行限制，所以编译时不会为内联函数单独建立一个函数体。如果一个内联函数仅仅在某个源文件中使用，那么也可以把它定义在该文件开始的地方。

在内核中，为了类型安全和易读性，优先使用内联函数而不是复杂的宏。

2. 内联汇编

gcc 编译器支持在 C 函数中嵌入汇编指令。当然，在内核编程的时候，只有知道对应的体系结构，才能使用这个功能。

我们通常使用 asm() 指令嵌入汇编代码。例如，下面这条内联汇编指令用于执行 x86 处理器的 rdtsc 指令，返回时间戳（tsc）寄存器的值：

```
unsigned int low, high;
asm volatile("rdtsc" : "=a" (low),."=d" (high));
/* low 和 high 分别包含 64 位时间戳的低 32 位和高 32 位 */
```

Linux 的内核混合使用了 C 语言和汇编语言。在偏近体系结构的底层或对执行时间要求严格的地方，一般使用的是汇编语言。而内核其他部分的大部分代码是用 C 语言编写的。

3. 分支声明

对于条件选择语句，gcc 内建了一条指令用于优化，在一个条件经常出现，或者该条件很少出现的时候，编译器可以根据这条指令对条件分支选择进行优化。内核把这条指令封装成了宏，比如 likely() 和 unlikely()，这样使用起来比较方便。

例如，下面是一个条件选择语句：

```
if (error) {
        /* ... */
}
```

如果想要把这个选择标记成绝少发生的分支：

```
/* 我们认为 error 绝大多数时间都会为 0...*/
if (unlikely(error)) {
        /* ... */
}
```

相反，如果我们想把一个分支标记为通常为真的选择：

```
/* 我们认为 success 通常都不会为 0 */
if  (likely(success)) {
     /* ... */
}
```

在你想要对某个条件选择语句进行优化之前，一定要搞清楚其中是不是存在这么一个条件，在绝大多数情况下都会成立。这点十分重要：如果你的判断正确，确实是这个条件占压倒性的地位，那么性能会得到提升；如果你搞错了，性能反而会下降。正如上面这些例子所示，通常在对一些错误条件进行判断的时候会用到 unlikely() 和 likely()。你可以猜到，unlikely() 在内核中会得到更广泛的使用，因为 if 语句往往判断一种特殊情况。

2.4.3　没有内存保护机制

如果一个用户程序试图进行一次非法的内存访问，内核就会发现这个错误，发送 SIGSEGV 信号，并结束整个进程。然而，如果是内核自己非法访问了内存，那后果就很难控制了。（毕竟，有谁能照顾内核呢？）内核中发生的内存错误会导致 oops，这是内核中出现的最常见的一类错误。在内核中，不应该去做访问非法的内存地址，引用空指针之类的事情，否则它可能会死掉，却根本不告诉你一声——在内核里，风险常常会比外面大一些。

此外，内核中的内存都不分页。也就是说，你每用掉一个字节，物理内存就减少一个字节。所以，在你想往内核里加入什么新功能的时候，要记住这一点。

2.4.4　不要轻易在内核中使用浮点数

在用户空间的进程内进行浮点操作的时候，内核会完成从整数操作到浮点数操作的模式转换。在执行浮点指令时到底会做些什么，因体系结构不同，内核的选择也不同，但是，内核通常捕获陷阱并着手于整数到浮点方式的转变。

与用户空间进程不同，内核并不能完美地支持浮点操作，因为它本身不能陷入。在内核中使用浮点数时，除了要人工保存和恢复浮点寄存器，还有其他一些琐碎的事情要做。如果要直截了当地回答，那就是：别这么做了，除了一些极少的情况，不要在内核中使用浮点操作。

2.4.5　容积小而固定的栈

用户空间的程序可以从栈上分配大量的空间来存放变量，甚至巨大的结构体或者是包含数以千计的数据项的数组都没有问题。之所以可以这么做，是因为用户空间的栈本身比较大，而且还能动态地增长（年长的开发者回想一下 DOS 那个年代，这种低级的操作系统即使在用户空间也只有固定大小的栈）。

内核栈的准确大小随体系结构而变。在 x86 上，栈的大小在编译时配置，可以是 4KB 也可以是 8KB。从历史上说，内核栈的大小是两页，这就意味着，32 位机的内核栈是 8KB，而 64 位机是 16KB，这是固定不变的。每个处理器都有自己的栈。

关于内核栈的更多内容，会在后面的章节中讨论。

2.4.6　同步和并发

内核很容易产生竞争条件。和单线程的用户空间程序不同，内核的许多特性都要求能够并发地访问共享数据，这就要求有同步机制以保证不出现竞争条件，特别是：

- Linux 是抢占多任务操作系统。内核的进程调度程序即兴对进程进行调度和重新调度。内核必须和这些任务同步。
- Linux 内核支持对称多处理器系统（SMP）。所以，如果没有适当的保护，同时在两个或两个以上的处理器上执行的内核代码很可能会同时访问共享的同一个资源。
- 中断是异步到来的，完全不顾及当前正在执行的代码。也就是说，如果不加以适当的保护，中断完全有可能在代码访问资源的时候到来，这样，中段处理程序就有可能访问同一资源。
- Linux 内核可以抢占。所以，如果不加以适当的保护，内核中一段正在执行的代码可能会被另外一段代码抢占，从而有可能导致几段代码同时访问相同的资源。

常用的解决竞争的办法是自旋锁和信号量。我们将在后面的章节中详细讨论同步和并发执行。

2.4.7　可移植性的重要性

尽管用户空间的应用程序不太注意移植问题，然而 Linux 却是一个可移植的操作系统，并且要一直保持这种特点。也就是说，大部分 C 代码应该与体系结构无关，在许多不同体系结构的计算机上都能够编译和执行，因此，必须把与体系结构相关的代码从内核代码树的特定目录中适当地分离出来。

诸如保持字节序、64 位对齐、不假定字长和页面长度等一系列准则都有助于移植性。对移植性的深度讨论将在后面的章节中进行。

2.5　小结

毫无疑义，内核有独一无二的特质。它实施自己的规则和奖罚措施，拥有整个系统的最高管理权。当然，Linux 内核的复杂性和高门槛与其他大型软件项目并无差异。在内核开发之路上最重要的步骤是要意识到内核并没有那么可怕。陌生是肯定的，但真的就不可逾越？事实并非如此。

本章和以前的章节为贯穿本书剩余章节所讨论的主题奠定了基础。在后续的每一章中，我们都会涵盖内核的一个具体概念或子系统。在探索的征途中，最重要的是要阅读和修改内核源代码，只有通过实际的阅读和实践才会理解内核。内核源代码是可以免费获取的，直接用就可以了！

进 程 管 理

本章引入进程的概念，进程是 UNIX 操作系统抽象概念中最基本的一种。其中涉及进程的定义以及相关的概念，比如线程；然后讨论 Linux 内核如何管理每个进程：它们在内核中如何被列举，如何创建，最终又如何消亡。我们拥有操作系统就是为了运行用户程序，因此，进程管理就是所有操作系统的心脏所在，Linux 也不例外。

3.1 进程

进程就是处于执行期的程序（目标码存放在某种存储介质上）。但进程并不仅仅局限于一段可执行程序代码（UNIX 称其为代码段，text section）。通常进程还要包含其他资源，像打开的文件，挂起的信号，内核内部数据，处理器状态，一个或多个具有内存映射的内存地址空间及一个或多个执行线程（thread of execution），当然还包括用来存放全局变量的数据段等。实际上，进程就是正在执行的程序代码的实时结果。内核需要有效而又透明地管理所有细节。

执行线程，简称线程（thread），是在进程中活动的对象。每个线程都拥有一个独立的程序计数器、进程栈和一组进程寄存器。内核调度的对象是线程，而不是进程。在传统的 UNIX 系统中，一个进程只包含一个线程，但现在的系统中，包含多个线程的多线程程序司空见惯。稍后你会看到，Linux 系统的线程实现非常特别：它对线程和进程并不特别区分。对 Linux 而言，线程只不过是一种特殊的进程罢了。

在现代操作系统中，进程提供两种虚拟机制：虚拟处理器和虚拟内存。虽然实际上可能是许多进程正在分享一个处理器，但虚拟处理器给进程一种假象，让这些进程觉得自己在独享处理器。第 4 章将详细描述这种虚拟机制。而虚拟内存让进程在分配和管理内存时觉得自己拥有整个系统的所有内存资源。第 12 章将描述虚拟内存机制。有趣的是，注意在线程之间⊖可以共享虚拟内存，但每个都拥有各自的虚拟处理器。

程序本身并不是进程，进程是处于执行期的程序以及相关的资源的总称。实际上，完全可能存在两个或多个不同的进程执行的是同一个程序。并且两个或两个以上并存的进程还可以共享许多诸如打开的文件、地址空间之类的资源。

无疑，进程在创建它的时刻开始存活。在 Linux 系统中，这通常是调用 fork() 系统的结果，该系统调用通过复制一个现有进程来创建一个全新的进程。调用 fork() 的进程称为父进程，新产生的进程称为子进程。在该调用结束时，在返回点这个相同位置上，父进程恢复执行，子进程开始执行。fork() 系统调用从内核返回两次：一次回到父进程，另一次回到新产生的子进程。

⊖ 这里是指包含在同一个进程中的线程。——译者注

　　通常，创建新的进程都是为了立即执行新的、不同的程序，而接着调用 exec() 这组函数就可以创建新的地址空间，并把新的程序载入其中。在现代 Linux 内核中，fork() 实际上是由 clone() 系统调用实现的，后者将在后面讨论。

　　最终，程序通过 exit() 系统调用退出执行。这个函数会终结进程并将其占用的资源释放掉。父进程可以通过 wait4()⊖系统调用查询子进程是否终结，这其实使得进程拥有了等待特定进程执行完毕的能力。进程退出执行后被设置为僵死状态，直到它的父进程调用 wait() 或 waitpid() 为止。

> **注意**　进程的另一个名字是任务（task）。Linux 内核通常把进程也叫作任务。本书会交替使用这两个术语，不过我所说的任务通常指的是从内核观点所看到的进程。

3.2　进程描述符及任务结构

　　内核把进程的列表存放在叫作任务队列（task list⊖）的双向循坏链表中。链表中的每一项都是类型为 task_struct、称为进程描述符（process descriptor）的结构，该结构定义在 <linux/sched.h> 文件中。进程描述符中包含一个具体进程的所有信息。

　　task_struct 相对较大，在 32 位机器上，它大约有 1.7KB。但如果考虑到该结构内包含了内核管理一个进程所需的所有信息，那么它的大小也算相当小了。进程描述符中包含的数据能完整地描述一个正在执行的程序：它打开的文件，进程的地址空间，挂起的信号，进程的状态，还有其他更多信息（见图 3-1）。

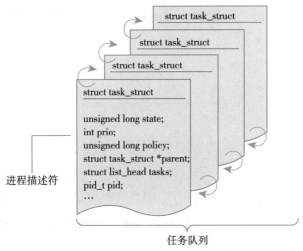

图 3-1　进程描述符及任务队列

⊖　由内核负责实现 wait4() 系统调用。Linux 系统通过 C 库通常要提供 wait()、waitpid()、wait3() 和 wait4() 函数。虽然有些细微的语意差别，但所有函数都返回关于终止进程的状态。

⊖　有些介绍操作系统的教材称这为任务数组（task array）。由于 Linux 实现时使用的是队列而不是静态数组，所以就称作任务队列。

3.2.1 分配进程描述符

Linux 通过 slab 分配器分配 task_struct 结构，这样能达到对象复用和缓存着色（cache coloring）（参见第 12 章）的目的⊖。在 2.6 以前的内核中，各个进程的 task_struct 存放在它们内核栈的尾端。这样做是为了让那些像 x86 那样寄存器较少的硬件体系结构只要通过栈指针就能计算出它的位置，而避免使用额外的寄存器专门记录。由于现在用 slab 分配器动态生成 task_struct，所以只需在栈底（对于向下增长的栈来说）或栈顶（对于向上增长的栈来说）创建一个新的结构 struct thread_info ⊖（见图 3-2）。

在 x86 上，struct thread_info 在文件 <asm/thread_info.h> 中定义如下：

```
struct thread_info {
        struct task_struct      *task;
        struct exec_domain      *exec_domain;
        __u32                   flags;
        __u32                   status;
        __u32                   cpu;
        int                     preempt_count;
        mm_segment_t            addr_limit;
        struct restart_block    restart_block;
        void                    *sysenter_return;
        int                     uaccess_err;
};
```

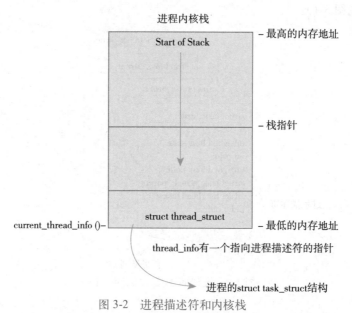

图 3-2　进程描述符和内核栈

每个任务的 thread_info 结构在它的内核栈的尾端分配。结构中 task 域中存放的是指向该任务实际 task_struct 的指针。

3.2.2 进程描述符的存放

内核通过一个唯一的进程标识值（process identification value）或 PID 来标识每个进程。PID 是一个数，表示为 pid_t 隐含类型 $\ominus$，实际上就是一个 int 类型。为了与老版本的 UNIX 和 Linux 兼容，PID 的最大值默认设置为 32768（short int 短整型的最大值），尽管这个值也可以增加到高达 400 万（这受 <linux/threads.h> 中所定义 PID 最大值的限制）。内核把每个进程的 PID 存放在它们各自的进程描述符中。

这个最大值很重要，因为它实际上就是系统中允许同时存在的进程的最大数目。尽管 32768 对于一般的桌面系统足够用了，但是大型服务器可能需要更多进程。这个值越小，转一圈就越快，本来数值大的进程比数值小的进程迟运行，但这样一来就破坏了这一原则。如果确实需要的话，可以不考虑与老式系统的兼容，由系统管理员通过修改 /proc/sys/kernel/pid_max 来提高上限。

在内核中，访问任务通常需要获得指向其 task_struct 的指针。实际上，内核中大部分处理进程的代码都是直接通过 task_struct 进行的。因此，通过 current 宏查找到当前正在运行进程的进程描述符的速度就显得尤为重要。硬件体系结构不同，该宏的实现也不同，它必须针对专门的硬件体系结构做处理。有的硬件体系结构可以拿出一个专门寄存器来存放指向当前进程 task_struct 的指针，用于加快访问速度。而有些像 x86 这样的体系结构（其寄存器并不富余），就只能在内核栈的尾端创建 thread_info 结构，通过计算偏移间接地查找 task_struct 结构。

在 x86 系统上，current 把栈指针的后 13 个有效位屏蔽掉，用来计算出 thread_info 的偏移。该操作是通过 current_thread_info() 函数来完成的。汇编代码如下：

```
movl $-8192, %eax
andl %esp, %eax
```

这里假定栈的大小为 8KB。当 4KB 的栈启用时，就要用 4096，而不是 8192。

最后，current 再从 thread_info 的 task 域中提取并返回 task_struct 的地址：

```
current_thread_info()->task;
```

对比一下这部分在 PowerPC 上的实现（IBM 基于 RISC 的现代微处理器），我们可以发现 PPC 当前的 task_struct 是保存在一个寄存器中的。也就是说，在 PPC 上，current 宏只需把 r2 寄存器中的值返回就行了。与 x86 不一样，PPC 有足够多的寄存器，所以它的实现有这样选择的余地。而访问进程描述符是一个重要的频繁操作，所以 PPC 的内核开发者觉得完全有必要为此使用一个专门的寄存器。

3.2.3 进程状态

进程描述符中的 state 域描述了进程的当前状态（见图 3-3）。系统中的每个进程都必然处于

$\ominus$ 隐含类型指数据类型的物理表示是未知的或不相关的。

五种进程状态中的一种。该域的值也必为下列五种状态标志之一：

- **TASK_RUNNING**（运行）——进程是可执行的；它或者正在执行，或者在运行队列中等待执行（运行队列将会在第 4 章中讨论）。这是进程在用户空间中执行的唯一可能的状态；这种状态也可以应用到内核空间中正在执行的进程。
- **TASK_INTERRUPTIBLE**（可中断）——进程正在睡眠（也就是说它被阻塞），等待某些条件的达成。一旦这些条件达成，内核就会把进程状态设置为运行。处于此状态的进程也会因为接收到信号而提前被唤醒并随时准备投入运行。
- **TASK_UNINTERRUPTIBLE**（不可中断）——除了就算是接收到信号也不会被唤醒或准备投入运行外，这个状态与可打断状态相同。这个状态通常在进程必须在等待时不受干扰或等待事件很快就会发生时出现。由于处于此状态的任务对信号不做响应，所以较之可中断状态⊖，使用得较少。
- **__TASK_TRACED**——被其他进程跟踪的进程，例如通过 ptracc 对调试程序进行跟踪。
- **__TASK_STOPPED**（停止）——进程停止执行；进程没有投入运行也不能投入运行。通常这种状态发生在接收到 SIGSTOP、SIGTSTP、SIGTTIN、SIGTTOU 等信号的时候。此外，在调试期间接收到任何信号，都会使进程进入这种状态。

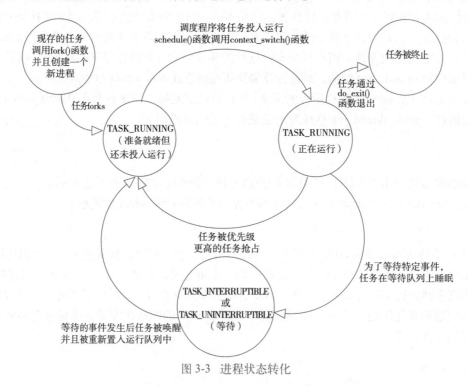

图 3-3　进程状态转化

⊖ 这就是你在执行 ps(1) 命令时，看到那些被标为 D 状态而又不能被杀死的进程的原因。由于任务将不响应信号，因此，你不可能给它发送 SIGKILL 信号。退一步说，即使有办法，终结这样一个任务也不是明智的选择，因为该任务有可能正在执行重要的操作，甚至还可能持有一个信号量。

3.2.4　设置当前进程状态

内核经常需要调整某个进程的状态。这时最好使用 set_task_state(task, state) 函数：

```
set_task_state(task, state);              /* 将任务 task 的状态设置为 state */
```

该函数将指定的进程设置为指定的状态。必要的时候，它会设置内存屏障来强制其他处理器作重新排序。（一般只有在 SMP 系统中有此必要。）否则，它等价于：

```
task->state = state;
```

set_current_state(state) 和 set_task_state(current, state) 含义是等同的。参看 <linux/sched.h> 中对这些相关函数实现的说明。

3.2.5　进程上下文

可执行程序代码是进程的重要组成部分。这些代码从一个可执行文件载入到进程的地址空间执行。一般程序在用户空间执行。当一个程序调执行了系统调用（参见第 5 章）或者触发了某个异常，它就陷入了内核空间。此时，我们称内核"代表进程执行"并处于进程上下文中。在此上下文中 current 宏是有效的⊖。除非在此间隙有更高优先级的进程需要执行并由调度器做出了相应调整，否则在内核退出的时候，程序恢复在用户空间会继续执行。

系统调用和异常处理程序是对内核明确定义的接口。进程只有通过这些接口才能陷入内核执行——对内核的所有访问都必须通过这些接口。

3.2.6　进程家族树

UNIX 系统的进程之间存在一个明显的继承关系，在 Linux 系统中也是如此。所有的进程都是 PID 为 1 的 init 进程的后代。内核在系统启动的最后阶段启动 init 进程。该进程读取系统的初始化脚本（initscript）并执行其他的相关程序，最终完成系统启动的整个过程。

系统中的每个进程必有一个父进程，相应的，每个进程也可以拥有零个或多个子进程。拥有同一个父进程的所有进程被称为兄弟。进程间的关系存放在进程描述符中。每个 task_struct 都包含一个指向其父进程 tast_struct、叫作 parent 的指针，还包含一个称为 children 的子进程链表。所以，对于当前进程，可以通过下面的代码获得其父进程的进程描述符：

```
struct task_struct        *my_parent = current->parent;
```

同样，也可以按以下方式依次访问子进程：

```
struct task_struct *task;
struct list_head *list;

list_for_each(list, &current->children) {
        task = list_entry(list, struct task_struct, sibling);
```

⊖ 除了进程上下文，我们将在第 7 章讨论中断上下文。在中断上下文中，系统不代表进程执行，而是执行一个中断处理程序。不会有进程去干扰这些中断处理程序，所以此时不存在进程上下文。

```
                    /* task 现在指向当前的某个子进程 */
}
```

init 进程的进程描述符是作为 init_task 静态分配的。下面的代码可以很好地演示所有进程之间的关系：

```
struct task_struct *task;

for (task = current; task != &init_task; task = task->parent)
        ;
/* task 现在指向 init  */
```

实际上，你可以通过这种继承体系从系统的任何一个进程出发查找到任意指定的其他进程。但大多数时候，只需要通过简单的重复方式就可以遍历系统中的所有进程。这非常容易做到，因为任务队列本来就是一个双向的循环链表。对于给定的进程，获取链表中的下一个进程：

```
list_entry(task->tasks.next, struct task_struct, tasks)
```

获取前一个进程的方法与之相同：

```
list_entry(task->tasks.prev, struct task_struct, tasks)
```

这两个例程分别通过 next_task(task) 宏和 prev_task(task) 宏实现。而实际上，for_each_process(task) 宏提供了依次访问整个任务队列的能力。每次访问，任务指针都指向链表中的下一个元素：

```
struct task_struct *task;

for_each_process(task) {
        /* 它打印出每一个任务的名称和 PID*/
        printk("%s[%d]\n", task->comm, task->pid);
}
```

特别提醒　在一个拥有大量进程的系统中通过重复来遍历所有的进程代价是很大的。因此，如果没有充足的理由（或者别无他法），别这样做。

3.3　进程创建

UNIX 的进程创建很特别。许多其他的操作系统都提供了产生（spawn）进程的机制，首先在新的地址空间里创建进程，读入可执行文件，最后开始执行。UNIX 采用了与众不同的实现方式，它把上述步骤分解到两个单独的函数中去执行：fork() 和 exec() ⊖。首先，fork() 通过拷贝当前进程创建一个子进程。子进程与父进程的区别仅仅在于 PID（每个进程唯一）、PPID（父进程的进程号，子进程将其设置为被拷贝进程的 PID）和某些资源和统计量（例如，挂起的信号，它没有必要被继承）。exec() 函数负责读取可执行文件并将其载入地址空间开始运行。把这两个函数组合起来使用的效果跟其他系统使用的单一函数的效果相似。

⊖ exec() 在这里指所有 exec() 一族的函数。内核实现了 execve() 函数，在此基础上，还实现了 execlp()、execle()、execv() 和 execvp()。

3.3.1　写时拷贝

传统的 fork() 系统调用直接把所有的资源复制给新创建的进程。这种实现过于简单并且效率低下，因为它拷贝的数据也许并不共享，更糟的情况是，如果新进程打算立即执行一个新的映像，那么所有的拷贝都将前功尽弃。Linux 的 fork() 使用写时拷贝（copy-on-write）页实现。写时拷贝是一种可以推迟甚至免除拷贝数据的技术。内核此时并不复制整个进程地址空间，而是让父进程和子进程共享同一个拷贝。

只有在需要写入的时候，数据才会被复制，从而使各个进程拥有各自的拷贝。也就是说，资源的复制只有在需要写入的时候才进行，在此之前，只是以只读方式共享。这种技术使地址空间上的页的拷贝被推迟到实际发生写入的时候才进行。在页根本不会被写入的情况下（举例来说，fork() 后立即调用 exec()）它们就无须复制了。

fork() 的实际开销就是复制父进程的页表以及给子进程创建唯一的进程描述符。在一般情况下，进程创建后都会马上运行一个可执行的文件，这种优化可以避免拷贝大量根本就不会被使用的数据（地址空间里常常包含数十兆的数据）。由于 UNIX 强调进程快速执行的能力，所以这个优化是很重要的。

3.3.2　fork()

Linux 通过 clone() 系统调用实现 fork()。这个调用通过一系列的参数标志来指明父、子进程需要共享的资源（关于这些标志更多的信息请参考本章后面 3.4 节）。fork()、vfork() 和 __clone () 库函数都根据各自需要的参数标志去调用 clone()，然后由 clone() 去调用 do_fork()。

do_fork 完成了创建中的大部分工作，它的定义在 kernel/fork.c 文件中。该函数调用 copy_process() 函数，然后让进程开始运行。copy_process() 函数完成的工作很有意思：

1）调用 dup_task_struct() 为新进程创建一个内核栈、thread_info 结构和 task_struct，这些值与当前进程的值相同。此时，子进程和父进程的描述符是完全相同的。

2）检查并确保新创建这个子进程后，当前用户所拥有的进程数目没有超出给它分配的资源的限制。

3）子进程着手使自己与父进程区别开来。进程描述符内的许多成员都要被清 0 或设为初始值。那些不是继承而来的进程描述符成员，主要是统计信息。task_struct 中的大多数数据都依然未被修改。

4）子进程的状态被设置为 TASK_UNINTERRUPTIBLE，以保证它不会投入运行。

5）copy_process() 调用 copy_flags() 以更新 task_struct 的 flags 成员。表明进程是否拥有超级用户权限的 PF_SUPERPRIV 标志被清 0。表明进程还没有调用 exec() 函数的 PF_FORKNOEXEC 标志被设置。

6）调用 alloc _pid() 为新进程分配一个有效的 PID。

7）根据传递给 clone() 的参数标志，copy_process() 拷贝或共享打开的文件、文件系统信息、信号处理函数、进程地址空间和命名空间等。在一般情况下，这些资源会被给定进程的所有线程共享；否则，这些资源对每个进程是不同的，因此被拷贝到这里。

8）最后，copy_process() 做扫尾工作并返回一个指向子进程的指针。

再回到 do_fork() 函数，如果 copy_process() 函数成功返回，新创建的子进程被唤醒并让其投入运行。内核有意选择子进程首先执行[⊖]。因为一般子进程都会马上调用 exec() 函数，这样可以避免写时拷贝的额外开销，如果父进程首先执行的话，有可能会开始向地址空间写入。

3.3.3　vfork()

除了不拷贝父进程的页表项外，vfork() 系统调用和 fork() 的功能相同。子进程作为父进程的一个单独的线程在它的地址空间里运行，父进程被阻塞，直到子进程退出或执行 exec()。子进程不能向地址空间写入。在过去的 3BSD 时期，这个优化是很有意义的，那时并未使用写时拷贝页来实现 fork()。现在由于在执行 fork() 时引入了写时拷贝页并且明确了子进程先执行，vfork() 的好处就仅限于不拷贝父进程的页表项了。如果 Linux 将来 fork() 有了写时拷贝页表项，那么 vfork() 就彻底没用了[⊜]。另外由于 vfork() 语意非常微妙（试想，如果 cxec() 调用失败会发生什么），所以理想情况下，系统最好不要调用 vfork()，内核也不用实现它。完全可以把 vfork() 实现成一个普普通通的 fork()——实际上，Linux 2.2 以前都是这么做的。

vfork() 系统调用的实现是通过向 clone() 系统调用传递一个特殊标志来进行的。

1）在调用 copy_process() 时，task_struct 的 vfor_done 成员被设置为 NULL。

2）在执行 do_fork() 时，如果给定特别标志，则 vfork_done 会指向一个特定地址。

3）子进程先开始执行后，父进程不是马上恢复执行，而是一直等待，直到子进程通过 vfork_done 指针向它发送信号。

4）在调用 mm_release() 时，该函数用于进程退出内存地址空间，并且检查 vfork_done 是否为空，如果不为空，则会向父进程发送信号。

5）回到 do_fork()，父进程醒来并返回。

如果一切执行顺利，子进程在新的地址空间里运行而父进程也恢复了在原地址空间的运行。这样，开销确实降低了，不过它的实现并不是优良的。

3.4　线程在 Linux 中的实现

线程机制是现代编程技术中常用的一种抽象概念。该机制提供了在同一程序内共享内存地址空间运行的一组线程。这些线程还可以共享打开的文件和其他资源。线程机制支持并发程序设计技术（concurrent programming），在多处理器系统上，它也能保证真正的并行处理（parallelism）。

Linux 实现线程的机制非常独特。从内核的角度来说，它并没有线程这个概念。Linux 把所有的线程都当作进程来实现。内核并没有准备特别的调度算法或是定义特别的数据结构来表征线程。相反，线程仅仅被视为一个与其他进程共享某些资源的进程。每个线程都拥有唯一隶属于自己的 task_struct，所以在内核中，它看起来就像是一个普通的进程（只是线程和其他一些进程共享某些资源，如地址空间）。

⊖　有趣的是，虽然想让子进程先运行，但是并非总能如此。

⊜　有补丁可以帮助 Linux 完成该功能。这种特性很可能找到自己的途径而进入 Linux 主内核。

上述线程机制的实现与 Microsoft Windows 或是 Sun Solaris 等操作系统的实现差异非常大。这些系统都在内核中提供了专门支持线程的机制（这些系统常常把线程称作轻量级进程（lightweight processes））。"轻量级进程"这种叫法本身就概括了 Linux 在此处与其他系统的差异。在其他的系统中，相较于重量级的进程，线程被抽象成一种耗费较少资源，运行迅速的执行单元。而对于 Linux 来说，它只是一种进程间共享资源的手段（Linux 的进程本身就够轻量级了）[⊖]。举个例子来说，假如我们有一个包含四个线程的进程，在提供专门线程支持的系统中，通常会有一个包含指向四个不同线程的指针的进程描述符。该描述符负责描述像地址空间、打开的文件这样的共享资源。线程本身再去描述它独占的资源。相反，Linux 仅仅创建四个进程并分配四个普通的 task_sturct 结构。建立这四个进程时指定他们共享某些资源，这是相当高雅的做法。

3.4.1　创建线程

线程的创建和普通进程的创建类似，只不过在调用 clone() 的时候需要传递一些参数标志来指明需要共享的资源：

```
clone(CLONE_VM | CLONE_FS | CLONE_FILES | CLONE_SIGHAND, 0);
```

上面的代码产生的结果和调用 fork() 差不多，只是父子俩共享地址空间、文件系统资源、文件描述符和信号处理程序。换个说法就是，新建的进程和它的父进程就是流行的所谓线程。

对比一下，一个普通的 fork() 的实现是：

```
clone(SIGCHLD, 0);
```

而 vfork() 的实现是：

```
clone(CLONE_VFORK | CLONE_VM | SIGCHLD, 0);
```

传递给 clone() 的参数标志决定了新创建进程的行为方式和父子进程之间共享的资源种类。表 3-1 列举了这些 clone() 用到的参数标志以及它们的作用，这些是在 <linux/sched.h> 中定义的。

表 3-1　clone() 参数标志

参 数 标 志	含　　义
CLONE_FILES	父子进程共享打开的文件
CLONE_FS	父子进程共享文件系统信息
CLONE_IDLETASK	将 PID 设置为 0（只供 idle 进程使用）
CLONE_NEWNS	为子进程创建新的命名空间
CLONE_PARENT	指定子进程与父进程拥有同一个父进程
CLONE_PTRACE	继续调试子进程
CLONE_SETTID	将 TID 回写至用户空间
CLONE_SETTLS	为子进程创建新的 TLS
CLONE_SIGHAND	父子进程共享信号处理函数及被阻断的信号

⊖　作为一个例子，创建 Linux 进程所花时间和创建其他操作系统（尤其是线程）所花时间的比较测评结果非常好。

（续）

参数标志	含　义
CLONE_SYSVSEM	父子进程共享 System V SEM_UNDO 语义
CLONE_THREAD	父子进程放入相同的线程组
CLONE_VFORK	调用 vfork()，所以父进程准备睡眠等待子进程将其唤醒
CLONE_UNTRACED	防止跟踪进程在子进程上强制执行 CLONE_PTRACE
CLONE_STOP	以 TASK_STOPPED 状态开始进程
CLONE_SETTLS	为子进程创建新的 TLS(thread-local storage)
CLONE_CHILD_CLEARTID	清除子进程的 TID
CLONE_CHILD_SETTID	设置子进程的 TID
CLONE_PARENT_SETTID	设置父进程的 TID
CLONE_VM	父子进程共享地址空间

3.4.2　内核线程

内核经常需要在后台执行一些操作。这种任务可以通过内核线程（kernel thread）完成——独立运行在内核空间的标准进程。内核线程和普通的进程间的区别在于内核线程没有独立的地址空间（实际上指向地址空间的 mm 指针被设置为 NULL）。它们只在内核空间运行，从来不切换到用户空间去。内核进程和普通进程一样，可以被调度，也可以被抢占。

Linux 确实会把一些任务交给内核线程去做，像 flush 和 ksofirqd 这些任务就是明显的例子。在装有 Linux 系统的机子上运行 ps -ef 命令，你可以看到内核线程，有很多！这些线程在系统启动时由另外一些内核线程创建。实际上，内核线程也只能由其他内核线程创建。内核是通过从 kthreadd 内核进程中衍生出所有新的内核线程来自动处理这一点的。在 <linux/kthread.h> 中申明有接口，于是，从现有内核线程中创建一个新的内核线程的方法如下：

```
struct task_struct *kthread_create(int (*threadfn)(void *data),
                                   void *data,
                                   const char namefmt[],
                                   ...)
```

新的任务是由 kthread 内核进程通过 clone() 系统调用而创建的。新的进程将运行 threadfn 函数，给其传递的参数为 data。进程会被命名为 namefmt，namefmt 接受可变参数列表类似于 printf() 的格式化参数。新创建的进程处于不可运行状态，如果不通过调用 wake_up_process() 明确地唤醒它，它不会主动运行。创建一个进程并让它运行起来，可以通过调用 kthread_run() 来达到：

```
struct task_struct *kthread_run(int (*threadfn)(void *data),
                                void *data,
                                const char namefmt[],
                                ...)
```

这个例程是以宏实现的，只是简单地调用了 kthread_create() 和 wake_up_process()：

```
#define kthread_run(threadfn, data, namefmt, ...)              \
({                                                             \
        struct task_struct *k;                                \
                                                              \
        k = kthread_create(threadfn, data, namefmt, ## __VA_ARGS__); \
        if (!IS_ERR(k))                                        \
                wake_up_process(k);                           \
        k;                                                    \
})
```

内核线程启动后就一直运行直到调用 do_exit() 退出，或者内核的其他部分调用 kthread_stop() 退出，传递给 kthread_stop() 的参数为 kthread_create() 函数返回的 task_struct 结构的地址：

```
int kthread_stop(struct task_struct *k)
```

我们将在以后的内容中详细讨论具体的内核线程。

3.5 进程终结

虽然让人伤感，但进程终归是要终结的。当一个进程终结时，内核必须释放它所占有的资源并把这一不幸告知其父进程。

一般来说，进程的析构是自身引起的。它发生在进程调用 exit() 系统调用时，既可能显式地调用这个系统调用，也可能隐式地从某个程序的主函数返回（其实 C 语言编译器会在 main() 函数的返回点后面放置调用 exit() 的代码）。当进程接受到它既不能处理也不能忽略的信号或异常时，它还可能被动地终结。不管进程是怎么终结的，该任务大部分都要靠 do_exit()（定义于 kernel/exit.c）来完成，它要做下面这些烦琐的工作：

1）将 tast_struct 中的标志成员设置为 PF_EXITING。

2）调用 del_timer_sync() 删除任一内核定时器。根据返回的结果，它确保没有定时器在排队，也没有定时器处理程序在运行。

3）如果 BSD 的进程记账功能是开启的，do_exit() 调用 acct_update_integrals() 来输出记账信息。

4）然后调用 exit_mm() 函数释放进程占用的 mm_struct，如果没有别的进程使用它们（也就是说，这个地址空间没有被共享），就彻底释放它们。

5）接下来调用 sem __ exit() 函数。如果进程排队等候 IPC 信号，它则离开队列。

6）调用 exit_files() 和 exit_fs()，以分别递减文件描述符、文件系统数据的引用计数。如果其中某个引用计数的数值降为零，那么就代表没有进程在使用相应的资源，此时可以释放。

7）接着把存放在 task_struct 的 exit_code 成员中的任务退出代码置为由 exit() 提供的退出代码，或者去完成任何其他由内核机制规定的退出动作。退出代码存放在这里供父进程随时检索。

8）调用 exit_notify() 向父进程发送信号，给子进程重新找养父，养父为线程组中的其他线程或者为 init 进程，并把进程状态（存放在 task_struct 结构的 exit_state 中）设成 EXIT_ZOMBIE。

9）do_exit() 调用 schedule() 切换到新的进程（参看第 4 章）。因为处于 EXIT_ZOMBIE 状态

的进程不会再被调度,所以这是进程所执行的最后一段代码。do_exit() 永不返回。

至此,与进程相关联的所有资源都被释放掉了(假设该进程是这些资源的唯一使用者)。进程不可运行(实际上也没有地址空间让它运行)并处于 EXIT_ZOMBIE 退出状态。它占用的所有内存就是内核栈、thread_info 结构和 tast_struct 结构。此时进程存在的唯一目的就是向它的父进程提供信息。父进程检索到信息后,或者通知内核那是无关的信息后,由进程所持有的剩余内存被释放,归还给系统使用。

3.5.1 删除进程描述符

在调用了 do_exit() 之后,尽管线程已经僵死不能再运行了,但是系统还保留了它的进程描述符。前面说过,这样做可以让系统有办法在子进程终结后仍能获得它的信息。因此,进程终结时所需的清理工作和进程描述符的删除被分开执行。在父进程获得已终结的子进程的信息后,或者通知内核它并不关注那些信息后,子进程的 task_struct 结构才被释放。

wait() 这一族函数都是通过唯一(但是很复杂)的一个系统调用 wait4 来实现的。它的标准动作是挂起调用它的进程,直到其中的一个子进程退出,此时函数会返回该子进程的 PID。此外,调用该函数时提供的指针会包含子函数退出时的退出代码。

当最终需要释放进程描述符时,release_task() 会被调用,用以完成以下工作:

1)它调用 __exit_signal(),该函数调用 _unhash_process(),后者又调用 detach_pid() 从 pidhash 上删除该进程,同时也要从任务列表中删除该进程。

2)_exit_signal() 释放目前僵死进程所使用的所有剩余资源,并进行最终统计和记录。

3)如果这个进程是线程组最后一个进程,并且领头进程已经死掉,那么 release_task() 就要通知僵死的领头进程的父进程。

4)release_task() 调用 put_task_struct() 释放进程内核栈和 thread_info 结构所占的页,并释放 tast_struct 所占的 slab 高速缓存。

至此,进程描述符和所有进程独享的资源就全部释放掉了。

3.5.2 孤儿进程造成的进退维谷

如果父进程在子进程之前退出,必须有机制来保证子进程能找到一个新的父亲,否则这些成为孤儿的进程就会在退出时永远处于僵死状态,白白地耗费内存。前面的部分已经有所暗示,对于这个问题,解决方法是给子进程在当前线程组内找一个线程作为父亲,如果不行,就让 init 做它们的父进程。在 do_exit() 中会调用 exit_notify(),该函数会调用 forget_original_parent(),而后者会调用 find_new_reaper() 来执行寻父过程:

```
static struct task_struct *find_new_reaper(struct task_struct *father)
{
        struct pid_namespace *pid_ns = task_active_pid_ns(father);
        struct task_struct *thread;

        thread = father;
        while_each_thread(father, thread) {
```

```
                if (thread->flags & PF_EXITING)
                        continue;
                if (unlikely(pid_ns->child_reaper == father))
                        pid_ns->child_reaper = thread;
                return thread;
        }

        if (unlikely(pid_ns->child_reaper == father)) {
                write_unlock_irq(&tasklist_lock);
                if (unlikely(pid_ns == &init_pid_ns))
                        panic("Attempted to kill init!");

                zap_pid_ns_processes(pid_ns);
                write_lock_irq(&tasklist_lock);
                /*
                 * We can not clear ->child reaper or leave it alone.
                 * There may by stealth EXIT_DEAD tasks on ->children,
                 * forget_original_parent() must move them somewhere.
                 */
                pid_ns->child_reaper = init_pid_ns.child_reaper;
        }
        return pid_ns->child_reaper;
}
```

这段代码试图找到进程所在的线程组内的其他进程。如果线程组内没有其他的进程，它就找到并返回的是 init 进程。现在，给子进程找到合适的养父进程了，只需要遍历所有子进程并为它们设置新的父进程：

```
reaper = find_new_reaper(father);
list_for_each_entry_safe(p, n, &father->children, sibling) {
                p->real_parent = reaper;
                if (p->parent == father) {
                        BUG_ON(p->ptrace);
                        p->parent = p->real_parent;
                }
                reparent_thread(p, father);
        }
```

然后调用 ptrace_exit_finish() 同样进行新的寻父过程，不过这次是给 ptraced 的子进程寻找父亲。

```
void exit_ptrace(struct task_struct *tracer)
{
        struct task_struct *p, *n;
        LIST_HEAD(ptrace_dead);

        write_lock_irq(&tasklist_lock);
        list_for_each_entry_safe(p, n, &tracer->ptraced, ptrace_entry) {
                if (__ptrace_detach(tracer, p))
                        list_add(&p->ptrace_entry, &ptrace_dead);
```

```
        }
        write_unlock_irq(&tasklist_lock);

        BUG_ON(!list_empty(&tracer->ptraced));

        list_for_each_entry_safe(p, n, &ptrace_dead, ptrace_entry) {
                list_del_init(&p->ptrace_entry);
                release_task(p);
        }
}
```

　　这段代码遍历了两个链表：子进程链表和 ptrace 子进程链表，给每个子进程设置新的父进程。这两个链表同时存在的原因很有意思，它也是 2.6 内核的一个新特性。当一个进程被跟踪时，它的临时父亲设定为调试进程。此时如果它的父进程退出了，系统会为它和它的所有兄弟重新找一个父进程。在以前的内核中，这就需要遍历系统所有的进程来找这些子进程。现在的解决办法是在一个单独的被 ptrace 跟踪的子进程链表中搜索相关的兄弟进程——用两个相对较小的链表减轻了遍历带来的消耗。

　　一旦系统为进程成功地找到和设置了新的父进程，就不会再有出现驻留僵死进程的危险了。init 进程会例行调用 wait() 来检查其子进程，清除所有与其相关的僵死进程。

3.6　小结

　　在本章中，我们考察了操作系统中的核心概念——进程。我们也讨论了进程的一般特性，它为何如此重要，以及进程与线程之间的关系。然后，讨论了 Linux 如何存放和表示进程（用 task_struct 和 thread_info），如何创建进程（通过 fork()，实际上最终是 clone()），如何把新的执行映像装入到地址空间（通过 exec() 系统调用族），如何表示进程的层次关系，父进程又是如何收集其后代的信息（通过 wait() 系统调用族），以及进程最终如何消亡（强制或自愿地调用 exit()）。进程是一个非常基础、非常关键的抽象概念，位于每一种现代操作系统的核心位置，也是我们拥有操作系统（用来运行程序）的最终原因。

　　第 4 章讨论进程调度，内核以这种微妙而有趣的方式来决定哪个进程运行，何时运行，以何种顺序运行。

进程调度

第 3 章讨论了进程，它在操作系统看来是程序的运行态表现形式。本章将讨论进程调度程序，它是确保进程能有效工作的一个内核子系统。

调度程序负责决定将哪个进程投入运行，何时运行以及运行多长时间。进程调度程序（常常简称调度程序）可看作在可运行态进程之间分配有限的处理器时间资源的内核子系统。调度程序是像 Linux 这样的多任务操作系统的基础。只有通过调度程序的合理调度，系统资源才能最大限度地发挥作用，多进程才会有并发执行的效果。

调度程序没有太复杂的原理。最大限度地利用处理器时间的原则是，只要有可以执行的进程，那么就总会有进程正在执行。但是只要系统中可运行的进程的数目比处理器的个数多，就注定某一给定时刻会有一些进程不能执行。这些进程在等待运行。在一组处于可运行状态的进程中选择一个来执行，是调度程序所需完成的基本工作。

4.1　多任务

多任务操作系统就是能同时并发地交互执行多个进程的操作系统。在单处理器机器上，这会产生多个进程在同时运行的幻觉。在多处理器机器上，这会使多个进程在不同的处理机上真正同时、并行地运行。无论在单处理器或者多处理器机器上，多任务操作系统都能使多个进程处于堵塞或者睡眠状态，也就是说，实际上不被投入执行，直到工作确实就绪。这些任务尽管位于内存，但并不处于可运行状态。相反，这些进程利用内核阻塞自己，直到某一事件（键盘输入、网络数据、过一段时间等）发生。因此，现代 Linux 系统也许有 100 个进程在内存，但是只有一个处于可运行状态。

多任务系统可以划分为两类：非抢占式多任务（cooperative multitasking）和抢占式多任务（preemptive multitasking）。像所有 UNIX 的变体和许多其他现代操作系统一样，Linux 提供了抢占式的多任务模式。在此模式下，由调度程序来决定什么时候停止一个进程的运行，以便其他进程能够得到执行机会。这个强制的挂起动作就叫作抢占（preemption）。进程在被抢占之前能够运行的时间是预先设置好的，而且有一个专门的名字，叫进程的时间片（timeslice）。时间片实际上就是分配给每个可运行进程的处理器时间段。有效管理时间片能使调度程序从系统全局的角度做出调度决定，这样做还可以避免个别进程独占系统资源。当今众多现代操作系统对程序运行都采用了动态时间片计算的方式，并且引入了可配置的计算策略。不过我们将看到，Linux 独一无二的"公平"调度程度本身并没有采取时间片来达到公平调度。

相反，在非抢占式多任务模式下，除非进程自己主动停止运行，否则它会一直执行。进程主

动挂起自己的操作称为让步（yielding）。理想情况下，进程通常做出让步，以便让每个可运行进
程享有足够的处理器时间。但这种机制有很多缺点：调度程序无法对每个进程该执行多长时间做
出统一规定，所以进程独占的处理器时间可能超出用户的预料；更糟的是，一个决不做出让步的
悬挂进程就能使系统崩溃。幸运的是，近 20 年以来，绝大部分的操作系统的设计都采用了抢占
式多任务——除了 Mac OS 9（以及其前身）、还有 Windows 3.1（以及其前身）这些出名且麻烦
的异端以外。毫无疑问，UNIX 从一开始就采用的是抢先式的多任务。

4.2　Linux 的进程调度

从 1991 年 Linux 的第 1 版到后来的 2.4 内核系列，Linux 的调度程序都相当简陋，设计近乎
原始。当然它很容易理解，但是它在众多可运行进程或者多处理器的环境下都难以胜任。

正因为如此，在 Linux 2.5 开发系列的内核中，调度程序做了大手术。开始采用了一种叫作
O(1) 调度程序的新调度程序——它是因为其算法的行为而得名的⊖。它解决了先前版本 Linux 调
度程序的许多不足，引入了许多强大的新特性和性能特征。这里主要要感谢静态时间片算法和针
对每一处理器的运行队列，它们帮助我们摆脱了先前调度程序设计上的限制。

O(1) 调度器虽然在拥有数以十计（不是数以百计）的多处理器的环境下尚能表现出近乎完
美的性能和可扩展性，但是时间证明该调度算法对于调度那些响应时间敏感的程序却有一些先
天不足。这些程序我们称其为交互进程——它无疑包括了所有需要用户交互的程序。正因为如
此，O(1) 调度程序虽然对于大服务器的工作负载很理想，但是在有很多交互程序要运行的桌面
系统上则表现不佳，因为其缺少交互进程。自 2.6 内核系统开发初期，开发人员为了提高对交
互程序的调度性能引入了新的进程调度算法。其中最为著名的是"反转楼梯最后期限调度算法
（Rotating Staircase Deadline scheduler）"（RSDL），该算法吸取了队列理论，将公平调度的概念引
入了 Linux 调度程序。并且最终在 2.6.23 内核版本中替代了 O(1) 调度算法，它此刻被称为"完
全公平调度算法"，或者简称 CFS。

本章将讲解调度程序设计的基础和完全公平调度程序如何运用、如何设计、如何实现以及与
它相关的系统调用。我们当然也会讲解 O(1) 调度程序，因为它毕竟是经典 UNIX 调度程序模型
的实现方式。

4.3　策略

策略决定调度程序在何时让什么进程运行。调度器的策略往往就决定系统的整体印象，并
且，还要负责优化使用处理器时间。无论从哪个方面来看，它都是至关重要的。

4.3.1　I/O 消耗型和处理器消耗型的进程

进程可以被分为 I/O 消耗型和处理器消耗型。前者指进程的大部分时间用来提交 I/O 请求或
是等待 I/O 请求。因此，这样的进程经常处于可运行状态，但通常都是运行短短的一会儿，因为

⊖ O(1) 用的是大 O 表示法。简而言之，它是指不管输入有多大，调度程序都可以在恒定时间内完成工作。第 6 章
　是一份完整的大 O 表示法说明。

它在等待更多的 I/O 请求时最后总会阻塞（这里所说的 I/O 是指任何类型的可阻塞资源，比如键盘输入，或者是网络 I/O）。举例来说，多数用户图形界面程序（GUI）都属于 I/O 密集型，即便它们从不读取或者写入磁盘，它们也会在多数时间里都在等待来自鼠标或者键盘的用户交互操作。

相反，处理器耗费型进程把时间大多用在执行代码上。除非被抢占，否则它们通常都一直不停地运行，因为它没有太多的 I/O 需求。但是，因为它们不属于 I/O 驱动类型，所以从系统响应速度考虑，调度器不应该经常让它们运行。对于这类处理器消耗型的进程，调度策略往往是尽量降低它们的调度频率，而延长其运行时间。处理器消耗型进程的极端例子就是无限循环地执行。更具代表性的例子是那些执行大量数学计算的程序，如 sshkeygen 或者 MATLAB。

当然，这种划分方法不是绝对的。进程可以同时展示这两种行为：比如，X Window 服务器既是 I/O 消耗型，也是处理器消耗型。还有些进程可以是 I/O 消耗型，但属于处理器消耗型活动的范围。其典型的例子就是字处理器，其通常坐以等待键盘输入，但在任一时刻可能又粘住处理器疯狂地进行拼写检查或者宏计算。

调度策略通常要在两个矛盾的目标中间寻找平衡：进程响应迅速（响应时间短）和最大系统利用率（高吞吐量）。为了满足上述需求，调度程序通常采用一套非常复杂的算法来决定最值得运行的进程投入运行，但是它往往并不保证低优先级进程会被公平对待。UNIX 系统的调度程序更倾向于 I/O 消耗型程序，以提供更好的程序响应速度。Linux 为了保证交互式应用和桌面系统的性能，所以对进程的响应做了优化（缩短响应时间），更倾向于优先调度 I/O 消耗型进程。虽然如此，但在下面你会看到，调度程序也并未忽略处理器消耗型的进程。

4.3.2 进程优先级

调度算法中最基本的一类就是基于优先级的调度。这是一种根据进程的价值和其对处理器时间的需求来对进程分级的想法。通常做法是（其并未被 Linux 系统完全采用）优先级高的进程先运行，低的后运行，相同优先级的进程按轮转方式进行调度（一个接一个，重复进行）。在某些系统中，优先级高的进程使用的时间片也较长。调度程序总是选择时间片未用尽而且优先级最高的进程运行。用户和系统都可以通过设置进程的优先级来影响系统的调度。

Linux 采用了两种不同的优先级范围。第一种是用 nice 值，它的范围是从 −20 到 +19，默认值为 0；越大的 nice 值意味着更低的优先级——nice 似乎意味着你对系统中的其他进程更"优待"。相比高 nice 值（低优先级）的进程，低 nice 值（高优先级）的进程可以获得更多的处理器时间。nice 值是所有 UNIX 系统中的标准化的概念——但不同的 UNIX 系统由于调度算法不同，因此 nice 值的运用方式有所差异。比如一些基于 UNIX 的操作系统，如 Mac OS X，进程的 nice 值代表分配给进程的时间片的绝对值；而 Linux 系统中，nice 值则代表时间片的比例。你可以通过 ps-el 命令查看系统中的进程列表，结果中标记 NI 的一列就是进程对应的 nice 值。

第二种范围是实时优先级，其值是可配置的，默认情况下它的变化范围是从 0 到 99（包括 0 和 99）。与 nice 值意义相反，越高的实时优先级数值意味着进程优先级越高。任何实时进程的优先级都高于普通的进程，也就是说实时优先级和 nice 优先级处于互不相交的两个范畴。Linux 实时优先级的实现参考了 UNIX 相关标准——特别是 POSIX.1b。大部分现代的 UNIX 操作系统也都提供类似的机制。你可以通过命令：

```
ps-eo state,uid,pid,ppid,rtprio,time,comm.
```

查看到你系统中的进程列表，以及它们对应的实时优先级（位于 RTPRIO 列下），其中如果有进程对应列显示 "-"，则说明它不是实时进程。

4.3.3 时间片

时间片⊖是一个数值，它表明进程在被抢占前所能持续运行的时间。调度策略必须规定一个默认的时间片，但这并不是件简单的事。时间片过长会导致系统对交互的响应表现欠佳，让人觉得系统无法并发执行应用程序；时间片太短明显增大进程切换带来的处理器耗时，因为肯定会有相当一部分系统时间用在进程切换上，而这些进程能够用来运行的时间片却很短。此外，I/O 消耗型和处理器消耗型的进程之间的矛盾在这里也再次显露出来：I/O 消耗型不需要长的时间片，而处理器消耗型的进程则希望越长越好（比如这样可以让它们的高速缓存命中率更高）。

从上面的争论中可以看出，任何长时间片都将导致系统交互表现欠佳。很多操作系统中都特别重视这一点，所以默认的时间片很短，如 10ms。但是 Linux 的 CFS 调度器并没有直接分配时间片到进程，它是将处理器的使用比划分给了进程。这样一来，进程所获得的处理器时间其实是和系统负载密切相关的。这个比例进一步还会受进程 nice 值的影响，nice 值作为权重将调整进程所使用的处理器时间使用比。具有更高 nice 值（更低优先权）的进程将被赋予低权重，从而丧失一小部分的处理器使用比；而具有更小 nice 值（更高优先级）的进程则会被赋予高权重，从而抢得更多的处理器使用比。

像前面所说的，Linux 系统是抢占式的。当一个进程进入可运行态，它就被准许投入运行。在多数操作系统中，是否要将一个进程立刻投入运行（也就是抢占当前进程），是完全由进程优先级和是否有时间片决定的。而在 Linux 中使用新的 CFS 调度器，其抢占时机取决于新的可运行程序消耗了多少处理器使用比。如果消耗的使用比比当前进程小，则新进程立刻投入运行，抢占当前进程。否则，将推迟其运行。

4.3.4 调度策略的活动

想象下面这样一个系统，它拥有两个可运行的进程：一个文字编辑程序和一个视频编码程序。文字编辑程序显然是 I/O 消耗型的，因为它大部分时间都在等待用户的键盘输入（无论用户的输入速度有多快，都不可能赶上处理的速度）。用户总是希望按下键系统就能马上响应。相反，视频编码程序是处理器消耗型的。除了最开始从磁盘上读出原始数据流和最后把处理好的视频输出外，程序所有的时间都用来对原始数据进行视频编码，处理器很轻易地被 100% 使用。它对什么时间开始运行没有太严格的要求——用户几乎分辨不出也并不关心它到底是立刻就运行还是半秒钟以后才开始的。当然，它完成得越早越好，至于所花时间并不是我们关注的主要问题。

⊖ 在其他系统中，时间片有时也称为量子（quantum）或处理器片（processor slice）。但 Linux 把它叫做时间片，因此你也最好这样叫。

在这样的场景中，理想情况是调度器应该给予文本编辑程序相比视频编码程序更多的处理器时间，因为它属于交互式应用。对文本编辑器而言，我们有两个目标。第一是我们希望系统给它更多的处理器时间，这并非因为它需要更多的处理器时间（其实它不需要），是因为我们希望在它需要时总是能得到处理器；第二是我们希望文本编辑器能在其被唤醒时（也就是当用户打字时）抢占视频解码程序。这样才能确保文本编辑器具有很好的交互性能，以便能响应用户输入。在多数操作系统中，上述目标的达成是要依靠系统分配给文本编辑器比视频解码程序更高的优先级和更多的时间片。先进的操作系统可以自动发现文本编辑器是交互性程序，从而自动地完成上述分配动作。Linux 操作系统同样需要追求上述目标，但是它采用不同方法。它不再通过给文本编辑器分配给定的优先级和时间片，而是分配一个给定的处理器使用比。假如文本编辑器和视频解码程序是仅有的两个运行进程，并且又具有同样的 nice 值，那么处理器的使用比将都是 50%——它们平分了处理器时间。但因为文本编辑器将更多的时间用于等待用户输入，因此它肯定不会用到处理器的 50%。同时，视频解码程序无疑将能有机会用到超过 50% 的处理器时间，以便它能更快速地完成解码任务。

这里关键的问题是，当文本编辑器程序被唤醒时将发生什么。我们首要目标是确保其能在用户输入发生时立刻运行。在上述场景中，一旦文本编辑器被唤醒，CFS 注意到给它的处理器使用比是 50%，但是其实它却用得少之又少。特别是，CFS 发现文本编辑器比视频解码器运行的时间短得多。这种情况下，为了兑现让所有进程能公平分享处理器的承诺，它会立刻抢占视频解码程序，让文本编辑器投入运行。文本编辑器运行后，立即处理了用户的击键输入后，又一次进入睡眠等待用户下一次输入。因为文本编辑器并没有消费掉承诺给它的 50% 处理器使用比，因此情况依旧，CFS 总是会毫不犹豫地让文本编辑器在需要时被投入运行，而让视频处理程序只能在剩下的时刻运行。

4.4　Linux 调度算法

在前面内容中，我们抽象地讨论了进程调度原理，只是偶尔提及 Linux 如何把给定的理论应用到实际中。在已有的调度原理基础上，我们进一步探讨具有 Linux 特色的进程调度程序。

4.4.1　调度器类

Linux 调度器是以模块方式提供的，这样做的目的是允许不同类型的进程可以有针对性地选择调度算法。

这种模块化结构被称为调度器类（scheduler classes），它允许多种不同的可动态添加的调度算法并存，调度属于自己范畴的进程。每个调度器都有一个优先级，基础的调度器代码定义在kernel/sched.c 文件中，它会按照优先级顺序遍历调度类，拥有一个可执行进程的最高优先级的调度器类胜出，去选择下面要执行的那一个程序。

完全公平调度（CFS）是一个针对普通进程的调度类，在 Linux 中称为 SCHED_NORMAL（在 POSIX 中称为 SCHED_OTHER），CFS 算法实现定义在文件 kernel/sched_fair.c 中。本节下面的内容将重点讨论 CFS 算法——该内容对于所有 2.6.23 以后的内核版本意义非凡。另外，我们将在 4.4.2 小节讨论实时进程的调度类。

4.4.2　UNIX 系统中的进程调度

在讨论公平调度算法前，我们必须首先认识一下传统 UNIX 系统的调度过程。正如前面所述，现代进程调度器有两个通用的概念：进程优先级和时间片。时间片是指进程运行多长时间，进程一旦启动就会有一个默认时间片。具有更高优先级的进程将运行得更频繁，而且（在多数系统上）也会被赋予更多的时间片。在 UNIX 系统上，优先级以 nice 值形式输出给用户空间。这点听起来简单，但是在现实中，却会导致许多反常的问题，我们下面具体讨论。

第一个问题，若要将 nice 值映射到时间片，就必然需要将 nice 单位值对应到处理器的绝对时间。但这样做将导致进程切换无法最优化进行。举例说明，假定我们将默认 nice 值（0）分配给一个进程——对应的是一个 100ms 的时间片；同时再分配一个最高 nice 值（+20，最低的优先级）给另一个进程——对应的时间片是 5ms。我们接着假定上述两个进程都处于可运行状态。那么默认优先级的进程将获得 20/21（105ms 中的 100ms）的处理器时间，而低优先级的进程会获得 1/21（105ms 中的 5ms）的处理器时间。我们本可以选择任意数值用于本例子中，但这个分配值正好是最具说服力的，所以我们选择它。现在，我们看看如果运行两个同等低优先级的进程情况将如何。我们是希望它们能各自获得一半的处理器时间，事实上也确实如此。但是任何一个进程每次仅仅只能获得 5ms 的处理器时间（10ms 中各占一半）。也就是说，相比刚才例子中 105ms 内进行一次上下文切换，现在则需要在 10ms 内继续进行两次上下文切换。类推，如果是两个具有普通优先级的进程，它们同样会每个获得 50% 处理器时间，但是是在 100ms 内各获得一半。显然，我们看到这些时间片的分配方式并不很理想：它们是给定 nice 值到时间片映射与进程运行优先级混合的共同作用结果。事实上，给定高 nice 值（低优先级）的进程往往是后台进程，且多是计算密集型；而普通优先级的进程则更多是前台用户任务。所以这种时间片分配方式显然是和初衷背道而驰的。

第二个问题涉及相对 nice 值，同时和前面的 nice 值到时间片映射关系也脱不了干系。假设我们有两个进程，分别具有不同的优先级。第一个假设 nice 值只是 0，第二个假设是 1。它们将被分别映射到时间片 100ms 和 95ms（O（1）调度算法确实这么干了）。它们的时间片几乎一样，其差别微乎其微。但是如果我们的进程分别赋予 18 和 19 的 nice 值，那么它们则分别被映射为 10ms 和 5ms 的时间片。如果这样，前者相比后者获得了两倍的处理器时间！不过 nice 值通常都使用相对值（nice 系统调用是在原值上增加或减少，而不是在绝对值上操作），也就是说："把进程的 nice 值减小 1"所带来的效果极大地取决于其 nice 的初始值。

第三个问题，如果执行 nice 值到时间片的映射，我们需要能分配一个绝对时间片，而且这个绝对时间片必须能在内核的测试范围内。在多数操作系统中，上述要求意味着时间片必须是定时器节拍的整数倍（请先参看第 11 章 "定时器和时间测量" 关于时间的讨论）。但这么做必然会引发了几个问题。首先，最小时间片必然是定时器节拍的整数倍，也就是 10ms 或者 1ms 的倍数。其次，系统定时器限制了两个时间片的差异：连续的 nice 值映射到时间片，其差别范围多至 10ms 或者少则 1ms。最后，时间片还会随着定时器节拍改变（如果这里所讨论的定时器节拍对你来说很陌生，快去先看看第 11 章再说。因为这点正是引入 CFS 的唯一原因）。

第四个问题也是最后一个是关于基于优先级的调度器为了优化交互任务而唤醒相关进程的问

题。这种系统中，你可能为了进程能更快地投入运行，而去对新要唤醒的进程提升优先级，即便它们的时间片已经用尽了。虽然上述方法确实能提升不少交互性能，但是一些例外情况也有可能发生，因为它同时也给某些特殊的睡眠/唤醒用例一个玩弄调度器的后门，使得给定进程打破公平原则，获得更多处理器时间，损害系统中其他进程的利益。

上述问题中的绝大多数都可以通过对传统 UNIX 调度器进行改造解决，虽然这种改造修改不小，但并不是结构性调整。比如，将 nice 值呈几何增加而非算数增加的方式解决第二个问题；采用一个新的度量机制将从 nice 值到时间片的映射与定时器节拍分离开来，以此解决第三个问题。但是这些解决方案都回避了实质问题——即分配绝对的时间片引发的固定的切换频率，给公平性造成了很大变数。CFS 采用的方法是对时间片分配方式进行根本性的重新设计（就进程调度器而言）：完全摒弃时间片而是分配给进程一个处理器使用比重。通过这种方式，CFS 确保了进程调度中能有恒定的公平性，而将切换频率置于不断变动中。

4.4.3 公平调度

CFS 的出发点基于一个简单的理念：进程调度的效果应如同系统具备一个理想中的完美多任务处理器。在这种系统中，每个进程将能获得 1/n 的处理器时间——n 是指可运行进程的数量。同时，我们可以调度给它们无限小的时间周期，所以在任何可测量周期内，我们给予 n 个进程中每个进程同样多的运行时间。举例来说，假如我们有两个运行进程，在标准 UNIX 调度模型中，我们先运行其中一个 5ms，然后再运行另一个 5ms。但它们任何一个运行时都将占有 100% 的处理器。而在理想情况下，完美的多任务处理器模型应该是这样的：我们能在 10ms 内同时运行两个进程，它们各自使用处理器一半的能力。

当然，上述理想模型并非现实，因为我们无法在一个处理器上真的同时运行多个进程。而且如果每个进程运行无限小的时间周期也是不高效的——因为调度时进程抢占会带来一定的代价：将一个进程换出，另一个换入本身有消耗，同时还会影响到缓存的效率。因此虽然我们希望所有进程能只运行一个非常短的周期，但是 CFS 充分考虑了这将带来的额外消耗，实现中首先要确保系统性能不受损失。CFS 的做法是允许每个进程运行一段时间、循环轮转、选择运行最少的进程作为下一个运行进程，而不再采用分配给每个进程时间片的做法了，CFS 在所有可运行进程总数基础上计算出一个进程应该运行多久，而不是依靠 nice 值来计算时间片。nice 值在 CFS 中被作为进程获得的处理器运行比的权重：越高的 nice 值（越低的优先级）进程获得更低的处理器使用权重，这是相对默认 nice 值进程的进程而言的；相反，更低的 nice 值（越高的优先级）的进程获得更高的处理器使用权重。

每个进程都按其权重在全部可运行进程中所占比例的"时间片"来运行，为了计算准确的时间片，CFS 为完美多任务中的无限小调度周期的近似值设立了一个目标。而这个目标称作"目标延迟"，越小的调度周期将带来越好的交互性，同时也更接近完美的多任务。但是你必须承受更高的切换代价和更差的系统总吞吐能力。让我们假定目标延迟值是 20ms，我们有两个同样优先级的可运行任务（无论这些任务的优先级是多少）。每个任务在被其他任务抢占前运行 10ms，如果我们有 4 个这样的任务，则每个只能运行 5ms。进一步设想，如果有 20 个这样的任务，那么每个仅仅只能获得 1ms 的运行时间。

你一定注意到了，当可运行任务数量趋于无限时，它们各自所获得的处理器使用比和时间片都将趋于 0。这样无疑造成了不可接受的切换消耗。CFS 为此引入每个进程获得的时间片底线，这个底线称为最小粒度。默认情况下这个值是 1ms。如此一来，即便是可运行进程数量趋于无穷，每个最少也能获得 1ms 的运行时间，确保切换消耗被限制在一定范围内。（敏锐的读者会注意到假如在进程数量变得非常多的情况下，CFS 并非一个完美的公平调度，因为这时处理器时间片再小也无法突破最小粒度。的确如此，尽管修改过的公平队列方法确实能提高这方面的公平性，但是 CFS 的算法本身其实已经决定在这方面做出折中了。但还好，因为通常情况下系统中只会有几百个可运行进程，无疑，这时 CFS 是相当公平的。）

现在，让我们再来看看具有不同 nice 值的两个可运行进程的运行情况——比如一个具有默认 nice 值（0），另一个具有的 nice 值是 5。这些不同的 nice 值对应不同的权重，所以上述两个进程将获得不同的处理器使用比。在这个例子中，nice 值是 5 的进程的权重将是默认 nice 进程的 1/3。如果我们的目标延迟是 20ms，那么这两个进程将分别获得 15ms 和 5ms 的处理器时间。再比如我们的两个可运行进程的 nice 值分别是 10 和 15，它们分配的时间片将是多少呢？还是 15 和 5ms！可见，绝对的 nice 值不再影响调度决策：只有相对值才会影响处理器时间的分配比例。

总结一下，任何进程所获得的处理器时间是由它自己和其他所有可运行进程 nice 值的相对差值决定的。nice 值对时间片的作用不再是算数加权，而是几何加权。任何 nice 值对应的绝对时间不再是一个绝对值，而是处理器的使用比。CFS 称为公平调度器是因为它确保给每个进程公平的处理器使用比。正如我们知道的，CFS 不是完美的公平，它只是近乎完美的多任务。但是它确实在多进程环境下，降低了调度延迟带来的不公平性。

4.5　Linux 调度的实现

在讨论了采用 CFS 调度算法的动机和其内部逻辑后，我们现在可以开始具体探索 CFS 是如何得以实现的。其相关代码位于文件 kernel/sched_fair.c 中．我们将特别关注其四个组成部分：

- 时间记账
- 进程选择
- 调度器入口
- 睡眠和唤醒

4.5.1　时间记账

所有的调度器都必须对进程运行时间做记账。多数 UNIX 系统，正如我们前面所说，分配一个时间片给每一个进程。那么当每次系统时钟节拍发生时，时间片都会被减少一个节拍周期。当一个进程的时间片被减少到 0 时，它就会被另一个尚未减到 0 的时间片可运行进程抢占。

1. 调度器实体结构

CFS 不再有时间片的概念，但是它也必须维护每个进程运行的时间记账，因为它需要确保每个进程只在公平分配给它的处理器时间内运行。CFS 使用调度器实体结构（定义在文件 <linux/sched.h> 的 struct_sched_entity 中）来追踪进程运行记账：

```
struct sched_entity {
        struct load_weight      load;
        struct rb_node          run_node;
        struct list_head        group_node;
        unsigned int            on_rq;
        u64                     exec_start;
        u64                     sum_exec_runtime;
        u64                     vruntime;
        u64                     prev_sum_exec_runtime;
        u64                     last_wakeup;
        u64                     avg_overlap;
        u64                     nr_migrations;
        u64                     start_runtime;
        u64                     avg_wakeup;
/* 这里省略了很多统计变量, 只有在设置了 CONFIG_SCHEDSTATS 时才启用这些变量 */
};
```

调度器实体结构作为一个名为 se 的成员变量, 嵌入在进程描述符 struct task_struct 内。我们已经在第 3 章讨论过进程描述符。

　　2. 虚拟实时

vruntime 变量存放进程的虚拟运行时间, 该运行时间(花在运行上的时间和)的计算是经过了所有可运行进程总数的标准化(或者说是被加权的)。虚拟时间是以 ns 为单位的, 所以 vruntime 和定时器节拍不再相关。虚拟运行时间可以帮助我们逼近 CFS 模型所追求的“理想多任务处理器”。如果我们真有这样一个理想的处理器, 那么我们就不再需要 vruntime 了。因为优先级相同的所有进程的虚拟运行时都是相同的——所有任务都将接收到相等的处理器份额。但是因为处理器无法实现完美的多任务, 它必须依次运行每个任务。因此 CFS 使用 vruntime 变量来记录一个程序到底运行了多长时间以及它还应该再运行多久。

定义在 kernel/sched_fair.c 文件中的 update_curr() 函数实现了该记账功能:

```
static void update_curr(struct cfs_rq *cfs_rq)
{
        struct sched_entity *curr = cfs_rq->curr;
        u64 now = rq_of(cfs_rq)->clock;
        unsigned long delta_exec;

        if (unlikely(!curr))
                return;
        /* 获得从最后一次修改负载后当前任务所占用的运行总时间 (在 32 位系统上这不会溢出)
         */
        delta_exec = (unsigned long)(now - curr->exec_start);
        if (!delta_exec)
                return;
        __update_curr(cfs_rq, curr, delta_exec);
        curr->exec_start = now;

        if (entity_is_task(curr)) {
                struct task_struct *curtask = task_of(curr);
```

```
                    trace_sched_stat_runtime(curtask, delta_exec, curr->vruntime);
                    cpuacct_charge(curtask, delta_exec);
                    account_group_exec_runtime(curtask, delta_exec);
            }
    }
```

update_curr() 计算了当前进程的执行时间，并且将其存放在变量 delta_exec 中。然后它又将运行时间传递给了 __update_curr()，由后者再根据当前可运行进程总数对运行时间进行加权计算。最终将上述的权重值与当前运行进程的 vruntime 相加。

```
/*
 * 更新当前任务的运行时统计数据。跳过不在调度类中的当前任务
 */
static inline void
__update_curr(struct cfs_rq *cfs_rq, struct sched_entity *curr,
              unsigned long delta_exec)
{
        unsigned long delta_exec_weighted;

        schedstat_set(curr->exec_max, max((u64)delta_exec, curr->exec_max));

        curr->sum_exec_runtime += delta_exec;
        schedstat_add(cfs_rq, exec_clock, delta_exec);
        delta_exec_weighted = calc_delta_fair(delta_exec, curr);

        curr->vruntime += delta_exec_weighted;
        update_min_vruntime(cfs_rq);
}
```

update_curr() 是由系统定时器周期性调用的，无论是在进程处于可运行态，还是被堵塞处于不可运行态。根据这种方式，vruntime 可以准确地测量给定进程的运行时间，而且可知道谁应该是下一个被运行的进程。

4.5.2 进程选择

在前面内容中我们的讨论中谈到若存在一个完美的多任务处理器，所有可运行进程的 vruntime 值将一致。但事实上我们没有找到完美的多任务处理器，因此 CFS 试图利用一个简单的规则去均衡进程的虚拟运行时间：当 CFS 需要选择下一个运行进程时，它会挑一个具有最小 vruntime 的进程。这其实就是 CFS 调度算法的核心：选择具有最小 vruntime 的任务。那么剩下的内容我们就来讨论到底是如何实现选择具有最小 vruntime 值的进程。

CFS 使用红黑树来组织可运行进程队列，并利用其迅速找到最小 vruntime 值的进程。在 Linux 中，红黑树称为 rbtree，它是一个自平衡二叉搜索树。我们将在第 6 章讨论自平衡二叉树以及红黑树。现在如果你还不熟悉它们，不要紧，你只需要记住红黑树是一种以树节点形式存储的数据，这些数据都会对应一个键值。我们可以通过这些键值来快速检索节点上的数据（重要的是，通过键值检索到对应节点的速度与整个树的节点规模成指数比关系）。

1. 挑选下一个任务

我们先假设，有那么一个红黑树存储了系统中所有的可运行进程，其中节点的键值便是可运行进程的虚拟运行时间。稍后我们可以看到如何生成该树，但现在我们假定已经拥有它了。CFS 调度器选取待运行的下一个进程，是所有进程中 vruntime 最小的那个，它对应的便是在树中最左侧的叶子节点。也就是说，你从树的根节点沿着左边的子节点向下找，一直找到叶子节点，你便找到了其 vruntime 值最小的那个进程。（再说一次，如果你不熟悉二叉搜索树，不用担心，只要知道它用来加速寻找过程即可）CFS 的进程选择算法可简单总结为"运行 rbtree 树中最左边叶子节点所代表的那个进程"。实现这一过程的函数是 __pick_next_entity()，它定义在文件 kernel/sched_fair.c 中：

```
static struct sched_entity *__pick_next_entity(struct cfs_rq *cfs_rq)
{
        struct rb_node *left = cfs_rq->rb_leftmost;

        if (!left)
                return NULL;

        return rb_entry(left, struct sched_entity, run_node);
}
```

注意　__pick_next_entity() 函数本身并不会遍历树找到最左叶子节点，因为该值已经缓存在 rb_leftmost 字段中。虽然红黑树让我们可以很有效地找到最左叶子节点（O（树的高度）等于树节点总数的 O（log n），这是平衡树的优势），但是更容易的做法是把最左叶子节点缓存起来。这个函数的返回值便是 CFS 调度选择的下一个运行进程。如果该函数返回值是 NULL，那么表示没有最左叶子节点，也就是说树中没有任何节点了。这种情况下，表示没有可运行进程，CFS 调度器便选择 idle 任务运行。

2. 向树中加入进程

现在，我们来看 CFS 如何将进程加入 rbtree 中，以及如何缓存最左叶子节点。这一切发生在进程变为可运行状态（被唤醒）或者是通过 fork() 调用第一次创建进程时——在第 3 章我们讨论过它。enqueue_entity() 函数实现了这一目的：

```
static void
enqueue_entity(struct cfs_rq *cfs_rq, struct sched_entity *se, int flags)
{
    /*
     * 通过调用 update_curr()，在更新 min_vruntime 之前先更新规范化的 vruntime
     */
    if (!(flags & ENQUEUE_WAKEUP) || (flags & ENQUEUE_MIGRATE))
            se->vruntime += cfs_rq->min_vruntime;

    /*
     * 更新"当前任务"的运行时统计数据
     */
    update_curr(cfs_rq);
```

```
        account_entity_enqueue(cfs_rq, se);

        if (flags & ENQUEUE_WAKEUP) {
                place_entity(cfs_rq, se, 0);
                enqueue_sleeper(cfs_rq, se);
        }

        update_stats_enqueue(cfs_rq, se);
        check_spread(cfs_rq, se);
        if (se != cfs_rq->curr)
                __enqueue_entity(cfs_rq, se);
}
```

该函数更新运行时间和其他一些统计数据，然后调用 __enqueue_entity() 进行繁重的插入操作，把数据项真正插入到红黑树中：

```
/* 把一个调度实体插入红黑树中 */
static void __enqueue_entity(struct cfs_rq *cfs_rq, struct sched_entity *se)
{
        struct rb_node **link = &cfs_rq->tasks_timeline.rb_node;
        struct rb_node *parent = NULL;
        struct sched_entity *entry;
        s64 key = entity_key(cfs_rq, se);
        int leftmost = 1;
        /* 在红黑树中查找合适的位置 */
        while (*link) {
                parent = *link;
                entry = rb_entry(parent, struct sched_entity, run_node);
                /*
                 * 我们并不关心冲突。具有相同键值的节点待在一起
                 */
                if (key < entity_key(cfs_rq, entry)) {
                        link = &parent->rb_left;
                } else {
                        link = &parent->rb_right;
                        leftmost = 0;
                }
        }

        /*
         * 维护一个缓存，其中存放树最左叶子节点（也就是最常使用的）
         */
        if (leftmost)
                cfs_rq->rb_leftmost = &se->run_node;

        rb_link_node(&se->run_node, parent, link);
        rb_insert_color(&se->run_node, &cfs_rq->tasks_timeline);
}
```

我们来看看上述函数，while() 循环中遍历树以寻找合适的匹配键值，该值就是被插入进程的 vruntime。平衡二叉树的基本规则是，如果键值小于当前节点的键值，则需转向树的左分支；相反如果大于当前节点的键值，则转向右分支。如果一旦走过右边分支，哪怕一次，也说明插入的进程不会是新的最左节点，因此可以设置 leftmost 为 0。如果一直都是向左移动，那么 leftmost 维持 1，这说明我们有一个新的最左节点，并且可以更新缓存——设置 rb_leftmost 指向被插入的进程。当我们沿着一个方向和一个没有子节的节点比较后：link 如果这时是 NULL，循环随之终止。当退出循环后，接着在父节点上调用 rb_link_node()，以使得新插入的进程成为其子节点。最后函数 rb_insert_color() 更新树的自平衡相关属性。关于着色问题，我们放在第 6 章讨论。

3. 从树中删除进程

最后我们看看 CFS 是如何从红黑树中删除进程的。删除动作发生在进程堵塞（变为不可运行态）或者终止时（结束运行）：

```
static void
dequeue_entity(struct cfs_rq *cfs_rq, struct sched_entity *se, int sleep)
{
        /*
         * 更新"当前任务"的运行时统计数据
         */
        update_curr(cfs_rq);

        update_stats_dequeue(cfs_rq, se);
        clear_buddies(cfs_rq, se);

        if (se != cfs_rq->curr)
                __dequeue_entity(cfs_rq, se);
        account_entity_dequeue(cfs_rq, se);
        update_min_vruntime(cfs_rq);

        /*
         * 在更新 min_vruntime 之后对调度实体进行规范化，因为更新可以指向"->curr"项，我们需要
         * 在规范化的位置反映这一变化
         */
        if (!sleep)
                se->vruntime -= cfs_rq->min_vruntime;
}
```

和给红黑树添加进程一样，实际工作是由辅助函数 __dequeue_entity() 完成的。

```
static void __dequeue_entity(struct cfs_rq *cfs_rq, struct sched_entity *se)
{
        if (cfs_rq->rb_leftmost == &se->run_node) {
                struct rb_node *next_node;

                next_node = rb_next(&se->run_node);
                cfs_rq->rb_leftmost = next_node;
        }

        rb_erase(&se->run_node, &cfs_rq->tasks_timeline);
}
```

从红黑树中删除进程要容易得多。因为 rbtree 实现了 rb_erase() 函数，它可完成所有工作。该函数的剩下工作是更新 rb_leftmost 缓存。如果要删除的进程是最左节点，那么该函数要调用 rb_next() 按顺序遍历，找到谁是下一个节点，也就是当前最左节点被删除后，新的最左节点。

4.5.3　调度器入口

进程调度的主要入口点是函数 schedule()，它定义在文件 kernel/sched.c 中。它正是内核其他部分用于调用进程调度器的入口：选择哪个进程可以运行，何时将其投入运行。Schedule() 通常都需要和一个具体的调度类相关联，也就是说，它会找到一个最高优先级的调度类——后者需要有自己的可运行队列，然后问后者谁才是下一个该运行的进程。知道了这个背景，就不会吃惊 schedule() 函数为何实现得如此简单。该函数中唯一重要的事情是（要连这个都没有，那这个函数真是乏味得不用介绍啦），它会调用 pick_next_task()（也定义在文件 kernel/sched.c 中）。pick_next_task() 会以优先级为序，从高到低，依次检查每一个调度类，并且从最高优先级的调度类中，选择最高优先级的进程：

```
/*
 * 挑选最高优先级的任务
 */
static inline struct task_struct *
pick_next_task(struct rq *rq)
{
        const struct sched_class *class;
        struct task_struct *p;

        /*
         * 优化：我们知道如果所有任务都在公平类中，那么我们就可以直接调用那个函数
         */
        if (likely(rq->nr_running == rq->cfs.nr_running)) {
                p = fair_sched_class.pick_next_task(rq);
                if (likely(p))
                        return p;
        }
        class = sched_class_highest;
        for ( ; ; ) {
                p = class->pick_next_task(rq);
                if (p)
                        return p;
                /*
                 * 永不会为 NULL，因为 idle 类总会返回非 NULL 的 p
                 */
                class = class->next;
        }
}
```

注意该函数开始部分的优化。因为 CFS 是普通进程的调度类，而系统运行的绝大多数进程都是普通进程，因此这里有一个小技巧用来加速选择下一个 CFS 提供的进程，前提是所有可运行进程数量等于 CFS 类对应的可运行进程数（这样就说明所有的可运行进程都是 CFS 类的）。

该函数的核心是 for() 循环，它以优先级为序，从最高的优先级类开始，遍历了每一个调度

类。每一个调度类都实现了 pick_next_task() 函数，它会返回指向下一个可运行进程的指针，或者没有时返回 NULL。我们会从第一个返回非 NULL 值的类中选择下一个可运行进程。CFS 中 pick_next_task() 实现会调用 pick_next_entity()，而该函数会再来调用我们前面内容中讨论过的 __pick_next_entity() 函数。

4.5.4　睡眠和唤醒

　　休眠（被阻塞）的进程处于一个特殊的不可执行状态。这点非常重要，如果没有这种特殊状态的话，调度程序就可能选出一个本不愿意被执行的进程，更糟糕的是，休眠就必须以轮询的方式实现了。进程休眠有多种原因，但肯定都是为了等待一些事件。事件可能是一段时间从文件 I/O 读更多数据，或者是某个硬件事件。一个进程还有可能在尝试获取一个已被占用的内核信号量时被迫进入休眠（这部分在第 9 章中加以讨论）。休眠的一个常见原因就是文件 I/O——如进程对一个文件执行了 read() 操作，而这需要从磁盘里读取。还有，进程在获取键盘输入的时候也需要等待。无论哪种情况，内核的操作都相同：进程把自己标记成休眠状态，从可执行红黑树中移出，放入等待队列，然后调用 schedule() 选择和执行一个其他进程。唤醒的过程刚好相反：进程被设置为可执行状态，然后再从等待队列中移到可执行红黑树中。

　　在第 3 章里曾经讨论过，休眠有两种相关的进程状态：TASK_INTERRUPTIBLE 和 TASK_UNINTERRUPTIBLE。它们的唯一区别是处于 TASK_UNINTERRUPTIBLE 的进程会忽略信号，而处于 TASK_INTERRUPTIBLE 状态的进程如果接收到一个信号，会被提前唤醒并响应该信号。两种状态的进程位于同一个等待队列上，等待某些事件，不能够运行。

1. 等待队列

　　休眠通过等待队列进行处理。等待队列是由等待某些事件发生的进程组成的简单链表。内核用 wake_queue_head_t 来代表等待队列。等待队列可以通过 DECLARE_WAITQUEUE() 静态创建，也可以由 init_waitqueue_head() 动态创建。进程把自己放入等待队列中并设置成不可执行状态。当与等待队列相关的事件发生的时候，队列上的进程会被唤醒。为了避免产生竞争条件，休眠和唤醒的实现不能有纰漏。

　　针对休眠，以前曾经使用过一些简单的接口。但那些接口会带来竞争条件：有可能导致在判定条件变为真后，进程却开始了休眠，那样就会使进程无限期地休眠下去。所以，在内核中进行休眠的推荐操作就相对复杂了一些：

```
/* 'q' 是我们希望休眠的等待队列 */
DEFINE_WAIT(wait);

add_wait_queue(q, &wait);
while (!condition) {  /* 'condition' 是我们在等待的事件 */
        prepare_to_wait(&q, &wait, TASK_INTERRUPTIBLE);
        if(signal_pending(current))
                /* 处理信号 */
        schedule();
}
finish_wait(&q, &wait);
```

进程通过执行下面几个步骤将自己加入一个等待队列中：

1）调用宏 DEFINE_WAIT() 创建一个等待队列的项。

2）调用 add_wait_queue() 把自己加入队列中。该队列会在进程等待的条件满足时唤醒它。当然我们必须在其他地方撰写相关代码，在事件发生时，对等待队列执行 wake_up() 操作。

3）调用 prepare_to_wait() 方法将进程的状态变更为 TASK_INTERRUPTIBLE 或 TASK_UNINTERRUPTIBLE。而且该函数如果有必要的话会将进程加回到等待队列，这是在接下来的循环遍历中所需要的。

4）如果状态被设置为 TASK_INTERRUPTIBLE，则信号唤醒进程。这就是所谓的伪唤醒（唤醒不是因为事件的发生），因此检查并处理信号。

5）当进程被唤醒的时候，它会再次检查条件是否为真。如果是，它就退出循环；如果不是，它再次调用 schedule() 并一直重复这步操作。

6）当条件满足后，进程将自己设置为 TASK_RUNNING 并调用 finish_wait() 方法把自己移出等待队列。

如果在进程开始休眠之前条件就已经达成了，那么循环会退出，进程不会存在错误地进入休眠的倾向。需要注意的是，内核代码在循环体内常常需要完成一些其他的任务，比如，它可能在调用 schedule() 之前需要释放掉锁，而在这以后再重新获取它们，或者响应其他事件。

函数 inotify_read()，位于文件 fs/notify/inotify/inotify_user.c 中，负责从通知文件描述符中读取信息，它的实现无疑是等待队列的一个典型用法：

```
static ssize_t inotify_read(struct file *file, char __user *buf,
                            size_t count, loff_t *pos)
{
        struct fsnotify_group *group;
        struct fsnotify_event *kevent;
        char __user *start;
        int ret;
        DEFINE_WAIT(wait);

        start = buf;
        group = file->private_data;

        while (1) {
                prepare_to_wait(&group->notification_waitq,
                                &wait,
                                TASK_INTERRUPTIBLE);

                mutex_lock(&group->notification_mutex);
                kevent = get_one_event(group, count);
                mutex_unlock(&group->notification_mutex);

                if (kevent) {
                        ret = PTR_ERR(kevent);
                        if (IS_ERR(kevent))
                                break;
                        ret = copy_event_to_user(group, kevent, buf);
                        fsnotify_put_event(kevent);
                        if (ret < 0)
```

```
                          break;
                  buf += ret;
                  count -= ret;
                  continue;
          }

          ret = -EAGAIN;
          if (file->f_flags & O_NONBLOCK)
                  break;
          ret = -EINTR;
          if (signal_pending(current))
                  break;

          if (start != buf)
                  break;

          schedule();
  }
  finish_wait(&group->notification_waitq, &wait);

  if (start != buf && ret != -EFAULT)
          ret = buf - start;
  return ret;
}
```

这个函数遵循了我们例子中的使用模式，主要的区别是它在 while 循环中检查了状态，而不是在 while 循环条件语句中。原因是该条件的检测更复杂些，而且需要获得锁。也正因为如此，循环退出是通过 break 完成的。

2. 唤醒

唤醒操作通过函数 wake_up() 进行，它会唤醒指定的等待队列上的所有进程。它调用函数 try_to_wake_up()，该函数负责将进程设置为 TASK_RUNNING 状态，调用 enqueue_task() 将此进程放入红黑树中，如果被唤醒的进程优先级比当前正在执行的进程的优先级高，还要设置 need_resched 标志。通常哪段代码促使等待条件达成，它就要负责随后调用 wake_up() 函数。举例来说，当磁盘数据到来时，VFS 就要负责对等待队列调用 wake_up()，以便唤醒队列中等待这些数据的进程。

关于休眠有一点需要注意，存在虚假的唤醒。有时候进程被唤醒并不是因为它所等待的条件达成了才需要用一个循环处理来保证它等待的条件真正达成。图 4-1 描述了每个调度程序状态之间的关系。

4.6 抢占和上下文切换

上下文切换，也就是从一个可执行进程切换到另一个可执行进程，由定义在 kernel/ sched.c 中的 context_switch() 函数负责处理。每当一个新的进程被选出来准备投入运行的时候，schedule() 就会调用该函数。它完成了两项基本的工作：

- 调用声明在 <asm/mmu_context.h> 中的 switch_mm()，该函数负责把虚拟内存从上一个进程映射切换到新进程中。
- 调用声明在 <asm/system.h> 中的 switch_to()，该函数负责从上一个进程的处理器状态切换到新进程的处理器状态。这包括保存、恢复栈信息和寄存器信息，还有其他任何与体系结构相关的状态信息，都必须以每个进程为对象进行管理和保存。

图 4-1　休眠和唤醒

　　内核必须知道在什么时候调用 schedule()。如果仅靠用户程序代码显式地调用 schedule()，它们可能就会永远地执行下去。相反，内核提供了一个 need_resched 标志来表明是否需要重新执行一次调度（见表 4-1）。当某个进程应该被抢占时，scheduler_tick() 就会设置这个标志；当一个优先级高的进程进入可执行状态的时候，try_to_wake_up() 也会设置这个标志，内核检查该标志，确认其被设置，调用 schedule() 来切换到一个新的进程。该标志对于内核来讲是一个信息，它表示有其他进程应当被运行了，要尽快调用调度程序。

表 4-1　用于访问和操作 need_resched 的函数

函　　数	目　　的
set_tsk_need_resched()	设置指定进程中的 need_resched 标志
clear_tsk_need_resched()	清除指定进程中的 need_resched 标志
need_resched()	检查 need_resched 标志的值，如果被设置就返回真，否则返回假

　　再返回用户空间以及从中断返回的时候，内核也会检查 need_resched 标志。如果已被设置，内核会在继续执行之前调用调度程序。

　　每个进程都包含一个 need_resched 标志，这是因为访问进程描述符内的数值要比访问一个全局变量快（因为 current 宏速度很快并且描述符通常都在高速缓存中）。在 2.2 以前的内核版本中，该标志曾经是一个全局变量。2.2 到 2.4 版内核中它在 task_struct 中。而在 2.6 版中，它被移到 thread_info 结构体里，用一个特别的标志变量中的一位来表示。

4.6.1　用户抢占

内核即将返回用户空间的时候，如果 need_resched 标志被设置，会导致 schedule() 被调用，此时就会发生用户抢占。在内核返回用户空间的时候，它知道自己是安全的，因为既然它可以继续去执行当前进程，那么它当然可以再去选择一个新的进程去执行。所以，内核无论是在中断处理程序还是在系统调用后返回，都会检查 need_resched 标志。如果它被设置了，那么，内核会选择一个其他（更合适的）进程投入运行。从中断处理程序或系统调用返回的返回路径都是跟体系结构相关的，在 entry.S（此文件不仅包含内核入口部分的程序，内核退出部分的相关代码也在其中）文件中通过汇编语言来实现。

简而言之，用户抢占在以下情况时产生：

- 从系统调返回用户空间时。
- 从中断处理程序返回用户空间时。

4.6.2　内核抢占

与其他大部分的 UNIX 变体和其他大部分的操作系统不同，Linux 完整地支持内核抢占。在不支持内核抢占的内核中，内核代码可以一直执行，到它完成为止。也就是说，调度程序没有办法在一个内核级的任务正在执行的时候重新调度——内核中的各任务是以协作方式调度的，不具备抢占性。内核代码一直要执行到完成（返回用户空间）或明显的阻塞为止。在 2.6 版的内核中，内核引入了抢占能力；现在，只要重新调度是安全的，内核就可以在任何时间抢占正在执行的任务。

那么，什么时候重新调度才是安全的呢？只要没有持有锁，内核就可以进行抢占。锁是非抢占区域的标志。由于内核是支持 SMP 的，所以，如果没有持有锁，正在执行的代码就是可重新导入的，也就是可以抢占的。

为了支持内核抢占所做的第一处变动，就是为每个进程的 thread_info 引入 preempt_count 计数器。该计数器初始值为 0，每当使用锁的时候数值加 1，释放锁的时候数值减 1。当数值为 0 的时候，内核就可执行抢占。从中断返回内核空间的时候，内核会检查 need_resched 和 preempt_count 的值。如果 need_resched 被设置，并且 preempt_count 为 0 的话，这说明有一个更为重要的任务需要执行并且可以安全地抢占，此时，调度程序就会被调用。如果 preempt_ count 不为 0，说明当前任务持有锁，所以抢占是不安全的。这时，内核就会像通常那样直接从中断返回当前执行进程。如果当前进程持有的所有的锁都被释放了，preempt_count 就会重新为 0。此时，释放锁的代码会检查 need_resched 是否被设置。如果是的话，就会调用调度程序。有些内核代码需要允许或禁止内核抢占，相关内容会在第 9 章讨论。

如果内核中的进程被阻塞了，或它显式地调用了 schedule()，内核抢占也会显式地发生。这种形式的内核抢占从来都是受支持的，因为根本无须额外的逻辑来保证内核可以安全地被抢占。如果代码显式地调用了 schedule()，那么它应该清楚自己是可以安全地被抢占的。

内核抢占会发生在：

- 中断处理程序正在执行，且返回内核空间之前。

- 内核代码再一次具有可抢占性的时候。
- 如果内核中的任务显式地调用 schedule()。
- 如果内核中的任务阻塞（这同样也会导致调用 schedule()）。

4.7　实时调度策略

Linux 提供了两种实时调度策略：SCHED_FIFO 和 SCHED_RR。而普通的、非实时的调度策略是 SCHED_NORMAL。借助调度类的框架，这些实时策略并不被完全公平调度器来管理，而是被一个特殊的实时调度器管理。具体的实现定义在文件 kernel/sched_rt.c. 中，在接下来的内容中我们将讨论实时调度策略和算法。

SCHED_FIFO 实现了一种简单的、先入先出的调度算法：它不使用时间片。处于可运行状态的 SCHED_FIFO 级的进程会比任何 SCHED_NORMAL 级的进程都先得到调度。一旦一个 SCHED_FIFO 级进程处于可执行状态，就会一直执行，直到它自己受阻塞或显式地释放处理器为止；它不基于时间片，可以一直执行下去。只有更高优先级的 SCHED_FIFO 或者 SCHED_RR 任务才能抢占 SCHED_FIFO 任务。如果有两个或者更多的同优先级的 SCHED_FIFO 级进程，它们会轮流执行，但是依然只有在它们愿意让出处理器时才会退出。只要有 SCHED_FIFO 级进程在执行，其他级别较低的进程就只能等待它变为不可运行态后才有机会执行。

SCHED_RR 与 SCHED_FIFO 大体相同，只是 SCHED_RR 级的进程在耗尽事先分配给它的时间后就不能再继续执行了。也就是说，SCHED_RR 是带有时间片的 SCHED_FIFO——这是一种实时轮流调度算法。当 SCHED_RR 任务耗尽它的时间片时，在同一优先级的其他实时进程被轮流调度。时间片只用来重新调度同一优先级的进程。对于 SCHED_FIFO 进程，高优先级总是立即抢占低优先级，但低优先级进程决不能抢占 SCHED_RR 任务，即使它的时间片耗尽。

这两种实时算法实现的都是静态优先级。内核不为实时进程计算动态优先级。这能保证给定优先级别的实时进程总能抢占优先级比它低的进程。

Linux 的实时调度算法提供了一种软实时工作方式。软实时的含义是，内核调度进程，尽力使进程在它的限定时间到来前运行，但内核不保证总能满足这些进程的要求。相反，硬实时系统保证在一定条件下，可以满足任何调度的要求。Linux 对于实时任务的调度不做任何保证。虽然不能保证硬实时工作方式，但 Linux 的实时调度算法的性能还是很不错的。2.6 版的内核可以满足严格的时间要求。

实时优先级范围从 0 到 MAX_RT_PRIO 减 1。默认情况下，MAX_RT_PRIO 为 100——所以默认的实时优先级范围是从 0 到 99。SCHED_NORMAL 级进程的 nice 值共享了这个取值空间；它的取值范围是从 MAX_RT_PRIO 到（MAX_RT_PRIO + 40）。也就是说，在默认情况下，nice 值从 −20 到 +19 直接对应的是从 100 到 139 的实时优先级范围。

4.8　与调度相关的系统调用

Linux 提供了一个系统调用族，用于管理与调度程序相关的参数。这些系统调用可以用来操作和处理进程优先级、调度策略及处理器绑定，同时还提供了显式地将处理器交给其他进程的机制。

许多书籍（还有友善的 man 帮助文件）都提供了这些系统调用（它们都包含在 C 库中，没用什么太多的封装，基本上只调用了系统调用而已）的说明。表 4-2 列举了这些系统调用并给出了简短的说明。第 5 章会讨论它们是如何实现的。

表 4-2　与调度相关的系统调用

系 统 调 用	描　　　述
nice()	设置进程的 nice 值
sched_setscheduler()	设置进程的调度策略
sched_getscheduler()	获取进程的调度策略
sched_setparam()	设置进程的实时优先级
sched_getparam ()	获取进程的实时优先级
sched_get_priority_max ()	获取实时优先级的最大值
sched_get_priority_min ()	获取实时优先级的最小值
sched_rr_get_interval()	获取进程的时间片值
sched_setaffinity()	设置进程的处理器的亲和力
sched_getaffinity ()	获取进程的处理器的亲和力
sched_yield()	暂时让出处理器

4.8.1　与调度策略和优先级相关的系统调用

sched_setscheduler() 和 sched_getscheduler() 分别用于设置和获取进程的调度策略和实时优先级。与其他的系统调用相似，它们的实现也是由许多参数检查、初始化和清理构成的。其实最重要的工作在于读取或改写进程 tast_struct 的 policy 和 rt_priority 的值。

sched_setparam() 和 sched_getparam() 分别用于设置和获取进程的实时优先级。这两个系统调用获取封装在 sched_param 特殊结构体的 rt_priority 中。sched_get_priority_max () 和 sched_get_priority_min() 分别用于返回给定调度策略的最大和最小优先级。实时调度策略的最大优先级是 MAX_USER_RT_PRIO 减 1，最小优先级等于 1。

对于一个普通的进程，nice() 函数可以将给定进程的静态优先级增加一个给定的量。只有超级用户才能在调用它时使用负值，从而提高进程的优先级。nice() 函数会调用内核的 set_user_nice() 函数，这个函数会设置进程的 task_struct 的 static_prio 和 prio 值。

4.8.2　与处理器绑定有关的系统调用

Linux 调度程序提供强制的处理器绑定（processor affinity）机制。也就是说，虽然它尽力通过一种软的（或者说自然的）亲和性试图使进程尽量在同一个处理器上运行，但它也允许用户强制指定"这个进程无论如何都必须在这些处理器上运行"。这种强制的亲和性保存在进程 task_struct 的 cpus_allowed 这个位掩码标志中。该掩码标志的每一位对应一个系统可用的处理器。默认情况下，所有的位都被设置，进程可以在系统中所有可用的处理器上执行。用户可以通过 sched_setaffinity() 设置不同的一个或几个位组合的位掩码，而调用 sched_getaffinity() 则返回当前的 cpus_allowed 位掩码。

内核提供的强制处理器绑定的方法很简单。首先，当处理进行第一次创建时，它继承了其父进程的相关掩码。由于父进程运行在指定处理器上，子进程也运行在相应处理器上。其次，当处理器绑定关系改变时，内核会采用"移植线程"把任务推到合法的处理器上。最后，加载平衡器只把任务拉到允许的处理器上，因此，进程只运行在指定处理器上，对处理器的指定是由该进程描述符的 cpus_allowed 域设置的。

4.8.3 放弃处理器时间

Linux 通过 sched_yield() 系统调用，提供了一种让进程显式地将处理器时间让给其他等待执行进程的机制。它是通过将进程从活动队列中（因为进程正在执行，所以它肯定位于此队列当中）移到过期队列中实现的。由此产生的效果不仅抢占了该进程并将其放入优先级队列的最后面，还将其放入过期队列中——这样能确保在一段时间内它都不会再被执行了。由于实时进程不会过期，所以属于例外。它们只被移动到其优先级队列的最后面（不会放到过期队列中）。在 Linux 的早期版本中，sched_yield() 的语义有所不同，进程只会被放置到优先级队列的末尾，放弃的时间往往不会太长。现在，应用程序甚至内核代码在调用 sched_yield() 前，应该仔细考虑是否真的希望放弃处理器时间。

内核代码为了方便，可以直接调用 yield()，先要确定给定进程确实处于可执行状态，然后再调用 sched_yield()。用户空间的应用程序直接使用 sched_yield() 系统调用就可以了。

4.9   小结

进程调度程序是内核重要的组成部分，因为运行着的进程首先在使用计算机（至少在我们大多数人看来）。然而，满足进程调度的各种需要绝不是轻而易举的：很难找到"一刀切"的算法，既适合众多的可运行进程，又具有可伸缩性，还能在调度周期和吞吐量之间求得平衡，同时还满足各种负载的需求。不过，Linux 内核的新 CFS 调度程序尽量满足了各个方面的需求，并以较完善的可伸缩性和新颖的方法提供了最佳的解决方案。

前面的章节覆盖了进程管理的相关内容，本章则考察了进程调度所遵循的基本原理、具体实现、调度算法以及目前 Linux 内核所使用的接口。第 5 章将涵盖内核提供给运行进程的主要接口——系统调用。

系 统 调 用

在现代操作系统中，内核提供了用户进程与内核进行交互的一组接口。这些接口让应用程序受限地访问硬件设备，提供了创建新进程并与已有进程进行通信的机制，也提供了申请操作系统其他资源的能力。这些接口在应用程序和内核之间扮演了使者的角色，应用程序发出各种请求，而内核负责满足这些请求（或者无法满足时返回一个错误）。实际上提供这些接口主要是为了保证系统稳定可靠，避免应用程序恣意妄行。

5.1 与内核通信

系统调用在用户空间进程和硬件设备之间添加了一个中间层。该层主要作用有三个。首先，它为用户空间提供了一种硬件的抽象接口。举例来说，当需要读写文件的时候，应用程序就可以不去管磁盘类型和介质，甚至不用去管文件所在的文件系统到底是哪种类型。第二，系统调用保证了系统的稳定和安全。作为硬件设备和应用程序之间的中间人，内核可以基于权限、用户类型和其他一些规则对需要进行的访问进行裁决。举例来说，这样可以避免应用程序不正确地使用硬件设备，窃取其他进程的资源，或做出其他危害系统的事情。第三，在第 3 章中曾经提到过，每个进程都运行在虚拟系统中，而在用户空间和系统的其余部分提供这样一层公共接口，也是出于这种考虑。如果应用程序可以随意访问硬件而内核又对此一无所知的话，几乎就没法实现多任务和虚拟内存，当然也不可能实现良好的稳定性和安全性。在 Linux 中，系统调用是用户空间访问内核的唯一手段；除异常和陷入外，它们是内核唯一的合法入口。实际上，其他的像设备文件和 /proc 之类的方式，最终也还是要通过系统调用进行访问的。而有趣的是，Linux 提供的系统调用却比大部分操作系统都少得多[⊖]。本章重点强调 Linux 系统调用的规则和实现方法。

5.2 API、POSIX 和 C 库

一般情况下，应用程序通过在用户空间实现的应用编程接口 (API) 而不是直接通过系统调用来编程。这点很重要，因为应用程序使用的这种编程接口实际上并不需要和内核提供的系统调用对应。一个 API 定义了一组应用程序使用的编程接口。它们可以实现成一个系统调用，也可以通过调用多个系统调用来实现，而完全不使用任何系统调用也不存在问题。实际上，API 可以在各种不同的操作系统上实现，给应用程序提供完全相同的接口，而它们本身在这些系统上的实现却可能迥异。图 5-1 给出 POSIX、API、C 库以及系统调用之间的关系。

⊖ x86 系统上大概有 250 个系统调用（每种体系结构都会定义一些独特的系统调用）。尽管有些系统还没有完全公布所有的系统调用，但据估计某些操作系统的系统调用数有上千个。

图 5-1   调用 printf() 函数时，应用程序、C 库和内核之间的关系

在 UNIX 世界中，最流行的应用编程接口是基于 POSIX 标准的。从纯技术的角度看，POSIX 是由 IEEE ⊖的一组标准组成，其目标是提供一套大体上基于 UNIX 的可移植操作系统标准。在应用场合，Linux 尽力与 POSIX 和 SUSv3 兼容。

POSIX 是说明 API 和系统调用之间关系的一个极好例子。在大多数 UNIX 系统上，根据 POSIX 定义的 API 函数和系统调用之间有着直接关系。实际上，POSIX 标准就是仿照早期 UNIX 系统的接口建立的。另一方面，许多操作系统，像微软的 Windows，尽管是非 UNIX 系统，也提供了与 POSIX 兼容的库。

Linux 的系统调用像大多数 UNIX 系统一样，作为 C 库的一部分提供。C 库实现了 UNIX 系统的主要 API，包括标准 C 库函数和系统调用接口。所有的 C 程序都可以使用 C 库，而由于 C 语言本身的特点，其他语言也可以很方便地把它们封装起来使用。此外，C 库提供了 POSIX 的绝大部分 API。

从程序员的角度看，系统调用无关紧要，他们只需要跟 API 打交道就可以了。相反，内核只跟系统调用打交道；库函数及应用程序是怎么使用系统调用，不是内核所关心的。但是，内核必须时刻牢记系统调用所有潜在的用途，并保证它们有良好的通用性和灵活性。

关于 UNIX 的接口设计有一句格言"提供机制而不是策略"。换句话说，UNIX 的系统调用抽象出了用于完成某种确定的目的的函数。至于这些函数怎么用完全不需要内核去关心 ⊖。

5.3   系统调用

要访问系统调用（在 Linux 中常称作 syscall），通常通过 C 库中定义的函数调用来进行。它们通常都需要定义零个、一个或几个参数（输入）而且可能产生一些副作用 ⊜，例如，写某个文件或向给定的指针拷贝数据等。系统调用还会通过一个 long 类型㉿的返回值来表示成功或者错误。通常，但也不绝对，用一个负的返回值来表明错误。返回一个 0 值通常（当然仍不是绝对的）表明成功。系统调用在出现错误的时候 C 库会把错误码写入 errno 全局变量。通过调用 perror() 库函数，可以把该变量翻译成用户可以理解的错误字符串。

当然，系统调用最终具有一种明确的操作。例如 getpid() 系统调用，根据定义它会返回当前

⊖   IEEE（eye-triple-E）是电气和电子工程师协会。这是一个非盈利组织，它涉及的技术领域非常广泛，并且对许多重要标准负责。欲了解更多信息，请访问 http://www.ieee.org。

⊖   区别对待机制（mechanism）和策略（policy）是 UNIX 设计中的一大亮点。大部分的编程问题都可以被切割成两个部分："需要提供什么功能"（机制）和"怎样实现这些功能"（策略）。如果由程序中的独立部分分别负责机制和策略的实现，那么开发软件就更容易，也更容易适应不同的需求。——译者注

⊜   注意这里用的是可能。尽管绝大部分调用都会产生某种副作用（就是说，它们会使系统的状态发生某种变化），但还是有一些系统调用，如 getpid()，仅仅返回一些内核数据。

㉿   使用 long 类型是为了与 64 位的硬件体系结构保持兼容。

进程的 PID。内核中它的实现非常简单：

```
SYSCALL_DEFINE0(getpid)
{
        return task_tgid_vnr(current); // returns current->tgid
}
```

注意，定义中并没有规定它要如何实现。内核必须提供系统调用所希望完成的功能，但它完全可以按照自己预期的方式去实现，只要最后的结果正确就行了。当然，上面的系统调用太简单，也没有什么更多的实现手段⊖。

SYSCALL_DEFINE0 只是一个宏，它定义一个无参数的系统调用（因此这里为数字 0），展开后的代码如下：

```
asmlinkage long sys_getpid(void)
```

我们看一下如何定义系统调用。首先，注意函数声明中的 asmlinkage 限定词，这是一个编译指令，通知编译器仅从栈中提取该函数的参数。所有的系统调用都需要这个限定词。其次，函数返回 long。为了保证 32 位和 64 位系统的兼容，系统调用在用户空间和内核空间有不同的返回值类型，在用户空间为 int，在内核空间为 long。最后，注意系统调用 get_pid() 在内核中被定义成 sys_ getpid()。这是 Linux 中所有系统调用都应该遵守的命名规则，系统调用 bar() 在内核中也实现为 sys_bar() 函数。

5.3.1　系统调用号

在 Linux 中，每个系统调用被赋予一个系统调用号。这样，通过这个独一无二的号就可以关联系统调用。当用户空间的进程执行一个系统调用的时候，这个系统调用号就用来指明到底是要执行哪个系统调用；进程不会提及系统调用的名称。

系统调用号相当重要，一旦分配就不能再有任何变更，否则编译好的应用程序就会崩溃。此外，如果一个系统调用被删除，它所占用的系统调用号也不允许被回收利用，否则，以前编译过的代码会调用这个系统调用，但事实上却调用的是另一个系统调用。Linux 有一个“未实现”系统调用 sys_ni_syscall()，它除了返回 -ENOSYS 外不做任何其他工作，这个错误号就是专门针对无效的系统调用而设的。虽然很罕见，但如果一个系统调用被删除，或者变得不可用，这个函数就要负责“填补空缺”。

内核记录了系统调用表中的所有已注册过的系统调用的列表，存储在 sys_call_table 中。每一种体系结构中，都明确定义了这个表，在 x86-64 中，它定义于 arch/i386/kernel/syscall_64.c 文件中。这个表为每一个有效的系统调用指定了唯一的系统调用号。

5.3.2　系统调用的性能

Linux 系统调用比其他许多操作系统执行得要快。Linux 很短的上下文切换时间是一个重要

⊖　你可能会想为什么 getpid() 返回的是 tgid（即线程组 ID）呢？原因在于，对于普通进程来说，TGID 和 PID 相等。对于线程来说，同一线程组内的所有线程其 TGID 都相等。这使得这些线程能够调用 getpid() 并得到相同的 PID。

原因，进出内核都被优化得简洁高效。另外一个原因是系统调用处理程序和每个系统调用本身也都非常简洁。

5.4　系统调用处理程序

用户空间的程序无法直接执行内核代码。它们不能直接调用内核空间中的函数，因为内核驻留在受保护的地址空间上。如果进程可以直接在内核的地址空间上读写的话，系统的安全性和稳定性将不复存在。

所以，应用程序应该以某种方式通知系统，告诉内核自己需要执行一个系统调用，希望系统切换到内核态，这样内核就可以代表应用程序在内核空间执行系统调用。

通知内核的机制是靠软中断实现的：通过引发一个异常来促使系统切换到内核态去执行异常处理程序。此时的异常处理程序实际上就是系统调用处理程序。在 x86 系统上预定义的软中断是中断号 128，通过 int $0x80 指令触发该中断。这条指令会触发一个异常导致系统切换到内核态并执行第 128 号异常处理程序，而该程序正是系统调用处理程序。这个处理程序名字起得很贴切，叫 system_call()。它与硬件体系结构紧密相关[⊖]，x86-64 的系统上在 entry_64.S 文件中用汇编语言编写。最近，x86 处理器增加了一条叫作 sysenter 的指令。与 int 中断指令相比，这条指令提供了更快、更专业的陷入内核执行系统调用的方式。对这条指令的支持很快被加入内核。且不管系统调用处理程序被如何调用，用户空间引起异常或陷入内核就是一个重要的概念。

5.4.1　指定恰当的系统调用

因为所有的系统调用陷入内核的方式都一样，所以仅仅是陷入内核空间是不够的。因此必须把系统调用号一并传给内核。在 x86 上，系统调用号是通过 eax 寄存器传递给内核的。在陷入内核之前，用户空间就把相应系统调用所对应的号放入 eax 中。这样系统调用处理程序一旦运行，就可以从 eax 中得到数据。其他体系结构上的实现也都类似。

system_call() 函数通过将给定的系统调用号与 NR_syscalls 做比较来检查其有效性。如果它大于或者等于 NR_syscalls，该函数就会返回 -ENOSYS。否则，就执行相应的系统调用：

```
call *sys_call_table(,%rax,8)
```

由于系统调用表中的表项是以 64 位（8 字节）类型存放的，所以内核需要将给定的系统调用号乘以 4，然后用所得的结果在该表中查询其位置。在 x86-32 系统上，代码很类似，只是用 4 代替 8，参见图 5-2。

5.4.2　参数传递

除了系统调用号以外，大部分系统调用都还需要一些外部的参数输入。所以，在发生陷入的时候，应该把这些参数从用户空间传给内核。最简单的办法就是像传递系统调用号一样，把这些

⊖　下面许多关于系统调用处理程序的描述都是针对 x86 版本的。但不用担心，所有体系结构上的实现都类似。

参数也存放在寄存器里。在 x86-32 系统上，ebx、ecx、edx、esi 和 edi 按照顺序存放前五个参数。需要六个或六个以上参数的情况不多见，此时，应该用一个单独的寄存器存放指向所有这些参数在用户空间地址的指针。

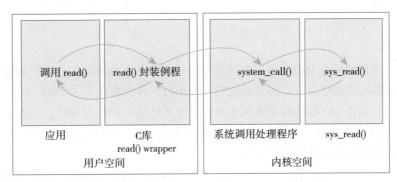

图 5-2　调用系统调用处理程序以执行一个系统调用

给用户空间的返回值也通过寄存器传递。在 x86 系统上，它存放在 eax 寄存器中。

5.5　系统调用的实现

实际上，一个 Linux 的系统调用在实现时并不需要太关心它和系统调用处理程序之间的关系。给 Linux 添加一个新的系统调用是件相对容易的工作。怎样设计和实现一个系统调用是难题所在，而把它加到内核里却无须太多周折。让我们关注一下实现一个新的 Linux 系统调用所需的步骤。

5.5.1　实现系统调用

实现一个新的系统调用的第一步是决定它的用途。它要做些什么？每个系统调用都应该有一个明确的用途。在 Linux 中不提倡采用多用途的系统调用（一个系统调用通过传递不同的参数值来选择完成不同的工作）。ioctl() 就是一个很好的例子，告诉了我们不应当去做什么。

新系统调用的参数、返回值和错误码又该是什么呢？系统调用的接口应该力求简洁，参数尽可能少。系统调用的语义和行为非常关键；因为应用程序依赖于它们，所以它们应力求稳定，不做改动。设想一下，如果功能多次改变会怎样。新的功能是否可以追加到系统调用亦或是否某个改变将需要一个全新的函数？是否可以容易地修订错误而不用破坏向后兼容？很多系统调用提供了标志参数以确保向前兼容。标志并不是用来让单个系统调用具有多个不同的行为（如前所述，这是不允许的），而是为了即使增加新的功能和选项，也不破坏向后兼容或不需要增加新的系统调用。

设计接口的时候要尽量为将来多做考虑。你是不是对函数做了不必要的限制？系统调用设计得越通用越好。不要假设这个系统调用现在怎么用将来也一定就是这么用。系统调用的目的可能不变，但它的用法却可能改变。这个系统调用可移植吗？别对机器的字节长度和字节序做假设。第 19 章将讨论这个话题。要确保不对系统调用做错误的假设，否则将来这个调用就可能会崩溃。

记住 UNIX 的格言："提供机制而不是策略"。

当你写一个系统调用的时候，要时刻注意可移植性和健壮性，不但要考虑当前，还要为将来做打算。基本的 UNIX 系统调用经受住了时间的考验；它们中的很大一部分到现在都还和 30 年前一样适用和有效。

5.5.2　参数验证

系统调用必须仔细检查它们所有的参数是否合法有效。系统调用在内核空间执行，如果任由用户将不合法的输入传递给内核，那么系统的安全和稳定将面临极大的考验。

举例来说，与文件 I/O 相关的系统调用必须检查文件描述符是否有效。与进程相关的函数必须检查提供的 PID 是否有效。必须检查每个参数，保证它们不但合法有效，而且正确。进程不应当让内核去访问那些它无权访问的资源。

最重要的一种检查就是检查用户提供的指针是否有效。试想，如果一个进程可以给内核传递指针而又无须检查，那么它就可以给出一个它根本就没有访问权限的指针，哄骗内核去为它拷贝本不允许它访问的数据，如原本属于其他进程的数据或者不可读的映射数据。在接收一个用户空间的指针之前，内核必须保证：

- 指针指向的内存区域属于用户空间。进程决不能哄骗内核去读内核空间的数据。
- 指针指向的内存区域在进程的地址空间里。进程决不能哄骗内核去读其他进程的数据。
- 如果是读，该内存应被标记为可读；如果是写，该内存应被标记为可写；如果是可执行，该内存被标记为可执行。进程决不能绕过内存访问限制。

内核提供了两个方法来完成必需的检查和所需的内核空间与用户空间之间数据的拷贝。注意，内核无论何时都不能轻率地接受来自用户空间的指针！这两个方法中必须经常有一个被使用。

为了向用户空间写入数据，内核提供了 copy_to_user()，它需要三个参数。第一个参数是进程空间中的目的内存地址，第二个是内核空间内的源地址，最后一个参数是需要拷贝的数据长度（字节数）。

为了从用户空间读取数据，内核提供了 copy_from_user()，它和 copy_to_user() 相似。该函数把第二个参数指定的位置上的数据拷贝到第一个参数指定的位置上，拷贝的数据长度由第三个参数决定。

如果执行失败，这两个函数返回的都是没能完成拷贝的数据的字节数。如果成功，则返回 0。当出现上述错误时，系统调用返回标准 -EFAULT。

让我们以一个既用了 copy_from_user() 又用了 copy_to_user() 的系统调用作例子进行考察。这个系统调用 silly_copy() 毫无实际用处，它从第一个参数里拷贝数据到第二个参数。这种用途让人无法理解，它毫无必要地让内核空间作为中转站，把用户空间的数据从一个位置复制到另外一个位置。但它却能演示出上述函数的用法。

```
/*
 * silly_copy 没有实际价值的系统调用，它把 len 字节的数据从 'src' 拷贝到 'dst'，毫无理由地让内核空
 * 间作为中转站。但这的确是个好例子
 */
```

```
SYSCALL_DEFINE3(silly_copy,
                unsigned long *, src,
                unsigned long *, dst,
                unsigned long len)
{
        unsigned long buf;
        /* 将用户地址空间中的 src 拷贝进 buf */
        if (copy_from_user(&buf, src, len))
                return -EFAULT;
        /* 将 buf 拷贝进用户地址空间中的 dst */
        if (copy_to_user(dst, &buf, len))
                return -EFAULT;
        /* 返回拷贝的数据量 */
        return len;
}
```

注意，copy_to_user() 和 copy_from_user() 都有可能引起阻塞。当包含用户数据的页被换出到硬盘上而不是在物理内存上的时候，这种情况就会发生。此时，进程就会休眠，直到缺页处理程序将该页从硬盘重新换回物理内存。

最后一项检查针对是否有合法权限。在老版本的 Linux 内核中，需要超级用户权限的系统调用才可以通过调用 suser() 函数这个标准动作来完成检查。这个函数只能检查用户是否为超级用户；现在它已经被一个更细粒度的"权能"机制代替。新的系统允许检查针对特定资源的特殊权限。调用者可以使用 capable() 函数来检查是否有权能对指定的资源进行操作，如果它返回非 0 值，调用者就有权进行操作，返回 0 则无权操作。举个例子，capable(CAP_SYS_NICE) 可以检查调用者是否有权改变其他进程的 nice 值。默认情况下，属于超级用户的进程拥有所有权利而非超级用户没有任何权利。例如，下面是 reboot() 系统调用，注意，第一步是如何确保调用进程具有 CAP_SYS_REBOOT 权能。如果那样一个条件语句被删除，任何进程都可以启动系统了。

```
SYSCALL_DEFINE4(reboot,
                int, magic1,
                int, magic2,
                unsigned int, cmd,
                void __user *, arg)
{
        char buffer[256];

        /* 我们只信任启动系统的系统管理员 */
        if (!capable(CAP_SYS_BOOT))
                return -EPERM;

        /* 为了安全起见，我们需要 "magic" 参数 */
        if (magic1 != LINUX_REBOOT_MAGIC1 ||
            (magic2 != LINUX_REBOOT_MAGIC2 &&
                        magic2 != LINUX_REBOOT_MAGIC2A &&
                        magic2 != LINUX_REBOOT_MAGIC2B &&
                        magic2 != LINUX_REBOOT_MAGIC2C))
                return -EINVAL;

        /* 当未设置 pm_power_off 时，请不要试图让 power_off 的代码看起来像是可以停机，而应该采用更
           简单的方式 */
```

```
        if ((cmd == LINUX_REBOOT_CMD_POWER_OFF) && !pm_power_off)
                cmd = LINUX_REBOOT_CMD_HALT;

lock_kernel();
switch (cmd) {
case LINUX_REBOOT_CMD_RESTART:
        kernel_restart(NULL);
        break;

case LINUX_REBOOT_CMD_CAD_ON:
        C_A_D = 1;
        break;
case LINUX_REBOOT_CMD_CAD_OFF:
        C_A_D = 0;
        break;

case LINUX_REBOOT_CMD_HALT:
        kernel_halt();
        unlock_kernel();
        do_exit(0);
        break;

case LINUX_REBOOT_CMD_POWER_OFF:
        kernel_power_off();
        unlock_kernel();
        do_exit(0);
        break;

case LINUX_REBOOT_CMD_RESTART2:
        if (strncpy_from_user(&buffer[0], arg, sizeof(buffer) - 1) < 0) {
                unlock_kernel();
                return -EFAULT;
        }
        buffer[sizeof(buffer) - 1] = '\0';

        kernel_restart(buffer);
        break;

default:
        unlock_kernel();
        return -EINVAL;
}
unlock_kernel();
return 0;
}
```

参见 <linux/capability.h>，其中包含一份所有这些权能和其对应的权限的列表。

5.6 系统调用上下文

在第 3 章中曾经讨论过，内核在执行系统调用的时候处于进程上下文。current 指针指向当前任务，即引发系统调用的那个进程。

在进程上下文中，内核可以休眠（比如在系统调用阻塞或显式调用 schedule() 的时候）并且可以被抢占。这两点都很重要。首先，能够休眠说明系统调用可以使用内核提供的绝大部分功能。在第 7 章中我们会看到，休眠的能力会给内核编程带来极大便利⊖。在进程上下文中能够被抢占其实表明，像用户空间内的进程一样，当前的进程同样可以被其他进程抢占。因为新的进程可以使用相同的系统调用，所以必须小心，保证该系统调用是可重入的。当然，这也是在对称多处理中必须同样关心的问题。关于可重入的保护涵盖在第 9 章和第 10 章中。

当系统调用返回的时候，控制权仍然在 system_call() 中，它最终会负责切换到用户空间，并让用户进程继续执行下去。

5.6.1 绑定一个系统调用的最后步骤

当编写完一个系统调用后，把它注册成一个正式的系统调用是件琐碎的工作：

1）首先，在系统调用表的最后加入一个表项。每种支持该系统调用的硬件体系都必须做这样的工作（大部分的系统调用都针对所有的体系结构）。从 0 开始算起，系统调用在该表中的位置就是它的系统调用号。如第 10 个系统调用分配到的系统调用号为 9。

2）对于所支持的各种体系结构，系统调用号都必须定义于 <asm/unistd.h> 中。

3）系统调用必须被编译进内核映象（不能被编译成模块）。这只要把它放进 kernel/ 下的一个相关文件中就可以了，比如 sys.c，它包含了各种各样的系统调用。

让我们通过一个虚构的系统调用 foo() 来仔细观察一下这些步骤。首先，我们要把 sys_foo 加入系统调用表中。对于大多数体系结构来说，该表位于 entry.s 文件中，形式如下：

```
ENTRY(sys_call_table)
        .long sys_restart_syscall    /* 0 */
        .long sys_exit
        .long sys_fork
        .long sys_read
        .long sys_write
        .long sys_open               /* 5 */

    ...

        .long sys_eventfd2
        .long sys_epoll_create1
        .long sys_dup3               /* 330 */
        .long sys_pipe2
        .long sys_inotify_init1
        .long sys_preadv
        .long sys_pwritev
```

⊖ 中断处理程序不能休眠，这使得中断处理程序所能进行的操作较之运行在进程上下文中的系统调用所能进行的操作受到了极大的限制。

```
        .long sys_rt_tgsigqueueinfo      /* 335 */
        .long sys_perf_event_open
        .long sys_recvmmsg
```

我们把新的系统调用加到这个表的末尾：

```
.long sys_foo
```

虽然没有明确地指定编号，但我们加入的这个系统调用被按照次序分配给了 338 这个系统调用号。对于每种需要支持的体系结构，我们都必须将自己的系统调用加入到其系统调用表中去。每种体系结构不需要对应相同的系统调用号。系统调用号是专属于体系结构 ABI（应用程序二进制接口）的部分。通常，你需要让系统调用适应每种体系结构。你可以注意一下，每隔 5 个表项就加入一个调用号注释的习惯，这可以在查找系统调用对应的调用号时提供方便。

接下来，我们把系统调用号加入 <asm/unistd.h> 中，它的格式如下：

```
/*
 * 本文件包含系统调用号
 */

#define __NR_restart_syscall      0
#define __NR_exit                 1
#define __NR_fork                 2
#define __NR_read                 3
#define __NR_write                4
#define __NR_open                 5

...
#define __NR_signalfd4          327
#define __NR_eventfd2           328
#define __NR_epoll_create1      329
#define __NR_dup3               330
#define __NR_pipe2              331
#define __NR_inotify_init1      332
#define __NR_preadv             333
#define __NR_pwritev            334
#define __NR_rt_tgsigqueueinfo  335
#define __NR_perf_event_open    336
#define __NR_recvmmsg           337
```

然后，我们在该列表中加入下面这行：

```
#define __NR_foo                338
```

最后，我们来实现 foo() 系统调用。无论何种配置，该系统调用都必须编译到核心的内核映象中去，所以在这个例子中我们把它放进 kernel/sys.c 文件中。你也可以将其放到与其功能联系最紧密的代码中去，假如它的功能与调度相关，那么你也可以把它放到 kernel/sched.c 中去。

```
#include <asm/page.h>
```

```
/*
 * sys_foo - 每个人喜欢的系统调用
 * 返回每个进程的内核栈大小
 */
asmlinkage long sys_foo(void)
{
        return THREAD_SIZE;
}
```

就是这样！现在就可以启动内核并在用户空间调用 foo() 系统调用了。

5.6.2 从用户空间访问系统调用

通常，系统调用靠 C 库支持。用户程序通过包含标准头文件并和 C 库链接，就可以使用系统调用（或者调用库函数，再由库函数实际调用）。但如果你仅仅写出系统调用，glibc 库恐怕并不提供支持。

值得庆幸的是，Linux 本身提供了一组宏，用于直接对系统调用进行访问。它会设置好寄存器并调用陷入指令。这些宏是 _syscall*n*()，其中 *n* 的范围从 0 到 6，代表需要传递给系统调用的参数个数，这是由于该宏必须了解到底有多少参数按照什么次序压入寄存器。举个例子，open() 系统调用的定义是：

```
long open(const char *filename, int flags, int mode)
```

而不靠库支持，直接调用此系统调用的宏的形式为：

```
#define NR_open    5
_syscall3(long, open, const char*, filename, int, flags, int, mode)
```

这样，应用程序就可以直接使用 open()。

对于每个宏来说，都有 2+2×*n* 个参数。第一个参数对应着系统调用的返回值类型。第二个参数是系统调用的名称。再以后是按照系统调用参数的顺序排列的每个参数的类型和名称。_NR_open 在 <asm/unistd.h> 中定义，是系统调用号。该宏会被扩展成为内嵌汇编的 C 函数；由汇编语言执行前面内容中所讨论的步骤，将系统调用号和参数压入寄存器并触发软中断来陷入内核。调用 open() 系统调用直接把上面的宏放置在应用程序中就可以了。

让我们写一个宏来使用前面编写的 foo() 系统调用，然后再写出测试代码炫耀一下我们所做的努力。

```
#define __NR_foo 283
__syscall0(long, foo)

int main ()
{
        long stack_size;

        stack_size = foo ();
        printf ("The kernel stack size is %ld\n", stack_size);

        return 0;
}
```

5.6.3   为什么不通过系统调用的方式实现

前面的内容已经告诉大家，建立一个新的系统调用非常容易，但却绝不提倡这么做。的确，你应该多多练习如何给一个新的系统调用加警告与限制。通常都会有更好的办法用来代替新建一个系统调用以作实现。让我们看看采用系统调用作为实现方式的利弊和替代的方法。

建立一个新的系统调用的好处：

• 系统调用创建容易且使用方便。
• Linux 系统调用的高性能显而易见。

问题是：

• 你需要一个系统调用号，而这需要一个内核在处于开发版本的时候由官方分配给你。
• 系统调用被加入稳定内核后就被固化了，为了避免应用程序的崩溃，它的接口不允许做改动。
• 需要将系统调用分别注册到每个需要支持的体系结构中去。
• 在脚本中不容易调用系统调用，也不能从文件系统直接访问系统调用。
• 由于你需要系统调用号，因此在主内核树之外是很难维护和使用系统调用的。
• 如果仅仅进行简单的信息交换，系统调用就大材小用了。

替代方法：

实现一个设备节点，并对此实现 read() 和 write()。使用 ioctl() 对特定的设置进行操作或者对特定的信息进行检索。

• 像信号量这样的某些接口，可以用文件描述符来表示，因此也就可以按上述方式对其进行操作。
• 把增加的信息作为一个文件放在 sysfs 的合适位置。

对于许多接口来说，系统调用都被视为正确的解决之道。但 Linux 系统尽量避免每出现一种新的抽象就简单地加入一个新的系统调用。这使得它的系统调用接口简洁得令人叹为观止，也就避免了许多后悔和反对意见（系统调用再也不被使用或支持）。新系统调用增添频率很低也反映出 Linux 是一个相对较为稳定并且功能已经较为完善的操作系统。

5.7   小结

在本章，我们描述了系统调用到底是什么，它们与库函数和应用程序接口（API）有怎样的关系。然后，我们考察了 Linux 内核如何实现系统调用，以及执行系统调用的连锁反应：陷入内核，传递系统调用号和参数，执行正确的系统调用函数，并把返回值带回用户空间。

然后，我们讨论了如何增加系统调用，并提供了从用户空间调用系统调用的简单例子。整个过程相当容易！增加一个新的系统调用没有什么难的，这一过程也就是系统调用的实现过程。本书的其余部分讨论了编写规范的、最优化的、安全的系统调用所遵循的概念和内核接口规范。

最后，我们通过讨论实现系统调用的优缺点以及列举其替代方案的形式对全章内容进行了总结。

内核数据结构

本章将介绍几种 Linux 内核常用的内建数据结构。和其他很多大型项目一样，Linux 内核实现了这些通用数据结构，而且提倡大家在开发时重用。内核开发者应该尽可能地使用这些数据结构，而不要搞自作主张的山寨方法。在下面的内容中，我们讲述这些通用数据结构中最有用的几个：

- 链表
- 队列
- 映射
- 二叉树

本章最后还要讨论算法复杂度，以及何种规模的算法或数据结构可以相对容易地支持更大的输入集合。

6.1 链表

链表是 Linux 内核中最简单、最普通的数据结构。链表是一种存放和操作可变数量元素（常称为节点）的数据结构。链表和静态数组的不同之处在于，它所包含的元素都是动态创建并插入链表的，在编译时不必知道具体需要创建多少个元素。另外也因为链表中每个元素的创建时间各不相同，所以它们在内存中无须占用连续内存区。正是因为元素不连续地存放，所以各元素需要通过某种方式被连接在一起。于是每个元素都包含一个指向下一个元素的指针，当有元素加入链表或从链表中删除元素时，简单调整指向下一个节点的指针就可以了。

6.1.1 单向链表和双向链表

可以用一种最简单的数据结构来表示这样一个链表：

```
/* 一个链表中的一个元素 */
struct list_element {
        void *data;                    /* 有效数据 */
        struct list_element *next;     /* 指向下一个元素的指针 */
};
```

图 6-1 描述一个链表结构体。

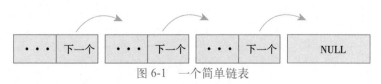

图 6-1　一个简单链表

在有些链表中，每个元素还包含一个指向前一个元素的指针，因为它们可以同时向前和向后相互连接，所以这种链表被称作双向链表。而类似于图 6-1 所示的那种只能向后连接的链表被称作单向链表。

表示双向链表的一种数据结构如下：

```
/* 一个链表中的一个元素 */
struct list_element {
        void *data;                /* 有效数据 */
        struct list_element *next; /* 指向下一个元素的指针 */
        struct list_element *prev; /* 指向前一个元素的指针 */
};
```

图 6-2 描述了一个双向链表。

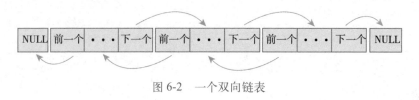

图 6-2　一个双向链表

6.1.2　环形链表

通常情况下，因为链表中最后一个元素不再有下一个元素，所以将链表尾元素中的向后指针设置为 NULL，以此表明它是链表中的最后一个元素。但在有些链表中，末尾元素并不指向特殊值，相反，它指回链表的首元素。这种链表因为首尾相连，所以被称为是环形链表。环形链表也存在双向链表和单向链表两种形式。在环形双向链表中，首节点的向前指针指向尾节点。图 6-3 和图 6-4 分别表示单向和环形双向链表。

图 6-3　环形单向链表

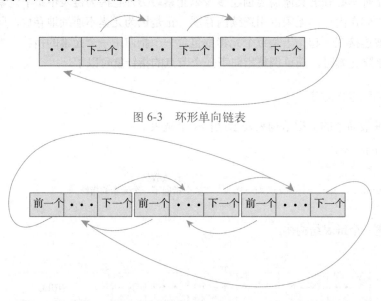

图 6-4　环形双向链表

因为环形双向链表提供了最大的灵活性，所以 Linux 内核的标准链表就是采用环形双向链表形式实现的。

6.1.3　沿链表移动

沿链表移动只能是线性移动。先访问某个元素，然后沿该元素的向后指针访问下一个元素，不断重复这个过程，就可以沿链表向后移动了。这是一种最简单的沿链表移动方法，也是最适合访问链表的方法。如果需要随机访问数据，一般不使用链表。使用链表存放数据的理想情况是，需要遍历所有数据或需要动态加入和删除数据时。

有时，首元素会用一个特殊指针表示——该指针称为头指针，利用头指针可方便、快速地找到链表的"起始端"。在非环形链表里，向后指针指向 NULL 的元素是尾元素，而在环形链表里向后指针指向头元素的元素是尾元素。遍历一个链表需要线性地访问从第一个元素到最后一个元素之间的所有元素。对于双向链表来说，也可以反向遍历链表，可以从最后一个元素线性访问到第一个元素。当然还可以从链表中的指定元素开始向前和向后访问数个元素，并不一定要访问整个链表。

6.1.4　Linux 内核中的实现

相比普遍的链表实现方式（包括前面章节描述的通用方法），Linux 内核的实现可以说独树一帜。回忆早先提到的数据（或者一组数据，比如一个 struct）通过在内部添加一个指向数据的 next（或者 previous）节点指针，才能串联在链表中。比如，假定我们有一个 fox 数据结构来描述犬科动物中的一员。

```
struct fox {
        unsigned long tail_length;         /* 尾巴长度，以厘米为单位 */
        unsigned long weight;              /* 重量，以千克为单位 */
        bool          is_fantastic;        /* 这只狐狸奇妙吗？ */
};
```

存储这个结构到链表里的通常方法是在数据结构中嵌入一个链表指针，比如：

```
struct fox {
        unsigned long tail_length;         /* 尾巴长度，以厘米为单位 */
        unsigned long weight;              /* 重量，以千克为单位 */
        bool          is_fantastic;        /* 这只狐狸奇妙吗？ */
        struct fox    *next;               /* 指向下一个狐狸 */
        struct fox    *prev;               /* 指向前一个狐狸 */
};
```

Linux 内核方式与众不同，它不是将数据结构塞入链表，而是将链表节点塞入数据结构！

1. 链表数据结构

在过去，内核中有许多链表的实现，该选一个既简单、又高效的链表来统一它们了。在 2.1 内核开发系列中，首次引入了官方内核链表实现。从此内核中的所有链表现在都使用官方的链表实现了，千万不要再自己造轮子啦！

链表代码在头文件 <linux/list.h> 中声明，其数据结构很简单：

```
struct list_head {
        struct list_head *next
        struct list_head *prev;
};
```

next 指针指向下一个链表节点，prev 指针指向前一个。然而，似乎这里还看不出它们有多大的作用。到底什么才是链表存储的具体内容呢？其实关键在于理解 list_head 结构是如何使用的。

```
struct fox {
        unsigned long     tail_length;      /* 尾巴长度，以厘米为单位 */
        unsigned long     weight;           /* 重量，以千克为单位 */
        bool              is_fantastic;     /* 这只狐狸奇妙吗？ */
        struct list_head list;              /* 所有 fox 结构体形成链表 */
};
```

上述结构中，fox 中的 list. next 指向下一个元素，list. prev 指向前一个元素。现在链表已经能用了，但是显然还不够方便。因此内核又提供了一组链表操作例程。比如 list_add() 方法加入一个新节点到链表中。但是，这些方法都有一个统一的特点：它们只接受 list_head 结构作为参数。使用宏 container_of() 我们可以很方便地从链表指针找到父结构中包含的任何变量。这是因为在 C 语言中，一个给定结构中的变量偏移在编译时地址就被 ABI 固定下来了。

```
#define container_of(ptr, type, member) ({                      \
        const typeof( ((type *)0)->member ) *__mptr = (ptr);    \
        (type *)( (char *)__mptr - offsetof(type,member) );})
```

使用 container_of() 宏，我们定义一个简单的函数便可返回包含 list_head 的父类型结构体：

```
#define list_entry(ptr, type, member) \
        container_of(ptr, type, member)
```

依靠 list_entry() 方法，内核提供了创建、操作以及其他链表管理的各种例程——所有这些方法都不需要知道 list_head 所嵌入对象的数据结构。

2. 定义一个链表

正如看到的：list_head 本身其实并没有意义——它需要被嵌入到你自己的数据结构中才能生效：

```
struct fox {
        unsigned long     tail_length;      /* 尾巴长度，以厘米为单位 */
        unsigned long     weight;           /* 重量，以千克为单位 */
        bool              is_fantastic;     /* 这只狐狸奇妙吗？ */
        struct list_head list;              /* 所有 fox 结构体形成链表 */
};
```

链表需要在使用前初始化。因为多数元素都是动态创建的（也许这就是需要链表的原因），因此最常见的方式是在运行时初始化链表。

```
struct fox *red_fox;
red_fox = kmalloc(sizeof(*red_fox), GFP_KERNEL);
red_fox->tail_length = 40;
red_fox->weight = 6;
red_fox->is_fantastic = false;
INIT_LIST_HEAD(&red_fox->list);
```

如果一个结构在编译期静态创建，而你需要在其中给出一个链表的直接引用，下面是最简方式：

```
struct fox red_fox = {
   .tail_length = 40,
   .weight = 6,
   .list   = LIST_HEAD_INIT(red_fox.list),
};
```

3. 链表头

前面我们展示了如何把一个现有的数据结构（这里是我们的 fox 结构体）改造成链表。

简单修改上述代码，我们的结构便可以被内核链表例程管理。但是在可以使用这些例程前，需要一个标准的索引指针指向整个链表，即链表的头指针。

内核链表实现中最杰出的特性就是：我们的 fox 节点都是无差别的——每一个都包含一个 list_head 指针，于是我们可以从任何一个节点起遍历链表，直到我们看到所有节点。这种方式确实很优美，不过有时确实也需要一个特殊指针索引到整个链表，而不从一个链表节点触发。有趣的是，这个特殊的索引节点事实上也就是一个常规的 list_head：

```
static LIST_HEAD(fox_list);
```

该函数定义并初始化了一个名为 fox_list 的链表例程，这些例程中的大多数都只接受一个或者两个参数：头节点或者头节点加上一个特殊链表节点。下面我们就具体看看这些操作例程。

6.1.5 操作链表

内核提供了一组函数来操作链表，这些函数都要使用一个或多个 list_head 结构体指针作参数。因为函数都是用 C 语言以内联函数形式实现的，所以它们的原型在文件 <linux/list.h> 中。

有趣的是，所有这些函数的复杂度都为 O(1) $^{\ominus}$。这意味着，无论这些函数操作的链表大小如何，无论它们得到的参数如何，它们都在恒定时间内完成。比如，不管是对于包含 3 个元素的链表还是对于包含 3000 个元素的链表，从链表中删除一项或加入一项花费的时间都是相同的。这点可能没什么让人惊奇的，但你最好还是搞清楚其中的原因。

1. 向链表中增加一个节点

给链表增加一个节点：

```
list_add(struct list_head *new, struct list_head *head)
```

该函数向指定链表的 head 节点后插入 new 节点。因为链表是循环的，而且通常没有首尾节点的概念，所以你可以把任何一个节点当作 head。如果把"最后"一个节点当作 head，那么该函数可以用来实现一个栈。

回到我们的例子，假定我们创建一个新的 struct fox，并把它加入 fox_list，那么我们这样做：

```
list_add(&f->list, &fox_list);
```

$\ominus$ 请看本章 6.6 节，其中讨论了 O(1) 算法。

把节点增加到链表尾：

```
list_add_tail(struct list_head *new, struct List_head *head)
```

该函数向指定链表的 head 节点前插入 new 节点。和 list_add() 函数类似，因为链表是环形的，所以可以把任何一个节点当作 head。如果把"第一个"元素当作 head，那么该函数可以用来实现一个队列。

2.从链表中删除一个节点

在键表中增加一个节点后，从中删除一个结点是另一个最重要的操作。从链表中删除一个结点，调用 list_del()：

```
list_del(struct list_head *entry)
```

该函数从链表中删除 entry 元素。注意，该操作并不会释放 entry 或释放包含 entry 的数据结构体所占用的内存；该函数仅仅是将 entry 元素从链表中移走，所以该函数被调用后，通常还需要再撤销包含 entry 的数据结构体和其中的 entry 项。

例如，为了删除 for 节点，我们回到前面增加节点的 fox_list：

```
list_del(&f->list)
```

注意，该函数并没有接受 fox_list 作为输入参数。它只是接受一个特定的节点，并修改其前后节点的指针，这样给定的节点就从链表中删除。代码的实现颇具有启发性：

```
static inline void __list_del(struct list_head *prev, struct list_head *next)
{
        next->prev = prev;
        prev->next = next;
}

static inline void list_del(struct list_head *entry)
{
        __list_del(entry->prev, entry->next);
}
```

从链表中删除一个节点并对其重新初始化：

```
list_del_init():
list_del_init(struct list_head *entry)
```

该函数除了还需要再次初始化 entry 以外，其他和 list_del() 函数类似。这样做是因为：虽然链表不再需要 entry 项，但是还可以再次使用包含 entry 的数据结构体。

3.移动和合并链表节点

把节点从一个链表移到另一个链表：

```
list_move(struct list_head *list, struct list_head *head)
```

该函数从一个链表中移除 list 项，然后将其加到另一链表的 head 节点后面。

把节点从一个链表移到另一个链表的末尾：

```
list_move_tail(struct list_head *list, struct list_head *head)
```

该函数和 list_move() 函数一样，唯一的不同是将 list 项插入到 head 项前。

检查链表是否为空：

```
list_empty(struct list_head *head)
```

如果指定的链表为空，该函数返回非 0 值；否则返回 0。

把两个未连接的链表合并在一起：

```
list_splice(struct list_head *list,struct list_head *head)
```

该函数合并两个链表，它将 list 指向的链表插入到指定链表的 head 元素后面。

把两个未连接的链表合并在一起，并重新初始化原来的链表：

```
list_splice_init(struct list_head *list,struct list_head *head)
```

该函数和 list_splicc() 函数　样，唯　的不同是由 list 指向的链表要被重新初始化。

节约两次提领（dereference）

如果你碰巧已经得到了 next 和 prev 指针，你可以直接调用内部链表函数，从而省下一点时间（其实就是提领指针的时间）。前面讨论的所有函数其实没有做什么其他特别的操作，它仅仅是找到 next 和 prev 指针，再去调用内部函数而已。内部函数和它们的外部包装函数同名，仅仅在前面加了两条下划线。比如，可以调用 __list_del(prev, next) 函数代替调用 list_del(list) 函数。但这只有在向前和向后指针确实已经被提领过的情况下才有意义。否则，你只是在画蛇添足。请看文件 <linux/list.h> 中具体的接口。

6.1.6　遍历链表

现在，你已经知道了如何在内核中声明、初始化和操作一个链表。这很了不起，但如果无法访问自己的数据，这些没有任何意义。链表仅仅是个能够包含重要数据的容器；我们必须利用链表移动并访问包含我们数据的结构体。幸好，内核为我们提供了一组非常棒的接口，可以用来遍历链表和引用链表中的数据结构体。

注意　和链表操作函数不同，遍历链表的复杂度为 O(n)，n 是链表所包含的元素数目。

1. 基本方法

遍历链表最简单的方法是使用 list_for_each() 宏，该宏使用两个 list_head 类型的参数，第一个参数用来指向当前项，这是一个你必须要提供的临时变量，第二个参数是需要遍历的链表的以头节点形式存在的 list_head（见前面的"链表头"部分）。每次遍历中，第一个参数在链表中不断移动指向下一个元素，直到链表中的所有元素都被访问为止。用法如下：

```
struct list_head *p;
list_for_each(p, list) {
        /*p 指向链表中的元素 */
}
```

好了，实话实说，其实一个指向链表结构的指针通常是无用的；我们所需要的是一个指向包含 list_head 的结构体的指针。比如前面 fox 结构体的例子，我们需要的是指向每个 fox 的指针，而不需要指向结构体中 list 成员的指针。我们可以使用前面讨论的 list_entry() 宏，来获得包含给定 list_head 的数据结构。比如：

```
struct list_head *p;
struct fox *f;

list_for_each(p, &fox_list) {
        /* f points to the structure in which the list is embedded */
        f = list_entry(p, struct fox, list);
}
```

2. 可用的方法

前面的方法虽然确实展示了 list_head 节点的功效，但并不优美，而且也不够灵活。所以多数内核代码采用 list_for_each_entry() 宏遍历链表。该宏内部也使用 list_entry() 宏，但简化了遍历过程：

```
list_for_each_entry(pos, head, member)
```

这里 pos 是一个指向包含 list_head 节点对象的指针，可将它看作 list_entry 宏的返回值。head 是一个指向头节点的指针，即遍历开始位置——在我们前面例子中，fox_list.member 是 pos 中 list_head 结构的变量名。这听起来令人迷惑，但是简单实用。下面的代码段展示了如何重写前面的 list_for_each()，来遍历所有 fox 节点：

```
struct fox *f;

list_for_each_entry(f, &fox_list, list) {
        /* on each iteration, 'f' points to the next fox structure ... */
}
```

现在看看实际例子吧。它来自 inotify——内核文件系统的更新通知机制：

```
static struct inotify_watch *inode_find_handle(struct inode *inode,
                                               struct inotify_handle *ih)
{
        struct inotify_watch *watch;

        list_for_each_entry(watch, &inode->inotify_watches, i_list) {
                if (watch->ih == ih)
                        return watch;
        }

        return NULL;
}
```

该函数遍历了 inode->inotify_watches 链表中的所有项，每个项的类型都是 struct inotify_ watch，list_head 在结构中被命名为 i_list。循环中的每一个遍历，watch 都指向链表的新节点。该函数的目的在于：在 inode 结构串联起来的 inotify_watches 链表中，搜寻其 inotify_handle 与所提供的句柄相匹配的 inotify_watch 项。

3. 反向遍历链表

宏 list_for_each_entry_reverse() 的工作和 list_for_each_entry() 类似，不同点在于它是反向遍历链表的。也就是说，不再是沿着 next 指针向前遍历，而是沿着 prev 指针向后遍历。其用法和 list_for_each_entry() 相同：

```
list_for_each_entry_reverse(pos, head, member)
```

很多原因会需要反向遍历链表。其中一个是性能原因——如果你知道你要寻找的节点最可能在你搜索的起始点的前面，那么反向搜索岂不更快。第二个原因是如果顺序很重要，比如，如果你使用链表实现堆栈，那么你需要从尾部向前遍历才能达到先进 / 先出（LIFO）原则。如果你没有确切的反向遍历的原因，就老实点，用 list_for_each_entry() 宏吧。

4. 遍历的同时删除

标准的链表遍历方法在你遍历链表的同时要想删除节点时是不行的。因为标准的链表方法建立在你的操作不会改变链表项这一假设上，所以如果当前项在遍历循环中被删除，那么接下来的遍历就无法获得 next(或 prev) 指针了。这其实是循环处理中的一个常见范式，开发人员通过在潜在的删除操作之前存储 next(或者 previous) 指针到一个临时变量中，以便能执行删除操作。好在 Linux 内核提供了例程处理这种情况：

```
list_for_each_entry_safe(pos, next, head, member)
```

你可以按照 list_for_each_entry() 宏的方式使用上述例程，只是需要提供 next 指针，next 指针和 pos 是同样的类型。list_for_each_entry_safe() 启用 next 指针来将下一项存进表中，以使得能安全删除当前项。我们再次看看 inotify 的例子：

```
void inotify_inode_is_dead(struct inode *inode)
{
        struct inotify_watch *watch, *next;

        mutex_lock(&inode->inotify_mutex);
        list_for_each_entry_safe(watch, next, &inode->inotify_watches, i_list) {
                struct inotify_handle *ih = watch->ih;
                mutex_lock(&ih->mutex);
                inotify_remove_watch_locked(ih, watch); /* deletes watch */
                mutex_unlock(&ih->mutex);
        }
        mutex_unlock(&inode->inotify_mutex);
}
```

该函数遍历并删除 inotify_watches 链表中的所有项。如果使用了标准的 list_for_each_entry()，那么上述代码会造成"使用—在—释放后"的错误，因为在移向链表中下一项时，需要访问 watch，但这时它已经被撤销。

如果你需要在反向遍历链表的同时删除它，那么内核提供了 list_for_each_entry_safe_reverse() 宏帮你完成此任务：

```
list_for_each_entry_safe_reverse(pos, n, head, member)
```

上述函数的用法同 list_for_each_entry_safe()。

你仍然需要锁定！

list_for_each_entry() 的安全版本只能保护你在循环体中从链表中删除数据。如果这时有可能从其他地方并发进行删除，或者有任何其他并发的链表操作，你就需要锁定链表。

请见第 9 章和第 10 章中对同步和锁的讨论。

5. 其他链表方法

Linux 提供了很多链表操作方法——几乎是你所能想到的所有访问和操作链表方法，所有这些方法都可在头文件 <linux/list.h> 中找到。

6.2 队列

任何操作系统内核都少不了一种编程模型：生产者和消费者。在该模式中，生产者创造数据（比如说需要读取的错误信息或者需要处理的网络包），而消费者则反过来，读取消息和处理包，或者以其他方式消费这些数据。实现该模型的最简单的方式无非是使用队列。生产者将数据推进队列，然后消费者从队列中摘取数据。消费者获取数据的顺序和推入队列的顺序一致。也就是说，第一个进入队列的数据一定是第一个离开队列的。也正是这个原因，队列也称为 FIFO。顾名思义，FIFO 就是先进先出的缩写。图 6-5 是一个标准队列的例子。

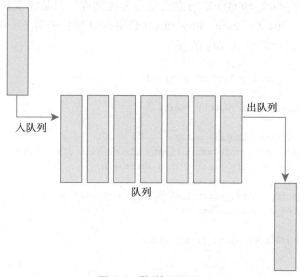

图 6-5   队列（FIFO）

Linux 内核通用队列实现称为 kfifo。它实现在文件 kernel/kfifo.c 中，声明在文件 <linux/kfifo.h> 中。本节讨论的是自 2.6.33 以后刚更新的 API，使用方法和 2.6.33 前的内核稍有不同，所以在使用前请仔细检查文件 <linux/kfifo.h>。

6.2.1   kfifo

Linux 的 kfifo 和多数其他队列实现类似，提供了两个主要操作：enqueue（入队列）和 dequeue（出队列）。kfifo 对象维护了两个偏移量：入口偏移和出口偏移。入口偏移是指下一次入队列时的位置，出口偏移是指下一次出队列时的位置。出口偏移总是小于等于入口偏移，否则无意义，因为那样说明要出队列的元素根本还没有入队列。

enqueue 操作拷贝数据到队列中的入口偏移位置。当上述动作完成后，入口偏移随之加上推入的元素数目。dequeue 操作从队列中出口偏移处拷贝数据，当上述动作完成后，出口偏移随之减去摘取的元素数目。当出口偏移等于入口偏移时，说明队列空了：在新数据被推入前，不可再摘取任何数据了。当入口偏移等于队列长度时，说明在队列重置前，不可再有新数据推入队列。

6.2.2   创建队列

使用 kfifo 前，首先必须对它进行定义和初始化。和多数内核对象一样，有动态或者静态方法供你选择。动态方法更为普遍：

```
int kfifo_alloc(struct kfifo *fifo, unsigned int size, gfp_t gfp_mask);
```

该函数创建并且初始化一个大小为 size 的 kfifo。内核使用 gfp_mask 标识分配队列（我们在第 12 章会详细讨论内存分配）。如果成功 kfifo_alloc() 返回 0；错误则返回一个负数错误码。下面便是一个例子：

```
struct kfifo fifo;
int ret;

ret = kfifo_alloc(&kifo, PAGE_SIZE, GFP_KERNEL);
if (ret)
        return ret;
/* "fifo" 现在代表一个大小为 PAGE_SIZE 的队列… */
```

你要想自己分配缓冲，可以调用：

```
void kfifo_init(struct kfifo *fifo, void *buffer, unsigned int size);
```

该函数创建并初始化一个 kfifo 对象，它将使用由 buffer 指向的 size 字节大小的内存。对于 kfifo_alloc() 和 kfifo_init()，size 必须是 2 的幂。

静态声明 kfifo 更简单，但不大常用：

```
DECLARE_KFIFO(name, size);
INIT_KFIFO(name);
```

上述方法会创建一个名称为 name、大小为 size 的 kfifo 对象。和前面一样，size 必须是 2 的幂。

6.2.3   推入队列数据

当你的 kfifo 对象创建和初始化后，推入数据到队列需要通过 kfifo_in() 方法完成：

```
unsigned int kfifo_in(struct kfifo *fifo, const void *from, unsigned int len);
```

该函数把 from 指针所指的 len 字节数据拷贝到 fifo 所指的队列中，如果成功，则返回推入数据的字节大小。如果队列中的空闲字节小于 len，则该函数值最多可拷贝队列可用空间那么多的数据，这样的话，返回值可能小于 len，甚至会返回 0，这时意味着没有任何数据被推入。

6.2.4 摘取队列数据

推入数据使用函数 kfifo_in()，摘取数据则需要通过函数 kfifo_out() 完成：

```
unsigned int kfifo_out(struct kfifo *fifo, void *to, unsigned int len);
```

该函数从 fifo 所指向的队列中拷贝出长度为 len 字节的数据到 to 所指的缓冲中。如果成功，该函数则返回拷贝的数据长度。如果队列中数据大小小于 len，则该函数拷贝出的数据必然小于需要的数据大小。

当数据被摘取后，数据就不再存在于队列之中。这是队列操作的常用方式。不过如果仅仅想"偷窥"队列中的数据，而不真想删除它，你可以使用 kfifo_out_peek() 方法：

```
unsigned int kfifo_out_peek(struct kfifo *fifo, void *to, unsigned int len,
                            unsigned offset);
```

该函数和 kfifo_out() 类似，但出口偏移不增加，而且摘取的数据仍然可被下次 kfifo_out 获得。参数 offset 指向队列中的索引位置，如果该参数为 0，则读队列头，这和 kfifo_out() 无异。

6.2.5 获取队列长度

若想获得用于存储 kfifo 队列的空间的总体大小（以字节为单位），可调用方法 kfifo_size()：

```
static inline unsigned int kfifo_size(struct kfifo *fifo);
```

另一个内核命名不佳的例子来了——kfifo_len() 方法返回 kfifo 队列中已推入的数据大小：

```
static inline unsigned int kfifo_len(struct kfifo *fifo);
```

如果想得到 kfifo 队列中还有多少可用空间，则要调用方法：

```
static inline unsigned int kfifo_avail(struct kfifo *fifo);
```

最后两个方法是 kfifo_is_empty() 和 kfifo_is_full()。如果给定的 kfifo 分别是空或者满，它们返回非 0 值。如果返回 0，则相反。

```
static inline int kfifo_is_empty(struct kfifo *fifo);
static inline int kfifo_is_full(struct kfifo *fifo);
```

6.2.6 重置和撤销队列

如果重置 kfifo，意味着抛弃所有队列中的内容，调用 kfifo_reset()：

```
static inline void kfifo_reset(struct kfifo *fifo);
```

撤销一个使用 kfifo_alloc() 分配的队列，调用 kfifo_free()：

```
void kfifo_free(struct kfifo *fifo);
```

如果你是使用 kfifo_init() 方法创建的队列，那么你需要负责释放相关的缓冲。具体方法取决于你是如何创建它的。去看看第 12 章关于动态分配和释放内存的讨论吧。

6.2.7　队列使用举例

使用上述接口，我们看一个 kfifo 的具体用例。假定我们创建了一个由 fifo 指向的 8KB 大小的 kfifo。我们就可以推入数据到队列。这个例子中，我们推入简单的整型数。在你自己的代码中，可以推入更复杂的任务相关数据。这里使用整数，我们看看 kfifo 如何工作：

```
unsigned int i;

/* 将 [0,32) 压入名为 'fifo' 的 kfifo 中 */
for (i = 0; i < 32; i++)
        kfifo_in(fifo, &i; sizeof(i));
```

名为 fifo 的 kfifo 现在包含了 0 到 31 的整数，我们查看一下队列的第一个元素是不是 0：

```
unsigned int val;
int ret;

ret = kfifo_out_peek(fifo, &val, sizeof(val), 0);
if (ret != sizeof(val))
        return -EINVAL;
printk(KERN_INFO "%u\n", val); /* 应该输出 0 */
```

摘取并打印 kfifo 中的所有元素，我们可以调用 kfifo_out()：

```
/* 当队列中还有数据时 */
while (kfifo_avail(fifo)) {
        unsigned int val;
        int ret;

        /* ... read it, one integer at a time */
        ret = kfifo_out(fifo, &val, sizeof(val));
        if (ret != sizeof(val))
                return -EINVAL;

        printk(KERN_INFO "%u\n", val);
}
```

0 到 31 的整数将一一按序打印出来（如果需要逆序打印，即从 31 到 0，那么我们应该使用堆栈而不是队列）。

6.3　映射

一个映射，也常称为关联数组，其实是一个由唯一键组成的集合，而每个键必然关联一个特定的值。这种键到值的关联关系称为映射。映射要至少支持三个操作：

```
* Add (key, value)
* Remove (key)
* value = Lookup (key)
```

虽然散列表是一种映射，但并非所有的映射都需要通过散列表实现。除了使用散列表外，映射也可以通过自平衡二叉搜索树存储数据。虽然散列表能提供更好的平均的渐近复杂度（请看本章后面关于算法复杂度的讨论），但是二叉搜索树在最坏情况下能有更好的表现（即对数复杂性相比线性复杂性）。二叉搜索树同时满足顺序保证，这将给用户的按序遍历带来很好的性能。二叉搜索树的最后一个优势是它不需要散列函数，需要的键类型只要可以定义 <= 操作算子便可以。

虽然键到值的映射属于一个通用说法，但是更多时候特指使用二叉树而非散列表实现的关联数组。比如，C++ 的 STL 容器 std::map 便是采用自平衡二叉搜索树（或者类似的数据结构）实现的，它能提供按序遍历的能力。

Linux 内核提供了简单、有效的映射数据结构。但是它并非一个通用的映射。因为它的目标是：映射一个唯一的标识数（UID）到一个指针。除了提供三个标准的映射操作外，Linux 还在 add 操作基础上实现了 allocate 操作。这个 allocate 操作不但向 map 中加入了键值对，而且还可产生 UID。

idr 数据结构用于映射用户空间的 UID，比如将 inodify watch 的描述符或者 POSIX 的定时器 ID 映射到内核中相关联的数据结构上，如 inotify_watch 或者 k_itimer 结构体。其命名仍然沿袭了内核中有些含混不清的命名体系，这个映射被命名为 idr。

6.3.1　初始化一个 idr

建立一个 idr 很简单，首先你需要静态定义或者动态分配一个 idr 数据结构。然后调用 idr_init()：

```
void idr_init(struct idr *idp);
```

比如：

```
struct idr id_huh; /* 静态定义 idr 结构 */
idr_init(&id_huh); /* 初始化 idr 结构 */
```

6.3.2　分配一个新的 UID

一旦建立了 idr，就可以分配新的 UID 了，这个过程分两步完成。第一步，告诉 idr 你需要分配新的 UID，允许其在必要时调整后备树的大小。然后，第二步才是真正请求新的 UID。之所以需要这两个组合动作是因为要允许调整初始大小——这中间涉及在无锁情况下分配内存的场景。我们在第 12 章将讨论内存分配，在第 9 章和第 10 章讨论加锁问题。现在我们先别管如何处理上锁问题，重点看看如何使用 idr。

第一个调整后备树大小的方法是 idr_pre_get()：

```
int idr_pre_get(struct idr *idp, gfp_t gfp_mask);
```

该函数将在需要时进行 UID 的分配工作：调整由 idp 指向的 idr 的大小。如果真的需要调整大小，则内存分配例程使用 gfp 标识：gfp_mask（gfp 标识将在第 12 章讨论），你不需要对并发访问问该方法进行同步保护。和内核中其他函数的做法相反，idr_pre_get() 成功时返回 1，失败时返回 0——这点一定要注意。

第二个函数，实际执行获取新的 UID，并且将其加到 idr 的方法是 idr_get_new()：

```
int idr_get_new(struct idr *idp, void *ptr, int *id);
```

该方法使用 idp 所指向的 idr 去分配一个新的 UID，并且将其关联到指针 ptr 上。成功时，该方法返回 0，并且将新的 UID 存于 id。错误时，返回非 0 的错误码，错误码是 -EAGAIN，说明你需要（再次）调用 idr_pre_get()；如果 idr 已满，错误码是 -ENOSPC。

看一个完整例子吧：

```
int id;

do {
        if (!idr_pre_get(&idr_huh, GFP_KERNEL))
                return -ENOSPC;
        ret - idr_get_new(&idr_huh, ptr, &id);
} while (ret == -EAGAIN);
```

如果成功，上述代码片段将获得一个新的 UID，它被存储在整型变量 id 中，而且将 UID 映射到 ptr（我们没有在代码片段中定义它）

函数 idr_get_new_above() 使得调用者可指定一个最小的 UID 返回值：

```
int idr_get_new_above(struct idr *idp, void *ptr, int starting_id, int *id);
```

该函数的作用和 idr_get_new() 相同，除了它确保新的 UID 大于或等于 starting_id 外。使用这个变种方法允许 idr 的使用者确保 UID 不会被重用，允许其值不但在当前分配的 ID 中唯一，而且还保证在系统的整个运行期间唯一。下面的代码片段和前例中的类似，不过我们明确要求增加 UID 的值：

```
int id;

do {
        if (!idr_pre_get(&idr_huh, GFP_KERNEL))
                return -ENOSPC;
        ret = idr_get_new_above(&idr_huh, ptr, next_id, &id);
} while (ret == -EAGAIN);

if (!ret)
        next_id = id + 1;
```

6.3.3　查找 UID

当我们在一个 idr 中已经分配了一些 UID 时，我们自然就需要查找它们：调用者要给出 UID，idr 将返回对应的指针。查找步骤显然要比分配一个新 UID 要来的简单，仅需使用 idr_find() 方法即可：

```
void *idr_find(struct idr *idp, int id);
```

该函数如果调用成功，则返回 id 关联的指针；如果错误，则返回空指针。注意，如果你使用 idr_get_new() 或者 idr_get_new_above() 将空指针映射给 UID，那么该函数在成功时也返回 NULL。这样你就无法区分是成功还是失败，所以，最好不要将 UID 映射到空指针上。

这个函数的使用比较简单：

```
struct my_struct *ptr = idr_find(&idr_huh, id);
if (!ptr)
        return -EINVAL; /* 错误 */
```

6.3.4 删除 UID

从 idr 中删除 UID 使用方法 idr_remove()：

```
void idr_remove(struct idr *idp,int id);
```

如果 idr_remove() 成功，则将 id 关联的指针一起从映射中删除。遗憾的是，idr_remove() 并没有办法提示任何错误（比如，如果 id 不在 idp 中）。

6.3.5 撤销 idr

撤销一个 idr 的操作很简单，调用 idr_destroy() 函数即可：

```
void idr_destroy(struct idr *idp);
```

如果该方法成功，则只释放 idr 中未使用的内存。它并不释放当前分配给 UID 使用的任何内存。通常，内核代码不会撤销 idr，除非关闭或者卸载，而且只有在没有其他用户（也就没有更多的 UID）时才能删除，但是你可以调用 idr_remove_all() 方法强制删除所有的 UID：

```
void idr_remove_all(struct idr *idp);
```

你应该首先对 idp 指向的 idr 调用 idr_remove_all()，然后再调用 idr_destroy()，这样就能使 idr 占用的内存都被释放。

6.4 二叉树

树结构是一个能提供分层的树型数据结构的特定数据结构。在数学意义上，树是一个无环的、连接的有向图，其中任何一个顶点（在树里叫节点）具有 0 个或者多个出边以及 0 个或者 1 个入边。一个二叉树是每个节点最多只有两个出边的树——也就是，一个树，其节点具有 0 个、1 个或者 2 个子节点。请见图 6-6 所示的简单二叉树。

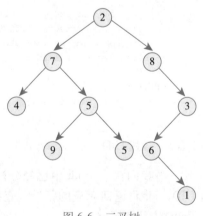

图 6-6　二叉树

6.4.1 二叉搜索树

一个二叉搜索树（通常简称为 BST）是一个节点有序的

二叉树，其顺序通常遵循下列法则：

- 根的左分支节点值都小于根节点值。
- 右分支节点值都大于根节点值。
- 所有的子树也都是二叉搜索树。

因此，一个二叉搜索树所有节点必然都有序，且左子节点小于其父节点值，而右子节点大于其父节点值的二叉树。所以，在树中搜索一个给定值或者按序遍历树都相当快捷（算法分别是对数和线性的）。见图 6-7 给出的简单二叉搜索树。

6.4.2　自平衡二叉搜索树

一个节点的深度是指从其根节点起，到达它一共需经过的父节点数目。处于树底层的节点（再也没有子节点）称为叶子节点。一个树的高度是指树中的处于最底层节点的深度。一个平衡二叉搜索树是一个所有叶子节点深度差不超过 1 的二叉搜索树（见图 6-8）。一个自平衡二叉搜索树是指其操作都试图维持（半）平衡的二叉搜索树。

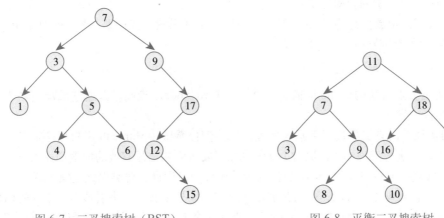

图 6-7　二叉搜索树（BST）　　　　　　图 6-8　平衡二叉搜索树

1. 红黑树

红黑树是一种自平衡二叉搜索树。Linux 主要的平衡二叉树数据结构就是红黑树。红黑树具有特殊的着色属性，或红色或黑色。红黑树因遵循下面六个属性，所以能维持半平衡结构：

（1）所有的节点要么着红色，要么着黑色。

（2）叶子节点都是黑色。

（3）叶子节点不包含数据。

（4）所有非叶子节点都有两个子节点。

（5）如果一个节点是红色，则它的子节点都是黑色。

（6）在一个节点到其叶子节点的路径中，如果总是包含同样数目的黑色节点，则该路径相比其他路径是最短的。

上述条件，保证了最深的叶子节点的深度不会大于两倍的最浅叶子节点的深度。所以，红黑树总是半平衡的。为什么它具有如此神奇的特点呢？首先，第五个属性，一个红色节点不能是其他红色节点的子节点或者父节点。而第六个属性保证了，从树的任何节点到其叶子节点的路径都具有相同数目的黑色节点，树里的最长路径则是红黑交替节点路径，所以最短路径必然是具有相同数量黑色节点的——只包含黑色节点的路径。于是从根节点到叶子节点的最长路径不会超过最短路径的两倍。

如果插入和删除操作可以遵循上述六个要求，那这个树会始终保持是一个半平衡树。看起来也许有些奇怪，为什么插入和删除动作都需要服从这些特别的约束，为什么不能用一些简单的规则去维持平衡树呢？其实，实践证明这些规则遵循起来还是相对简单（虽然实现复杂）的。而且在保证半平衡树前提下，这些插入和删除动作并不会增加额外负担。

至于如何让插入和删除动作都能遵循这些规则，已经超出了本书范围。相比简单的规则，实现起来可要复杂得多。不过任何好点的大学数据结构教科书上都应该有完整的讲述。

2. rbtree

Linux 实现的红黑树称为 rbtree。其定义在文件 lib/rbtree.c 中，声明在文件 <linux/rbtree.h> 中。除了一定的优化外，Linux 的 rbtree 类似于前面所描述的经典红黑树，即保持了平衡性，所以插入效率和树中节点数目呈对数关系。

rbtree 的根节点由数据结构 rb_root 描述。创建一个红黑树，我们要分配一个新的 rb_root 结构，并且需要初始化为特殊值 RB_ROOT：

```
struct rb_root root = RB_ROOT;
```

树里的其他节点由结构 rb_node 描述。给定一个 rb_node，我们可以通过跟踪同名节点指针来找到它的左右子节点。

rbtree 的实现并没有提供搜索和插入例程，这些例程希望由 rbtree 的用户自己定义。这是因为 C 语言不大容易进行泛型编程，同时 Linux 内核开发者们相信最有效的搜索和插入方法需要每个用户自己去实现。你可以使用 rbtree 提供的辅助函数，但你自己要实现比较操作算子。

搜索操作和插入操作最好的范例就是展示一个实际场景：我们先来看搜索，下面的函数实现了在页高速缓存中搜索一个文件区（由一个 i 节点和一个偏移量共同描述）。每个 i 节点都有自己的 rbtree，以关联在文件中的页偏移。该函数将搜索给定 i 节点的 rbtree，以寻找匹配的偏移值：

```
struct page * rb_search_page_cache(struct inode *inode,
                                   unsigned long offset)
{
        struct rb_node *n = inode->i_rb_page_cache.rb_node;

        while (n) {
                struct page *page = rb_entry(n, struct page, rb_page_cache);
                if (offset < page->offset)
                        n = n->rb_left;
                else if (offset > page->offset)
                        n = n->rb_right;
                else
                        return page;
        }
        return NULL;
}
```

这个例子中，在 while 循环中遍历了整个 rbtree。offset 将决定是向左或是向右遍历。if 和 else 条件实际上实现了 rbtree 的比较方法，从而确保了树的有序性。如果循环中找到了一个匹配 offset 的节点，则搜索完成，并返回对应的 page 结构。如果循环查找了全树也没有找到一个匹配项，说明在树中不存在匹配项，则函数返回 NULL。

插入操作要相对复杂一些，因为必须实现搜索和插入逻辑。下面并非一个了不起的函数，但可以作为你实现自己的插入操作的一个指导：

```
struct page * rb_insert_page_cache(struct inode *inode,
                                    unsigned long offset,
                                    struct rb_node *node)
{
        struct rb_node **p = &inode->i_rb_page_cache.rb_node;
        struct rb_node *parent = NULL;
        struct page *page;

        while (*p) {
                parent = *p;
                page = rb_entry(parent, struct page, rb_page_cache);

                if (offset < page->offset)
                        p = &(*p)->rb_left;
                else if (offset > page->offset)
                        p = &(*p)->rb_right;
                else
                        return page;
        }

        rb_link_node(node, parent, p);
        rb_insert_color(node, &inode->i_rb_page_cache);

        return NULL;
}
```

和搜索操作一样，while 循环需要遍历整个树，也是根据 offset 选择遍历方向。但是和搜索不同的是，该函数希望找不到匹配的 offset，因为它想要找的是新 offset 要插入的叶子节点。当插入点找到后，调用 rb_link_node() 在给定位置插入新节点。接着调用 rb_insert_color() 方法执行复杂的再平衡动作。如果页被加入页高速缓存中，则返回 NULL。如果页已经在高速缓存中了，则返回这个已存在的页结构地址。

6.5　数据结构以及选择

我们已经详细讨论了 Linux 中最重要的四种数据结构：链表、队列、映射和红黑树。在本节中，我们将教你如何在代码中具体选择使用哪种数据结构。

如果你对数据集合的主要操作是遍历数据，就使用链表。事实上没有数据结构可以提供比线性算法复杂度更好的算法遍历元素，所以你应该用最简单的数据结构完成简单工作。另外，当性能并非首要考虑因素时，或者当你需要存储相对较少的数据项时，或者当你需要和内核中其他使用链表的代码交互时，也该优先选择链表。

如果你的代码符合生产者 / 消费者模式，则使用队列，特别是如果你想（或者可以）要一个定长缓冲。队列会使得添加和删除项的工作简单有效。同时队列也提供了先入先出（FIFO）语义，而这也正是生产者 / 消费者用例的普遍需求。另一方面，如果你需要存储一个大小不明的（可能很多项）的数据集合，那么链表可能更合适，因为你可以动态添加任何数量的数据项。

如果你需要映射一个 UID 到一个对象，就使用映射。映射结构使得映射工作简单有效，而且映射可以帮你维护和分配 UID。Linux 的映射接口是针对 UID 到指针的映射，它并不适合其他场景。但是如果你在处理发给用户空间的描述符，就考虑一下映射吧。

如果你需要存储大量数据，并且检索迅速，那么红黑树最好。红黑树可确保搜索时间复杂度是对数关系，同时也能保证按序遍历时间复杂度是线性关系。虽然它比其他数据结构复杂一些，但其内存开销情况并不是太糟。但是如果你没有执行太多次时间紧迫的查找操作，则红黑树可能不是最好选择。这种情况最好使用链表。

要是上述数据结构都不能满足你的需要，内核还实现了一些较少使用的数据结构，也许它们能帮你，比如基树（trie 类型）和位图。只有当寻遍所有内核提供的数据结构都不能满足时，你才需要自己设计数据结构。经常在独立的源文件中实现的一种常见数据结构是散列表。因为散列表无非是一些"桶"和一个散列函数，而且这个散列函数是针对每个用例的，因此用非泛型编程语言（如 C 语言）实现内核范围内的统一散列表，其实这并没有什么价值。

6.6 算法复杂度

在计算机科学和相关的学科中，很有必要将算法的复杂度（或伸缩度）量化地表示出来。虽然存在各种各样表示伸缩度的方法，但最常用的技术还是研究算法的渐近行为（asymptotic behavior）。渐近行为是指当算法的输入变得非常大或接近于无限大时算法的行为。渐近行为充分显示了当一个算法的输入逐渐变大时，该算法的伸缩度如何。研究算法的伸缩度（当输入增大时算法执行的变化）可以帮助我们以特定基准抽象出算法模型，从而更好地理解算法的行为。

6.6.1 算法

算法就是一系列的指令，它可能有一个或多个输入，最后产生一个结果或输出。比如计算一个房间中人数的步骤就是一个算法，它的输入是人，计数结果是输出。在 Linux 内核中，页换出和进程调度都是算法的例子。从数学角度讲，一个算法好比一个函数（或至少我们可将它抽象为一个函数）。比如，我们称人数统计算法为 f，要统计的人数为 x，可以写成下面形式：

```
y = f(x)      人数统计的函数
```

这里 y 是统计 x 个人所需的时间。

6.6.2 大 o 符号

一种很有用的渐近表示法就是上限——它是一个函数，其值自从一个起始点之后总是超过我们所研究的函数的值，也就是说上限增长等于或者快于我们研究的函数。一个特殊符号，大 o 符

号用来描述这种增长率。函数 f(x) 可写作 O(g(x)),读为"f 是 g 的大 o"。数学定义形式为:

如果 f(x) 是 O(g(x)),那么

$\exists c, x'$ 满足 $f(x) \leq c \cdot g(x), \forall x > x'$

换成自然语言就是,完成 f(x) 的时间总是短于或等于完成 g(x) 的时间和任意常量(至少,只要输入的 x 值大于某个初始值 x')的乘积。

从根本上讲,我们需要寻找一个函数,它的行为和我们的算法一样差或更差。这样一来我们就可以通过给该函数送入非常大的输入,然后观察该函数的结果,从而了解我们算法的执行上限。

6.6.3　大 θ 符号

当大多数人谈论大 o 符号时,更准确地讲他们谈论的更接近 Donald Knuth 所描述的大 θ 符号。从技术角度讲,大 o 符号适合描述上限,比如 7 是 6 的上限,同样道理,9、12 和 65 也都是 6 的上限。但在后来大多数人讨论函数增长率时,更多说的是最小上限,或一个抽象出具有上限和下限⊖的函数。算法分析领域之父,Knuth 教授,将其描述为大 θ 符号,并给出了下面的定义:

如果 f(x) 是 g(x) 的大 θ,那么 g(x) 既是 f(x) 的上限也是 f(x) 的下限。

那么,我们也可以说 f(x) 是 g(x) 级(order)。级或大 θ,是理解内核中算法的最重要的数学工具之一。

所以,当人们谈到大 o 符号时,他们往往是在谈论大 θ。当然你不用为此担心,除非你想讨 Knuth 教授欢心。

6.6.4　时间复杂度

比如,再次考虑计算房间里的人数,假设你一秒钟数一个人,那么如果有 7 个人在房间里,你需要花 7 秒钟数它们。显然如果有 n 个人,需要花 n 秒来数它们。我们称该算法复杂度为 O(n)。如果任务是在房间里的所有人面前跳舞呢?因为不管房间里有 5 个人还是有 5 000 个人,跳舞花费的时间都是相同的,所以该任务的复杂度为 O(1)。表 6-1 给出了常见的复杂度。

表 6-1　时间复杂度表

O(g(x))	名　　称
1	恒量(理想的伸缩度)
log n	对数的
n	线性的
n^2	平方的
n^3	立方的
2^n	指数的
n!	阶乘

⊖　如果你好奇,下限使用大 omega 符号建模,其定义除了 g(x) 总是小于或等于而不是大于或等于 f(x) 外,和大 o 相同。大 omega 表示没有大 o 表示有用,因为发现函数甚至还小于你的函数,这就对函数的行为几乎没有指示性。

让房间里的所有人相互介绍的复杂度是多少呢？有什么函数抽象这种算法呢？如果介绍一个人需要花费 30 秒，那么相互介绍 10 个人花多久呢？介绍 100 个人又需要花多久呢？理解一个算法在提高工作负载时的表现，是为给定工作选择最好算法的关键。

显然，应避免使用复杂度为 O(n!) 或 O(2ⁿ) 的算法，另外，用复杂度为 O(1) 的函数代替复杂度为 O(n) 的函数通常都会提高执行性能。但是情况并非总是如此，不能仅仅依靠算法复杂度（大 o 符号）来判断哪种算法在实际使用中性能更高。回忆一下，指定的 O(g(x))，有一个恒量 c 和 g(x) 相乘，所以有可能复杂度为 O(1) 的算法需要花费 3 个小时才能完成任务，而且无论输入多大，总是要花 3 个小时。这样的话很可能要比复杂度为 O(n)、但输入很少的算法费时还长。因此我们在比较算法性能时，还需要考虑输入规模。

我们不赞成使用复杂的算法，但是时刻要注意算法的负载和典型输入集合大小的关系。不要为了你根本不需要支持的伸缩度要求，盲目地去优化算法。

6.7　小结

本章我们讨论了许多 Linux 内核开发者们用于实现从进程调度到设备驱动等内核代码的通用数据结构。你会随着学习的深入，慢慢发现这些数据结构的妙用。你写自己的内核代码时，记住总是应该重用已经存在的内核基础设施，别去重复造轮子！

我们也介绍了算法复杂度以及测量和标识算法复杂度的工具，其中最值得注意的是大 o。贯穿本书，以及 Linux 内核，大 o 都是我们评价算法和内核组件在多用户、处理器、进程、网络连接，以及其他环境下伸缩度的重要指标。

中断和中断处理

任何操作系统内核的核心任务，都包含有对连接到计算机上的硬件设备进行有效管理，如硬盘、蓝光碟机、键盘、鼠标、3D 处理器，以及无线电等。而想要管理这些设备，首先要能和它们互通音信才行。众所周知，处理器的速度跟外围硬件设备的速度往往不在一个数量级上，因此，如果内核采取让处理器向硬件发出一个请求，然后专门等待回应的办法，显然差强人意。既然硬件的响应这么慢，那么内核就应该在此期间处理其他事务，等到硬件真正完成了请求的操作之后，再回过头来对它进行处理。

那么到底如何让处理器和这些外部设备能协同工作，且不会降低机器的整体性能呢？轮询（polling）可能会是一种解决办法。它可以让内核定期对设备的状态进行查询，然后做出相应的处理。不过这种方法很可能会让内核做不少无用功，因为无论硬件设备是正在忙碌着完成任务还是已经大功告成，轮询总会周期性地重复执行。更好的办法是由我们来提供一种机制，让硬件在需要的时候再向内核发出信号⊖。这就是中断机制。在本章中，我们将先讨论中断，进而讨论内核如何使用所谓的中断处理函数处理对应的中断。

7.1 中断

中断使得硬件得以发出通知给处理器。例如，在你敲击键盘的时候，键盘控制器（控制键盘的硬件设备）会发送一个中断，通知操作系统有键按下。中断本质上是一种特殊的电信号，由硬件设备发向处理器。处理器接收到中断后，会马上向操作系统反映此信号的到来，然后就由操作系统负责处理这些新到来的数据。硬件设备生成中断的时候并不考虑与处理器的时钟同步——换句话说就是中断随时可以产生。因此，内核随时可能因为新到来的中断而被打断。

从物理学的角度看，中断是一种电信号，由硬件设备生成，并直接送入中断控制器的输入引脚中——中断控制器是个简单的电子芯片，其作用是将多路中断管线，采用复用技术只通过一个和处理器相连接的管线与处理器通信。当接收到一个中断后，中断控制器会给处理器发送一个电信号。处理器一经检测到此信号，便中断自己的当前工作转而处理中断。此后，处理器会通知操作系统已经产生中断，这样，操作系统就可以对这个中断进行适当地处理了。

不同的设备对应的中断不同，而每个中断都通过一个唯一的数字标志。因此，来自键盘的中断就有别于来自硬盘的中断，从而使得操作系统能够对中断进行区分，并知道哪个硬件设备产生了哪个中断。这样，操作系统才能给不同的中断提供对应的中断处理程序。

⊖ 变内核主动为硬件主动。——译者注

这些中断值通常被称为中断请求（IRQ）线。每个 IRQ 线都会被关联一个数值量——例如，在经典的 PC 机上，IRQ 0 是时钟中断，而 IRQ 1 是键盘中断。但并非所有的中断号都是这样严格定义的。例如，对于连接在 PCI 总线上的设备而言，中断是动态分配的。而且其他非 PC 的体系结构也具有动态分配可用中断的特性。重点在于特定的中断总是与特定的设备相关联，并且内核要知道这些信息。实际上，硬件发出中断是为了引起内核的关注：嗨，我有新的按键等待处理呢，读取并处理这些调皮鬼吧！

异常

在操作系统中，讨论中断就不能不提及异常。异常与中断不同，它在产生时必须考虑与处理器时钟同步。实际上，异常也常常称为同步中断。在处理器执行到由于编程失误而导致的错误指令（如被 0 除）的时候，或者是在执行期间出现特殊情况（如缺页），必须靠内核来处理的时候，处理器就会产生一个异常。因为许多处理器体系结构处理异常与处理中断的方式类似，因此，内核对它们的处理也很类似。本章对中断（由硬件产生的异步中断）的讨论，大部分也适合于异常（由处理器本身产生的同步中断）。

你已经熟悉一种异常：在第 6 章中你已看到，在 x86 体系结构上如何通过软中断实现系统调用，那就是陷入内核，然后引起一种特殊的异常——系统调用处理程序异常。你会看到，中断的工作方式与之类似，其差异只在于中断是由硬件而不是软件引起的。

7.2 中断处理程序

在响应一个特定中断的时候，内核会执行一个函数，该函数叫作中断处理程序（interrupt handler）或中断服务例程（interrupt service routine，ISR）。产生中断的每个设备都有一个⊖相应的中断处理程序。例如，由一个函数专门处理来自系统时钟的中断，而另外一个函数专门处理由键盘产生的中断。一个设备的中断处理程序是它设备驱动程序（driver）的一部分——设备驱动程序是用于对设备进行管理的内核代码。

在 Linux 中，中断处理程序就是普普通通的 C 函数。只不过这些函数必须按照特定的类型声明，以便内核能够以标准的方式传递处理程序的信息，在其他方面，它们与一般的函数别无二致。中断处理程序与其他内核函数的真正区别在于，中断处理程序是被内核调用来响应中断的，而它们运行于我们称之为中断上下文的特殊上下文中（关于中断上下文，我们将在后面讨论）。需要指出的是，中断上下文偶尔也称作原子上下文，因为正如我们看到的，该上下文中的执行代码不可阻塞。不过在本书中我们使用中断上下文这个称谓。

中断可能随时发生，因此中断处理程序也就随时可能执行。所以必须保证中断处理程序能够快速执行，这样才能保证尽可能快地恢复中断代码的执行。因此，尽管对硬件而言，操作系统能迅速对其中断进行服务非常重要；当然对系统的其他部分而言，让中断处理程序在尽可能短的时间内完成运行也同样重要。

⊖ 中断处理程序通常不是和特定设备关联，而是和特定中断关联的，也就是说，如果一个设备可以产生多种不同的中断，那么该设备就可以对应多个中断处理程序，相应的，该设备的驱动程序也就需要准备多个这样的函数。

　　最起码的，中断处理程序要负责通知硬件设备中断已被接收：嗨，硬件，我听到你了，现在回去工作吧！但是中断处理程序往往还要完成大量其他的工具。例如，我们可以考虑一下网络设备的中断处理程序面临的挑战。该处理程序除了要对硬件应答，还要把来自硬件的网络数据包拷贝到内存，对其进行处理后再交给合适的协议栈或应用程序。显而易见，这种工作量不会太小，尤其对于如今的千兆比特和万兆比特以太网卡而言。

7.3　上半部与下半部的对比

　　又想中断处理程序运行得快，又想中断处理程序完成的工作量多，这两个目的显然有所抵触。鉴于两个目的之间存在此消彼长的矛盾关系，所以我们一般把中断处理切为两个部分或两半。中断处理程序是上半部（top half）——接收到一个中断，它就立即开始执行，但只做有严格时限的工作，例如对接收的中断进行应答或复位硬件，这些工作都是在所有中断被禁止的情况下完成的。能够被允许稍后完成的工作会推迟到下半部（bottom half）去。此后，在合适的时机，下半部会被开中断执行。Linux 提供了实现下半部的各种机制，第 8 章会讨论这些机制。

　　让我们考察一下上半部和下半部分割的例子，还是以我们的老朋友——网卡作为实例。当网卡接收来自网络的数据包时，需要通知内核数据包到了。网卡需要立即完成这件事，从而优化网络的吞吐量和传输周期，以避免超时。因此，网卡立即发出中断：嗨，内核，我这里有最新数据包了。内核通过执行网卡已注册的中断处理程序来做出应答。

　　中断开始执行，通知硬件，拷贝最新的网络数据包到内存，然后读取网卡更多的数据包。这些都是重要、紧迫而又与硬件相关的工作。内核通常需要快速的拷贝网络数据包到系统内存，因为网卡上接收网络数据包的缓存大小固定，而且相比系统内存也要小得多。所以上述拷贝动作一旦被延迟，必然造成缓存溢出——进入的网络包占满了网卡的缓存，后续的入包只能被丢弃。当网络数据包被拷贝到系统内存后，中断的任务算是完成了，这时它将控制权交还给系统被中断前原先运行的程序。处理和操作数据包的其他工作在随后的下半部中进行。本章，我们考察上半部；第 8 章，我们关注下半部。

7.4　注册中断处理程序

　　中断处理程序是管理硬件的驱动程序的组成部分。每一设备都有相关的驱动程序，如果设备使用中断（大部分设备如此），那么相应的驱动程序就注册一个中断处理程序。

　　驱动程序可以通过 request_irq() 函数注册一个中断处理程序（它被声明在文件 <linux/interrupt.h> 中），并且激活给定的中断线，以处理中断：

```
/* request_irq: 分配一条给定的中断线 */
int request_irq(unsigned int irq,
                irq_handler_t handler,
                unsigned long flags,
                const char *name,
                void *dev)
```

第一个参数 irq 表示要分配的中断号。对某些设备，如传统 PC 设备上的系统时钟或键盘，这个值通常是预先确定的。而对于大多数其他设备来说，这个值要么是可以通过探测获取，要么可以通过编程动态确定。

第二个参数 handler 是一个指针，指向处理这个中断的实际中断处理程序。只要操作系统一接收到中断，该函数就被调用。

```
typedef irqreturn_t (*irq_handler_t)(int, void *);
```

注意 handler 函数的原型，它接受两个参数，并有一个类型为 irqreturn_t 的返回值。我们将在本章随后的部分讨论这个函数。

7.4.1　中断处理程序标志

第三个参数 flags 可以为 0，也可能是下列一个或多个标志的位掩码。其定义在文件 <linux/interrupt.h>。在这些标志中最重要的是：

- IRQF_DISABLED——该标志被设置后，意味着内核在处理中断处理程序本身期间，要禁止所有的其他中断。如果不设置，中断处理程序可以与除本身外的其他任何中断同时运行。多数中断处理程序是不会去设置该位的，因为禁止所有中断是一种野蛮行为。这种用法留给希望快速执行的轻量级中断。这一标志是 SA_INTERRUPT 标志的当前表现形式，在过去的中断中用以区分"快速"和"慢速"中断。
- IRQF_SAMPLE_RANDOM——此标志表明这个设备产生的中断对内核熵池（entropy pool）有贡献。内核熵池负责提供从各种随机事件导出的真正的随机数。如果指定了该标志，那么来自该设备的中断间隔时间就会作为熵填充到熵池。如果你的设备以预知的速率产生中断（如系统定时器），或者可能受外部攻击者（如联网设备）的影响，那么就不要设置这个标志。相反，有其他很多硬件产生中断的速率是不可预知的，所以都能成为一种较好的熵源。
- IRQF_TIMER —— 该标志是特别为系统定时器的中断处理而准备的。
- IRQF_SHARED——此标志表明可以在多个中断处理程序之间共享中断线。在同一个给定线上注册的每个处理程序必须指定这个标志；否则，在每条线上只能有一个处理程序。有关共享中断处理程序的更多信息将在下面的内容中提供。

第四个参数 name 是与中断相关的设备的 ASCII 文本表示。例如，PC 机上键盘中断对应的这个值为 "keyboard"。这些名字会被 /proc/irq 和 /proc/interrupts 文件使用，以便与用户通信，稍后我们将对此进行简短讨论。

第五个参数 dev 用于共享中断线。当一个中断处理程序需要释放时（稍后讨论），dev 将提供唯一的标志信息（cookie），以便从共享中断线的诸多中断处理程序中删除指定的那一个。如果没有这个参数，那么内核不可能知道在给定的中断线上到底要删除哪一个处理程序。如果无须共享中断线，那么将该参数赋为空值（NULL）就可以了，但是，如果中断线是被共享的，那么就必须传递唯一的信息（除非设备又旧又破且位于 ISA 总线上，那么就必须支持共享中断）。另外，内核每次调用中断处理程序时，都会把这个指针传递给它[⊖]。实践中往往会通过它传递驱动程序的设备结构：这个指针是唯一的，而且有可能在中断处理程序内被用到。

request_irq() 成功执行会返回 0。如果返回非 0 值，就表示有错误发生，在这种情况下，指定的中断处理程序不会被注册。最常见的错误是 -EBUSY，它表示给定的中断线已经在使用（或者当前用户或者你没有指定 IRQF_SHARED）。

注意，request_irq() 函数可能会睡眠，因此，不能在中断上下文或其他不允许阻塞的代码中调用该函数。天真地在睡眠不安全的上下文中调用 request_irq() 函数，是一种常见错误。造成这种错误的部分原因是为什么 request_irq() 会引起堵塞——这确实让人费解。在注册的过程中，内核需要在 /proc/irq 文件中创建一个与中断对应的项。函数 proc_mkdir() 就是用来创建这个新的 procfs 项的。proc_mkdir() 通过调用函数 proc_create() 对这个新的 profs 项进行设置，而 proc_create() 会调用函数 kmalloc() 来请求分配内存。我们在第 12 章中将会看到，函数 kmalloc() 是可以睡眠的。看清楚了，你的程序就是跑到那里小憩去了！

7.4.2　一个中断例子

在一个驱动程序中请求一个中断线，并在通过 request_irq() 安装中断处理程序：

```
request_irq():
if (request_irq(irqn, my_interrupt, IRQF_SHARED, "my_device", my_dev)) {
        printk(KERN_ERR "my_device: cannot register IRQ %d\n", irqn);
        return -EIO;
}
```

在这个例子中，irqn 是请求的中断线；my_interrupt 是中断处理程序；我们通过标志设置中断线可以共享；设备命名为"my_device"；最后是传递 my_dev 变量给 dev 形参。如果请求失败，那么这段代码将打印出一个错误并返回。如果调用返回 0，则说明处理程序已经成功安装。此后，处理程序就会在响应该中断时被调用。有一点很重要，初始化硬件和注册中断处理程序的顺序必须正确，以防止中断处理程序在设备初始化完成之前就开始执行。

7.4.3　释放中断处理程序

卸载驱动程序时，需要注销相应的中断处理程序，并释放中断线。上述动作需要调用：

```
void free_irq(unsigned int irq, void *dev)
```

如果指定的中断线不是共享的，那么，该函数删除处理程序的同时将禁用这条中断线。如果中断线是共享的，则仅删除 dev 所对应的处理程序，而这条中断线本身只有在删除了最后一个处理程序时才会被禁用。由此可以看出为什么唯一的 dev 如此重要。对于共享的中断线，需要一个唯一的信息来区分其上面的多个处理程序，并让 free_irq() 仅仅删除指定的处理程序。不管在哪

⊖　中断处理程序都是预先在内核进行注册的回调函数（callback function），而不同的函数位于不同的驱动程序中，所以在这些函数共享同一个中断线时，内核必须准确地为它们创造执行环境，此时就可以通过这个指针将有用的环境信息传递给它们了。——译者注

种情况下（共享或不共享），如果 dev 非空，它都必须与需要删除的处理程序相匹配。必须从进程上下文中调用 free_irq()。

表 7-1 给出了中断处理函数的注册和注销函数。

表 7-1　中断注册方法表

函　数	描　述
request_irq()	在给定的中断线上注册一给定的中断处理程序
free_irq()	如果在给定的中断线上没有中断处理程序，则注销响应的处理程序，并禁用其中断线

7.5　编写中断处理程序

以下是一个中断处理程序声明：

```
static irqreturn_t intr_handler(int irq, void *dev)
```

注意，它的类型与 request_irq() 参数中 handler 所要求的参数类型相匹配。第一个参数 irq 就是这个处理程序要响应的中断行的中断号。如今，这个参数已经没有太大用处了，可能只是在打印日志信息时会用到。而在 2.0 版以前的 Linux 内核中，由于没有 dev 这个参数，必须通过 irq 才能区分使用相同驱动程序，因而也使用相同的中断处理程序的多个设备。例如，具有多个相同类型硬盘驱动控制器的计算机。

第二个参数 dev 是一个通用指针，它与在中断处理程序注册时传递给 request_irq() 的参数 dev 必须一致。如果该值有唯一确定性（这样做是为了能支持共享），那么它就相当于一个 cookie，可以用来区分共享同一中断处理程序的多个设备。另外 dev 也可能指向中断处理程序使用的一个数据结构。因为对每个设备而言，设备结构都是唯一的，而且可能在中断处理程序中也用得到，因此，它也通常被看作 dev。

中断处理程序的返回值是一个特殊类型：irqreturn_t。中断处理程序可能返回两个特殊的值：IRQ_NONE 和 IRQ_HANDLED。当中断处理程序检测到一个中断，但该中断对应的设备并不是在注册处理函数期间指定的产生源时，返回 IRQ_NONE；当中断处理程序被正确调用，且确实是它所对应的设备产生了中断时，返回 IRQ_HANDLED。另外，也可以使用宏 IRQ_RETVAL(val)。如果 val 为非 0 值，那么该宏返回 IRQ_HANDLED；否则，返回 IRQ_NONE。利用这些特殊的值，内核可以知道设备发出的是否是一种虚假的（未请求）中断。如果给定中断线上所有中断处理程序返回的都是 IRQ_NONE，那么，内核就可以检测到出了问题。注意，irqreturn_t 这个返回类型实际上就是一个 int 型。之所以使用这些特殊值是为了与早期的内核保持兼容——2.6 版之前的内核并不支持这种特性，中断处理程序只需返回 void 就行了。如果要在 2.4 或更早的内核上使用这样的驱动程序，只需简单地将 typedef irqreturn_t 改为 void，屏蔽掉此特性，并给 no-ops 定义不同的返回值，其他用不着做什么大的修改。中断处理程序通常会标记为 static，因为它从来不会被别的文件中的代码直接调用。

中断处理程序扮演什么样的角色要取决于产生中断的设备和该设备为什么要发送中断。即使其他什么工作也不做，绝大部分的中断处理程序至少需要知道产生中断的设备，告诉它已经收到中断了。对于复杂一些的设备，可能还需要在中断处理程序中发送和接收数据，以及执行一些扩充的工作。如前所述，应尽可能将扩充的工作推给下半部处理程序，这点将在第 8 章中进行讨论。

重入和中断处理程序

　　Linux 中的中断处理程序是无须重入的。当一个给定的中断处理程序正在执行时，相应的中断线在所有处理器上都会被屏蔽掉，以防止在同一中断线上接收另一个新的中断。通常情况下，所有其他的中断都是打开的，所以这些不同中断线上的其他中断都能被处理，但当前中断线总是被禁止的。由此可以看出，同一个中断处理程序绝对不会被同时调用以处理嵌套的中断。这极大地简化了中断处理程序的编写。

7.5.1　共享的中断处理程序

　　共享的处理程序与非共享的处理程序在注册和运行方式上比较相似，但差异主要有以下三处：

- request_irq() 的参数 flags 必须设置 IRQF_SHARED 标志。
- 对于每个注册的中断处理程序来说，dev 参数必须唯一。指向任一设备结构的指针就可以满足这一要求；通常会选择设备结构，因为它是唯一的，而且中断处理程序可能会用到它。不能给共享的处理程序传递 NULL 值。
- 中断处理程序必须能够区分它的设备是否真的产生了中断。这既需要硬件的支持，也需要处理程序中有相关的处理逻辑。如果硬件不支持这一功能，那中断处理程序肯定会束手无策，它根本没法知道到底是与它对应的设备发出了这个中断，还是共享这条中断线的其他设备发出了这个中断。

　　所有共享中断线的驱动程序都必须满足以上要求。只要有任何一个设备没有按规则进行共享，那么中断线就无法共享了。指定 IRQF_SHARED 标志以调用 request_irq() 时，只有在以下两种情况下才可能成功：中断线当前未被注册，或者在该线上的所有已注册处理程序都指定了 IRQF_SHARED。注意，在这一点上 2.6 版与以前的内核是不同的，共享的处理程序可以混用 IRQF_DISABLED。

　　内核接收一个中断后，它将依次调用在该中断线上注册的每一个处理程序。因此，一个处理程序必须知道它是否应该为这个中断负责。如果与它相关的设备并没有产生中断，那么处理程序应该立即退出。这需要硬件设备提供状态寄存器（或类似机制），以便中断处理程序进行检查。毫无疑问，大多数硬件都提供这种功能。

7.5.2　中断处理程序实例

　　让我们考察一个实际的中断处理程序，它来自 real-time clock（RTC）驱动程序，可以在 drivers/char/rtc.c 中找到。很多机器（包括 PC）都可以找到 RTC。它是一个从系统定时器中独立出来的设备，用于设置系统时钟，提供报警器（alarm）或周期性的定时器。对大多数体系结构而言，系统时钟的设置，通常只需要向某个特定的寄存器或 I/O 地址写入想要的时间就可以了。然而报警器或周期性定时器通常就得靠中断来实现。这种中断与生活中的闹铃差不多：中断发出时，报警器或定时器就会启动。

RTC 驱动程序装载时，rtc_init() 函数会被调用，对这个驱动程序进行初始化。它的职责之一就是注册中断处理程序：

```
/* 对 rtc_irq 注册 rtc_interrupt */
if (request_irq(rtc_irq, rtc_interrupt, IRQF_SHARED, "rtc", (void *)&rtc_port)) {
        printk(KERN_ERR "rtc: cannot register IRQ %d\n", rtc_irq);
        return -EIO;
}
```

从中我们看到，中断号由 rtc_irq 指定。这个变量用于为给定体系结构指定 RTC 中断。例如，在 PC 上，RTC 位于 IRQ 8。第二个参数是我们的中断处理程序 rtc_interrupt——它将与其他中断处理程序共享中断线，因为它设置了 IRQF_SHARED 标志。由第四个参数我们看出，驱动程序的名称为 "rtc"。因为这个设备允许共享中断线，所以它给 dev 型参传递了一个面向每个设备的实参值。

最后要展示的是处理程序本身：

```
static irqreturn_t rtc_interrupt(int irq, void *dev)
{
    /*
     * 可以是报警器中断、更新完成的中断或周期性中断
     * 我们把状态保存在 rtc_irq_data 的低字节中,
     * 而把从最后一次读取之后所接收的中断号保存在其余字节中
     */
    spin_lock (&rtc_lock);

    rtc_irq_data += 0x100;
    rtc_irq_data &= ～0xff;
    rtc_irq_data |= (CMOS_READ(RTC_INTR_FLAGS) & 0xF0);

    if (rtc_status & RTC_TIMER_ON)
        mod_timer(&rtc_irq_timer, jiffies + HZ/rtc_freq + 2*HZ/100);

    spin_unlock (&rtc_lock);

    /*
     * 现在执行其余的操作
     */
    spin_lock(&rtc_task_lock);
    if (rtc_callback)
            rtc_callback->func(rtc_callback->private_data);
    spin_unlock(&rtc_task_lock);
    wake_up_interruptible(&rtc_wait);

    kill_fasync (&rtc_async_queue, SIGIO, POLL_IN);

    return IRQ_HANDLED;
}
```

只要计算机一接收到 RTC 中断，就会调用这个函数。首先要注意的是使用了自旋锁——第一次调用是为了保证 rtc_irq_data 不被 SMP 机器上的其他处理器同时访问，第二次调用避免 rtc_ callback 出现相同的情况。锁机制在第 10 章中进行讨论。

rtc_irq_data 变量是无符号长整数，存放有关 RTC 的信息，每次中断时都会更新以反映中断的状态。

接下来，如果设置了 RTC 周期性定时器，就要通过函数 mod_timer() 对其更新。定时器在第 11 章进行讨论。

代码的最后一部分——处于注释"现在执行其余的操作"下，会执行一个可能被预先设置好的回调函数。RTC 驱动程序允许注册一个回调函数，并在每个 RTC 中断到来时执行。

最后，这个函数会返回 IRQ_HANDLED，表明已经正确地完成了对此设备的操作。因为这个中断处理程序不支持共享，而且 RTC 也没有什么用来测试虚假中断的机制，所以该处理程序总是返回 IRQ_HANDLED。

7.6　中断上下文

当执行一个中断处理程序时，内核处于中断上下文（interrput context）中。让我们先回忆一下进程上下文。进程上下文是一种内核所处的操作模式，此时内核代表进程执行——例如，执行系统调用或运行内核线程。在进程上下文中，可以通过 current 宏关联当前进程。此外，因为进程是以进程上下文的形式连接到内核中的，因此，进程上下文可以睡眠，也可以调用调度程序。

与之相反，中断上下文和进程并没有什么瓜葛。与 current 宏也是不相干的（尽管它会指向被中断的进程）。因为没有后备进程，所以中断上下文不可以睡眠，否则又怎能再对它重新调度呢？因此，不能从中断上下文中调用某些函数。如果一个函数睡眠，就不能在你的中断处理程序中使用它——这是对什么样的函数可以在中断处理程序中使用的限制。

中断上下文具有较为严格的时间限制，因为它打断了其他代码。中断上下文中的代码应当迅速、简洁，尽量不要使用循环去处理繁重的工作。有一点非常重要，请永远牢记：中断处理程序打断了其他的代码（甚至可能是打断了在其他中断线上的另一中断处理程序）。正是因为这种异步执行的特性，所以所有的中断处理程序必须尽可能地迅速、简洁。尽量把工作从中断处理程序中分离出来，放在下半部来执行，因为下半部可以在更合适的时间运行。

中断处理程序栈的设置是一个配置选项。曾经，中断处理程序并不具有自己的栈。相反，它们共享所中断进程的内核栈⊖。内核栈的大小是两页，具体地说，在 32 位体系结构上是 8KB，在 64 位体系结构上是 16KB。因为在这种设置中，中断处理程序共享别人的堆栈，所以它们在栈中获取空间时必须非常节约。当然，内核栈本来就很有限，因此，所有的内核代码都应该谨慎利用它。

在 2.6 版早期的内核中，增加了一个选项，把栈的大小从两页减到一页，也就是在 32 位的系统上只提供 4KB 的栈。这就减轻了内存的压力，因为系统中每个进程原先都需要两页连续，且不可换出的内核内存。为了应对栈大小的减少，中断处理程序拥有了自己的栈，每个处理器一个，大小为一页。这个栈就称为中断栈，尽管中断栈的大小是原先共享栈的一半，但平均可用栈

⊖　总得有一个进程在运行着。当没有进程可调度时，空任务运行。

空间大得多,因为中断处理程序把这一整页占为己有。

你的中断处理程序不必关心栈如何设置,或者内核栈的大小是多少。总而言之,尽量节约内核栈空间。

7.7 中断处理机制的实现

中断处理系统在 Linux 中的实现是非常依赖于体系结构的,想必你对此不会感到特别惊讶。实现依赖于处理器、所使用的中断控制器的类型、体系结构的设计及机器本身。

图 7-1 是中断从硬件到内核的路由。设备产生中断,通过总线把电信号发送给中断控制器。如果中断线是激活的(它们是允许被屏蔽的),那么中断控制器就会把中断发往处理器。在大多数体系结构中,这个工作就是通过电信号给处理器的特定管脚发送一个信号。除非在处理器上禁止该中断,否则,处理器会立即停止它正在做的事,关闭中断系统,然后跳到内存中预定义的位置开始执行那里的代码。这个预定义的位置是由内核设置的,是中断处理程序的入口点。

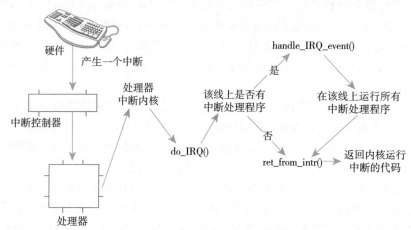

图 7-1 中断从硬件到内核的路由

在内核中,中断的旅程开始于预定义入口点,这类似于系统调用通过预定义的异常句柄进入内核。对于每条中断线,处理器都会跳到对应的一个唯一的位置。这样,内核就可知道所接收中断的 IRQ 号了。初始入口点只是在栈中保存这个号,并存放当前寄存器的值(这些值属于被中断的任务);然后,内核调用函数 do_IRQ()。从这里开始,大多数中断处理代码是用 C 编写的——但它们依然与体系结构相关。

do_IRQ() 的声明如下:

```
unsigned int do_IRQ(struct pt_regs regs)
```

因为 C 的调用惯例是要把函数参数放在栈的顶部,因此 pt_regs 结构包含原始寄存器的值,这些值是以前在汇编入口例程中保存在栈中的。中断的值也会得以保存,所以,do_IRQ() 可以将它提取出来。

计算出中断号后,do_IRQ() 对所接收的中断进行应答,禁止这条线上的中断传递。在普通的 PC 机上,这些操作是由 mask_and_ack_8259A() 来完成的。

接下来，do_IRQ() 需要确保在这条中断线上有一个有效的处理程序，而且这个程序已经启动，但是当前并没有执行。如果是这样的话，do_IRQ() 就调用 handle_IRQ_event() 来运行为这条中断线所安装的中断处理程序。handle_IRQ_event() 方法被定义在文件 kernel/irq/handler.c 中。

```
/**
 * handle_IRQ_event - irq action chain handler
 * @irq:        the interrupt number
 * @action:     the interrupt action chain for this irq
 *
 * Handles the action chain of an irq event
 */
irqreturn_t handle_IRQ_event(unsigned int irq, struct irqaction *action)
{
        irqreturn_t ret, retval = IRQ_NONE;
        unsigned int status = 0;

        if (!(action->flags & IRQF_DISABLED))
                local_irq_enable_in_hardirq();

        do {
                trace_irq_handler_entry(irq, action);
                ret = action->handler(irq, action->dev_id);
                trace_irq_handler_exit(irq, action, ret);

                switch (ret) {
                case IRQ_WAKE_THREAD:
                        /*
                         * 把返回值设置为已处理，以便可疑的检查不再触发
                         */
                        ret = IRQ_HANDLED;

                        /*
                         * 捕获返回值为 WAKE_THREAD 的驱动程序，但是并不创建一个线程函数
                         */
                        if (unlikely(!action->thread_fn)) {
                                warn_no_thread(irq, action);
                                break;
                        }

                        /*
                         * 为这次中断唤醒处理线程。万一线程崩溃且被杀死，我们仅仅假装已经处理了该中
                         *   断。上述的硬件中断（hardirq）处理程序已禁止设备中断，因此杜绝 irq 产生
                         */
                        if (likely(!test_bit(IRQTF_DIED,
                                        &action->thread_flags))) {
                                set_bit(IRQTF_RUNTHREAD, &action->thread_flags);
                                wake_up_process(action->thread);
                        }

                        /* Fall through to add to randomness */
                case IRQ_HANDLED:
```

```
                    status |= action->flags;
                    break;

            default:
                    break;
            }

            retval |= ret;
            action = action->next;
    } while (action);

    if (status & IRQF_SAMPLE_RANDOM)
            add_interrupt_randomness(irq);
    local_irq_disable();

    return retval;
}
```

首先，因为处理器禁止中断，这里要把它们打开，就必须在处理程序注册期间指定 IRQF_DISABLED 标志。回想一下，IRQF_DISABLED 表示处理程序必须在中断禁止的情况下运行。接下来，每个潜在的处理程序在循环中依次执行。如果这条线不是共享的，第一次执行后就退出循环。否则，所有的处理程序都要被执行。之后，如果在注册期间指定了 IRQF_SAMPLE_RANDOM 标志，则还要调用函数 add_interrupt_randomness()。这个函数使用中断间隔时间为随机数产生器产生熵。最后，再将中断禁止（do_IRQ() 期望中断一直是禁止的），函数返回。回到 do_IRQ()，该函数做清理工作并返回到初始入口点，然后再从这个入口点跳到函数 ret_from_intr()。

ret_from_intr() 例程类似于初始入口代码，以汇编语言编写。这个例程检查重新调度是否正在挂起（回想一下第 4 章，这意味着设置了 need_resched）。如果重新调度正在挂起，而且内核正在返回用户空间（也就是说，中断了用户进程），那么，schedule() 被调用。如果内核正在返回内核空间（也就是说，中断了内核本身），只有在 preempt_count 为 0 时，schedule() 才会被调用，否则，抢占内核便是不安全的。在 schedule() 返回之后，或者如果没有挂起的工作，那么，原来的寄存器被恢复，内核恢复到曾经中断的点。

在 x86 上，初始的汇编例程位于 arch/x86/kernel/entry_64.S（文件 entry_32.S 对应 32 位的 x86 体系架构），C 方法位于 arch/x86/kernel/irq.c。其他所支持的结构与此类似。

7.8   /proc/interrupts

procfs 是一个虚拟文件系统，它只存在于内核内存，一般安装于 /proc 目录。在 procfs 中读写文件都要调用内核函数，这些函数模拟从真实文件中读或写。与此相关的例子是 /proc/interrupts 文件，该文件存放的是系统中与中断相关的统计信息。下面是从单处理器 PC 上输出的信息：

```
           CPU0
      0:   3602371    XT-PIC    timer
      1:   3048       XT-PIC    i8042
      2:   0          XT-PIC    cascade
      4:   2689466    XT-PIC    uhci-hcd, eth0
      5:   0          XT-PIC    EMU10K1
     12:   85077      XT-PIC    uhci-hcd
     15:   24571      XT-PIC    aic7xxx
    NMI:   0
    LOC:   3602236
    ERR:   0
```

第 1 列是中断线。在这个系统中，现有的中断号为 0 ～ 2、4、5、12 及 15。这里没有显示没有安装处理程序的中断线。第 2 列是一个接收中断数目的计数器。事实上，系统中的每个处理器都存在这样的列，但是，这个机器只有一个处理器。我们看到，时钟中断已接收 3602371 次中断[⊖]，这里，声卡（EMU10K1）没有接收一次中断（这表示机器启动以来还没有使用它）。第 3 列是处理这个中断的中断控制器。XT-PIC 对应于标准的 PC 可编程中断控制器。在具有 I/O APIC 的系统上，大多数中断会列出 IO-APIC-level 或 IO-APIC-edge，作为自己的中断控制器。最后一列是与这个中断相关的设备名字。这个名字是通过参数 devname 提供给函数 request_irq() 的，前面已讨论过了。如果中断是共享的（例子中的 4 号中断就是这种情况），则这条中断线上注册的所有设备都会列出来。

对于想深入探究 procfs 内部的人来说，procfs 代码位于 fs/proc 中。不必惊讶，提供 /proc/interrupts 的函数是与体系结构相关的，叫作 show_interrupts()。

7.9 中断控制

Linux 内核提供了一组接口用于操作机器上的中断状态。这些接口为我们提供了能够禁止当前处理器的中断系统，或屏蔽掉整个机器的一条中断线的能力，这些例程都是与体系结构相关的，可以在 <asm/system.h> 和 <asm/irq.h> 中找到。本章稍后给出的表 7-2 是接口的完整列表。

一般来说，控制中断系统的原因归根结底是需要提供同步。通过禁止中断，可以确保某个中断处理程序不会抢占当前的代码。此外，禁止中断还可以禁止内核抢占。然而，不管是禁止中断还是禁止内核抢占，都没有提供任何保护机制来防止来自其他处理器的并发访问。Linux 支持多处理器，因此，内核代码一般都需要获取某种锁，防止来自其他处理器对共享数据的并发访问。获取这些锁的同时也伴随着禁止本地中断。锁提供保护机制，防止来自其他处理器的并发访问，而禁止中断提供保护机制，则是防止来自其他中断处理程序的并发访问。第 9 章和第 10 章着重讨论同步的各种问题及其对策。因此，必须理解内核中断的控制接口。

7.9.1 禁止和激活中断

用于禁止当前处理器（仅仅是当前处理器）上的本地中断，随后又激活它们的语句为：

⊖ 作为一个练习，读过第 11 章后，你能在知道时钟产生的中断次数的情况下说出系统已经工作了多久了吗（根据 Hz 值）？知道时钟中断发生了多少次吗？

```
local_irq_disable();
/* 禁止中断 */
local_irq_enable();
```

这两个函数通常以单个汇编指令来实现（当然，这依赖于体系结构）。实际上，在 x86 中，local_irq_discable() 仅仅是 cli 指令，而 local_irq_enable() 只不过是 sti 指令。cli 和 sti 分别是对 clear 和 set 允许中断（allow interrupt）标志的汇编调用。换句话说，在发出中断的处理器上，它们将禁止和激活中断的传递。

如果在调用 local_irq_discable() 例程之前已经禁止了中断，那么该例程往往会带来潜在的危险；同样相应的 local_irq_enable() 例程也存在潜在危险，因为它将无条件地激活中断，尽管这些中断可能在开始时就是关闭的。所以我们需要一种机制把中断恢复到以前的状态而不是简单地禁止或激活。内核普遍关心这点是因为，内核中一个给定的代码路径既可以在中断激活的情况下达到，也可以在中断禁止的情况下达到，这取决于具体的调用链。例如，想象一下前面的代码片段是一个大函数的组成部分。这个函数被另外两个函数调用：其中一个函数禁止中断，而另一个函数不禁止中断。因为随着内核的不断增长，要想知道到达这个函数的所有代码路径将变得越来越困难，因此，在禁止中断之前保存中断系统的状态会更加安全一些。相反，在准备激活中断时，只需把中断恢复到它们原来的状态。

```
unsigned long flags;

local_irq_save(flags);    /* 禁止中断 */
/*   ...          */
local_irq_restore(flags) ;   /* 中断被恢复到它们原来的状态 */
```

这些方法至少部分要以宏的形式实现，因此表面上 flags 参数（这些参数必须定义为 unsigned long 类型）是以值传递的。该参数包含具体体系结构的数据，也就是包含中断系统的状态。至少有一种体系结构把栈信息与值相结合（SPARC），因此 flags 不能传递给另一个函数（特别是它必须驻留在同一栈帧中）。基于这个原因，对 local_irq_save() 和对 local_irq_restore() 的调用必须在同一个函数中进行。

前面的所有函数既可以在中断中调用，也可以在进程上下文中调用。

不再使用全局的 cli()

以前的内核中提供了一种"能够禁止系统中所有处理器上的中断"方法。而且，如果另一个处理器调用这个方法，那么它就不得不等待，直到中断重新被激活才能继续执行。这个函数就是 cli()，相应的激活中断函数为 sti()——虽然适用于所有体系结构，但完全以 x86 为中心。这些接口在 2.5 版本开发期间被取消了，相应地，所有的中断同步现在必须结合使用本地中断控制和自旋锁（在第 9 章中进行讨论）。这就意味着，为了确保对共享数据的互斥访问，以前代码仅仅需要通过全局禁止中断达到互斥，而现在则需要多做些工作了。

以前，驱动程序编写者可能假定在他们的中断处理程序中，任何访问共享数据地方都可以使用 cli() 提供互斥访问。cli() 调用将确保没有其他的中断处理程序（因而只有它们特定的处理程序）会运行。此外，如果另一个处理器进入了 cli 保护区，那么它不可能继续运行，直到原来的处理器退出它们的 cli() 保护区，并调用了 sti() 后才能继续运行。

取消全局 cli() 有不少优点。首先，强制驱动程序编写者实现真正的加锁。要知道具有特定目的细粒度锁比全局锁要快许多，而且也完全吻合 cli() 的使用初衷。其次，这也使得很多代码更具流线型，避免了代码的成簇布局。所以由此得到的中断系统更简单也更易于理解。

7.9.2　禁止指定中断线

在前面的内容中，我们看到了禁止整个处理器上所有中断的函数。在某些情况下，只禁止整个系统中一条特定的中断线就够了。这就是所谓的屏蔽掉（masking out）一条中断线。作为例子，你可能想在对中断的状态操作之前禁止设备中断的传递。为此，Linux 提供了四个接口：

```
void  disable_irq(unsigned int irq);
void  disable_irq_nosync(unsigned int irq);
void enable_irq(unsigned int irq);
void synchronize_irq(unsigned int irq);
```

前两个函数禁止中断控制器上指定的中断线，即禁止给定中断向系统中所有处理器的传递。另外，函数只有在当前正在执行的所有处理程序完成后，disable_irq() 才能返回。因此，调用者不仅要确保不在指定线上传递新的中断，同时还要确保所有已经开始执行的处理程序已全部退出。函数 disable_irq_nosync() 不会等待当前中断处理程序执行完毕。

函数 synchronize_riq() 等待一个特定的中断处理程序的退出。如果该处理程序正在执行，那么该函数必须退出后才能返回。

对这些函数的调用可以嵌套。但要记住在一条指定的中断线上，对 disable_irq() 或 disable_irq_nosync() 的每次调用，都需要相应地调用一次 enable_irq()。只有在对 enable_irq() 完成最后一次调用后，才真正重新激活了中断线。例如，如果 disable_irq() 被调用了两次，那么直到第二次调用 enable_irq() 后，才能真正地激活中断线。

所有这三个函数可以从中断或进程上下文中调用，而且不会睡眠。但如果从中断上下文中调用，就要特别小心！例如，当你正在处理一条中断线时，并不想激活它（回想当某个处理程序的中断线正在被处理时，它被屏蔽掉）。

禁止多个中断处理程序共享的中断线是不合适的。禁止中断线也就禁止了这条线上所有设备的中断传递。因此，用于新设备的驱动程序应该倾向于不使用这些接口[⊖]。根据规范，PCI 设备必须支持中断线共享，因此，它们根本不应该使用这些接口。所以，disable_irq() 及其相关函数在老式传统设备（如 PC 并口）的驱动程序中更容易被找到。

7.9.3　中断系统的状态

通常有必要了解中断系统的状态（如中断是禁止的还是激活的），或者你当前是否正处于中断上下文的执行状态中。

宏 irqs_disable() 定义在 <asm/system.h> 中。如果本地处理器上的中断系统被禁止，则它返

⊖　很多老式设备，尤其是 ISA 设备，不提供方法检测它们是否产生了中断。因为这一点，ISA 的中断线常常不能共享。由于 PCI 规范要求中断共享，因此，现代基于 PCI 的设备支持中断共享。在当代计算机中，几乎所有的中断线都可以共享。

回非 0；否则返回 0。

在 <linux/hardirq.h> 中定义的两个宏提供一个用来检查内核的当前上下文的接口，它们是：

```
in_interrupt()
in_irq()
```

第一个宏最有用：如果内核处于任何类型的中断处理中，它返回非 0，说明内核此刻正在执行中断处理程序，或者正在执行下半部处理程序。宏 in_irq() 只有在内核确实正在执行中断处理程序时才返回非 0。

通常情况下，你要检查自己是否处于进程上下文中。也就是说，你希望确保自己不在中断上下文中。这种情况很常见，因为代码要做一些像睡眠这样只能从进程上下文中做的事。如果 in_interrupt() 返回 0，则此刻内核处于进程上下文。

是的，名字有点混淆，但可以对它们的含义稍加区别。表 7-2 是中断控制方法和其描述的摘要。

表 7-2   中断控制方法的列表

函　　数	说　　明
local_irq_disable()	禁止本地中断传递
local_irq_enable()	激活本地中断传递
local_irq_save()	保存本地中断传递的当前状态，然后禁止本地中断传递
local_irq_restore()	恢复本地中断传递到给定的状态
disable_irq()	禁止给定中断线，并确保该函数返回之前在该中断线上没有处理程序在运行
disable_irq_nosync()	禁止给定中断线
enable_irq()	激活给定中断线
irqs_disabled()	如果本地中断传递被禁止，则返回非 0；否则返回 0
in_interrupt()	如果在中断上下文中，则返回非 0；如果在进程上下文中，则返回 0
in_irq()	如果当前正在执行中断处理程序，则返回非 0；否则返回 0

7.10   小结

本章介绍了中断，它是一种由设备使用的硬件资源异步向处理器发信号。实际上，中断就是由硬件来打断操作系统。

大多数现代硬件都通过中断与操作系统通信。对给定硬件进行管理的驱动程序注册中断处理程序，是为了响应并处理来自相关硬件的中断。中断过程所做的工作包括应答并重新设置硬件，从设备拷贝数据到内存以及反之，处理硬件请求，并发送新的硬件请求。

内核提供的接口包括注册和注销中断处理程序、禁止中断、屏蔽中断线以及检查中断系统的状态。表 7-2 提供了这些函数的概述。

因为中断打断了其他代码的执行（进程，内核本身，甚至其他中断处理程序），它们必须赶快执行完。但通常是还有很多工作要做。为了在大量的工作与必须快速执行之间求得一种平衡，内核把处理中断的工作分为两半。中断处理程序，也就是上半部在本章讨论。现在，让我们了解下半部。

下半部和推后执行的工作

在第 7 章中，我们讨论了内核为处理中断而提供的中断处理程序机制。中断处理程序是内核中很有用的（实际上也是必不可少的）部分。但是，由于本身存在一些局限，所以它只能完成整个中断处理流程的上半部分。这些局限包括：

- 中断处理程序以异步方式执行，并且它有可能会打断其他重要代码（甚至包括其他中断处理程序）的执行。因此，为了避免被打断的代码停止时间过长，中断处理程序应该执行得越快越好。
- 如果当前有一个中断处理程序正在执行，在最好的情况下（如果 IRQF_DISABLED 设有被设置），与该中断同级的其他中断会被屏蔽，在最坏的情况下（如果设置了 IRQF_DISABLED），当前处理器上所有其他中断都会被屏蔽。因为禁止中断后硬件与操作系统无法通信，因此，中断处理程序执行得越快越好。
- 由于中断处理程序往往需要对硬件进行操作，所以它们通常有很高的时限要求。
- 中断处理程序不在进程上下文中运行，所以它们不能阻塞。这限制了它们所做的事情。

现在，为什么中断处理程序只能作为整个硬件中断处理流程一部分的原因就很明显了。操作系统必须有一个快速、异步、简单的机制负责对硬件做出迅速响应并完成那些时间要求很严格的操作。中断处理程序很适合于实现这些功能，可是，对于那些其他的、对时间要求相对宽松的任务，就应该推后到中断被激活以后再去运行。

这样，整个中断处理流程就被分为了两个部分，或叫两半。第一个部分是中断处理程序（上半部），就像我们在第 7 章讨论的那样，内核通过对它的异步执行完成对硬件中断的即时响应。在本章中，我们要研究的是中断处理流程中的另外那一部分，下半部（bottom halves）。

8.1 下半部

下半部的任务就是执行与中断处理密切相关但中断处理程序本身不执行的工作。在理想的情况下，最好是中断处理程序将所有工作都交给下半部分执行，因为我们希望在中断处理程序中完成的工作越少越好（也就是越快越好）。我们期望中断处理程序能够尽可能快地返回。

但是，中断处理程序注定要完成一部分工作。例如，中断处理程序几乎都需要通过操作硬件对中断的到达进行确认，有时它还会从硬件拷贝数据。因为这些工作对时间非常敏感，所以只能靠中断处理程序自己去完成。

剩下的几乎所有其他工作都是下半部执行的目标。例如，如果你在上半部中把数据从硬件拷贝到了内存，那么当然应该在下半部中处理它们。遗憾的是，并不存在严格明确的规定来说明到底什么任务应该在哪个部分中完成——如何做决定完全取决于驱动程序开发者自己的判断。尽管在理论上不存在什么错误，但轻率的实现效果往往不很理想。记住，中断处理程序会异步执行，并且在最好的情况下它也会锁定当前的中断线。因此将中断处理程序持续执行的时间缩短到最低程度显得非常重要。对于在上半部和下半部之间划分工作，尽管不存在某种严格的规则，但还是有一些提示可供借鉴：

- 如果一个任务对时间非常敏感，将其放在中断处理程序中执行。
- 如果一个任务和硬件相关，将其放在中断处理程序中执行。
- 如果一个任务要保证不被其他中断（特别是相同的中断）打断，将其放在中断处理程序中执行。
- 其他所有任务，考虑放置在下半部执行。

当你开始尝试写自己的驱动程序的时候，读一下别人的中断处理程序和相应的下半部可能会让你受益匪浅。在决定怎样把你的中断处理流程中的工作划分到上半部和下半部中去的时候，问问自己什么必须放进上半部而什么可以放进下半部。通常，中断处理程序要执行得越快越好。

8.1.1　为什么要用下半部

理解为什么要让工作推后执行以及在什么时候推后执行非常关键。你希望尽量减少中断处理程序中需要完成的工作量，因为它在运行的时候，当前的中断线在所有处理器上都会被屏蔽。更糟糕的是，如果一个处理程序是 IRQF_DISABLED 类型，它执行的时候会禁止所有本地中断（而且把本地中断线全局地屏蔽掉）。而缩短中断被屏蔽的时间对系统的响应能力和性能都至关重要。再加上中断处理程序要与其他程序（甚至是其他的中断处理程序）异步执行，所以很明显，我们必须尽力缩短中断处理程序的执行。解决的方法就是把一些工作放到以后去做。

但具体放到以后什么时候去做呢？在这里，以后仅仅用来强调不是马上而已，理解这一点相当重要。下半部并不需要指明一个确切时间，只要把这些任务推迟一点，让它们在系统不太繁忙并且中断恢复后执行就可以了。通常下半部在中断处理程序一返回就会马上运行。下半部执行的关键在于当它们运行的时候，允许响应所有的中断。

不仅仅是 Linux，许多操作系统也把处理硬件中断的过程分为两个部分。上半部分简单快速，执行的时候禁止一些或者全部中断。下半部分（无论具体如何实现）稍后执行，而且执行期间可以响应所有的中断。这种设计可使系统处于中断屏蔽状态的时间尽可能的短，以此来提高系统的响应能力。

8.1.2　下半部的环境

和上半部只能通过中断处理程序实现不同，下半部可以通过多种机制实现。这些用来实现下半部的机制分别由不同的接口和子系统组成。在第 7 章中，我们了解到实现中断处理程序的方法只有一种⊖，但在本章中你会发现，实现一个下半部会有许多不同的方法。实际上，在 Linux 发

⊖　在 Linux 中，由于上半部从来都只能通过中断处理程序实现，所以它和中断处理程序可以说是等价的。——
译者注

展的过程中曾经出现过多种下半部机制。让人备受困扰的是，其中不少机制名字起得很相像，甚至还有一些机制名字起得词不达意。这就需要专门的程序员来给下半部命名。

在本章中，我们将要讨论 2.6 版本的内核中的下半部机制是如何设计和实现的。同时我们也会讨论怎么在自己编写的内核代码中使用它们。而那些过去使用的、已经废除了有一段时间的机制，由于曾经闻名遐迩，所以在相关的时候我们还是会有所提及。

1. "下半部"的起源

最早的 Linux 只提供 "bottom half" 这种机制用于实现下半部。这个名字在那时毫无异议，因为当时它是将工作推后的唯一方法。这种机制也被称为 "BH"，我们现在也这么叫它，以避免和 "下半部" 这个通用词汇混淆。像过往的那段美好岁月中的许多东西一样，BH 接口也非常简单。它提供了一个静态创建、由 32 个 bottom halves 组成的链表。上半部通过一个 32 位整数中的一位来标识出哪个 bottom half 可以执行。每个 BH 都在全局范围内进行同步。即使分属于不同的处理器，也不允许任何两个 bottom half 同时执行。这种机制使用方便却不够灵活，简单却有性能瓶颈。

2. 任务队列

不久，内核开发者们就引入了任务队列（task queue）机制来实现工作的推后执行，并用它来代替 BH 机制。内核为此定义了一组队列，其中每个队列都包含一个由等待调用的函数组成链表。根据其所处队列的位置，这些函数会在某个时刻执行。驱动程序可以把它们自己的下半部注册到合适的队列上去。这种机制表现得还不错，但仍不够灵活，没法代替整个 BH 接口。对于一些性能要求较高的子系统，像网络部分，它也不能胜任。

3. 软中断和 tasklet

在 2.3 这个开发版本中，内核开发者引入了软中断（softirqs）[一]和 tasklet。如果无须考虑和过去开发的驱动程序兼容的话，软中断和 tasklet 可以完全代替 BH 接口[二]。软中断是一组静态定义的下半部接口，有 32 个，可以在所有处理器上同时执行——即使两个类型相同也可以。tasklet 这一名称起得很糟糕，让人费解，它们是一种基于软中断实现的灵活性强、动态创建的下半部实现机制[三]。两个不同类型的 tasklet 可以在不同的处理器上同时执行，但类型相同的 tasklet 不能同时执行。tasklet 其实是一种在性能和易用性之间寻求平衡的产物。对于大部分下半部处理来说，用 tasklet 就足够了，像网络这样对性能要求非常高的情况才需要使用软中断。可是，使用软中断需要特别小心，因为两个相同的软中断有可能同时被执行。此外，软中断还必须在编译期间就进行静态注册。与此相反，tasklet 可以通过代码进行动态注册。

有些人被这些概念彻底搞糊涂了，他们把所有的下半部都当成是软件产生的中断或软中断。换句话说，就是他们把软中断机制和下半部统统都叫软中断。别管他们好了。软中断与 BH 和 tasklet 并驾其名。

[一]　这里的软中断与第 4 章实现系统调用所提到的软中断（准确地说该叫它软件中断）指的是不同的概念。——译者注

[二]　把 BH 转化为软中断或者 tasklet 并不是轻而易举的事情，因为 BH 是全局同步的，因此，在执行期间假定没有其他 BH 执行。但是，这种转化最终还是在内核 2.5 中实现了。

[三]　它们和进程没有一点关系。可以把一个 tasklet 当做一个简单易用的软中断。

在开发 2.5 版本的内核时，BH 接口最终被弃置了，所有的 BH 使用者必须转而使用其他下半部接口。此外，任务队列接口也被工作队列接口取代了。工作队列是一种简单但很有用的方法，它们先对要推后执行的工作排队，稍后在进程上下文中执行它们。稍后的内容中我们再来探究它们。

综上所述，在 2.6 这个当前版本中，内核提供了三种不同形式的下半部实现机制：软中断、tasklets 和工作队列。内核过去曾经用过的 BH 和任务队列接口，现在已经被湮没在记忆中了。

内核定时器

另外一个可以用于将工作推后执行的机制是内核定时器。不像本章到目前为止介绍到的所有这些机制，内核定时器把操作推迟到某个确定的时间段之后执行。也就是说，尽管本章讨论的其他机制可以把操作推后到除了现在以外的任何时间进行，但是当你必须保证在一个确定的时间段过去以后再运行时，你应该使用内核定时器。

较之本章讨论到的这些机制，定时器还有一些其他功能。有关定时器的详细内容在第 11 章中讨论。

4. 混乱的下半部概念

这些东西确实把人搅得很混乱，但它们其实只不过是一些起名的问题，让我们再来梳理一遍。

"下半部（bottom half）"是一个操作系统通用词汇，用于指代中断处理流程中推后执行的那一部分，之所以这样命名，是因为它表示中断处理方案一半的第二部分或者下半部。在 Linux 中，这个词目前确实就是这个含义。所有用于实现将工作推后执行的内核机制都被称为"下半部机制"。一些人错误地把所有的下半部机制都叫作"软中断"，真是在自寻烦恼。

"下半部"这个词也指代 Linux 最早提供的那种将工作推后执行的实现机制。由于该机制也被叫作"BH"，所以，我们就使用它的这个名称，而让"下半部"这个词仍然保持它通常的含义。BH 机制很早以前就被反对使用了，在 2.5 版内核中，它就被完全去除了。

当前，有三种机制可以用来实现将工作推后执行：软中断、tasklet 和工作队列。tasklet 通过软中断实现，而工作队列与它们完全不同。表 8-1 揭示了下半部机制的演化历程。

表 8-1　下半部状态

下半部机制	状　态
BH	在 2.5 中去除
任务队列（Task queues）	在 2.5 中去除
软中断（Softirq）	从 2.3 开始引入
tasklet	从 2.3 开始引入
工作队列（Work queues）	从 2.5 开始引入

在搞清楚这些混乱的命名之后，让我们开始具体研究各个机制。

8.2　软中断

我们的讨论从实际的下半部实现——软中断方法开始。软中断使用得比较少；而 tasklet 是下半部更常用的一种形式。但是，由于 tasklet 是通过软中断实现的，所以我们先来研究软中断。软中断的代码位于 kernel/softirq.c 文件中。

8.2.1　软中断的实现

软中断是在编译期间静态分配的。它不像 tasklet 那样能被动态地注册或注销。软中断由 softirq_action 结构表示，它定义在 <linux/interrupt.h> 中：

```
struct softirq_action {
        void (*action)(struct softirq_action *);
};
```

kernel/softirq.c 中定义了一个包含有 32 个该结构体的数组。

```
static struct softirq_action softirq_vec[NR_SOFTIRQS];
```

每个被注册的软中断都占据该数组的一项，因此最多可能有 32 个软中断。注意，这是一个定值——注册的软中断数目的最大值没法动态改变。在当前版本的内核中，这 32 个项中只用到 9 个$^{\ominus}$。

1. 软中断处理程序

软中断处理程序 action 的函数原型如下：

```
void softirq_handler(struct softirq_action *)
```

当内核运行一个软中断处理程序的时候，它就会执行这个 action 函数，其唯一的参数为指向相应 softirq_action 结构体的指针。例如，如果 my_softirq 指向 softirq_vec 数组的某项，那么内核会用如下的方式调用软中断处理程序中的函数：

```
my_softirq->action(my_softirq);
```

当你看到内核把整个结构体都传递给软中断处理程序而不是仅仅传递数据值的时候，你可能会很吃惊。这个小技巧可以保证将来在结构体中加入新的域时，无须对所有的软中断处理程序都进行变动。如果需要，软中断处理程序可以方便地解析它的参数，从数据成员中提取数值。

一个软中断不会抢占另外一个软中断。实际上，唯一可以抢占软中断的是中断处理程序。不过，其他的软中断（甚至是相同类型的软中断）可以在其他处理器上同时执行。

2. 执行软中断

一个注册的软中断必须在被标记后才会执行。这被称作触发软中断（raising the softirq）。通常，中断处理程序会在返回前标记它的软中断，使其在稍后被执行。于是，在合适的时刻，该软中断就会运行。在下列地方，待处理的软中断会被检查和执行：

- 从一个硬件中断代码处返回时
- 在 ksoftirqd 内核线程中
- 在那些显式检查和执行待处理的软中断的代码中，如网络子系统中

$\ominus$　大部分驱动程序都使用 tasklet 来实现它们的下半部。我们将在下面的内容中看到，tasklet 是用软中断实现的。

不管是用什么办法唤起，软中断都要在 do_softirq() 中执行。该函数很简单。如果有待处理的软中断，do_softirq() 会循环遍历每一个，调用它们的处理程序。让我们观察一下 do_softirq() 经过简化后的核心部分：

```
u32 pending;

pending = local_softirq_pending();
if (pending) {
    struct softirq_action *h;

    /* 重设待处理的位图 */
    set_softirq_pending(0);

    h = softirq_vec;
    do {
        if (pending & 1)
            h->action(h);
        h++;
        pending >>= 1;
    } while (pending);
}
```

以上摘录的是软中断处理的核心部分。它检查并执行所有待处理的软中断，具体要做的包括：

1）用局部变量 pending 保存 local_softirq_pending() 宏的返回值。它是待处理的软中断的 32 位位图——如果第 n 位被设置为 1，那么第 n 位对应类型的软中断等待处理。

2）现在待处理的软中断位图已经被保存，可以将实际的软中断位图清零了[⊖]。

3）将指针 h 指向 softirq_vec 的第一项。

4）如果 pending 的第一位被置为 1，则 h->action(h) 被调用。

5）指针加 1，所以现在它指向 softirq_vec 数组的第二项。

6）位掩码 pending 右移一位。这样会丢弃第一位，然后让其他各位依次向右移动一个位置。于是，原来的第二位现在就在第一位的位置上了（依次类推）。

7）现在指针 h 指向数组的第二项，pending 位掩码的第二位现在也到了第一位上。重复执行上面的步骤。

8）一直重复下去，直到 pending 变为 0，这表明已经没有待处理的软中断了，我们的任务也就完成了。注意，这种检查足以保证 h 总指向 softirq_vec 的有效项，因为 pending 最多只可能设置 32 位，循环最多也只能执行 32 次。

⊖ 实际上在执行此步操作时需要禁止本地中断。但在这个简化的例子中被省略了。如果中断不被屏蔽，在保存位图和清除它的间隙，可能会有一个新的软中断被唤醒（它自然也就会等待处理）。这可能会造成对此待处理的位进行不应该的清 0。

8.2.2 使用软中断

软中断保留给系统中对时间要求最严格以及最重要的下半部使用。目前，只有两个子系统（网络和 SCSI）直接使用软中断。此外，内核定时器和 tasklet 都是建立在软中断上的。如果你想加入一个新的软中断，首先应该问问自己为什么用 tasklet 实现不了。tasklet 可以动态生成，由于它们对加锁的要求不高，所以使用起来也很方便，而且它们的性能也非常不错。当然，对于时间要求严格并能自己高效地完成加锁工作的应用，软中断会是正确的选择。

1. 分配索引

在编译期间，通过在 <linux/interrupt.h> 中定义的一个枚举类型来静态地声明软中断。内核用这些从 0 开始的索引来表示一种相对优先级。索引号小的软中断在索引号大的软中断之前执行。

建立一个新的软中断必须在此枚举类型中加入新的项。而加入时，你不能像在其他地方一样，简单地把新项加到列表的末尾。相反，你必须根据希望赋予它的优先级来决定加入的位置。习惯上，HI_SOFTIRQ 通常作为第一项，而 RCU_SOFTIRQ 作为最后一项。新项可能插在 BLOCK_SOFTIRQ 和 TASKLET_SOFTIRQ 之间。表 8-2 列举出了已有的 tasklet 类型。

表 8-2 tasklet 类型列表

tasklet	优先级	软中断描述
HI_SOFTIRQ	0	优先级高的 tasklets
TIMER_SOFTIRQ	1	定时器的下半部
NET_TX_SOFTIRQ	2	发送网络数据包
NET_RX_SOFTIRQ	3	接收网络数据包
BLOCK_SOFTIRQ	4	BLOCK 装置
TASKLET_SOFTIRQ	5	正常优先权的 tasklets
SCHED_SOFTIRQ	6	调度程度
HRTIMER_SOFTIRQ	7	高分辨率定时器
RCU_SOFTIRQ	8	RCU 锁定

2. 注册你的处理程序

接着，在运行时通过调用 open_softirq() 注册软中断处理程序，该函数有两个参数：软中断的索引号和处理函数。如网络子系统，在 net/coreldev.c 通过以下方式注册自己的软中断：

```
open_softirq(NET_TX_SOFTIRQ, net_tx_action);
open_softirq(NET_RX_SOFTIRQ, net_rx_action);
```

软中断处理程序执行的时候，允许响应中断，但它自己不能休眠。在一个处理程序运行的时候，当前处理器上的软中断被禁止。但其他的处理器仍可以执行别的软中断。实际上，如果同一个软中断在它被执行的同时再次被触发了，那么另外一个处理器可以同时运行其处理程序。这意味着任何共享数据（甚至是仅在软中断处理程序内部使用的全局变量）都需要严格的锁保护（在后面的内容中会讨论）。这点很重要，它也是 tasklet 更受青睐的原因。单纯地禁止你的软中断处理程序同时执行不是很理想。如果仅仅通过互斥的加锁方式来防止它自身的并发执行，那么使用软中断就没有任何意义了。因此，大部分软中断处理程序，都通过采取单处理器数据（仅属于某一个处理器的数据，因此根本不需要加锁）或其他一些技巧来避免显式地加锁，从而提供更出色的性能。

引入软中断的主要原因是其可扩展性。如果不需要扩展到多个处理器，那么，就使用 tasklet 吧。tasklet 本质上也是软中断，只不过同一个处理程序的多个实例不能在多个处理器上同时运行。

3. 触发你的软中断

通过在枚举类型的列表中添加新项以及调用 open_softirq() 进行注册以后，新的软中断处理程序就能够运行。raise_softirq() 函数可以将一个软中断设置为挂起状态，让它在下次调用 do_softirq() 函数时投入运行。举个例子，网络子系统可能会调用：

```
raise_softirq(NET_TX_SOFTIRQ);
```

这会触发 NET_TX_SOFTIRQ 软中断。它的处理程序 net_tx_action() 就会在内核下一次执行软中断时投入运行。该函数在触发一个软中断之前先要禁止中断，触发后再恢复原来的状态。如果中断本来就已经被禁止了，那么可以调用另一函数 raise_softirq_irqoff()，这会带来一些优化效果。如：

```
/*
 * 中断已经被禁止
 */
raise_softirq_irqoff(NET_TX_SOFTIRQ);
```

在中断处理程序中触发软中断是最常见的形式。在这种情况下，中断处理程序执行硬件设备的相关操作，然后触发相应的软中断，最后退出。内核在执行完中断处理程序以后，马上就会调用 do_softirq() 函数。于是软中断开始执行中断处理程序留给它去完成的剩余任务。在这个例子中，"上半部"和"下半部"名字的含义一目了然。

8.3 tasklet

tasklet 是利用软中断实现的一种下半部机制。我们之前提到过，它和进程没有任何关系。tasklet 和软中断在本质上很相似，行为表现也相近，但是，它的接口更简单，锁保护也要求较低。

选择到底是用软中断还是 tasklet 其实很简单：通常你应该用 tasklet。就像我们在前面看到的，软中断的使用者屈指可数。它只在那些执行频率很高和连续性要求很高的情况下才需要使用。而 tasklet 却有更广泛的用途。大多数情况下用 tasklet 效果都不错，而且它们还非常容易使用。

8.3.1 tasklet 的实现

因为 tasklet 是通过软中断实现的，所以它们本身也是软中断。前面讨论过了，tasklet 由两类软中断代表：HI_SOFTIRQ 和 TASKLET_SOFTIRQ。这两者之间唯一的实际区别在于，HI_SOFTIRQ 类型的软中断先于 TASKLET_SOFTIRQ 类型的软中断执行。

1. tasklet 结构体

tasklet 由 tasklet_struct 结构表示。每个结构体单独代表一个 tasklet，它在 <linux/interrupt.h> 中定义为：

```
struct tasklet_struct {
        struct tasklet_struct *next;      /* 链表中的下一个 tasklet */
        unsigned long state;              /* tasklet 的状态 */
        atomic_t count;                   /* 引用计数器 */
        void (*func)(unsigned long);      /* tasklet 处理函数 */
        unsigned long data;               /* 给 tasklet 处理函数的参数 */
};
```

结构体中的 func 成员是 tasklet 的处理程序（像软中断中的 action 一样），data 是它唯一的参数。

state 成员只能在 0、TASKLET_STATE_SCHED 和 TASKLET_STATE_RUN 之间取值。TASKLET_STATE_SCHED 表明 tasklet 已被调度，正准备投入运行，TASKLET_STATE_RUN 表明该 tasklet 正在运行。TASKLET_STATE_RUN 只有在多处理器的系统上才会作为一种优化来使用，单处理器系统任何时候都清楚单个 tasklet 是不是正在运行（它要么就是当前正在执行的代码，要么不是）。

count 成员是 tasklet 的引用计数器。如果它不为 0，则 tasklet 被禁止，不允许执行；只有当它为 0 时，tasklet 才被激活，并且在被设置为挂起状态时，该 tasklet 才能够执行。

2. 调度 tasklet

已调度的 tasklet（等同于被触发的软中断）⊖存放在两个单处理器数据结构：tasklet_vec（普通 tasklet）和 tasklet_hi_vec（高优先级的 tasklet）。这两个数据结构都是由 tasklet_struct 结构体构成的链表。链表中的每个 tasklet_struct 代表一个不同的 tasklet。

tasklet_struct 结构体构成的链表。链表中的每个 tasklet_struct 代表一个不同的 tasklet。

tasklet 由 tasklet_schedule() 和 tasklet_hi_schedule() 函数进行调度，它们接受一个指向 tasklet_struct 结构的指针作为参数。两个函数非常类似（区别在于一个使用 TASKLET_SOFTIRQ 而另一个用 HI_SOFTIRQ）。在接下来的内容中我们将仔细研究怎么编写和使用 tasklets。现在，让我们先考察一下 tasklet_schedule() 的细节：

tasklet_schedule() 的执行步骤：

1）检查 tasklet 的状态是否为 TASKLET_STATE_SCHED。如果是，说明 tasklet 已经被调度过了⊖，函数立即返回。

2）调用 _tasklet_schedule()。

3）保存中断状态，然后禁止本地中断。在我们执行 tasklet 代码时，这么做能够保证当 tasklet_schedule() 处理这些 tasklet 时，处理器上的数据不会弄乱。

4）把需要调度的 tasklet 加到每个处理器一个的 tasklet_vec 链表或 tasklet_hi_vec 链表的表头上去。

⊖　此处是命名混乱的又一个实例。为什么软中断是唤醒而 tasklet 是调度？谁能说得清楚？两个词实际上都表示将此下半部设置为待执行状态后以便稍后执行。

⊖　有可能是一个 tasklet 已经被调度过但还没来得及执行，而该 tasklet 又被唤起了一次。——译者注

5）唤起 TASKLET_SOFTIRQ 或 HI_SOFTIRQ 软中断，这样在下一次调用 do_softirq() 时就会执行该 tasklet。

6）恢复中断到原状态并返回。

在前面的内容中我们曾经提到过挂起，do_softirq() 会尽可能早地在下一个合适的时机执行。由于大部分 tasklet 和软中断都是在中断处理程序中被设置成待处理状态，所以最近一个中断返回的时候看起来就是执行 do_softirq() 的最佳时机。因为 TASKLET_SOFTIRQ 和 HI_SOFTIRQ 已经被触发了，所以 do_softirq() 会执行相应的软中断处理程序。而这两个处理程序，tasklet_action() 和 tasklet_hi_action()，就是 tasklet 处理的核心。让我们观察它们做了什么：

1）禁止中断（没有必要首先保存其状态，因为这里的代码总是作为软中断被调用，而且中断总是被激活的），并为当前处理器检索 tasklet_vec 或 tasklet_hig_vec 链表。

2）将当前处理器上的该链表设置为 NULL，达到清空的效果。

3）允许响应中断。没有必要再恢复它们回原状态，因为这段程序本身就是作为软中断处理程序被调用的，所以中断是应该被允许的。

4）循环遍历获得链表上的每一个待处理的 tasklet。

5）如果是多处理器系统，通过检查 TASKLET_STATE_RUN 来判断这个 tasklet 是否正在其他处理器上运行。如果它正在运行，那么现在就不要执行，跳到下一个待处理的 tasklet 去（回忆一下，同一时间里，相同类型的 tasklet 只能有一个执行）。

6）如果当前这个 tasklet 没有执行，将其状态设置为 TASKLET_STATE_RUN，这样别的处理器就不会再去执行它了。

7）检查 count 值是否为 0，确保 tasklet 没有被禁止。如果 tasklet 被禁止了，则跳到下一个挂起的 tasklet 去。

8）我们已经清楚地知道这个 tasklet 没有在其他地方执行，并且被我们设置成执行状态，这样它在其他部分就不会被执行，并且引用计数为 0，现在可以执行 tasklet 的处理程序了。

9）tasklet 运行完毕，清除 tasklet 的 state 域的 TASKLET_STATE_RUN 状态标志。

10）重复执行下一个 tasklet，直至没有剩余的等待处理的 tasklet。

tasklet 的实现很简单，但非常巧妙。我们可以看到，所有的 tasklet 都通过重复运用 HI_SOFTIRQ 和 TASKLET_SOFTIRQ 这两个软中断实现。当一个 tasklet 被调度时，内核就会唤起这两个软中断中的一个。随后，该软中断会被特定的函数处理，执行所有已调度的 tasklet。这个函数保证同一时间里只有一个给定类别的 tasklet 会被执行（但其他不同类型的 tasklet 可以同时执行）。所有这些复杂性都被一个简洁的接口隐藏起来了。

8.3.2 使用 tasklet

大多数情况下，为了控制一个寻常的硬件设备，tasklet 机制都是实现自己的下半部的最佳选择。tasklet 可以动态创建，使用方便，执行起来也还算快。此外，尽管它们的名字使人混淆，但能加深你的印象：那是逗人喜爱的。

1. 声明你自己的 tasklet

你既可以静态地创建 tasklet，也可以动态地创建它。选择哪种方式取决于你到底是有（或者是想要）一个对 tasklet 的直接引用还是间接引用。如果你准备静态地创建一个 tasklet（也就是有一个它的直接引用），使用下面 <linux/interrupt.h> 中定义的两个宏中的一个：

```
DECLARE_TASKLET(name, func, data)
DECLARE_TASKLET_DISABLED(name, func, data);
```

这两个宏都能根据给定的名称静态地创建一个 tasklet_struct 结构。当该 tasklet 被调度以后，给定的函数 func 会被执行，它的参数由 data 给出。这两个宏之间的区别在于引用计数器的初始值设置不同。前面一个宏把创建的 tasklet 的引用计数器设置为 0，该 tasklet 处于激活状态。另一个把引用计数器设置为 1，所以该 tasklet 处于禁止状态。下面是一个例子：

```
DECLARE_TASKLET(my_tasklet, my_tasklet_handler, dev);
```

这行代码其实等价于

```
struct tasklet_struct my_tasklet = { NULL, 0, ATOMIC_INIT(0),
                                     my_tasklet_handler, dev};
```

这样就创建了一个名为 my_tasklet，处理程序为 tasklet_handler 并且是已被激活的 tasklet。当处理程序被调用的时候，dev 就会被传递给它。

还可以通过将一个间接引用（一个指针）赋给一个动态创建的 tasklet_struct 结构的方式来初始化一个 tasklet_init()：

```
tasklet_init(t, tasklet_handler, dev);    /* 动态而不是静态创建 */
```

2. 编写你自己的 tasklet 处理程序

tasklet 处理程序必须符合规定的函数类型：

```
void tasklet_handler(unsigned long data)
```

因为是靠软中断实现，所以 tasklet 不能睡眠。这意味着你不能在 tasklet 中使用信号量或者其他什么阻塞式的函数。由于 tasklet 运行时允许响应中断，所以你必须做好预防工作（如屏蔽中断然后获取一个锁），如果你的 tasklet 和中断处理程序之间共享了某些数据的话。两个相同的 tasklet 决不会同时执行，这点和软中断不同——尽管两个不同的 tasklet 可以在两个处理器上同时执行。如果你的 tasklet 和其他的 tasklet 或者是软中断共享了数据，你必须进行适当地锁保护。（参看第 9 章和第 10 章）。

3. 调度你自己的 tasklet

通过调用 tasklet_schedule() 函数并传递给它相应的 tasklt_struct 的指针，该 tasklet 就会被调度以便执行：

```
tasklet_schedule(&my_tasklet);    /* 把 my_tasklet 标记为挂起 */
```

在 tasklet 被调度以后，只要有机会它就会尽可能早地运行。在它还没有得到运行机会之前，如果有一个相同的 tasklet 又被调度了⊖，那么它仍然只会运行一次。而如果这时它已经开始运行

⊖　这里应该是唤起的意思，在前面讲述调度流程的内容里可以看到，调度 tasklet 的第一个步骤就是检查是否重复，所以这里根本不会完成调度。——译者注

了，比如说在另外一个处理器上，那么这个新的 tasklet 会被重新调度并再次运行。作为一种优化措施，一个 tasklet 总在调度它的处理器上执行——这是希望能更好地利用处理器的高速缓存。

你可以调用 tasklet_disable() 函数来禁止某个指定的 tasklet。如果该 tasklet 当前正在执行，这个函数会等到它执行完毕再返回。你也可以调用 tasklet_disable_nosync() 函数，它也用来禁止指定的 tasklet，不过它无须在返回前等待 tasklet 执行完毕。这么做往往不太安全，因为你无法估计该 tasklet 是否仍在执行。调用 tasklet_enable() 函数可以激活一个 tasklet，如果希望激活 DECLARE_TASKLET_DISABLED() 创建的 tasklet，你也得调用这个函数，如：

```
tasklet_disable(&my_tasklet);     /* tasklet 现在被禁止 */

/* 我们现在毫无疑问地知道 tasklet 不能运行 */

tasklet_enable(&my_tasklet);      /*  tasklet 现在被激活 */
```

你可以通过调用 tasklet_kill() 函数从挂起的队列中去掉一个 tasklet。该函数的参数是一个指向某个 tasklet 的 tasklet_struct 的长指针。在处理一个经常重新调度它自身的 tasklet 的时候，从挂起的队列中移去已调度的 tasklet 会很有用。这个函数首先等待该 tasklet 执行完毕，然后再将它移去。当然，没有什么可以阻止其他地方的代码重新调度该 tasklet。由于该函数可能会引起休眠，所以禁止在中断上下文中使用它。

4. ksoftirqd

每个处理器都有一组辅助处理软中断（和 tasklet）的内核线程。当内核中出现大量软中断的时候，这些内核进程就会辅助处理它们。因为 tasklet 通过用软件中断实施，下面的讨论同样适用于软中断和 tasklet。简洁起见，我们将主要参考软中断。

我们前面曾经阐述过，对于软中断，内核会选择在几个特殊时机进行处理。而在中断处理程序返回时处理是最常见的。软中断被触发的频率有时可能很高（像在进行大流量的网络通信期间）。更不利的是，处理函数有时还会自行重复触发。也就是说，当一个软中断执行的时候，它可以重新触发自己以便再次得到执行（事实上，网络子系统就会这么做）。如果软中断本身出现的频率就高，再加上它们又有将自己重新设置为可执行状态的能力，那么就会导致用户空间进程无法获得足够的处理器时间，因而处于饥饿状态。而且，单纯的对重新触发的软中断采取不立即处理的策略，也无法让人接受。当软中断最初提出时，就是一个让人进退维谷的问题，亟待解决，而直观的解决方案又都不理想。首先，就让我们看看两种最容易想到的直观的方案。

第一种方案是，只要还有被触发并等待处理的软中断，本次执行就要负责处理，重新触发的软中断也在本次执行返回前被处理。这样做可以保证对内核的软中断采取即时处理的方式，关键在于，对重新触发的软中断也会立即处理。当负载很高的时候这样做就会出问题，此时会有大量被触发的软中断，而它们本身又会重复触发。系统可能会一直处理软中断，根本不能完成其他任务。用户空间的任务被忽略了——实际上，只有软中断和中断处理程序轮流执行，而系统的用户只能等待。只有在系统永远处于低负载的情况下，这种方案才会有理想的运行效果；只要系统有哪怕是中等程度的负载量，这种方案就无法让人满意。用户空间根本不能容忍有明显的停顿出现。

第二种方案选择不处理重新触发的软中断。在从中断返回的时候，内核和平常一样，也会检查所有挂起的软中断并处理它们。但是，任何自行重新触发的软中断都不会马上处理，它们被放到下一个软中断执行时去处理。而这个时机通常也就是下一次中断返回的时候，这等于是说，一定得等一段时间，新的（或者重新触发的）软中断才能被执行。可是，在比较空闲的系统中，立即处理软中断才是比较好的做法。很不幸，这个方案显然又是一个时好时坏的选择。尽管它能保证用户空间不处于饥饿状态，但它却让软中断忍受饥饿的痛苦，而根本没有好好利用闲置的系统资源。

在设计软中断时，开发者就意识到需要一些折中。最终在内核中实现的方案是不会立即处理重新触发的软中断。而作为改进，当大量软中断出现的时候，内核会唤醒一组内核线程来处理这些负载。这些线程在最低的优先级上运行（nice 值是 19），这能避免它们跟其他重要的任务抢夺资源。但它们最终肯定会被执行，所以，这个折中方案能够保证在软中断负担很重的时候，用户程序不会因为得不到处理时间而处于饥饿状态。相应地，也能保证"过量"的软中断终究会得到处理。最后，在空闲系统上，这个方案同样表现良好，软中断处理得非常迅速（因为仅存的内核线程肯定会马上调度）。

每个处理器都有一个这样的线程。所有线程的名字都叫作 ksoftirqd/n，区别在于 n，它对应的是处理器的编号。在一个双 CPU 的机器上就有两个这样的线程，分别叫 ksoftirqd/0 和 ksoftirqd/1。为了保证只要有空闲的处理器，它们就会处理软中断，所以给每个处理器都分配一个这样的线程。一旦该线程被初始化，它就会执行类似下面这样的死循环：

```
for (;;) {
        if (!softirq_pending(cpu))
                schedule();

        set_current_state(TASK_RUNNING);

        while (softirq_pending(cpu)) {
                do_softirq();
                if (need_resched())
                    schedule();
        }

        set_current_state(TASK_INTERRUPTIBLE);
}
```

只要有待处理的软中断（由 softirq_pending() 函数负责发现），ksoftirq 就会调用 do_softirq() 去处理它们。通过重复执行这样的操作，重新触发的软中断也会被执行。如果有必要的话，每次迭代后都会调用 schedule() 以便让更重要的进程得到处理机会。当所有需要执行的操作都完成以后，该内核线程将自己设置为 TASK_INTERRUPTIBLE 状态，唤起调度程序选择其他可执行进程投入运行。

只要 do_softirq() 函数发现已经执行过的内核线程重新触发了它自己，软中断内核线程就会被唤醒。

8.3.3　老的 BH 机制

尽管 BH 机制令人欣慰地退出了历史舞台，在 2.6 版内核中已经难觅踪迹了。可是，它毕竟曾经历经了漫长的时光——从最早版本的内核就开始了。由于其余威尚存，所以仅仅不经意地提起它是不够的，尽管在 2.6 版本中已经不再使用它了，但历史就是历史，应该被了解。

BH 很古老，但它能揭示一些东西。所有 BH 都是静态定义的，最多可以有 32 个。由于处理函数必须在编译时就被定义好，所以实现模块时不能直接使用 BH 接口。不过业已存在的 BH 倒是可以利用。随着时间的推移，这种静态要求和最大为 32 个的数目限制最终妨碍了它们的应用。

每个 BH 处理程序都严格地按顺序执行——不允许任何两个 BH 处理程序同时执行，即使它们的类型不同。这样做倒是使同步变得简单了，可是却不利于多处理器的可扩展性，也不利于大型 SMP 的性能。使用 BH 的驱动程序很难从多个处理器上受益，特别是网络层，可以说为此饱受困扰。

除了这些特点，BH 机制和 tasklet 就很像了。实际上，在 2.4 内核中，BH 就是基于 tasklet 实现的。所有可能的 32 个 BH 都通过在 <linux/interrupt.h> 中定义的常量表示。如果需要将一个 BH 标志为挂起状态，可以把相应的 BH 号传给 mark_bh() 函数。在 2.4 内核中，这将导致随后调度 BH tasklet，具体工作是由函数 bh_action() 完成的。而在 2.4 内核以前，BH 机制独立实现，不依赖任何低级 BH 机制，这和现在的软中断很像。

由于这种形式的下半部机制存在缺点，内核开发者们希望引入任务队列机制来代替它。尽管任务队列得到了不少使用者的认可，但它实际上并没有达成这个目的。在 2.3 版的内核中，引入新的软中断和 tasklet 机制也就结束了对 BH 的使用。BH 机制基于 tasklet 重新实现。不幸的是，因为新接口本身降低了对执行的序列化（serialization）保障，所以从 BH 接口移植到 tasklet 或软中断接口上操作起来非常复杂⊖。在 2.5 版中，这种移植最终在定时器和 SCSI（最后的 BH 使用者）转换到软中断机制后完成了。于是内核开发者们立即除去了 BH 接口。终于解脱了，BH！

8.4　工作队列

工作队列（work queue）是另外一种将工作推后执行的形式，它和我们前面讨论的所有其他形式都不相同。工作队列可以把工作推后，交由一个内核线程去执行——这个下半部分总是会在进程上下文中执行。这样，通过工作队列执行的代码能占尽进程上下文的所有优势。最重要的就是工作队列允许重新调度甚至是睡眠。

通常，在工作队列和软中断 /tasklet 中做出选择非常容易。如果推后执行的任务需要睡眠，那么就选择工作队列。如果推后执行的任务不需要睡眠，那么就选择软中断或 tasklet。实际上，工作队列通常可以用内核线程替换。但是由于内核开发者们非常反对创建新的内核线程（在有些场合，使用这种冒失的方法可能会吃到苦头），所以我们也推荐使用工作队列。当然，这种接口也的确很容易使用。

如果你需要用一个可以重新调度的实体来执行你的下半部处理，你应该使用工作队列。它是

⊖　实际上，接口降低对执行的序列化保障能够提高安全性，但却难于编程。移植一个 BH 到 tasklet，需要仔细地斟酌代码与其他 tasklet 同时执行是否安全。不过，当最终完成这样的移植后，性能上的提高会使这些额外工作物有所值。

唯一能在进程上下文中运行的下半部实现机制，也只有它才可以睡眠。这意味着在你需要获得大量的内存时，在你需要获取信号量时，在你需要执行阻塞式的 I/O 操作时，它都会非常有用。如果你不需要用一个内核线程来推后执行工作，那么就考虑使用 tasklet 吧。

8.4.1 工作队列的实现

工作队列子系统是一个用于创建内核线程的接口，通过它创建的进程负责执行由内核其他部分排到队列里的任务。它创建的这些内核线程称作工作者线程（worker thread）。工作队列可以让你的驱动程序创建一个专门的工作者线程来处理需要推后的工作。不过，工作队列子系统提供了一个缺省的工作者线程来处理这些工作。因此，工作队列最基本的表现形式，就转变成了一个把需要推后执行的任务交给特定的通用线程的这样一种接口。

缺省的工作者线程叫作 events/n，这里 n 是处理器的编号；每个处理器对应一个线程。例如，单处理器的系统只有 events/0 这样一个线程，而双处理器的系统就会多一个 events/1 线程。缺省的工作者线程会从多个地方得到被推后的工作。许多内核驱动程序都把它们的下半部交给缺省的工作者线程去做。除非一个驱动程序或者子系统必须建立一个属于它自己的内核线程，否则最好使用缺省线程。

不过并不存在什么东西能够阻止代码创建属于自己的工作者线程。如果你需要在工作者线程中执行大量的处理操作，这样做或许会带来好处。处理器密集型和性能要求严格的任务会因为拥有自己的工作者线程而获得好处。此时这么做也有助于减轻缺省线程的负担，避免工作队列中其他需要完成的工作处于饥饿状态。

1. 表示线程的数据结构

工作者线程用 workqueue_struct 结构表示：

```
/*
 * 外部可见的工作队列抽象是
 * 由每个 CPU 的工作队列组成的数组
 */
struct workqueue_struct {
        struct cpu_workqueue_struct cpu_wq[NR_CPUS];
        struct list_head list;
        const char *name;
        int sinqlethread;
        int freezeable;
        int rt;
};
```

该结构内是一个由 cpu_workqueue_struct 结构组成的数组，它定义在 kernel/workqueue.c 中，数组的每一项对应系统中的一个处理器。由于系统中每个处理器对应一个工作者线程，所以对于给定的某台计算机来说，就是每个处理器，每个工作者线程对应一个这样的 cpu_workqueue_struct 结构体。cpu_work queue_struct 是 kernel/workqueue.c 中的核心数据结构：

```
struct cpu_workqueue_struct {
        spinlock_t lock;                 /* 锁保护这种结构 */

        struct list_head worklist;        /* 工作列表 */
```

```
        wait_queue_head_t more_work;
        struct work_struct*current_struct;

        struct workqueue_struct *wq;      /* 关联工作队列结构 */
        task_t *thread;                   /* 关联线程 */
};
```

注意，每个工作者线程类型关联一个自己的 workqueue_struct。在该结构体里面，给每个线程分配一个 cpu_workqueue_struct，因而也就是给每个处理器分配一个，因为每个处理器都有一个该类型的工作者线程。

2. 表示工作的数据结构

所有的工作者线程都是用普通的内核线程实现的，它们都要执行 worker_thread() 函数。在它初始化完以后，这个函数执行一个死循环并开始休眠。当有操作被插入到队列里的时候，线程就会被唤醒，以便执行这些操作。当没有剩余的操作时，它又会继续休眠。

工作用 <linux/workqueue.h> 中定义的 work_struct 结构体表示：

```
struct work_struct {
        atomic_long_t data;
        struct list_head entry;
        work_func_t func;
};
```

这些结构体被连接成链表，在每个处理器上的每种类型的队列都对应这样一个链表。比如，每个处理器上用于执行被推后的工作的那个通用线程就有一个这样的链表。当一个工作者线程被唤醒时，它会执行它的链表上的所有工作。工作被执行完毕，它就将相应的 work_struct 对象从链表上移去。当链表上不再有对象的时候，它就会继续休眠。

我们可以看一下 worker_thread() 函数的核心流程，简化如下：

```
for (;;) {
        prepare_to_wait(&cwq->more_work, &wait, TASK_INTERRUPTIBLE);
        if (list_empty(&cwq->worklist))
                schedule();
        finish_wait(&cwq->more_work, &wait);
        run_workqueue(cwq);
}
```

该函数在死循环中完成了以下功能：

1）线程将自己设置为休眠状态（state 被设成 TASK_INTERRUPTIBLE），并把自己加入等待队列中。

2）如果工作链表是空的，线程调用 schedule() 函数进入睡眠状态。

3）如果链表中有对象，线程不会睡眠。相反，它将自己设置成 TASK_RUNNING，脱离等待队列。

4）如果链表非空，调用 run_workqueue() 函数执行被推后的工作。

下一步，由 run_workqueue() 函数来实际完成推后到此的工作：

```
while (!list_empty(&cwq->worklist)) {
        struct work_struct *work;
        work_func_t f;
        void *data;

        work = list_entry(cwq->worklist.next, struct work_struct, entry);
        f = work->func;
        list_del_init(cwq->worklist.next);
        work_clear_pending(work);
        f(work);
}
```

该函数循环遍历链表上每个待处理的工作，执行链表每个节点上的 workqueue_struct ⊖ 中的 func 成员函数：

1）当链表不为空时，选取下一个节点对象。

2）获取我们希望执行的函数 func 及其参数 data。

3）把该节点从链表上解下来，将待处理标志位 pending 清零。

4）调用函数。

5）重复执行。

3. 工作队列实现机制的总结

这些数据结构之间的关系确实让人觉得混乱，难以理清头绪。图 8-1 给出了示意图，把所有这些关系放在一起进行解释。

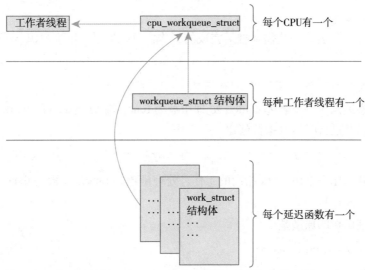

图 8-1　工作 (work)、工作队列和工作者线程之间的关系

位于最高一层的是工作者线程。系统允许有多种类型的工作者线程存在。对于指定的一个类

⊖　应该是 work_struct。——译者注

型，系统的每个 CPU 上都有一个该类的工作者线程。内核中有些部分可以根据需要来创建工作者线程，而在默认情况下内核只有 event 这一种类型的工作者线程。每个工作者线程都由一个 cpu_workequeue_struct 结构体表示。而 workqueue_struct 结构体则表示给定类型的所有工作者线程。

例如，除系统默认的通用 events 工作者类型之外，我自己还加入了一种 falcon 工作者类型。并且使用的是一个拥有四个处理器的计算机。那么，系统中现在有四个 event 类型的线程（因而也就有四个 cpu_workqueue_struct 结构体）和四个 falcon 类型的线程（因而会有另外四个 cpu_workqueue_struct 结构体）。同时，有一个对应 event 类型的 workqueue_struct 和一个对应 falcon 类型的 workqueue_struct。

工作处于最底层，让我们从这里开始。你的驱动程序创建这些需要推后执行的工作[⊖]。它们用 work_struct 结构来表示。这个结构体中最重要的部分是一个指针，它指向一个函数，而正是该函数负责处理需要推后执行的具体任务。工作会被提交给某个具体的工作者线程——在这种情况下，就是特殊的 falcon 线程。然后这个工作者线程会被唤醒并执行这些排好的工作。

大部分驱动程序都使用的是现存的默认工作者线程。它们使用起来简单、方便。可是，在有些要求更严格的情况下，驱动程序需要自己的工作者线程。比如说 XFS 文件系统就为自己创建了两种新的工作者线程。

8.4.2 使用工作队列

工作队列的使用非常简单。我们先来看一下缺省的 events 任务队列，然后再看看创建新的工作者线程。

1. 创建推后的工作

首先要做的是实际创建一些需要推后完成的工作。可以通过 DECLARE_WORK 在编译时静态地建该结构体：

```
DECLARE_WORK(name, void (*func) (void *), void *data);
```

这样就会静态地创建一个名为 name，处理函数为 func，参数为 data 的 work_struct 结构体。同样，也可以在运行时通过指针创建一个工作：

```
INIT_WORK(struct work_struct *work, void(*func) (void *), void *data);
```

这会动态地初始化一个由 work 指向的工作，处理函数为 func，参数为 data。

2. 工作队列处理函数

工作队列处理函数的原型是：

```
void work_handler(void *data)
```

这个函数会由一个工作者线程执行，因此，函数会运行在进程上下文中。默认情况下，允许响应中断，并且不持有任何锁。如果需要，函数可以睡眠。需要注意的是，尽管操作处理函数运行在进程上下文中，但它不能访问用户空间，因为内核线程在用户空间没有相关的内存映射。通

⊖ 这其实可以理解成用"工作"这种接口封装我们实际需要推后的工作，以便后续的工作者线程处理。——译者注

常在发生系统调用时，内核会代表用户空间的进程运行，此时它才能访问用户空间，也只有在此时它才会映射用户空间的内存。

在工作队列和内核其他部分之间使用锁机制就像在其他的进程上下文中使用锁机制一样方便。这使编写处理函数变得相对容易。第 9 章和第 10 章会讨论到锁机制。

3. 对工作进行调度

现在工作已经被创建，我们可以调度它了。想要把给定工作的处理函数提交给缺省的 events 工作线程，只需调用：

```
schedule_work(&work);
```

work 马上就会被调度，一旦其所在的处理器上的工作者线程被唤醒，它就会被执行。

有时候你并不希望工作马上就被执行，而是希望它经过一段延迟以后再执行。在这种情况下，你可以调度它在指定的时间执行：

```
schedule_delayed_work(&work, delay);
```

这时，&work 指向的 work_struct 直到 delay 指定的时钟节拍用完以后才会执行。在第 10 章将介绍这种使用时钟节拍作为时间单位的方法。

4. 刷新操作

排入队列的工作会在工作者线程下一次被唤醒的时候执行。有时，在继续下一步工作之前，你必须保证一些操作已经执行完毕了。这一点对模块来说就很重要，在卸载之前，它就有可能需要调用下面的函数。而在内核的其他部分，为了防止竞争条件的出现，也可能需要确保不再有待处理的工作。

出于以上目的，内核准备了一个用于刷新指定工作队列的函数：

```
void flush_scheduled_work(void);
```

函数会一直等待，直到队列中所有对象都被执行以后才返回。在等待所有待处理的工作执行的时候，该函数会进入休眠状态，所以只能在进程上下文中使用它。

注意，该函数并不取消任何延迟执行的工作。就是说，任何通过 schedule_delayed_work() 调度的工作，如果其延迟时间未结束，它并不会因为调用 flush_scheduled_work() 而被刷新掉。取消延迟执行的工作应该调用：

```
int cancel_delayed_work(struct work_struct *work);
```

这个函数可以取消任何与 work_struct 相关的挂起工作。

5. 创建新的工作队列

如果缺省的队列不能满足你的需要，你应该创建一个新的工作队列和与之相应的工作者线程。由于这么做会在每个处理器上都创建一个工作者线程，所以只有在你明确了必须要靠自己的一套线程来提高性能的情况下，再创建自己的工作队列。

创建一个新的任务队列和与之相关的工作者线程，你只需调用一个简单的函数：

```
struct workqueue_struct *create_workqueue(const char *name);
```

name 参数用于该内核线程的命名。比如，缺省的 events 队列的创建就调用的是：

```
struct workqueue_struct *keventd_wq ;
keventd_wq = create_workqueue("events");
```

这样就会创建所有的工作者线程（系统中的每个处理器都有一个），并且做好所有开始处理工作之前的准备工作。

创建一个工作的时候无须考虑工作队列的类型。在创建之后，可以调用下面列举的函数。这些函数与 schedule_work() 以及 schedule_delayed_work() 相近，唯一的区别就在于它们针对给定的工作队列而不是缺省的 events 队列进行操作。

```
int queue_work(struct workqueue_struct *wq, struct work_struct *work)

int queue_delayed_work(struct workqueue_struct *wq,
                       struct work_struct *work,
                       unsigned long delay)
```

最后，你可以调用下面的函数刷新指定的工作队列：

```
flush_workqueue(struct workqueue_struct *wq);
```

该函数和前面讨论过的 flush_scheduled_work() 作用相同，只是它在返回前等待清空的是给定的队列。

8.4.3　老的任务队列机制

像 BH 接口被软中断和 tasklet 代替一样，由于任务队列接口存在的种种缺陷，它也被工作队列接口取代了。像 tasklet 一样，任务队列接口（内核中常常称作 tq）其实也和进程没有什么相关之处[⊖]。任务队列接口的使用者在 2.5 开发版中分为两部分，其中一部分转向了使用 tasklet，还有另外一部分继续使用任务队列接口。而目前任务队列接口剩余的部分已经演化成了工作队列接口。由于任务队列在内核中曾经使用过一段时间，出于了解历史的目的，我们对它进行一个大体回顾。

任务队列机制通过定义一组队列来实现其功能。每个队列都有自己的名字，比如调度程序队列、立即队列和定时器队列。不同的队列在内核中的不同场合使用。keventd 内核线程负责执行调度程序队列的相关任务。它是整个工作队列接口的先驱。定时器队列会在系统定时器的每个时间节拍时执行，而立即队列能够得到双倍的运行机会，以保证它能"立即"执行。当然，还有其他一些队列。此外，你还可以动态地创建自己的新队列。

这些听起来都挺有用，但任务队列接口实际上是一团乱麻。这些队列基本上都是些随意创建的抽象概念，散落在内核各处，就像飘散在空气中。唯有调度队列有点意义，它能用来把工作推后到进程上下文完成。

任务队列的另一好处就是接口特别简单。如果不考虑这些队列的数量和执行时随心所欲的规

⊖ 下半部的各种命名简直可以算得上是迷惑内核开发新手的撒手锏。老实说，这些名字简直就是噩梦！

则，它的接口确实够简单。但这也就是全部意义所在了——任务队列剩下的东西乏善可陈。

许多任务队列接口的使用者都已经转向使用其他的下半部实现机制了，大部分选择了 tasklet，只有调度程序队列的使用者在苦苦支撑。最终，keventd 代码演化成了我们今天使用的工作队列机制，而任务队列最终退出了历史舞台。

8.5　下半部机制的选择

在各种不同的下半部实现机制之间做出选择是很重要的。在当前的 2.6 版内核中，有三种可能的选择：软中断、tasklet 和工作队列。tasklet 基于软中断实现，所以两者很相近。工作队列机制与它们完全不同，它靠内核线程实现。

从设计的角度考虑，软中断提供的执行序列化的保障最少。这就要求软中断处理函数必须格外小心地采取一些步骤确保共享数据的安全，两个甚至更多相同类别的软中断有可能在不同的处理器上同时执行。如果被考察的代码本身多线索化的工作就做得非常好，比如网络子系统，它完全使用单处理器变量，那么软中断就是非常好的选择。对于时间要求严格和执行频率很高的应用来说，它执行得也最快。

如果代码多线索化考虑得并不充分，那么选择 tasklet 意义更大。它的接口非常简单，而且，由于两个同种类型的 tasklet 不能同时执行，所以实现起来也会简单一些。tasklet 是有效的软中断，但不能并发运行。驱动程序开发者应当尽可能选择 tasklet 而不是软中断，当然，如果准备利用每一处理器上的变量或者类似的情形，以确保软中断能安全地在多个处理器上并发地运行，那么还是选择软中断。

如果你需要把任务推后到进程上下文中完成，那么在这三者中就只能选择工作队列了。如果进程上下文并不是必须的条件（明确点说，就是如果并不需要睡眠），那么软中断和 tasklet 可能更合适。工作队列造成的开销最大，因为它要牵扯到内核线程甚至是上下文切换。这并不是说工作队列的效率低，如果每秒钟有几千次中断，就像网络子系统时常经历的那样，那么采用其他的机制可能更合适一些。尽管如此，针对大部分情况，工作队列都能提供足够的支持。

如果讲到易于使用，工作队列就当仁不让了。使用缺省的 events 队列简直不费吹灰之力。接下来是 tasklet，它的接口也很简单。最后才是软中断，它必须静态创建，并且需要慎重考虑其实现。

表 8-3 是对三种下半部接口的比较。

表 8-3　对下半部的比较

下半部	上下文	顺序执行保障
软中断	中断	没有
tasklet	中断	同类型不能同时执行
工作队列	进程	没有（和进程上下文一样被调度）

简单地说，一般的驱动程序的编写者需要做两个选择。首先，你是不是需要一个可调度的实体来执行需要推后完成的工作——从根本上来说，你有休眠的需要吗？要是有，工作队列就是你的唯一选择。否则最好用 tasklet。要是必须专注于性能的提高，那么就考虑软中断吧。

8.6   在下半部之间加锁

到现在为止，我们还没讨论过锁机制，这是一个非常有趣且广泛的话题，我将在第 9 章和第 10 章里仔细讨论它。不过，在这里还是应该对它的重要性有所了解：在使用下半部机制时，即使是在一个单处理器的系统上，避免共享数据被同时访问也是至关重要的。记住，一个下半部实际上可能在任何时候执行。如果你对锁机制一无所知的话，你也可以在读完第 9 章和第 10 章以后再回过头来看这部分。

使用 tasklet 的一个好处在于，它自己负责执行的序列化保障：两个相同类型的 tasklet 不允许同时执行，即使在不同的处理器上也不行。这意味着你无须为 intra-tasklet [⊖]的同步问题操心了。tasklet 之间的同步（就是当两个不同类型的 tasklet 共享同一数据时）需要正确使用锁机制。

如果进程上下文和一个下半部共享数据，在访问这些数据之前，你需要禁止下半部的处理并得到锁的使用权。做这些是为了本地和 SMP 的保护并且防止死锁的出现。

如果中断上下文和一个下半部共享数据，在访问数据之前，你需要禁止中断并得到锁的使用权。所做的这些也是为了本地和 SMP 的保护并且防止死锁的出现。

任何在工作队列中被共享的数据也需要使用锁机制。其中有关锁的要点和在一般内核代码中没什么区别，因为工作队列本来就是在进程上下文中执行的。

在第 9 章里，我们会揭示锁的奥妙。而在第 10 章中，我们将讲述内核的加锁原语。这两章会描述如何保护下半部使用的数据。

8.7   禁止下半部

一般单纯禁止下半部的处理是不够的。为了保证共享数据的安全，更常见的做法是，先得到一个锁然后再禁止下半部的处理。驱动程序中通常使用的都是这种方法，在第 10 章会详细介绍。然而，如果你编写的是内核的核心代码，你也可能仅需要禁止下半部就可以了。

如果需要禁止所有的下半部处理（明确点说，就是所有的软中断和所有的 tasklet），可以调用 local_bh_diasble() 函数。允许下半部进行处理，可以调用 local_bh_enable() 函数。没错，这些函数的命名也有问题；可是既然 BH 接口早就让位给软中断了，那么谁又会去改这些名称呢？表 8-4 是这些函数的一份摘要。

表 8-4   下半部机制控制函数的清单

函　　　数	描　　　述
void local_bh_disable()	禁止本地处理器的软中断和 tasklet 的处理
void local_bh_enable()	激活本地处理器的软中断和 tasklet 的处理

这些函数有可能被嵌套使用——最后被调用的 local_bh_enable() 最终激活下半部。比如，第一次调用 local_bh_disable()，则本地软中断处理被禁止；如果 local_bh_disable() 被调用三次，则

⊖   这个词语是我造的。——译者注

本地处理仍然被禁止；只有当第四次调用 local_bh_enable() 时，软中断处理才被重新激活。

　　函数通过 preempt_count（很有意思，还是这个计数器，内核抢占的时候用的也是它）为每个进程维护一个计数器⊖。当计数器变为 0 时，下半部才能够被处理。因为下半部的处理已经被禁止，所以 local_bh_enable() 还需要检查所有现存的待处理的下半部并执行它们。

　　这些函数与硬件体系结构相关，它们位于 <asm/softirq.h> 中，通常由一些复杂的宏实现。下面是为那些好奇的人准备了 C 语言的近似描述：

```
/*
 * 通过增加 preempt_count 禁止本地下半部
 */
void local_bh_disable(void)
{
        struct thread_info *t = current_thread_info();
        t->preempt_count += SOFTIRQ_OFFSET;
}
/*
 * 减少 proompt_count 如果该返回值为 0，将导致自动激活下半部
 *
 * 执行挂起的下半部
 */
void local_bh_enable(void)
{
    struct thread_info *t = current_thread_info();
    t->preempt_count -= SOFTIRQ_OFFSET;
    /*
     * preempt_count 是否为 0，另外是否有挂起的下半部 ，如果都满足，则执行待执
     * 行的下半部
     */
    if (unlikely(!t->preempt_count && softirq_pending(smp_processor_id())))
        do_softirq();
}
```

　　这些函数并不能禁止工作队列的执行。因为工作队列是在进程上下文中运行的，不会涉及异步执行的问题，所以也就没有必要禁止它们执行。由于软中断和 tasklet 是异步发生的（就是说，在中断处理返回的时候），所以，内核代码必须禁止它们。另一方面，对于工作队列来说，它保护共享数据所做的工作和其他任何进程上下文中所做的都差不多。第 9 章和第 10 章将揭示其中的细节。

8.8　小结

　　在本章中，我们涵盖了用于延迟 Linux 内核工作的三种机制：软中断、tasklet 和工作队列。我们考察了其设计和实现，讨论了如何把这些机制应用到代码中，也调侃了易于混淆的命名。为了完整起见，我们也考察了曾经的下半部机制：BH 和任务队列——这些用在以前的 Linux 内核版本中。

⊖　实际上，中断和下半部子系统都用到了这个计数器。其实，在 Linux 中，每个任务都有的单个计数器代表了任务的原子性。在类似调试 sleeping-while-atomic 之类的错误时，这种做法已被证明是非常有效的。

因为下半部中相当程度地用到了同步和并发，所以本章谈了很多相关的话题。我们甚至围绕本章还讨论了禁止下半部的问题，这是由并发保护引起的，这一话题到此只是刚刚引入。第 9 章将从理论上讨论内核同步和并发，为理解这一问题的本质打下基础。第 10 章将讨论我们心爱的内核为解决这一问题所提供的具体接口。以这两章为基石，你的梦想就得以实现。

内核同步介绍

在使用共享内存的应用程序中，程序员必须特别留意保护共享资源，防止共享资源并发访问。内核也不例外。共享资源之所以要防止并发访问，是因为如果多个执行线程⊖同时访问和操作数据，就有可能发生各线程之间相互覆盖共享数据的情况，造成被访问数据处于不一致状态。并发访问共享数据是造成系统不稳定的一类隐患，而且这种错误一般难以跟踪和调试——所以首先应该认识到这个问题的重要性。

要做到对共享资源的恰当保护往往很困难。多年之前，在 Linux 还未支持对称多处理器的时候，避免并发访问数据的方法相对来说比较简单。在单一处理器的时候，只有在中断发生的时候，或在内核代码明确地请求重新调度、执行另一个任务的时候，数据才可能被并发访问。因此早期内核开发工作相比如今要简单许多！

但当年的太平日子一去不复返了，从 2.0 版开始，内核就开始支持对称多处理器了，而且从那以后对它的支持不断地加强和完善。支持多处理器意味着内核代码可以同时运行在两个或更多的处理器上。因此，如果不加保护，运行在两个不同处理器上的内核代码完全可能在同一时刻里并发访问共享数据。随着 2.6 版内核的出现，Linux 内核已发展成抢占式内核，这意味着（当然，还是指不加保护的情况下）调度程序可以在任何时刻抢占正在运行的内核代码，重新调度其他的进程执行。现在，内核代码中有不少部分都能够同步执行，而它们都必须妥善地保护起来。

本章我们先提纲挈领式地讨论操作系统内核中的并发和同步问题，第 10 章我们将详细介绍 Linux 内核为解决同步问题和防止产生竞争条件而提供的机制及接口。

9.1 临界区和竞争条件

所谓临界区（也称为临界段）就是访问和操作共享数据的代码段。多个执行线程并发访问同一个资源通常是不安全的，为了避免在临界区中并发访问，编程者（也就是你）必须保证这些代码原子地执行——也就是说，操作在执行结束前不可被打断，就如同整个临界区是一个不可分割的指令一样。如果两个执行线程有可能处于同一个临界区中同时执行，那么这就是程序包含的一个 bug。如果这种情况确实发生了，我们就称它是竞争条件（race conditions），这样命名是因为这里会存在线程竞争。这种情况出现的机会往往非常小——就是因为竞争引起的错误非常不易重现，所以调试这种错误才会非常困难。避免并发和防止竞争条件称为同步（synchronization）。

⊖ 术语执行线程（thread execution）指任何正在执行的代码实例，比如，一个在内核执行的进程、一个中断处理程序或一个内核线程。在本章中将执行线程简称为线程，记住，这个术语指代的是任何正在执行的代码。

9.1.1 为什么我们需要保护

为了认清同步的必要性，我们首先要明白临界区无处不在。作为第一个例子，让我们考察一个现实世界的情况：ATM（自动柜员机，或叫自动提款机）。

自动提款机所进行的主要操作就是从个人银行账户取钱。某人走到机器前，插入 ATM 卡，输入密码作为验证，选择取款，输入金额，敲确认，取出钱，然后发信息通知本人。

当用户要求取某一特定的金额后，提款机需要确保在其账户上的确有那么多钱。如果有，取款机就要从现有的总额中扣除取款额。实现这一描述的代码如下：

```
int total = get_total_from_account();      /* 账户上的总额 */
int withdrawal = get_withdrawal_amount();  /* 用户要求的取款额 */

/* 检查用户账户上是否有足够的金额 */
if (total < withdrawal) {
        error("You do not have that much money!")
        return -1;
}

/* 好啦，用户有足够的金额，从总额中扣除取款额 */
total -= withdrawal;
update_total_funds(total);

/* 把钱给用户 */
spit_out_money(withdrawal);
```

现在让我们假定在用户账户上的另一个扣款操作同时发生。看看扣款是如何同时发生的：假定用户的配偶在另一台 ATM 上开始另外的取款；而这和上述扣款同时进行——或者以电子形式从账户转出资金，或者是银行从账户上扣除某一费用（因为现在的银行总是这么干），或者是其他任何形式的扣款。

正在取款的两个系统都会执行我们刚刚看到的类似的代码：首先检查扣款是否可能，然后计算新的总额，最后进行实际的扣款。现在让我们虚拟一些数字。假定第一次从 ATM 扣款额是 $100，第二次扣除银行申请费 $10——因为客户走入了银行。假定客户在银行总共有 $105。显然，如果账户不出现赤字，这两个操作中有一个就无法完成。

你可能希望发生的顺序是这样的：收费事务先发生。$10 小于 $105，因此，从 105 中减去 10 得到新的总额 95，这 $10 就装在银行的口袋里。之后，ATM 取款发生，但未取到，因为 $95 小于 $100。

在竞争的环境下，实际生活可能更有趣。假定两个事务几乎同时开始。两个事务都验证是否有足够的金额存在：$105 既大于 $100，也大于 $10，所以，两个条件都满足。于是，取款过程从 $105 减去 $100，剩余 $5。收费事务也如法炮制，从 $105 减去 $10，剩余 $95。此刻，收费事务也更新新的总额，结果得到 $95。这可是余额呀！

显而易见，金融机构必须确保类似情况决不发生。他们必须在某些操作期间对账户加锁，确保每个事务相对其他任何事务的操作是原子性的。这样的事务必须完整地发生，要么干脆不发生，但是决不能打断。

9.1.2 单个变量

现在，让我们看一个特殊计算的例子。考虑一个非常简单的共享资源：一个全局整型变量和一个简单的临界区，其中的操作仅仅是将整型变量的值增加1。

```
i++;
```

该操作可以转化成类似于下面动作的机器指令序列：

```
得到当前变量 i 的值并且拷贝到一个寄存器中
将寄存器中的值加 1
把 i 的新值写回到内存中
```

现在假定有两个执行线程同时进入这个临界区，如果 i 的初始值是 7，那么，我们所期望的结果应该像下面这样（每一行代表一个时间单元）：

```
线程 1              线程 2
获得 i(7)
增加 i(7->8)        —
写回 i(8)           —
—                  获得 i(8)
—                  增加 i(8->9)
—                  写回 i(9)
```

正如所期望的，7 被两个线程分别加1变为9。但是，实际的执行序列却可能如下：

```
线程 1              线程 2
获得 i(7)           获得 i(7)
增加 i(7->8)        —
—                  增加 i(7->8)
写回 i(8)           —
—                  写回 i(8)
```

如果两个执行线程都在变量 i 值增加前读取它的初值，进而又分别增加变量 i 的值，最后再保存该值，那么变量 i 的值就变成了8，而变量 i 的值本该是9的。这是最简单的临界区例子，幸好对于这种简单竞争条件的解决方法也同样简单——我们仅仅需要将这些指令作为一个不可分割的整体来执行就万事大吉了。多数处理器都提供了指令来原子地读变量、增加变量，然后再写回变量，使用这样的指令就能解决一些问题。使用这个原子指令唯一可能的结果是：

```
线程 1              线程 2
增加 i(7->8)        —
—                  增加 i(8->9)
```

或者是相反：

```
线程 1              线程 2
—                  增加 i(7->8)
增加 i(8->9)        —
```

两个原子操作交错执行根本就不可能发生，因为处理器会从物理上确保这种不可能。使用这样的指令会缓解这种问题，内核也提供了一组实现这些原子操作的接口，我们将在第10章讨论它们。

9.2 加锁

现在我们来讨论一个更为复杂的竞争条件，相应的解决方法也更为复杂。假设需要处理一个队列上的所有请求。我们假定该队列是通过链表得以实现，链表中的每个结点就代表一个请求。有两个函数可以用来操作此队列：一个函数将新请求添加到队列尾部，另一个函数从队列头删除请求，然后处理它。内核各个部分都会调用这两个函数，所以内核会不断地在队列中加入请求，从队列中删除和处理请求。对请求队列的操作无疑要用到多条指令。如果一个线程试图读取队列，而这时正好另一个线程正在处理该队列，那么读取线程就会发现队列此刻正处于不一致状态。很明显，如果允许并发访问队列，就会产生危害。当共享资源是一个复杂的数据结构时，竞争条件往往会使该数据结构遭到破坏。

表面上看，这种情况好像没有一个好的方法来解决，一个处理器读取队列的时候，我们怎么能禁止另一个处理器更新队列呢？虽然有些体系结构提供了简单的原子指令，实现算术运算和比较之类的原子操作，但让体系结构提供专门的指令，对像上例中那样的不定长度的临界区进行保护，就强人所难了。我们需要一种方法确保一次有且只有一个线程对数据结构进行操作，或者当另一个线程在对临界区标记时，就禁止（或者说锁定）其他访问。

锁提供的就是这种机制：它就如同一把门锁，门后的房间可想象成一个临界区。在一个指定时间内，房间里只能有一个执行线程存在，当一个线程进入房间后，它会锁住身后的房门；当它结束对共享数据的操作后，就会走出房间，打开门锁。如果另一个线程在房门上锁时来了，那么它就必须等待房间内的线程出来并打开门锁后，才能进入房间。这样，线程持有锁，而锁保护了数据。

前面例子中讲到的请求队列，可以使用一个单独的锁进行保护。每当有一个新请求要加入队列，线程会首先占住锁，然后就可以安全地将请求加入到队列中，结束操作后再释放该锁；同样当一个线程想从请求队列中删除一个请求时，也需要先占住锁，然后才能从队列中读取和删除请求，而且在完成操作后也必须释放锁。任何要访问队列的其他线程也类似，必须占住锁后才能进行操作。因为在一个时刻只能有一个线程持有锁，所以在一个时刻只有一个线程可以操作队列。如果一个线程正在更新队列时，另一个线程出现了，则第二个线程必须等待第一个线程释放锁，它才能继续进行。由此可见锁机制可以防止并发执行，并且保护队列不受竞争条件的影响。

任何要访问队列的代码首先都需要占住相应的锁，这样该锁就能阻止来自其他执行线程的并发访问：

线程 1	线程 2
试图锁定队列	试图锁定队列
成功：获得锁	失败：等待…
访问队列…	等待…
为队列解除锁	等待…
…	成功：获得锁
	访问队列…
	为队列解除锁

请注意锁的使用是自愿的、非强制的，它完全属于一种编程者自选的编程手段。没有什么可以强制编程者在操作我们虚构的队列时必须使用锁。当然，如果不这么做，无疑会造成竞争条件

而破坏队列。

　　锁有多种多样的形式，而且加锁的粒度范围也各不相同——Linux自身实现了几种不同的锁机制。各种锁机制之间的区别主要在于：当锁已经被其他线程持有，因而不可用时的行为表现——一些锁被争用时会简单地执行忙等待⊖，而另外一些锁会使当前任务睡眠直到锁可用为止。第10章我们将讨论Linux中不同锁之间的行为差别及它们的接口。

　　机灵的读者此时会尖叫起来，锁根本解决不了什么问题，它只不过是把临界区缩小到加锁和开锁之间（也许更小）的代码，但是仍然有潜在的竞争！所幸，锁是采用原子操作实现的，而原子操作不存在竞争。单一指令可以验证它的关键部分是否抓住，如果没有的话，就抓住它。其实现是与具体的体系结构密切相关的，但是，几乎所有的处理器都实现了测试和设置指令，这一指令测试整数的值，如果其值为0，就设置一新值。0意味着开锁。在流行的x86体系结构中，锁的实现也不例外，它使用了称为compare和exchange的类似指令。

9.2.1　造成并发执行的原因

　　用户空间之所以需要同步，是因为用户程序会被调度程序抢占和重新调度。由于用户进程可能在任何时刻被抢占，而调度程序完全可能选择另一个高优先级的进程到处理器上执行，所以就会使得一个程序正处于临界区时，被非自愿地抢占了。如果新调度的进程随后也进入同一个临界区（比如说，这两个进程要操作共享的内存，或者向同一个文件描述符中写入），前后两个进程相互之间就会产生竞争。另外，因为信号处理是异步发生的，所以，即使是单线程的多个进程共享文件，或者在一个程序内部处理信号，也有可能产生竞争条件。这种类型的并发操作——这里其实两者并不真是同时发生的，但它们相互交叉进行，所以也可称作伪并发执行。

　　如果你有一台支持对称多处理器的机器，那么两个进程就可以真正地在临界区中同时执行了，这种类型称为真并发。虽然真并发和伪并发的原因和含义不同，但它们都同样会造成竞争条件，而且也需要同样的保护。

　　内核中有类似可能造成并发执行的原因。它们是：

- 中断——中断几乎可以在任何时刻异步发生，也就可能随时打断当前正在执行的代码。
- 软中断和tasklet——内核能在任何时刻唤醒或调度软中断和tasklet，打断当前正在执行的代码。
- 内核抢占——因为内核具有抢占性，所以内核中的任务可能会被另一任务抢占。
- 睡眠及与用户空间的同步——在内核执行的进程可能会睡眠，这就会唤醒调度程序，从而导致调度一个新的用户进程执行。
- 对称多处理——两个或多个处理器可以同时执行代码。

　　对内核开发者来说，必须理解上述这些并发执行的原因，并且为它们事先做足准备工作。如果在一段内核代码操作某资源的时候系统产生了一个中断，而且该中断的处理程序还要访问这一资源，这就是一个bug；类似地，如果一段内核代码在访问一个共享资源期间可以被抢占，这也是一个bug；还有，如果内核代码在临界区里睡眠，那简直就是鼓掌欢迎竞争条件的到来。最后

　　⊖　也就是说，反复处于一个循环中，不断检测锁状态，等待锁变为可用。

还要注意，两个处理器绝对不能同时访问同一共享数据。当我们清楚什么样的数据需要保护时，提供锁来保护系统稳定也就不难做到了。然而，真正困难的就是发现上述的潜在并发执行的可能，并有意识地采取某些措施来防止并发执行。

我们要重申这点，因为它实在是很重要。其实，真正用锁来保护共享资源并不困难，尤其是在设计代码的早期就这么做了，事情就更简单了。辨认出真正需要共享的数据和相应的临界区，才是真正有挑战性的地方。要记住，最开始设计代码的时候就要考虑加入锁，而不是事后才想到。如果代码已经写好了，再在其中找到需要上锁的部分并向其中追加锁，是非常困难的，结果也往往不尽如人意。所以，避免这种亡羊补牢的做法是：在编写代码的开始阶段就要设计恰当的锁。

在中断处理程序中能避免并发访问的安全代码称作中断安全代码（interrupt-saft），在对称多处理的机器中能避免并发访问的安全代码称为 SMP 安全代码（SMP-safe），在内核抢占时能避免并发访问的安全代码称为抢占安全代码⊖（preempt-safe）。在第 10 章会重点讲述为了提供同步和避免所有上述竞争条件，内核所使用的实际方法。

9.2.2 了解要保护些什么

找出哪些数据需要保护是关键所在。由于任何可能被并发访问的代码都几乎无例外地需要保护，所以寻找哪些代码不需要保护反而相对更容易些，我们也就从这里入手。执行线程的局部数据仅仅被它本身访问，显然不需要保护，比如，局部自动变量（还有动态分配的数据结构，其地址仅存放在堆栈中）不需要任何形式的锁，因为它们独立存在于执行线程的栈中。类似的，如果数据只会被特定的进程访问，那么也不需要加锁（因为进程一次只在一个处理器上执行）。

到底什么数据需要加锁呢？大多数内核数据结构都需要加锁！有一条很好的经验可以帮助我们判断：如果有其他执行线程可以访问这些数据，那么就给这些数据加上某种形式的锁；如果任何其他什么东西都能看到它，那么就要锁住它。记住：要给数据而不是给代码加锁。

配置选项：SMP 与 UP

因为 Linux 内核可在编译时配置，所以你可以针对指定机器进行内核裁剪。更重要的是，CONFIG_SMP 配置选项控制内核是否支持 SMP。许多加锁问题在单处理器上是不存在的，因而当 CONFIG_SMP 没被设置时，不必要的代码就不会被编入针对单处理器的内核映像中。这样做可以使单处理器机器避免使用自旋锁带来的开销。同样的技巧也适用于 CONFIG_PREEMPT（允许内核抢占的配置选项）。这种设计真的很优越——内核只用维护一些简洁的基础资源，各种各样的锁机制当需要时可随时被编译进内核使用。在不同的体系结构上，CONFIG_SMP 和 CONFIG_PREEMPT 设置不同，实际编译时包含的锁就不同。

在代码中，要为大多数糟糕的情况提供适当的保护，例如具有内核抢占的 SMP，并且要考虑到所有的情况。

⊖ 你将看到，除了一些意外情况外，SMP 安全其实也意味着抢占安全。

在编写内核代码时，你要问自己下面这些问题：

- 这个数据是不是全局的？除了当前线程外，其他线程能不能访问它？
- 这个数据会不会在进程上下文和中断上下文中共享？它是不是要在两个不同的中断处理程序中共享？
- 进程在访问数据时可不可能被抢占？被调度的新程序会不会访问同一数据？
- 当前进程是不是会睡眠（阻塞）在某些资源上，如果是，它会让共享数据处于何种状态？
- 怎样防止数据失控？
- 如果这个函数又在另一个处理器上被调度将会发生什么呢？
- 如何确保代码远离并发威胁呢？

简而言之，几乎访问所有的内核全局变量和共享数据都需要某种形式的同步方法，具体加锁方法将在第 10 章进行讨论。

9.3 死锁

死锁的产生需要一定条件：要有一个或多个执行线程和一个或多个资源，每个线程都在等待其中的一个资源，但所有的资源都已经被占用了。所有线程都在相互等待，但它们永远不会释放已经占有的资源。于是任何线程都无法继续，这便意味着死锁的发生。

一个很好的死锁例子是四路交通堵塞问题。如果每一个停止的车都决心等待其他的车开动后自己再启动，那么就没有任何一辆车能启动，于是就造成了交通死锁的发生。

最简单的死锁例子是自死锁[⊖]：如果一个执行线程试图去获得一个自己已经持有的锁，它将不得不等待锁被释放，但因为它正在忙着等待这个锁，所以自己永远也不会有机会释放锁，最终结果就是死锁：

```
获得锁
再次试图获得锁
等待锁重新可用
……
```

同样道理，考虑有 n 个线程和 n 个锁，如果每个线程都持有一把其他进程需要得到的锁，那么所有的线程都将阻塞地等待它们希望得到的锁重新可用。最常见的例子是有两个线程和两把锁，它们通常被叫做 ABBA 死锁。

```
线程 1                    线程 2
获得锁 A                   获得锁 B
试图获得锁 B                试图获得锁 A
等待锁 B                    等待锁 A
```

每个线程都在等待其他线程持有的锁，但是绝没有一个线程会释放它们一开始就持有的锁，所以没有任何锁会在释放后被其他线程使用。

⊖ 有些内核提供递归锁来防止自死锁现象，递归锁可以被一个执行线程多次请求。幸好 Linux 没有提供这样的递归锁。不用递归锁通常被认为是一件好事，虽然递归锁缓和了自死锁问题，但它们很容易使加锁逻辑变得杂乱无章。

预防死锁的发生非常重要，虽然很难证明代码不会发生死锁，但是可以写出避免死锁的代码，一些简单的规则对避免死锁大有帮助：

- 按顺序加锁。使用嵌套的锁时必须保证以相同的顺序获取锁，这样可以阻止致命拥抱类型的死锁。最好能记录下锁的顺序，以便其他人也能照此顺序使用。
- 防止发生饥饿。试问，这个代码的执行是否一定会结束？如果"张"不发生？"王"要一直等待下去吗？
- 不要重复请求同一个锁。
- 设计应力求简单——越复杂的加锁方案越有可能造成死锁。

最值得强调的是第一点，它最为重要。如果有两个或多个锁曾在同一时间里被请求，那么以后其他函数请求它们也必须按照前次的加锁顺序进行。假设有 cat、dog 和 fox 这几个锁来保护某同名的多个数据结构，同时假设有一个函数对这三个锁保护的数据结构进行操作——可能在它们之间进行拷贝。不管哪种情况，这些数据结构都需要保护才能被安全访问。如果有一个函数以 cat、dog，然后是 fox 的顺序获得了锁，那么其他任何函数都必须以同样的顺序来获得这些锁（或是它们的子集）。如果其他函数首先获得锁 fox，然后获得锁 dog（因为锁 dog 总是应该先于锁 fox 被获得），就有发生死锁的可能（所以是个 bug）。为更直观地说明，下面给出一个造成死锁的例子：

线程 1	线程 2
获得锁 cat	获得锁 fox
获得锁 dog	试图获得锁 dog
试图获得锁 fox	等待锁 dog
等待锁 fox	……

线程 1 在等待锁 fox，而该锁此刻被线程 2 持有；同样线程 2 正在等待锁 dog，而该锁此刻又被线程 1 持有。任何一方都不会放弃自己已持有的锁，于是双方都会永远地等待下去——也就是死锁。但是，只要线程都按照相同的顺序去获取这些锁，就可以避免上述的死锁情况。

只要嵌套地使用多个锁，就必须按照相同的顺序去获取它们。在代码中使用锁的地方，对锁的获取顺序加上注释是个良好的习惯。下面的例子就做得很不错：

```
/*
 * cat_lock——用于保护访问 cat 数据结构的锁，总是要在获得锁 dog 前先获得
 */
```

尽管释放锁的顺序和死锁是无关的，但最好还是以获得锁的相反顺序来释放锁。

防止死锁很重要，所以 Linux 内核提供了一些简单易用的调试工具，可以在运行时检测死锁，我们将在第 10 章讨论它们。

9.4 争用和扩展性

锁的争用（lock contention），或简称争用，是指当锁正在被占用时，有其他线程试图获得该锁。说一个锁处于高度争用状态，就是指有多个其他线程在等待获得该锁。由于锁的作用是使程序以串行方式对资源进行访问，所以使用锁无疑会降低系统的性能。被高度争用（频繁被持有，

或者长时间持有——两者都有就更糟糕）的锁会成为系统的瓶颈，严重降低系统性能。即使是这样，相比于被几个相互抢夺共享资源的线程撕成碎片，搞得内核崩溃，还是这种同步保护来得更好一点。当然，如果有办法能解决高度争用问题，就更好不过了。

扩展性（scalability）是对系统可扩展程度的一个量度。对于操作系统，我们在谈及可扩展性时就会和大量进程、大量处理器或是大量内存等联系起来。其实任何可以被计量的计算机组件都可以涉及可扩展性。理想情况下，处理器的数量加倍应该会使系统处理性能翻倍。而实际上，这是不可能达到的。

自从 2.0 版内核引入多处理支持后，Linux 对集群处理器的可扩展性大大提高了。在 Linux 刚加入对多处理器支持的时候，一个时刻只能有一个任务在内核中执行；在 2.2 版本中，当加锁机制发展到细粒度（fine-grained）加锁后，便取消了这种限制，而在 2.4 和后续版本中，内核加锁的粒度变得越来越精细。如今，在 Linux 2.6 版内核中，内核加的锁是非常细的粒度，可扩展性也很好。

加锁粒度用来描述加锁保护的数据规模。一个过粗的锁保护人块数据——比如，一个子系统用到的所有的数据结构；相反，一个过于精细的锁保护很小的一块数据——比如，一个大数据结构中的一个元素。在实际使用中，绝大多数锁的加锁范围都处于上述两种极端之间，保护的既不是一个完整的子系统也不是一个独立元素，而可能是一个单独的数据结构。许多锁的设计在开始阶段都很粗，但是当锁的争用问题变得严重时，设计就向更加精细的加锁方向进化。

在第 4 章中讨论过的运行队列，就是一个锁从粗到精细化的实例。在 2.4 版和更早的内核中，调度程序有一个单独的调度队列（回忆一下，调度队列是一个由可调度进程组成的链表），在 2.6 版内核系列的早期版本中，O(1) 调度程序为每个处理器单独配备一个运行队列，每个队列拥有自己的锁，于是加锁由一个全局锁精化到了每个处理器拥有各自的锁。这是一种重要的优化，因为运行队列锁在大型机器上被争着用，本质上就是要在调度程序中每次都把整个调度进程下放到单个处理器上执行。在 2.6 版内核系列的新近版本中，CFS 调度器进一步提升了锁的可扩展性。

一般来说，提高可扩展性是件好事，因为它可以提高 Linux 在更大型的、处理能力更强大的系统上的性能。但是一味地"提高"可扩展性，却会导致 Linux 在小型 SMP 和 UP 机器上的性能降低，这是因为小型机器可能用不到特别精细的锁，锁得过细只会增加复杂度，并加大开销。考虑一个链表，最初的加锁方案可能就是用一个锁来保护链表，后来发现，在拥有集群处理器机器上，当各个处理器需要频繁访问该链表的时候，只用单独一个锁却成了扩展性的瓶颈。为解决这个瓶颈，我们将原来加锁的整个链表变成为链表中的每一个结点都加入自己的锁，这样一来，如果要对结点进行读写，必须先得到这个结点对应的锁。将加锁粒度变细后，多处理器访问同一个结点时，只会争用一个锁。可是这时锁的争用仍然没有完全避免，那么，能不能为每个结点中的每个元素都提供一个锁呢？（答案是：不能。）严格地讲，即使这么细的锁可以在大规模 SMP 机器上执行得很好，但它在双处理器机器上的表现又会怎样呢？如果在双处理器机器锁争用表现得并不明显，那么多余的锁会加大系统开销，造成很大的浪费。

不管怎么说，可扩展性都是很重要的，需要慎重考虑。关键在于，在设计锁的开始阶段就应该考虑到要保证良好的扩展性。因为即使在小型机器上，如果对重要资源锁得太粗，也很容易造成系统性能瓶颈。锁加得过粗或过细，差别往往只在一线之间。当锁争用严重时，加锁太粗会降低可扩展性；而锁争用不明显时，加锁过细会加大系统开销，带来浪费，这两种情况都会造成系统性能下降。但要记住：设计初期加锁方案应该力求简单，仅当需要时再进一步细化加锁方案。精髓在于力求简单。

9.5 小结

要编写 SMP 安全代码，不能等到编码完成后才考虑如何加锁。恰当的同步（也就是加锁）（既要满足不死锁、可扩展，而且还要清晰、简洁）需要从头到尾，在整个编码过程中不断考虑与完善。无论你在编写哪种内核代码，是新的系统调用也好，还是重写驱动程序也好，首先应该考虑的就是保护数据不被并发访问，记住，加锁你的代码。

第 10 章将讨论如何为 SMP、内核抢占和其他各种情况提供充分的同步保护，确保数据在任何机器和配置中的安全。

了解了同步、并发和加锁的基本原理之后，让我们现在潜心钻研 Linux 内核提供的实际工具，以确保你的代码有竞争力但免于死锁。

内核同步方法

第 9 章讨论了竞争条件为何会产生以及怎么去解决。幸运的是，Linux 内核提供了一组相当完备的同步方法，这些方法使得内核开发者们能编写出高效而又自由竞争的代码。本章讨论的就是这些方法，包括它们的接口、行为和用途。

10.1　原子操作

我们首先介绍同步方法中的原子操作，因为它是其他同步方法的基石。原子操作可以保证指令以原子的方式执行——执行过程不被打断。众所周知，原子原本指的是不可分割的微粒，所以原子操作也就是不能够被分割的指令。例如，第 9 章曾提到过的原子方式的加操作，它通过把读取和增加变量的行为包含在一个单步中执行，从而防止了竞争的发生保证了操作结果总是一致的。一起来回忆一下这个整数递加过程中遇到的竞争吧：

线程 1	线程 2
获得 i(T)	获得 i(7)
增加 i(7->8)	
—	增加 i(8->9)
写回 i(8)	
	写回 i(8)

使用原子操作，上述的竞争不会发生——事实上不可能发生。从而，计算过程无疑会是下述之一：

线程 1	线程 2
获得、增加和存储 i (7 -> 8)	—
	获得、增加和存储 i (8 -> 9)

或者是

线程 1	线程 2
	获得、增加和存储 i (7 -> 8)
获得、增加和存储 i (8 -> 9)	

最后得到的 9，毫无疑问是正确结果。两个原子操作绝对不可能并发地访问同一个变量，这样加操作也就绝不可能引起竞争。

内核提供了两组原子操作接口——一组针对整数进行操作，另一组针对单独的位进行操作。在 Linux 支持的所有体系结构上都实现了这两组接口。大多数体系结构会提供支持原子操作的简单算术指令。而有些体系结构确实缺少简单的原子操作指令，但是也为单步执行提供了锁内存总线的指令，这就确保了其他改变内存的操作不能同时发生。

10.1.1　原子整数操作

针对整数的原子操作只能对 atomic_t 类型的数据进行处理。在这里之所以引入了一个特殊数据类型，而没有直接使用 C 语言的 int 类型，主要是出于两个原因：首先，让原子函数只接收 atomic_t 类型的操作数，可以确保原子操作只与这种特殊类型数据一起使用。同时，这也保证了该类型的数据不会被传递给任何非原子函数。实际上，对一个数据一会儿要采用原子操作，一会儿又不用原子操作了，这又能有什么好处？其次，使用 atomic_t 类型确保编译器不对（不能说完美地完成了任务但不乏自知之明）相应的值进行访问优化——这点使得原子操作最终接收到正确的内存地址，而不只是一个别名。最后，在不同体系结构上实现原子操作的时候，使用 atomic_t 可以屏蔽其间的差异。Atomic_t 类型定义在文件 <linux/types.h> 中：

```
typedef struct {
        volatile int counter;
} atomic_t;
```

尽管 Linux 支持的所有机器上的整型数据都是 32 位的，但是使用 atomic_t 的代码只能将该类型的数据当作 24 位来用。这个限制完全是因为在 SPARC 体系结构上，原子操作的实现不同于其他体系结构：32 位 int 类型的低 8 位被嵌入了一个锁（如图 10-1 所示），因为 SPARC 体系结构对原子操作缺乏指令级的支持，所以只能利用该锁来避免对原子类型数据的并发访问。所以在 SPARC 机器上就只能使用 24 位了。虽然其他机器上的代码完全可以使用全部的 32 位，但在 SPARC 机器上却可能造成一些奇怪和微妙的错误——这简直太不和谐了。最近，机灵的黑客已经允许 SPARC 提供全 32 位的 atomic_t，这一限制不存在了。

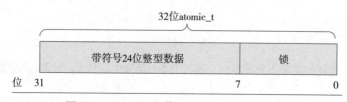

图 10-1　SPARC 上的 32 位 atomic_t 的布局

使用原子整型操作需要的声明都在 <asm/atomic.h> 文件中。有些体系结构会提供一些只能在该体系结构上使用的额外原子操作方法，但所有的体系结构都能保证内核使用到的所有操作的最小集。在写内核代码时，可以肯定，这个最小操作集在所有体系结构上都已实现了。

定义一个 atomic_t 类型的数据方法很平常，你还可以在定义时给它设定初值：

```
atomic_t v;                      /* 定义 v */
atomic_t u = ATOMIC_INIT(0);   /* 定义 u 并把它初始化为 0*/
```

操作也都非常简单：

```
atomic_set(&v,4);   /* v = 4（原子地）*/
atomic_add(2,&v);   /* v = v + 2 = 6（原子地）*/
atomic_inc(&v);     /* v = v + 1 =7(原子地)*/
```

如果需要将 atomic_t 转换成 int 型，可以使用 atomic_read() 来完成：

```
printk("%d\n",atomic_read(&v)); /* 会打印 "7"*/
```

原子整数操作最常见的用途就是实现计数器。使用复杂的锁机制来保护一个单纯的计数器显然杀鸡用了宰牛刀，所以，开发者最好使用 atomic_inc() 和 atomic_dec() 这两个相对来说轻便一点的操作。

还可以用原子整数操作原子地执行一个操作并检查结果。一个常见的例子就是原子地减操作和检查。

```
int atomic_dec_and_test(atomic_t *v)
```

这个函数将给定的原子变量减 1，如果结果为 0，就返回真；否则返回假。表 10-1 列出了所有的标准原子整数操作（所有体系结构都包含这些操作）。某种特定的体系结构上实现的所有操作可以在文件 <asm/atomic.h> 中找到。

表 10-1　原子整数操作列表

原子整数操作	描　　述
ATOMIC_INIT(int i)	在声明一个 atomic_t 变量时，将它初始化为 i
int atomic_read(atomic_t *v)	原子地读取整数变量 v
void atomic_set(atomic_t *v, int i)	原子地设置 v 值为 i
void atomic_add(int i,atomic_t *v)	原子地给 v 加 i
void atomic_sub(int i,atomic_t *v)	原子地从 v 减 i
void atomic_inc(atomic_t *v)	原子地给 v 加 1
void atomic_dec(atomic_t *v)	原子地从 v 减 1
int atomic_sub_and_test(int i,atomic_t *v)	原子地从 v 减 i，如果结果等于 0，返回真；否则返回假
int atomic_add_negative(int i,atomic_t *v)	原子地给 v 加 i，如果结果是负数，返回真；否则返回假
int atomic_add_return(int i, atomic_t *v)	原子地给 v 加 i，且返回结果
int atomic_sub_return(int i, atomic_t *v)	原子地从 v 减 i，且返回结果
int atomic_inc_return(int i, atomic_t *v)	原子地给 v 加 1，且返回结果
int atomic_dec_return(int i, atomic_t *v)	原子地从 v 减 1，且返回结果
int atomic_dec_and_test(atomic_t *v)	原子地从 v 减 1，如果结果等于 0，返回真；否则返回假
int atomic_inc_and_test(atomic_t *v)	原子地给 v 加 1，如果结果等于 0，返回真；否则返回假

原子操作通常是内联函数，往往是通过内嵌汇编指令来实现的。如果某个函数本来就是原子的，那么它往往会被定义成一个宏。例如，在大部分体系结构上，读取一个字本身就是一种原子操作，也就是说，在对一个字进行写入操作期间不可能完成对该字的读取。这样，把 atomic_read() 定义成一个宏，只需返回 atomic_t 类型的整数值就可以了。

```
/**
 * atomic_read - read atomic variable
 * @v: pointer of type atomic_t
 *
 * Atomically reads the value of @v.
 */
static inline int atomic_read(const atomic_t *v)
{
        return v->counter;
}
```

原子性与顺序性的比较

关于原子读取的上述讨论引发了原子性与顺序性之间差异的讨论。正如所讨论的，一个字长的读取总是原子地发生，绝不可能对同一个字交错地进行写；读总是返回一个完整的字，这或者发生在写操作之前，或者之后，绝不可能发生在写的过程中。例如，如果一个整数初始化为 42，然后又置为 365，那么读取这个整数肯定会返回 42 或者 365，而绝不会是二者的混合。这就是我们所谓的原子性。

也许代码比这有更多的要求。或许要求读必须在待定的写之前发生——这种需求其实不属于原子性要求，而是顺序要求。原子性确保指令执行期间不被打断，要么全部执行完，要么根本不执行。另一方面，顺序性确保即使两条或多条指令出现在独立的执行线程中，甚至独立的处理器上，它们本该的执行顺序却依然要保持。

在本小节讨论的原子操作只保证原子性。顺序性通过屏障（barrier）指令来实施，这将在本章的后面讨论。

在编写代码的时候，能使用原子操作时，就尽量不要使用复杂的加锁机制。对多数体系结构来讲，原子操作与更复杂的同步方法相比较，给系统带来的开销小，对高速缓存行（cache-line）的影响也小。但是，对于那些有高性能要求的代码，对多种同步方法进行测试比较，不失为一种明智的做法。

10.1.2　64 位原子操作

随着 64 位体系结构越来越普及，内核开发者确实在考虑原子变量除 32 位 atomic_t 类型外，也应引入 64 位的 atomic64_t。因为移植性原因，atomic_t 变量大小无法在体系结构之间改变。所以，atomic_t 类型即便在 64 位体系结构下也是 32 位的，若要使用 64 位的原子变量，则要使用 atomic64_t 类型——其功能和其 32 位的兄弟无异，使用方法完全相同，不同的只有整型变量大小从 32 位变成了 64 位。几乎所有的经典 32 位原子操作都有 64 位的实现，它们被冠以 atomic64 前缀，而 32 位实现冠以 atomic 前缀。表 10-2，是所有标准原子操作列表；有些体系结构实现的方法更多，但是没有移植性。与 atomic_t 一样，atomic64_t 类型其实是对长整型的一个简单封装类。

```
typedef struct {
        volatile long counter;
} atomic64_t;
```

表 10-2　原子整型操作

原子整数操作	描　　述
ATOMIC64_INIT(long i)	在声明一个 atomic_t 变量时，将它初始化为 i
long atomic64_read(atomic64_t *v)	原子地读取整数变量 v
void atomic64_set(atomic64_t *v, int i)	原子地设置 v 值为 i
void atomic64_add(int i,atomic64_t *v)	原子地给 v 加 i
void atomic64_sub(int i,atomic64_t *v)	原子地从 v 减 i
void atomic64_inc(atomic64_t *v)	原子地给 v 加 1
void atomic64_dec(atomic64_t *v)	原子地从 v 减 1
int atomic64_sub_and_test(int i,atomic64_t *v)	原子地从 v 减 i，如果结果等于 0，返回真；否则返回假
int atomic64_add_negative(int i,atomic64_t *v)	原子地给 v 加 i，如果结果是负数，返回真；否则返回假
long atomic64_add_return(int i, atomic64_t *v)	原子地给 v 加 i，且返回结果
long atomic64_sub_return(int i, atomic64_t *v)	原子地从 v 减 i，且返回结果
long atomic64_inc_return(int i, atomic64_t *v)	原子地给 v 加 i，且返回结果
long atomic64_dec_return(int i, atomic64_t *v)	原子地从 v 减 i，且返回结果
int atomic64_dec_and_test(atomic64_t *v)	原子地从 v 减 i，如果结果等于 0，返回真；否则返回假
int atomic64_inc_and_test(atomic64_t *v)	原子地给 v 加 i，如果结果等于 0，返回真；否则返回假

所有 64 位体系结构都提供了 atomic64_t 类型，以及一组对应的算数操作方法。但是多数 32 位体系机构不支持 atomic64_t 类型——不过，x86-32 是一个众所周知的例外。为了便于在 Linux 支持的各种体系结构之间移植代码，开发者应该使用 32 位的 atomic_t 类型。把 64 位的 atomic64_t 类型留给那些特殊体系结构和需要 64 位的代码吧。

10.1.3　原子位操作

除了原子整数操作外，内核也提供了一组针对位这一级数据进行操作的函数。没什么好奇怪的，它们是与体系结构相关的操作，定义在文件 <asm/bitops.h> 中。

令人感到奇怪的是位操作函数是对普通的内存地址进行操作的。它的参数是一个指针和一个位号，第 0 位是给定地址的最低有效位。在 32 位机上，第 31 位是给定地址的最高有效位而第 32 位是下一个字的最低有效位。虽然使用原子位操作在多数情况下是对一个字长的内存进行访问，因而位号应该位于 0 ～ 31（在 64 位机器中是 0 ～ 63），但是，对位号的范围并没有限制。

由于原子位操作是对普通的指针进行的操作，所以不像原子整型对应 atomic_t，这里没有特殊的数据类型。相反，只要指针指向了任何你希望的数据，你就可以对它进行操作。来看一个例子：

```
unsigned long word = 0;

set_bit(0,&word);        /* 第 0 位被设置（原子地）*/
set_bit(1,&word);        /* 第 1 位被设置（原子地）*/
printk("%u1\n",word);    /* 打印 3 */
clear_bit(1,&word);      /* 清空第 1 位 */
change_bit(0,&word);     /* 翻转第 0 位的值，这里它被清空 */

/* 原子地设置第 0 位并且返回设置前的值（0）*/
if(test_and_set_bit(0,&word)){
        /* 永远不为真 */
}

/* 下面的语句是合法的；你可以把原子位指令与一般的 C 语句混在一起 */
word = 7;
```

在表 10-3 中给出了标准原子位操作列表。

表 10-3　原子位操作的列表

原子位操作	描　　述
void set_bit(int nr,void *addr)	原子地设置 addr 所指对象的第 nr 位
void clear_bit(int nr,void *addr)	原子地清空 addr 所指对象的第 nr 位
void change_bit(int nr,void *addr)	原子地翻转 addr 所指对象的第 nr 位
int test_and_set_bit(int nr,void *addr)	原子地设置 addr 所指对象的第 nr 位，并返回原先的值
int test_and_clear_bit(int nr,void *addr)	原子地清空 addr 所指对象的第 nr 位，并返回原先的值
int test_and_change_bit(int nr,void *addr)	原子地翻转 addr 所指对象的第 nr 位，并返回原先的值
int test_bit(int nr,void *addr)	原子地返回 addr 所指对象的第 nr 位

为方便起见，内核还提供了一组与上述操作对应的非原子位函数。非原子位函数与原子位函数的操作完全相同，但是，前者不保证原子性，且其名字前缀多两个下划线。例如，与 test_bit() 对应的非原子形式是 __test_bit()。如果你不需要原子性操作（比如说，你已经用锁保护了自己的数据），那么这些非原子的位函数相比原子的位函数可能会执行得更快些。

非原子位操作到底是什么？

乍一看，非原子位操作没有任何意义。因为仅仅涉及一个位，所以不存在发生矛盾的可能。只要其中的一个操作成功，还会有什么事？的确，顺序性可能是重要的，但我们在此正谈论原子性。到了最后，如果这一位有了任一条指令所设置的值，我们应当友好地离开，对吗？

让我们跳回到原子性看看到底意味着什么。原子性意味着，或者指令完整地成功执行完，不被打断，或者根本不执行。所以，如果你连续执行两个原子位操作，你会希望两个操作都成功。在操作都完成后，位的值应该是第二个操作所赋予的。但是，在最后一个操作发生前的某个时间点，位的值应该维持第一个操作所赋予的。换句话说，真正的原子操作需要的是——所有中间结果都正确无误。

例如，假定给出两个原子位操作：先对某位置位，然后清 0。如果没有原子操作，那么，这一位可能的确清 0 了，但是也可能根本没有置位。置位操作可能与清除操作同时发生，但没有成功。清除操作可能成功了，这一位如愿呈现为清 0。但是，有了原子操作，置位会真正发生，可能有那么一刻，读操作显示所置的位，然后清除操作才执行，该位变为 0 了。

这种行为可能是重要的，尤其当顺序性开始起作用的时候，或者当操作硬件寄存器的时候。

内核还提供了两个例程用来从指定的地址开始搜索第一个被设置（或未被设置）的位。

```
int find_first_bit(unsigned long *addr,unsigned int size)
int find_first_zero_bit(unsigned long *addr,unsigned int size)
```

这两个函数中第一个参数是一个指针，第二个参数是要搜索的总位数，返回值分别是第一个被设置的（或没被设置的）位的位号。如果你的搜索范围仅限于一个字，使用 _ffs() 和 ffz() 这两个函数更好，它们只需要给定一个要搜索的地址做参数。

与原子整数操作不同，代码一般无法选择是否使用位操作，它们是唯一的、具有可移植性的设置特定位方法，需要选择的是使用原子位操作还是非原子位操作。如果你的代码本身已经避免了竞争条件，你可以使用非原子位操作，通常这样执行得更快，当然，这还要取决于具体的体系结构。

10.2　自旋锁

如果每个临界区都能像增加变量这样简单就好了，可惜现实总是残酷的。现实世界里，临界区甚至可以跨越多个函数。举个例子，我们经常会碰到这种情况：先得从一个数据结构中移出数据，对其进行格式转换和解析，最后再把它加入另一个数据结构中。整个执行过程必须是原子的，在数据被更新完毕前，不能有其他代码读取这些数据。显然，简单的原子操作对此无能为力，这就需要使用更为复杂的同步方法——锁来提供保护。

Linux 内核中最常见的锁是自旋锁（spin lock）。自旋锁最多只能被一个可执行线程持有。如果一个执行线程试图获得一个被已经持有（即所谓的争用）的自旋锁，那么该线程就会一直进行忙循环—旋转—等待锁重新可用。要是锁未被争用，请求锁的执行线程便能立刻得到它，继续执行。在任意时间，自旋锁都可以防止多于一个的执行线程同时进入临界区。同一个锁可以用在多个位置，例如，对于给定数据的所有访问都可以得到保护和同步。

再回到第 9 章门和锁的例子，自旋锁相当于坐在门外等待同伴从里面出来，并把钥匙交给你。如果你到了门口，发现里面没有人，就可以抓到钥匙进入房间。如果你到了门口发现里面正好有人，就必须在门外等待钥匙，不断地检查房间是否为空。当房间为空时，你就可以抓到钥匙进入。正是因为有了钥匙（相当于自旋锁），才允许一次只有一个人（相当于执行线程）进入房间（相当于临界区）。

一个被争用的自旋锁使得请求它的线程在等待锁重新可用时自旋（特别浪费处理器时间），这种行为是自旋锁的要点。所以自旋锁不应该被长时间持有。事实上，这点正是使用自旋锁的初表：在短期间内进行轻量级加锁。还可以采取另外的方式来处理对锁的争用：让请求线程睡眠，直到锁重新可用时再唤醒它。这样处理器就不必循环等待，可以去执行其他代码。这也会带来一定的开销——这里有两次明显的上下文切换，被阻塞的线程要换出和换入，与实现自旋锁的少数几行代码相比，上下文切换当然有较多的代码。因此，持有自旋锁的时间最好小于完成两次上下文切换的耗时。当然我们大多数人都不会无聊到去测量上下文切换的耗时，所以我们让持有自旋锁的时间应尽可能的短就可以了⊖。在下面内容中我们将讨论信号量，信号量便提供了上述第二种锁机制，它使得在发生争用时，等待的线程能投入睡眠，而不是旋转。

10.2.1 自旋锁方法

自旋锁的实现和体系结构密切相关，代码往往通过汇编实现。这些与体系结构相关的代码定义在文件 <asm/spinlock.h> 中，实际需要用到的接口定义在文件 <linux/spinlock.h> 中。自旋锁的基本使用形式如下：

```
DEFINE_SPINLOCK(mr_lock);
spin_lock(&mr_lock);
/* 临界区 ...*/
spin_unlock(&mr_lock);
```

因为自旋锁在同一时刻至多被一个执行线程持有，所以一个时刻只能有一个线程位于临界区内，这就为多处理器机器提供了防止并发访问所需的保护机制。注意在单处理器机器上，编译的时候并不会加入自旋锁。它仅仅被当作一个设置内核抢占机制是否被启用的开关。如果禁止内核抢占，那么在编译时自旋锁会被完全剔除出内核。

> **警告：自旋锁是不可递归的！**
>
> Linux 内核实现的自旋锁是不可递归的，这点不同于自旋锁在其他操作系统中的实现。所以如果你试图得到一个你正持有的锁，你必须自旋，等待你自己释放这个锁。但你处于自旋忙等待中，所以你永远没有机会释放锁，于是你被自己锁死了。千万小心自旋锁！

自旋锁可以使用在中断处理程序中（此处不能使用信号量，因为它们会导致睡眠）。在中断处理程序中使用自旋锁时，一定要在获取锁之前，首先禁止本地中断（在当前处理器上的中断请求），否则，中断处理程序就会打断正持有锁的内核代码，有可能会试图去争用这个已经被持有的自旋锁。这样一来，中断处理程序就会自旋，等待该锁重新可用，但是锁的持有者在这个中断处理程序执行完毕前不可能运行。这正是我们在前面的内容中提到的双重请求死锁。注意，需要关闭的只是当前处理器上的中断。如果中断发生在不同的处理器上，即使中断处理程序在同一锁上自旋，也不会妨碍锁的持有者（在不同处理器上）最终释放锁。

内核提供的禁止中断同时请求锁的接口，使用起来很方便，方法如下。

```
DEFINE_SPINLOCK(mr_lock);
unsigned long flags;

spin_lock_irqsave(&mr_lock,flags);
/* 临界区 ...*/
```

⊖ 在现在的抢占式内核中，这点尤为重要。锁的持有时间等价于系统的调度等待时间。

```
spin_unlock_irqrestore(&mr_lock,flags);
```

函数 spin_lock_irqsave() 保存中断的当前状态，并禁止本地中断，然后再去获取指定的锁。反过来 spin_unlock_irqrestore() 对指定的锁解锁，然后让中断恢复到加锁前的状态。所以即使中断最初是被禁止的，代码也不会错误地激活它们，相反，会继续让它们禁止。注意，flags 变量看起来像是由数值传递的，这是因为这些锁函数有些部分是通过宏的方式实现的。

在单处理器系统上，虽然在编译时抛弃掉了锁机制，但在上面例子中仍需要关闭中断，以禁止中断处理程序访问共享数据。加锁和解锁分别可以禁止和允许内核抢占。

锁什么？

使用锁的时候一定要对症下药，要有针对性。要知道需要保护的是数据而不是代码。尽管本章的例子讲的都是保护临界区的重要性，但是真正保护的其实是临界区中的数据，而不是代码。

大原则：针对代码加锁会使得程序难以理解，并且容易引发竞争条件，正确的做法应该是对数据而不是代码加锁。

既然不是对代码加锁，那就一定要用特定的锁来保护自己的共享数据。例如，"struct foo 由 loo_lock 加锁"。无论你何时需要访问共享数据，一定要先保证数据是安全的。而保证数据安全往往就意味着在对数据进行操作前，首先占用恰当的锁，完成操作后再释放它。

如果你能确定中断在加锁前是激活的，那就不需要在解锁后恢复中断以前的状态了。你可以无条件地在解锁时激活中断。这时，使用 spin_lock_irq() 和 spin_unlock_irq() 会更好一些。

```
DEFINE_SPINLOCK(mr_lock);

spin_lock_irq(&mr_lock);
/* 关键节 */
spin_unlock_irq(&mr_lock);
```

由于内核变得庞大而复杂，因此，在内核的执行路线上，你很难搞清楚中断在当前调用点上到底是不是处于激活状态。也正因为如此，我们并不提倡使用 spin_lock_irq() 方法。如果你一定要使用它，那你应该确定中断原来就处于激活状态，否则当其他人期望中断处于未激活状态时却发现处于激活状态，可能会非常不开心。

调试自旋锁

配置选项 CONFIG_DEBUG_SPINLOCK 为使用自旋锁的代码加入了许多调试检测手段。例如，激活了该选项，内核就会检查是否使用了未初始化的锁，是否在还没加锁的时候就要对锁执行开锁操作。在测试代码时，总是应该激活这个选项。如果需要进一步全程调试锁，还应该打开 CONFIG_DEBUG_LOCK_ALLOC 选项。

10.2.2　其他针对自旋锁的操作

你可以使用 spin_lock_init() 方法来初始化动态创建的自旋锁（此时你只有一个指向

spinlock_t 类型的指针，没有它的实体）。

　　spin_try_lock() 试图获得某个特定的自旋锁，如果该锁已经被争用，那么该方法会立刻返回一个非 0 值，而不会自旋等待锁被释放；如果成功地获得了这个自旋锁，该函数返回 0。同理，spin_is_locked() 方法用于检查特定的锁当前是否已被占用，如果已被占用，返回非 0 值；否则返回 0。该方法只做判断，并不实际占用⊖。

　　表 10-4 给出了标准的自旋锁操作的完整列表。

表 10-4　自旋锁方法列表

方　　法	描　　述
spin_lock()	获取指定的自旋锁
spin_lock_irq()	禁止本地中断并获取指定的锁
spin_lock_irqsave()	保存本地中断的当前状态，禁止本地中断，并获取指定的锁
spin_unlock()	释放指定的锁
spin_unlock_irq()	释放指定的锁，并激活本地中断
spin_unlock_irqrestore()	释放指定的锁，并让本地中断恢复到以前状态
spin_lock_init()	动态初始化指定的 spinlock_t
spin_trylock()	试图获取指定的锁，如果未获取，则返回非 0
spin_is_locked()	如果指定的锁当前正在被获取，则返回非 0，否则返回 0

10.2.3　自旋锁和下半部

　　在第 8 章中曾经提到，在与下半部配合使用时，必须小心地使用锁机制。函数 spin_lock_bh() 用于获取指定锁，同时它会禁止所有下半部的执行。相应的 spin_unlock_bh() 函数执行相反的操作。

　　由于下半部可以抢占进程上下文中的代码，所以当下半部和进程上下文共享数据时，必须对进程上下文中的共享数据进行保护，所以需要加锁的同时还要禁止下半部执行。同样，由于中断处理程序可以抢占下半部，所以如果中断处理程序和下半部共享数据，那么就必须在获取恰当的锁的同时还要禁止中断。

　　回忆一下，同类的 tasklet 不可能同时运行，所以对于同类 tasklet 中的共享数据不需要保护。但是当数据被两个不同种类的 tasklet 共享时，就需要在访问下半部中的数据前先获得一个普通的自旋锁。这里不需要禁止下半部，因为在同一个处理器上绝不会有 tasklet 相互强占的情况。

　　对于软中断，无论是否同种类型，如果数据被软中断共享，那么它必须得到锁的保护。这是因为，即使是同种类型的两个软中断也可以同时运行在一个系统的多个处理器上。但是，同一处理器上的一个软中断绝不会抢占另一个软中断，因此，根本没必要禁止下半部。

10.3　读 – 写自旋锁

　　有时，锁的用途可以明确地分为读取和写入两个场景。例如，对一个链表可能既要更新又要

　　⊖　这两个方法往往让代码变得令人费解，一般来说用不着经常检查自旋锁的——你的代码本身应该要么直接请求占用锁，要么应该在占用锁之后才能被调用。不过，它们还是有些合理用途，所以 Linux 内核也就提供了这样的接口。

检索。当更新（写入）链表时，不能有其他代码并发地写链表或从链表中读取数据，写操作要求完全互斥。另一方面，当对其检索（读取）链表时，只要其他程序不对链表进行写操作就行了。只要没有写操作，多个并发的读操作都是安全的。任务链表的存取模式（在第 3 章中讨论过）就非常类似于这种情况，它就是通过读－写自旋锁获得保护的。

　　当对某个数据结构的操作可以像这样被划分为读／写或者消费者／生产者两种类别时，类似读／写锁这样的机制就很有帮助了。为此，Linux 内核提供了专门的读－写自旋锁。这种自旋锁为读和写分别提供了不同的锁。一个或多个读任务可以并发地持有读者锁；相反，用于写的锁最多只能被一个写任务持有，而且此时不能有并发的读操作。有时把读／写锁叫作共享／排斥锁，或者并发／排斥锁，因为这种锁以共享（对读者而言）和排斥（对写者而言）的形式获得使用。

　　读／写自旋锁的使用方法类似于普通自旋锁，它们通过下面的方法初始化：

```
DEFINE_RWLOCK(mr_rwlock);
```

　　然后，在读者的代码分支中使用如下函数：

```
read_lock(&mr_rwlock);
/* 临界区（只读）…*/
read_unlock(&mr_rwlock);
```

　　最后，在写者的代码分支中使用如下函数：

```
write_lock(&mr_rwlock);
/* 临界区（读写）…*/
write_unlock(&mr_rwlock);
```

　　通常情况下，读锁和写锁会位于完全分割开的代码分支中，如上例所示。

　　注意，不能把一个读锁“升级”为写锁。比如考虑下面这段代码：

```
read_lock(&mr_rwlock);
write_lock(&mr_rwlock);
```

　　执行上述两个函数将会带来死锁，因为写锁会不断自旋，等待所有的读者释放锁，其中也包括它自己。所以当确实需要写操作时，要在一开始就请求写锁。如果写和读不能清晰地分开的话，那么使用一般的自旋锁就行了，不要使用读－写自旋锁。

　　多个读者可以安全地获得同一个读锁，事实上，即使一个线程递归地获得同一读锁也是安全的。这个特性使得读－写自旋锁真正成为一种有用并且常用的优化手段。如果在中断处理程序中只有读操作而没有写操作，那么，就可以混合使用“中断禁止”锁，使用 read_lock() 而不是 read_lock_irqsave() 对读进行保护。不过，你还是需要用 write_lock_irqsave() 禁止有写操作的中断，否则，中断里的读操作就有可能锁死在写锁上⊖。表 10-5 列出了针对读－写自旋锁的所有操作。

⊖　假如读者正在进行操作，包含写操作的中断发生了，由于读锁还没有全部被释放，所以写操作会自旋，而读操作只能在包含写操作的中断返回后才能继续，释放读锁，此时死锁就发生了。——译者注

表 10-5　读－写自旋锁方法列表

方　　法	描　　述
read_lock()	获得指定的读锁
read_lock_irq()	禁止本地中断并获得指定读锁
read_lock_irqsave()	存储本地中断的当前状态，禁止本地中断并获得指定读锁
read_unlock()	释放指定的读锁
read_unlock_irq()	释放指定的读锁并激活本地中断
read_unlock_irqrestore()	释放指定的读锁并将本地中断恢复到指定的前状态
write_lock()	获得指定的写锁
write_lock_irq()	禁止本地中断并获得指定写锁
write_lock_irqsave()	存储本地中断的当前状态，禁止本地中断并获得指定写锁
write_unlock()	释放指定的写锁
write_unlock_irq()	释放指定的写锁并激活本地中断
write_unlock_irqrestore()	释放指定的写锁并将本地中断恢复到指定的前状态
write_trylock()	试图获得指定的写锁；如果写锁不可用，返回非 0 值
rwlock_init()	初始化指定的 rwlock_t

　　在使用 Linux 读－写自旋锁时，最后要考虑的一点是这种锁机制照顾读比照顾写要多一点。当读锁被持有时，写操作为了互斥访问只能等待，但是，读者却可以继续成功地作占用锁。而自旋等待的写者在所有读者释放锁之前是无法获得锁的。所以，大量读者必定会使挂起的写者处于饥饿状态，在你自己设计锁时一定要记住这一点——有些时候这种行为是有益的，有时则会带来灾难。

　　自旋锁提供了一种快速简单的锁实现方法。如果加锁时间不长并且代码不会睡眠（比如中断处理程序），利用自旋锁是最佳选择。如果加锁时间可能很长或者代码在持有锁时有可能睡眠，那么最好使用信号量来完成加锁功能。

10.4　信号量

　　Linux 中的信号量是一种睡眠锁。如果有一个任务试图获得一个不可用（已经被占用）的信号量时，信号量会将其推进一个等待队列，然后让其睡眠。这时处理器能重获自由，从而去执行其他代码。当持有的信号量可用（被释放）后，处于等待队列中的那个任务将被唤醒，并获得该信号量。

　　让我们再一次回到门和钥匙的例子。当某个人到了门前，他抓取钥匙，然后进入房间。最大的差异在于当另一个人到了门前，但无法得到钥匙时会发生什么情况。在这种情况下，这家伙不是在徘徊等待，而是把自己的名字写在一个列表中，然后打盹去了。当里面的人离开房间时，就在门口查看一下列表。如果列表上有名字，他就对第一个名字仔细检查，并在胸部给他一拳，叫醒他，让他进入房间。在这种方式中，钥匙（相当于信号量）继续确保一次只有一个人（相当于执行线程）进入房间（相当于临界区）。这就比自旋锁提供了更好的处理器利用率，因为没有把时间花费在忙等待上，但是，信号量比自旋锁有更大的开销。生活总是一分为二的。

我们可以从信号量的睡眠特性得出一些有意思的结论：

- 由于争用信号量的进程在等待锁重新变为可用时会睡眠，所以信号量适用于锁会被长时间持有的情况。
- 相反，锁被短时间持有时，使用信号量就不太适宜了。因为睡眠、维护等待队列以及唤醒所花费的开销可能比锁被占用的全部时间还要长。
- 由于执行线程在锁被争用时会睡眠，所以只能在进程上下文中才能获取信号量锁，因为在中断上下文中是不能进行调度的。
- 你可以在持有信号量时去睡眠（当然你也可能并不需要睡眠），因为当其他进程试图获得同一信号量时不会因此而死锁（因为该进程也只是去睡眠而已，而你最终会继续执行的）。
- 在你占用信号量的同时不能占用自旋锁。因为在你等待信号量时可能会睡眠，而在持有自旋锁时是不允许睡眠的。

以上这些结论阐明了信号量和自旋锁在使用上的差异。在使用信号量的大多数时候，你的选择余地并不大。往往在需要和用户空间同步时，你的代码会需要睡眠，此时使用信号量是唯一的选择。由于不受睡眠的限制，使用信号量通常来说更加容易一些。如果需要在自旋锁和信号量中做选择，应该根据锁被持有的时间长短做判断。理想情况当然是所有的锁定操作都应该越短越好。但如果你用的是信号量，那么锁定的时间长一点也能够接受。另外，信号量不同于自旋锁，它不会禁止内核抢占，所以持有信号量的代码可以被抢占。这意味着信号量不会对调度的等待时间带来负面影响。

10.4.1　计数信号量和二值信号量

最后要讨论的是信号量的一个有用特性，它可以同时允许任意数量的锁持有者，而自旋锁在一个时刻最多允许一个任务持有它。信号量同时允许的持有者数量可以在声明信号量时指定。这个值称为使用者数量（usage count）或简单地叫数量（count）。通常情况下，信号量和自旋锁一样，在一个时刻仅允许有一个锁持有者。这时计数等于1，这样的信号量被称为二值信号量（因为它或者由一个任务持有，或者根本没有任务持有它）或者称为互斥信号量（因为它强制进行互斥）。另一方面，初始化时也可以把数量设置为大于1的非0值。这种情况，信号量被称为计数信号量（counting semaphone），它允许在一个时刻至多有count个锁持有者。计数信号量不能用来进行强制互斥，因为它允许多个执行线程同时访问临界区。相反，这种信号量用来对特定代码加以限制，内核中使用它的机会不多。在使用信号量时，基本上用到的都是互斥信号量（计数等于1的信号量）。

信号量在1968年由Edsger Wybe Dijkstra [⊖] 提出，此后它逐渐成为一种常用的锁机制。信号量支持两个原子操作P()和V()，这两个名字来自荷兰语Proberen和Vershogen。前者叫做测试操作（字面意思是探查），后者叫做增加操作。后来的系统把两种操作分别叫做down()和up()，

⊖　Dijkstra博士（1930—2002）是计算机科学史上最为成功的科学家之一，他在操作系统设计、算法理论和信号量概念的创建等诸多领域做出了卓越的贡献。他生于荷兰的鹿特丹，曾在克萨斯大学任教15年。不过他恐怕对Linux中间夹杂的大量GOTO语句不太满意。

Linux 也遵从这种叫法。down() 操作通过对信号量计数减 1 来请求获得一个信号量。如果结果是 0 或大于 0，获得信号量锁，任务就可以进入临界区。如果结果是负数，任务会被放入等待队列，处理器执行其他任务。该函数如同一个动词，降低（down）一个信号量就等于获取该信号量。相反，当临界区中的操作完成后，up() 操作用来释放信号量，该操作也被称作是提升（upping）信号量，因为它会增加信号量的计数值。如果在该信号量上的等待队列不为空，那么处于队列中等待的任务在被唤醒的同时会获得该信号量。

10.4.2 创建和初始化信号量

信号量的实现是与体系结构相关的，具体实现定义在文件 <asm/semaphore.h> 中。struct semaphore 类型用来表示信号量。可以通过以下方式静态地声明信号量—— 其中 name 是信号量变量名，count 是信号量的使用数量：

```
struct semaphore name;
sema_init(&name, count);
```

创建更为普通的互斥信号量可以使用以下快捷方式，不用说，name 仍然是互斥信号量的变量名：

```
static DECLARE_MUTEX(name);
```

更常见的情况是，信号量作为一个大数据结构的一部分动态创建。此时，只有指向该动态创建的信号量的间接指针，可以使用如下函数来对它进行初始化：

```
sema_init(sem,count);
```

sem 是指针，count 是信号量的使用者数量。

与前面类似，初始化一个动态创建的互斥信号量时使用如下函数：

```
init_MUTEX(sem);
```

我不明白为什么"mutex"在 init_MUTEX() 中是大写，或者为什么"init"在这个函数名中放在前面，而在 sema_init() 中放在后面。不知道在你读第 8 章时，有没有被这些不一致的命名方法打闷呢。

10.4.3 使用信号量

函数 down_interruptible() 试图获取指定的信号量，如果信号量不可用，它将把调用进程置成 TASK_ INTERRUPTIBLE 状态——进入睡眠。回忆第 3 章的内容，这种进程状态意味着任务可以被信号唤醒，一般来说这是件好事。如果进程在等待获取信号量的时候接收到了信号，那么该进程就会被唤醒，而函数 down_interruptible() 会返回 -EINTR。另外一个函数 down() 会让进程在 TASK_UNINTERRUPTIBLE 状态下睡眠。你应该不希望这种情况发生，因为这样一来，进程在等待信号量的时候就不再响应信号了。因此，使用 down_interruptible() 比使用 down() 更为普遍（也更正确）。也许你会觉得这两个函数名字起得有点不恰当，的确，这些命名并不很理想。

使用 down_trylock() 函数，你可以尝试以堵塞方式来获取指定的信号量。在信号量已被占用时，它立刻返回非 0 值；否则，它返回 0，而且让你成功持有信号量锁。

要释放指定的信号量，需要调用 up() 函数。例如：

```
/* 定义并声明一个信号量，名字为 mr_sem，用于信号量计数 */
static DECLARE_MUTEX(mr_sem);

/* 试图获取信号量 ... */
if (down_interruptible(&mr_sem))
        /* 信号被接收，信号量还未获取 */
}

/* 临界区 ... */

        /* 释放给定的信号量 */
up(&mr_sem);
```

表 10-6 给出了针对信号量的方法的完整列表。

表 10-6　信号量方法列表

方　　法	描　　述
sema_init(struct semaphore *,int)	以指定的计数值初始化动态创建的信号量
init_MUTEX(struct semaphore *)	以计数值 1 初始化动态创建的信号量
init_MUTEX_LOCKED(struct semaphore *)	以计数值 0 初始化动态创建的信号量（初始为加锁状态）
down_interruptible(struct semaphore *)	以试图获得指定的信号量，如果信号量已被争用，则进入可中断睡眠状态
down(struct semaphore *)	以试图获得指定的信号量，如果信号量已被争用，则进入不可中断睡眠状态
down_trylock(struct semaphore *)	以试图获得指定的信号量，如果信号量已被争用，则立刻返回非 0 值
up(struct semaphore *)	以释放指定的信号量，如果睡眠队列不空，则唤醒其中一个任务

10.5　读 – 写信号量

与自旋锁一样，信号量也有区分读 – 写访问的可能。与读 – 写自旋锁和普通自旋锁之间的关系差不多，读 – 写信号量也要比普通信号量更具优势。

读 – 写信号量在内核中是由 rw_semaphore 结构表示的，定义在文件 <linux/rwsem.h> 中。通过以下语句可以创建静态声明的读 – 写信号量：

```
static DECLARE_RWSEM(name);
```

其中 name 是新信号量名。

动态创建的读－写信号量可以通过以下函数初始化：

```
init_rwsem(struct rw_semaphore *sem)
```

所有的读－写信号量都是互斥信号量——也就是说，它们的引用计数等于 1，虽然它们只对写者互斥，不对读者。只要没有写者，并发持有读锁的读者数不限。相反，只有唯一的写者（在没有读者时）可以获得写锁。所有读－写锁的睡眠都不会被信号打断，所以它只有一个版本的 down() 操作。例如：

```
static DECLARE_RWSEM(mr_rwsem);

/* 试图获取信号量用于读 ... */
down_read(&mr_rwsem);

/*临界区 （只读）...*/

/* 释放信号量 */
up_read(&mr_rwsem);
/* ... */

/* 试图获取信号量用于写 ... */
down_write(&mr_rwsem);

/*临界区 （读和写）...*/

/* 释放信号量 */
up_write(&mr_sem);
```

与标准信号量一样，读－写信号量也提供了 down_read_trylock() 和 down_write_trylock() 方法。这两个方法都需要一个指向读－写信号量的指针作为参数。如果成功获得了信号量锁，它们返回非 0 值；如果信号量锁被争用，则返回 0。要小心（不知道为什么要这样）这与普通信号量的情形完全相反。

读－写信号量相比读－写自旋锁多一种特有的操作：downgrade_write()。这个函数可以动态地将获取的写锁转换为读锁。

读－写信号量和读－写自旋锁一样，除非代码中的读和写可以明白无误地分割开来，否则最好不使用它。再强调一次，读－写机制使用是有条件的，只有在你的代码可以自然地界定出读－写时才有价值。

10.6　互斥体

直到最近，内核中唯一允许睡眠的锁是信号量。多数用户使用信号量只使用计数 1，说白了是把其作为一个互斥的排他锁使用——好比允许睡眠的自旋锁。不幸的是，信号量用途更通用，没多少使用限制。这点使得信号量适合用于那些较复杂的、未明情况下的互斥访问，比如内核于用户空间复杂的交互行为。但这也意味着简单的锁定而使用信号量并不方便，并且信号量也缺乏强制的规则来行使任何形式的自动调试，即便受限的调试也不可能。为了找到一个更简单睡眠锁，内核开发者们引入了互斥体（mutex）。确实，这个名字容易和我们的习惯称呼混淆。所以这里我们澄清一下，"互斥体（mutex）"这个称谓所指的是任何可以睡眠的强制互斥锁，比如使用计数是 1 的信号量。但在最新的 Linux 内核中，"互斥体（mutex）"这个称谓现在也用于一种实现互斥的特定睡眠锁。也就是说，互斥体是一种互斥信号。

mutex 在内核中对应数据结构 mutex，其行为和使用计数为 1 的信号量类似，但操作接口更简单，实现也更高效，而且使用限制更强。静态地定义 mutex，你需要做：

```
DEFINE_MUTEX(name);
```

动态初始化 mutex，你需要做：

```
mutex_init(&mutex);
```

对互斥锁锁定和解锁并不难：

```
mutex_lock(&mutex);
/* 临界区 */
mutex_unlock(&mutex);
```

看到了吧，它就是一个简化版的信号量，因为不再需要管理任何使用计数。

表 10-7 是基本的 mutex 操作列表。

表 10-7　mutex 方法

方　法	描　述
mutex_lock(struct mutex *)	为指定的 mutex 上锁，如果锁不可用则睡眠
mutex_unlock(struct mutex *)	为指定的 mutex 解锁
mutex_trylock(struct mutex *)	试图获取指定的 mutex，如果成功则返回 1；否则锁被获取，返回值是 0
mutex_is_locked (struct mutex *)	如果锁已被争用，则返回 1；否则返回 0

mutex 的简洁性和高效性源自相比使用信号量更多的受限性。它不同于信号量，因为 mutex 仅仅实现了 Dijkstra 设计初衷中的最基本的行为。因此 mutex 的使用场景相对而言更严格、更定向了。

- 任何时刻中只有一个任务可以持有 mutex，也就是说，mutex 的使用计数永远是 1。
- 给 mutex 上锁者必须负责给其再解锁——你不能在一个上下文中锁定一个 mutex，而在另一个上下文中给它解锁。这个限制使得 mutex 不适合内核同用户空间复杂的同步场景。最常使用的方式是：在同一上下文中上锁和解锁。
- 递归地上锁和解锁是不允许的。也就是说，你不能递归地持有同一个锁，同样你也不能再去解锁一个已经被解开的 mutex.
- 当持有一个 mutex 时，进程不可以退出。
- mutex 不能在中断或者下半部中使用，即使使用 mutex_trylock() 也不行。
- mutex 只能通过官方 API 管理：它只能使用上节中描述的方法初始化，不可被拷贝、手动初始化或者重复初始化。

也许 mutex 结构最有用的特色是：通过一个特殊的调试模式，内核可以采用编程方式检查和警告任何践踏其约束法则的不老实行为。当打开内核配置选项 CONFIG_DEBUG_MUTEXES 后，就会有多种检测来确保这些（还有别的一些）约束得以遵守。这些调试手段无疑能帮助你和其他 mutex 使用者们都能以规范式的、简单化的使用模式对其使用。

10.6.1 信号量和互斥体

互斥体和信号量很相似，内核中两者共存会令人混淆。所幸，它们的标准使用方式都有简单的规范：除非 mutex 的某个约束妨碍你使用，否则相比信号量要优先使用 mutex。当你写新代码时，只有碰到特殊场合（一般是很底层代码）才会需要使用信号量。因此建议首选 mutex。如果发现不能满足其约束条件，且没有其他别的选择时，再考虑选择信号量。

10.6.2 自旋锁和互斥体

了解何时使用自旋锁，何时使用互斥体（或信号量）对编写优良代码很重要，但是多数情况下，并不需要太多的考虑，因为在中断上下文中只能使用自旋锁，而在任务睡眠时只能使用互斥体。表 10-8 回顾了一下各种锁的需求情况。

表 10-8　使用什么：自旋锁与信号量的比较

需　求	建议的加锁方法
低开销加锁	优先使用自旋锁
短期锁定	优先使用自旋锁
长期加锁	优先使用互斥体
中断上下文中加锁	使用自旋锁
持有锁需要睡眠	使用互斥体

10.7　完成变量

如果在内核中一个任务需要发出信号通知另一任务发生了某个特定事件，利用完成变量（completion variable）是使两个任务得以同步的简单方法。如果一个任务要执行一些工作时，另一个任务就会在完成变量上等待。当这个任务完成工作后，会使用完成变量去唤醒在等待的任务。这听起来很像一个信号量，的确如此——思想是一样的。事实上，完成变量仅仅提供了代替信号量的一个简单的解决方法。例如，当子进程执行或者退出时，vfork() 系统调用使用完成变量唤醒父进程。

完成变量由结构 completion 表示，定义在 <linux/completion.h> 中。通过以下宏静态地创建完成变量并初始化它：

```
DECLARE_COMPLETION(mr_comp);
```

通过 init_completion() 动态创建并初始化完成变量。

在一个指定的完成变量上，需要等待的任务调用 wait_for_completion() 来等待特定事件。当特定事件发生后，产生事件的任务调用 complete() 来发送信号唤醒正在等待的任务。表 10-9 列出了完成变量的方法。

表 10-9　完成变量方法

方　　法	描　　述
init_completion(struct completion *)	初始化指定的动态创建的完成变量
wait_for_completion(struct completion *)	等待指定的完成变量接收信号
complete(struct completion *)	发信号唤醒任何等待任务

使用完成变量的例子可以参考 kernel/sched.c 和 kernel/fork.c。完成变量的通常用法是，将完成变量作为数据结构中的一项动态创建，而完成数据结构初始化工作的内核代码将调用 wait_for_completion() 进行等待。初始化完成后，初始化函数调用 completion() 唤醒在等待的内核任务。

10.8　BLK：大内核锁

欢迎来到内核的原始混沌时期。BKL（大内核锁）是一个全局自旋锁，使用它主要是为了方便实现从 Linux 最初的 SMP 过渡到细粒度加锁机制。我们下面来介绍 BKL 的一些有趣的特性：

- 持有 BKL 的任务仍然可以睡眠。因为当任务无法被调度时，所加锁会自动被丢弃；当任务被调度时，锁又会被重新获得。当然，这并不是说，当任务持有 BKL 时，睡眠是安全的，仅仅是可以这样做，因为睡眠不会造成任务死锁。
- BKL 是一种递归锁。一个进程可以多次请求一个锁，并不会像自旋锁那样产生死锁现象。
- BKL 只可以用在进程上下文中。和自旋锁不同，你不能在中断上下文中申请 BLK。
- 新的用户不允许使用 BLK。随着内核版本的不断前进，越来越少的驱动和子系统再依赖于 BLK 了。

这些特性有助于 2.0 版本的内核向 2.2 版本过渡。在 SMP 支持被引入到 2.0 版本时，内核中一个时刻上只能有一个任务运行（当然，经过长期发展，现在内核已经被很好地线程化了）。2.2 版本的目标是允许多处理器在内核中并发执行程序。引入 BKL 是为了使到细粒度加锁机制的过渡更容易些，虽然当时 BKL 对内核过渡很有帮助，但是目前它已成为内核可扩展性的障碍了。

在内核中不鼓励使用 BKL。事实上，新代码中不再使用 BKL，但是这种锁仍然在部分内核代码中得到沿用，所以我们仍然需要理解 BKL 以及它的接口。除了前面提到的以外，BKL 的使用方式和自旋锁类似。函数 lock_kernel() 请求锁，unlock_kernel() 释放锁。一个执行线程可以递归的请求锁，但是，释放锁时也必须调用同样次数的 unlock_kernel() 操作，在最后一个解锁操作完成后，锁才会被释放。函数 kernel_locked() 检测锁当前是否被持有，如果被持有，返回一个非 0 值，否则返回 0。这些接口被声明在文件 <linux/smp_lock.h> 中，简单的用法如下：

```
lock_kernel();
/ * 临界区，对所有其他的 BLK 用户进行同步……
  * 注意，你可以安全地在此睡眠，锁会悄无声息地被释放
  * 当你的任务被重新调度时，锁又会被悄无声息地获取
  * 这意味着你不会处于死锁状态，但是，如果你需要锁保护这里的数据
  * 你还是不需要睡眠
  */
unlock_kernel();
```

BKL 在被持有时同样会禁止内核抢占。在单一处理器内核中，BKL 并不执行实际的加锁操作。表 10-10 列出了所有 BKL 函数。

表 10-10　BKL 函数列表

函　　数	描　　述
lock_kernel()	获得 BKL
unlock_kernel()	释放 BKL
kernel_locked()	如果锁被持有返回非 0 值，否则返回 0（UP 总是返回非 0）

对于 BKL 最主要的问题是确定 BKL 锁保护的到底是什么。多数情况下，BKL 更像是保护代码（如"它保护对 foo() 函数的调用者进行同步"）而不保护数据（如"保护结构 foo"）。这个问题给利用自旋锁取代 BKL 造成了很大困难，因为难以判断 BKL 到底锁的是什么，更难的是，发现所有使用 BKL 的用户之间的关系。

10.9　顺序锁

顺序锁，通常简称 seq 锁，是在 2.6 版本内核中才引入的一种新型锁。这种锁提供了一种很简单的机制，用于读写共享数据。实现这种锁主要依靠一个序列计数器。当有疑义的数据被写入时，会得到一个锁，并且序列值会增加。在读取数据之前和之后，序列号都被读取。如果读取的序列号值相同，说明在读操作进行的过程中没有被写操作打断过。此外，如果读取的值是偶数，那么就表明写操作没有发生（要明白因为锁的初值是 0，所以写锁会使其值成奇数，释放的时候变成偶数）。

定义一个 seq 锁：

```
seqlock_t mr_seq_lock = DEFINE_SEQLOCK(mr_seq_lock);
```

然后，写锁的方法如下：

```
write_seqlock(&mr_seq_lock);
/* 写锁被获取 ...*/
write_sequnlock(&mr_seq_lock);
```

这和普通自旋锁类似。不同的情况发生在读时，并且与自旋锁有很大不同：

```
unsigned long seq;
do{
      seq = read_seqbegin(&mr_seq_lock);
      /* 读这里的数据 ...*/
}while(read_seqretry(&mr_seq_lock,seq));
```

在多个读者和少数写者共享一把锁的时候，seq 锁有助于提供一种非常轻量级和具有可扩展性的外观。但是 seq 锁对写者更有利。只要没有其他写者，写锁总是能够被成功获得。读者不会影响写锁，这点和读－写自旋锁及信号量一样。另外，挂起的写者会不断地使得读操作循环（前一个例子），直到不再有任何写者持有锁为止。

Seq 锁在你遇到如下需求时将是最理想的选择：

- 你的数据存在很多读者。
- 你的数据写者很少。
- 虽然写者很少，但是你希望写优先于读，而且不允许读者让写者饥饿。
- 你的数据很简单，如简单结构，甚至是简单的整型——在某些场合，你是不能使用原子量的。

使用 seq 锁中最有说服力的是 jiffies。该变量存储了 Linux 机器启动到当前的时间（参见第 11 章。Jiffies 是使用一个 64 位的变量，记录了自系统启动以来的时钟节拍累加数。对于那些能自动读取全部 64 位 jiffies_64 变量的机器来说，需要用 get_jiffies_64() 方法完成，而该方法的实现就是用了 seq 锁：

```
u64 get_jiffies_64(void)
{
        unsigned long seq;
        u64 ret;

        do {
                seq = read_seqbegin(&xtime_lock);
                ret = jiffies_64;
        } while (read_seqretry(&xtime_lock, seq));
        return ret;
}
```

定时器中断会更新 jiffies 的值，此刻，也需要使用 seq 锁变量：

```
write_seqlock(&xtime_lock);
jiffies_64 += 1;
write_sequnlock(&xtime_lock);
```

若要进一步了解 jiffies 和内核时间管理，请看第 11 章和内核源码树中的 kernel/timer.c 与 kernel/time/tick-common.c 文件。

10.10　禁止抢占

由于内核是抢占性的，内核中的进程在任何时刻都可能停下来以便另一个具有更高优先权的进程运行。这意味着一个任务与被抢占的任务可能会在同一个临界区内运行。为了避免这种情况，内核抢占代码使用自旋锁作为非抢占区域的标记。如果一个自旋锁被持有，内核便不能进行抢占。因为内核抢占和 SMP 面对相同的并发问题，并且内核已经是 SMP 安全的（SMP-safe），所以，这种简单的变化使得内核也是抢占安全的（preempt-safe）。

或许这就是我们希望的。实际中，某些情况并不需要自旋锁，但是仍然需要关闭内核抢占。最频繁出现的情况就是每个处理器上的数据。如果数据对每个处理器是唯一的，那么，这样的数据可能就不需要使用锁来保护，因为数据只能被一个处理器访问。如果自旋锁没有被持有，内核又是抢占式的，那么一个新调度的任务就可能访问同一个变量，如下所示：

任务 A 对每个处理器中未被锁保护的变量 foo 进行操作
任务 A 被抢占

任务 B 被调度
任务 B 操作变量 foo
任务 B 完成
任务 A 被调度
任务 A 继续操作变量 foo

这样，即使这是一个单处理器计算机，变量 foo 也会被多个进程以伪并发的方式访问。通常，这个变量会请求得到一个自旋锁（防止多处理器机器上的真并发）。但是如果这是每个处理器上独立的变量，可能就不需要锁。

为了解决这个问题，可以通过 preempt_disable() 禁止内核抢占。这是一个可以嵌套调用的函数，可以调用任意次。每次调用都必须有一个相应的 preempt_enable() 调用。当最后一次 preempt_enable() 被调用后，内核抢占才重新启用。例如：

```
preempt_disable();
/* 抢占被禁止 ...*/
preempt_enable();
```

抢占计数存放着被持有锁的数量和 preempt_disable() 的调用次数，如果计数是 0，那么内核可以进行抢占；如果为 1 或更大的值，那么，内核就不会进行抢占。这个计数非常有用——它是一种对原子操作和睡眠很有效的调试方法。函数 preempt_count() 返回这个值。表 10-11 列出了内核抢占的相关函数。

表 10-11　内核抢占的相关函数

函　　数	描　　述
preempt_disable()	增加抢占计数值，从而禁止内核抢占
preempt_enable()	减少抢占计数，并当该值降为 0 时检查和执行被挂起的需调度的任务
preempt_enable_no_resched()	激活内核抢占但不再检查任何被挂起的需调度任务
preempt_count()	返回抢占计数

为了用更简洁的方法解决每个处理器上的数据访问问题，可以通过 get_cpu() 获得处理器编号（假定是用这种编号来对每个处理器的数据进行索引的）。这个函数在返回当前处理器号前首先会关闭内核抢占。

```
int cpu ;
/* 禁止内核抢占，并将 CPU 设置为当前处理器 */
cpu= get_cpu();
/* 对每个处理器的数据进行操作 ...*/
/* 再给予内核抢占性，"CPU" 可改变故它不再有效 */
put_cup();
```

10.11　顺序和屏障

当处理多处理器之间或硬件设备之间的同步问题时，有时需要在你的程序代码中以指定的顺序发出读内存（读入）和写内存（存储）指令。在和硬件交互时，时常需要确保一个给定的读操作发生在其他读或写操作之前。另外，在多处理器上，可能需要按写数据的顺序读数据（通常确保后来以同样的顺序进行读取）。但是编译器和处理器为了提高效率，可能对读和写重新排序[⊖]，这样无疑使问题复杂化了。幸好，所有可能重新排序和写的处理器提供了机器指令来确保顺序要求。同样也可以指示编译器不要对给定点周围的指令序列进行重新排序。这些确保顺序的指令称作屏障（barriers）。

基本上，在某些处理器上存在以下代码：

```
a=1;
b=2;
```

有可能会在 a 中存放新值之前就在 b 中存放新值。

编译器和处理器都看不出 a 和 b 之间的关系。编译器会在编译时按这种顺序编译，这种顺序会是静态的，编译的目标代码就只把 a 放在 b 之前。但是，处理器会重新动态排序，因为处理器在执行指令期间，会在取指令和分派时，把表面上看似无关的指令按自认为最好的顺序排列。大多数情况下，这样的排序是最佳的，因为 a 和 b 之间没有明显的关系。尽管有些时候程序员知道什么是最好的顺序。

尽管前面的例子可能被重新排序，但是处理器和编译器绝不会对下面的代码重新排序：

```
a = 1;
b = a;
```

此处 a 和 b 均为全局变量，因为 a 与 b 之间有明确的数据依赖关系。

但是不管是编译器还是处理器都不知道其他上下文中的相关代码。偶然情况下，有必要让写操作被其他代码识别，也让所期望的指定顺序之外的代码识别。这种情况常常发生在硬件设备上，但是在多处理器机器上也很常见。

rmb() 方法提供了一个"读"内存屏障，它确保跨越 rmb() 的载入动作不会发生重排序。也就是说，在 rmb() 之前的载入操作不会被重新排在该调用之后，同理，在 rmb() 之后的载入操作不会被重新排在该调用之前。

wmb() 方法提供了一个"写"内存屏障，这个函数的功能和 rmb() 类似，区别仅仅是它是针对存储而非载入——它确保跨越屏障的存储不发生重排序。

mb() 方法既提供了读屏障也提供了写屏障。载入和存储动作都不会跨越屏障重新排序。这是因为一条单独的指令（通常和 rmb() 使用同一个指令）既可以提供载入屏障，也可以提供存储屏障。

read_barrier_depends() 是 rmb() 的变种，它提供了一个读屏障，但是仅仅是针对后续读操作所依靠的那些载入。因为屏障后的读操作依赖于屏障前的读操作，因此，该屏障确保屏障前的读操作在屏障后的读操作之前完成。明白了吗？基本上说，该函数设置一个读屏障，如 rmb()，但是只针对特定的读——也就是那些相互依赖的读操作。在有些体系结构上，read_barrier_depends() 比 rmb() 执行得快，因为它仅仅是个空操作，实际并不需要。

⊖　虽然 Intel x86 处理器不会对写进行重新排序，也就是说，它不进行打乱顺序的存储，但是其他处理器会这么做。

看看使用了 mb() 和 rmb() 的一个例子，其中 a 的初始值是 1，b 的初始值是 2。

线程 1	线程 2
a = 3;	—
mb();	—
b = 4;	c = b;
—	rmb();
—	d = a;

如果不使用内存屏障，在某些处理器上，c 可能接收了 b 的新值，而 d 接收了 a 原来的值。比如 c 可能等于 4（正是我们希望的），然而 d 可能等于 1（不是我们希望的）。使用 mb() 能确保 a 和 b 按照预定的顺序写入，而 rmb() 确保 c 和 d 按照预定的顺序读取。

这种重排序的发生是因为现代处理器为了优化其传送管道（pipeline），打乱了分派和提交指令的顺序。如果上例中读入 a、b 时的顺序被打乱的话，又会发生什么情况呢？rmb() 或 wmb() 函数相当于指令，它们告诉处理器在继续执行前提交所有尚未处理的载入或存储指令。

看一个类似的例子，但是其中一个线程用 read_barrier_depends() 代替了 rmb()。例子中 a 的初始值是 1，b 是 2，p 是 &b。

线程 1	线程 2
a = 3;	—
mb();	—
p = &a;	pp = p;
—	read_barrier_depends();
—	b = *pp;

再一次声明，如果没有内存屏障，有可能在 pp 被设置成 p 前，b 就被设置为 pp 了。由于载入 *pp 依靠载入 p，所以 read_barrier_depends() 提供了一个有效的屏障。虽然使用 rmb() 同样有效，但是因为读是数据相关的，所以我们使用 read_barrier_depends() 可能更快。注意，不管在哪种情况下，左边的线程都需要 mb() 操作来确保预定的载入或存储顺序。

宏 smp_rmb()、smp_wmb()、smp_mb() 和 smp_read_barrier_depends() 提供了一个有用的优化。在 SMP 内核中它们被定义成常用的内存屏障，而在单处理机内核中，它们被定义成编译器的屏障。对于 SMP 系统，在有顺序限定要求时，可以使用 SMP 的变种。

barrier() 方法可以防止编译器跨屏障对载入或存储操作进行优化。编译器不会重新组织存储或载入操作，而防止改变 C 代码的效果和现有数据的依赖关系。但是，它不知道在当前上下文之外会发生什么事。例如，编译器不可能知道有中断发生，这个中断有可能在读取正在被写入的数据。这时就要求存储操作发生在读取操作前。前面讨论的内存屏障可以完成编译器屏障的功能，但是编译器屏障要比内存屏障轻量（它实际上是轻快的）得多。实际上，编译器屏障几乎是空闲的，因为它只防止编译器可能重排指令。

表 10-12 给出了内核中所有体系结构提供的完整的内存和编译器屏障方法。

表 10-12　内存和编译器屏障方法

屏　　　障	描　　述
rmb()	阻止跨越屏障的载入动作发生重排序
read_barrier_depends()	阻止跨越屏障的具有数据依赖关系的载入动作重排序
wmb()	阻止跨越屏障的存储动作发生重排序
mb()	阻止跨越屏障的载入和存储动作重新排序
smp_rmb()	在 SMP 上提供 rmb() 功能，在 UP 上提供 barrier() 功能
smp_read_barrier_depends()	在 SMP 上提供 read_barrier_depends() 功能，在 UP 上提供 barrier() 功能
smp_wmb()	在 SMP 上提供 wmb() 功能，在 UP 上提供 barrier() 功能
smp_mb()	在 SMP 上提供 mb() 功能，在 UP 上提供 barrier() 功能
barrier()	阻止编译器跨屏障对载入或存储操作进行优化

　　注意，对于不同体系结构，屏障的实际效果差别很大。例如，如果一个体系结构不执行打乱存储（如 Intel x86 芯片就不会），那么 wmb() 就什么也不做。但应该为最坏的情况（即排序能力最弱的处理器）使用恰当的内存屏蔽，这样代码才能在编译时执行针对体系结构的优化。

10.12　小结

　　本章应用了第 9 章的概念和原理，这使得你能理解 Linux 内核用于同步和并发的具体方法。我们一开始先讲述了最简单的确保同步的方法——原子操作，然后考察了自旋锁，这是内核中最普通的锁，它提供了轻量级单独持有者的锁，即争用时忙等。我们接着还讨论了信号量（这是一种睡眠锁）以及更通用的衍生锁——mutex。至于专用的加锁原语像完成变量、seq 锁，只是稍稍提及。我们取笑 BLK，考察了禁止抢占，并理解了屏障，它曾难以驾驭。

　　以第 9 章和第 10 章的同步方法为基础，就可以编写避免竞争条件、确保正确同步，而且能在多处理器上安全运行的内核代码了。

定时器和时间管理

时间管理在内核中占有非常重要的地位。相对于事件驱动⊖而言，内核中有大量的函数都是基于时间驱动的。其中有些函数是周期执行的，像对调度程序中的运行队列进行平衡调整或对屏幕进行刷新这样的函数，都需要定期执行，比如说，每秒执行 100 次；而另外一些函数，比如需要推后执行的磁盘 I/O 操作等，则需要等待一个相对时间后才运行——比如说，内核会在 500ms 后再执行某个任务。除了上述两种函数需要内核提供时间外，内核还必须管理系统的运行时间以及当前日期和时间。

请注意相对时间和绝对时间之间的差别。如果某个事件在 5s 后被调度执行，那么系统所需要的不是绝对时间，而是相对时间（比如，相对现在起 5s 后）；相反，如果要求管理当前日期和当前时间，则内核不但要计算流逝的时间而且还要计算绝对时间。所以这两种时间概念对内核时间管理来说都至关重要。

另外，还请注意周期性产生的事件与内核调度程序推迟到某个确定点执行的事件之间的差别。周期性产生的事件——比如每 10ms 一次——都是由系统定时器驱动的。系统定时器是一种可编程硬件芯片，它能以固定频率产生中断。该中断就是所谓的定时器中断，它所对应的中断处理程序负责更新系统时间，也负责执行需要周期性运行的任务。系统定时器和时钟中断处理程序是 Linux 系统内核管理机制中的中枢，本章将着重讨论它们。

本章关注的另外一个焦点是动态定时器——一种用来推迟执行程序的工具。比如说，如果软驱马达在一定时间内都未活动，那么软盘驱动程序会使用动态定时器关闭软驱马达。内核可以动态创建或撤销动态定时器。本章将介绍动态定时器在内核中的实现，同时给出在内核代码中可供使用的定时器接口。

11.1　内核中的时间概念

时间概念对计算机来说有些模糊，事实上内核必须在硬件的帮助下才能计算和管理时间。硬件为内核提供了一个系统定时器用以计算流逝的时间，该时钟在内核中可看成是一个电子时间资源，比如数字时钟或处理器频率等。系统定时器以某种频率自行触发（经常被称为击中（hitting）或射中（popping））时钟中断，该频率可以通过编程预定，称作节拍率（tick rate）。当时钟中断发生时，内核就通过一种特殊的中断处理程序对其进行处理。

因为预编的节拍率对内核来说是可知的，所以内核知道连续两次时钟中断的间隔时间。这

⊖　更准确地讲，时间驱动事件也属于事件驱动的一种——时间的流逝本身就是一种事件。然而，由于时间驱动的频率非常高，且对内核而言至关重要，因此，本章中我们仅仅分析时间驱动事件。

个间隔时间就称为节拍（tick），它等于节拍率分之一（1/（tick rate））秒。正如你所看到的，内核就是靠这种已知的时钟中断间隔来计算墙上时间和系统运行时间的。墙上时间（也就是实际时间）对用户空间的应用程序来说是最重要的。内核通过控制时钟中断维护实际时间，另外内核也为用户空间提供了一组系统调用以获取实际日期和实际时间。系统运行时间（自系统启动开始所经的时间）对用户空间和内核都很有用，因为许多程序都必须清楚流逝的时间。通过两次（现在和以后）读取运行时间再计算它们的差，就可以得到相对的流逝的时间了。

- 时钟中断对于管理操作系统尤为重要，大量内核函数的生命周期都离不开流逝的时间的控制。下面给出一些利用时间中断周期执行的工作：
- 更新系统运行时间。
- 更新实际时间。
- 在 smp 系统上，均衡调度程序中各处理器上的运行队列。如果运行队列负载不均衡的话，尽量使它们均衡（在第 4 章中讨论过）。
- 检查当前进程是否用尽了自己的时间片。如果用尽，就重新进行调度（在第 4 章中讨论过）。
- 运行超时的动态定时器。
- 更新资源消耗和处理器时间的统计值。

这其中有些工作在每次的时钟中断处理程序中都要被处理——也就是说，这些工作随时钟的频率反复运行。另一些也是周期性地执行，但只需要每 n 次时钟中断运行一次，也就是说，这些函数在累计了一定数量的时钟节拍数时才被执行。在"时钟中断处理程序"这一节中，我们将详细讨论时钟中断处理程序。

11.2　节拍率：Hz

系统定时器频率（节拍率）是通过静态预处理定义的，也就是 Hz（赫兹），在系统启动时按照 HZ 值对硬件进行设置。体系结构不同，Hz 的值也不同，实际上，对于某些体系结构来说，甚至是机器不同，它的值都会不一样。

内核在 <asm/param.h> 文件中定义了这个值。节拍率有一个 HZ 频率，一个周期为 1/Hz 秒。例如，x86 体系结构中，系统定时器频率默认值为 100。因此，x86 上时钟中断的频率就为 100Hz，也就是说在 i386 处理上的每秒钟时钟中断 100 次（百分之一秒，即每 10ms 产生一次）。但其他体系结构的节拍率为 250 和 1000，分别对应 4ms 和 1ms。表 11-1 给出了各种体系结构与各自对应节拍率的完整列表。

编写内核代码时，不要认为 Hz 值是一个固定不变的值。这不是一个常见的错误，因为大多数体系结构的节拍率都是可调的。但是在过去，只有 Alpha 一种机型的节拍率不等于 100，所以很多本该使用 Hz 的地方，都错误地在代码中直接硬编码（hard-code）成 100 这个值。稍后，我们会给出内核代码中使用 Hz 的例子。

正如我们所看到的，时钟中断能处理许多内核任务，所以它对内核来说极为重要。事实上，内核中的全部时间概念都来源于周期运行的系统时钟。所以选择一个合适的频率，就如同在人际交往中建立和谐关系一样，必须取得各方面的折中。

表 11-1　时钟中断频率

体 系 结 构	频率 /Hz
Alpha	1024
Arm	100
avr32	100
Blackfin	100
Cris	100
h8300	100
ia64	1 024
m32r	100
m68k	100
m68knommu	50，100 或 1000
Microblaze	100
Mips	100
mn10300	100
parisc	100
powerpc	100
Score	100
s390	100
Sh	100
sparc	100
Um	100
x86	100

11.2.1　理想的 Hz 值

自 Linux 问世以来，i386 体系结构中时钟中断频率就设定为 100Hz，但是在 2.5 开发版内核中，中断频率被提高到 1000Hz。当然，是否应该提高频率（如同其他绝大多数事情一样）是饱受争议的。由于内核中众多子系统都必须依赖时钟中断工作，所以改变中断频率必然会对整个系统造成很大的冲击。但是，任何事情总是有两面性的，我们接下来就来分析系统定时器使用高频率与使用低频率各有哪些优劣。

提高节拍率意味着时钟中断产生得更加频繁，所以中断处理程序也会更频繁地执行。如此一来会给整个系统带来如下好处：

- 更高的时钟中断解析度（resolution）可提高时间驱动事件的解析度。
- 提高了时间驱动事件的准确度（accuracy）。

提高节拍率等同于提高中断解析度。比如 Hz=100 的时钟的执行粒度为 10ms，即系统中的周期事件最快为每 10ms 运行一次，而不可能有更高的精度⊖，但是当 Hz=1000 时，解析度就为

⊖　这里所说的是计算机意义上的精度，而不是科学意义上的精度。科学意义上的精度是统计反复性的量度，在计算机领域内，精度是表示一个值的有效位的个数。

1ms——精细了10倍。虽然内核可以提供频度为1ms的时钟，但是并没有证据显示对系统中所有程序而言，频率为1000Hz的时钟率相比频率为100Hz的时钟都更合适。

另外，提高解析度的同时也提高了准确度。假定内核在某个随机时刻触发定时器，而它可能在任何时间超时，但由于只有在时钟中断到来时才可能执行它，所以平均误差大约为半个时钟中断周期。比如说，如果时钟周期为Hz=100，那么事件平均在设定时刻的±5ms内发生，所以平均误差为5ms。如果Hz=1000，那么平均误差可降低到0.5ms——准确度提高了10倍。

11.2.2　高Hz的优势

更高的时钟中断频度和更高的准确度又会带来如下优点：
- 内核定时器能够以更高的频度和更高的准确度（它带来了大量的好处，下一条便是其中之一）运行。
- 依赖定时值执行的系统调用，比如poll()和select()，能够以更高的精度运行。
- 对诸如资源消耗和系统运行时间等的测量会有更精细的解析度。
- 提高进程抢占的准确度。

对poll()和select()超时精度的提高会给系统性能带来极大的好处。提高精度可以大幅度提高系统性能。频繁使用上述两种系统调用的应用程序，往往在等待时钟中断上浪费大量的时间，而事实上，定时值可能早就超时了。回忆一下，平均误差（也就是，可能浪费的时间）可是时钟中断周期的一半。

更高的准确率也使进程抢占更准确，同时还会加快调度响应时间。第4章中提到过，时钟中断处理程序负责减少当前进程的时间片计数。当时间片计数跌到0时，而又设置了need_resched标志的话，内核便立刻重新运行调度程序。假定有一个正在运行的进程，它的时间片只剩下2ms了，此时调度程序又要求抢占该进程，然后去运行另一个新进程；然而，该抢占行为不会在下一个时钟中断到来前发生，也就是说，在这2ms内不可能进行抢占。实际上，对于频率为100Hz的时钟来说，最坏要在10ms后，当下一个时钟中断到来时才能进行抢占，所以新进程也就可能要比要求的晚10ms才能执行。当然，进程之间也是平等的，因为所有的进程都是一视同仁的待遇，调度起来都不是很准确——但关键不在于此。问题在于由于耽误了抢占，所以对于类似于填充音频缓冲区这样有严格时间要求的任务来说，结果是无法接受的。如果将节拍率提高到1000Hz，在最坏情况下，也能将调度延误时间降低到1ms，而在平均情况下，只能降到0.5ms左右。

11.2.3　高Hz的劣势

现在该谈谈另一面了，提高节拍率会产生副作用。事实上，把节拍率提高到1000Hz（甚至更高）会带来一个大问题：节拍率越高，意味着时钟中断频率越高，也就意味着系统负担越重。因为处理器必须花时间来执行时钟中断处理程序，所以节拍率越高，中断处理程序占用的处理器的时间越多。这样不但减少了处理器处理其他工作的时间，而且还会更频繁地打乱处理器高速缓存并增加耗电。负载造成的影响值得进一步探讨。将时钟频率从100Hz提高到1000Hz必然会使时钟中断的负载增加10倍。可是增加前的系统负载又是多少呢？最后的结论是：至少在现代计算机系统上，时钟频率为1000Hz不会导致难以接受的负担，并且不会对系统性能造成较大的影响。尽管如此，在 2.6 版内核中还是允许在编译内核时选定不同的 Hz 值[○]。

> **无节拍的 OS?**
>
> 　　也许你疑惑操作系统是否一定要有固定时钟。尽管 40 年来，几乎所有的通用操作系统都使用与本章所描述的系统类似的时钟中断，但 Linux 内核支持"无节拍操作"这样的选项。当编译内核时设置了 CONFIG_HZ 配置选项，系统就根据这个选项动态调度时钟中断。并不是每隔固定的时间间隔（比如 1ms）触发时钟中断，而是按需动态调度和重新设置。如果下一个时钟频率设置为 3ms，就每 3ms 触发一次时钟中断。之后，如果 50ms 内都无事可做，内核以 50ms 重新调度时钟中断。
>
> 　　减少开销总是受欢迎的，但是实质性受益还是省电，特别是在系统空闲时。在基于节拍的标准系统中，即使在系统空闲期间，内核也需要为时钟中断提供服务。对于无节拍的系统而言，空闲档期不会被不必要的时钟中断所打断，于是减少了系统的能耗。且不论空闲期是 200ms 还是 200s，随着时间的推移，所省的电是实实在在的。

11.3　jiffies

　　全局变量 jiffies 用来记录自系统启动以来产生的节拍的总数。启动时，内核将该变量初始化为 0，此后，每次时钟中断处理程序就会增加该变量的值。因为一秒内时钟中断的次数等于 Hz，所以 jiffies 1s 内增加的值也就为 Hz。系统运行时间以秒为单位计算，就等于 jiffies/Hz。实际出现的情况可能稍微复杂些：内核给 jiffies 赋一个特殊的初值，引起这个变量不断地溢出，由此捕捉 bug。当找到实际的 jiffies 值后，就首先把这个"偏差"减去。

> **jiffy 的语源**
>
> 　　术语 jiffy 起源是未知的。据说这个短语起源于 18 世纪的英国。最初，jiffy 所指含义不明确，但简单地表示时间周期。
>
> 　　在科学应用中，jiffy 表示各种时间间隔，通常指 10ms。在物理中，jiffy 有时表示光传播某一特定距离（大抵 1ft，或者 1cm，或者跨越 1 个核子）所花的时间。
>
> 　　在计算机工程中，jiffy 常常是两次连续的时钟周期之间的时间。在电机工程中，jiffy 是完成一次 AC（交流电）周期的时间。在美国，这是 1/60s。
>
> 　　在操作系统中，尤其是 UNIX 中，jiffy 是两次连续的时钟节拍之间的时间。历史上，这是 10ms。但是，我们在本章已经看到，jiffy 在 Linux 中已经有所变化。

jiffies 定义于文件 <linux/jiffies.h> 中：

```
extern unsigned long volatile jiffies;
```

在 13.4 节我们会看到它的实际定义，它看起来有点特殊。现在我们先来看一些用到 jiffies 的内核代码。下面表达式将以秒为单位的时间转化为 jiffies：

○　不过，因为体系结构和 NTP 相关问题，Hz 的值并不是随便确定的，在 x86 上，100、500 和 1000 都是有效的值。

```
(seconds * HZ)
```

相反，下面表达式将 jiffies 转换为以秒为单位的时间：

```
(jiffies/HZ)
```

比较而言，内核中将秒转换为 jiffies 用得多一些，比如代码经常需要设置一些将来的时间：

```
unsigned long time_stamp = jiffies;          /* 现在 */
unsigned long next_tick = jiffies+1;         /* 从现在开始 1 个节拍 */
unsigned long later = jiffies+5*HZ;          /* 从现在开始 5 秒 */
unsigned long fraction = jiffies + HZ / 10;  /* 从现在开始 1/10 秒 */
```

把时钟转化为秒经常会用在内核和用户空间进行交互的时候，而内核本身很少用到绝对时间。
注意，jiffies 类型为无符号长整型（unsigned long），用其他任何类型存放它都不正确。

11.3.1　jiffies 的内部表示

jiffies 变量总是无符号长整数（unsigned long），因此，在 32 位体系结构上是 32 位，在 64 位体系结构上是 64 位。32 位的 jiffies 变量，在时钟频率为 100Hz 的情况下，497 天后会溢出。如果频率为 1000Hz，49.7 天后就会溢出。而如果使用 64 位的 jiffies 变量，任何人都别指望会看到它溢出。

由于性能与历史的原因，主要还考虑到与现有内核代码的兼容性，内核开发者希望 jiffies 依然为 unsigned long。有一些巧妙的思想和少数神奇的链接程序扭转了这一局面。

前面已经看到，jiffies 定义为 unsigned long：

```
extern unsigned long volatile jiffies;
```

第二个变量也定义在 <linux/jiffies.h> 中：

```
extern u64 jiffies_64;
```

ld(1) 脚本用于连接主内核映像（在 x86 上位于 arch/x86/kernel/vmlinux.lds.S），然后用 jiffies_64 变量的初值覆盖 jiffies 变量：

```
jiffies = jiffies_64;
```

因此，jiffies 取整个 64 位 jiffies_64 变量的低 32 位。代码可以完全像以前一样继续访问 jiffies。因为大多数代码只不过使用 jiffies 存放流失的时间，因此，也就只关心低 32 位。不过，时间管理代码使用整个 64 位，以此来避免整个 64 位的溢出。图 11-1 呈现了 jiffies 和 jiffies_64 的划分。

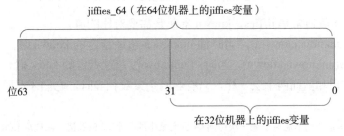

图 11-1　jiffies 和 jiffies_64 的划分

访问 jiffies 的代码仅会读取 jiffies_64 的低 32 位。通过 get_jiffies_64() 函数，就可以读取整个 64 位数值$^\ominus$。但是这种需求很少，多数代码仍然只要能通过 jiffies 变量读取低 32 位就够了。

在 64 位体系结构上，jiffies_64 和 jiffies 指的是同一个变量，代码既可以直接读取 jiffies 也可以调用 get_jiffies_64() 函数，它们的作用相同。

11.3.2 jiffies 的回绕

和任何 C 整型一样，当 jiffies 变量的值超过它的最大存放范围后就会发生溢出。对于 32 位无符号长整型，最大取值为 $2^{32}-1$。所以在溢出前，定时器节拍计数最大为 4294967295。如果节拍计数达到了最大值后还要继续增加的话，它的值会回绕（wrap around）到 0。

请看下面一个回绕的例子：

```
unsigned long timeout = jiffies + HZ/2;    /* 0.5秒后超时 */
/* 执行一些任务 ... */

/* 然后查看是否花的时间过长 */
if(timeout>jiffies){
        /* 没有超时，很好 ... */
}else {
        /* 超时了，发生错误 ...*/
}
```

上面这一小段代码是希望设置一个准确的超时时间——本例中从现在开始计时，时间为半秒。然后再去处理一些工作，比如探测硬件然后等待它的响应。如果处理这些工作的时间超过了设定的超时时间，代码就要做相应的出错处理。

这里有很多种发生溢出的可能，我们只分析其中之一：考虑如果在设置完 timeout 变量后，jiffies 重新回绕为 0 将会发生什么？此时，第一个判断会返回假，因为尽管实际上用去的时间可能比 timeout 值要大，但是由于溢出后回绕为 0，所以 jiffies 这时肯定会小于 timeout 的值。jiffies 本该是个非常大的数值——大于 timeout，但是因为超过了它的最大值，所以反而变成了一个很小的值——也许仅仅只有几个节拍计数。由于发生了回绕，所以 if 判断语句的结果刚好相反。

幸好，内核提供了四个宏来帮助比较节拍计数，它们能正确地处理节拍计数回绕情况。这些宏定义在文件 <linux/jiffies.h> 中，这里列出的宏是简化版：

```
#define time_after(unknown,known)    ((long)(known) -  (long)(unknown)<0)
#define time_before(unknown,known)   ((long)(unknown) - (long)(known)<0)
#define time_after_eq(unknown,known) ((long)(unknown) - (long)(known)>=0)
#define time_before_eq (unknown,known) ((long)(known) - (long)(unknown)>=0)
```

其中 unkown 参数通常是 jiffies，known 参数是需要对比的值。

宏 time_after(unknown,known)，当时间 unknown 超过指定的 known 时，返回真，否则返回假；宏 time_before(unknown,known)，当时间 unknow 没超过指定的 know 时，返回真，否则返回假。后面两个宏作用和前面两个宏一样，只有当两个参数相等时，它们才返回真。

$\ominus$ 因为 32 位体系结构不能原子地一次访问 64 位变量中的两个 32 位数值。在读取 jiffies 时，特殊的函数利用 xtime_lock 锁对 jiffies 变量进行锁定。

　　所以前面的例子可以改造成时钟－回绕－安全（timer-wraparound-safe）的版本，形式如下：

```
unsigned long timeout = jiffies + HZ/2 ;          /* 0.5 秒后超时 */

/*...*/
if(time_before(jiffies,timeout)){
        /* 没有超时，很好 ...*/
}else {
        /* 超时了，发生错误 ...*/
}
```

　　如果你对这些宏能避免因为回绕而产生的错误感到好奇的话，你可以试一试对这两个参数取不同的值。然后，设定一个参数回绕到 0 值，看看会发生什么。

11.3.3　用户空间和 Hz

　　在 2.6 版以前的内核中，如果改变内核中 Hz 的值，会给用户空间中某些程序造成异常结果。这是因为内核是以节拍数 / 秒的形式给用户空间导出这个值的，在这个接口稳定了很长一段时间后，应用程序便逐渐依赖于这个特定的 Hz 值了。所以如果在内核中更改了 Hz 的定义值，就打破了用户空间的常量关系——用户空间并不知道新的 Hz 值。所以用户空间可能认为系统运行时间已经是 20 个小时了，但实际上系统仅仅启动了两个小时。

　　要想避免上面的错误，内核必须更改所有导出的 jiffies 值。因而内核定义了 USER_HZ 来代表用户空间看到的 Hz 值。在 x86 体系结构上，由于 Hz 值原来一直是 100，所以 USER_HZ 值就定义为 100。内核可以使用函数 jiffies_to_clock_t()（定义于 kernel/time.c 中）将一个由 Hz 表示的节拍计数转换成一个由 USER_HZ 表示的节拍计数。所采用的表达式取决于 USER_HZ 和 Hz 是否互为整数倍，而且 USER_HZ 是否小于等于 Hz。如果这两个条件都满足，对大多数系统来说通常也能够满足，则表达式相当简单：

```
return x / (HZ / USER_HZ);
```

　　如果不是整数倍关系，那么该宏就得用到更为复杂的算法了。

　　最后还要说明，内核使用函数 jiffies_64_to_clock_t() 将 64 位的 jiffies 值的单位从 Hz 转换为 USER_HZ。

　　在需要把以节拍数 / 秒为单位的值导出到用户空间时，需要使用上面这几个函数。比如：

```
unsigned long start ;
unsigned long total_time;

start = jiffies;
/* 执行一些任务 ...*/
total_time = jiffies - start;
printk("That took %lu ticks\n",jiffies_to_clock_t(total_time));
```

　　用户空间期望 Hz=USER_HZ，但是如果它们不相等，则由宏完成转换，这样的结果自然是皆大欢喜。说实话，上面的例子看起来是挺简单的，如果以秒为单位而不是以节拍为单位，输出信息会执行得好一些。比如像下面这样：

```
printk("That took %lu seconds \n",total_time/HZ);
```

11.4　硬时钟和定时器

体系结构提供了两种设备进行计时——一种是我们前面讨论过的系统定时器；另一种是实时时钟。虽然在不同机器上这两种时钟的实现并不相同，但是它们有着相同的作用和设计思路。

11.4.1　实时时钟

实时时钟（RTC）是用来持久存放系统时间的设备，即便系统关闭后，它也可以靠主板上的微型电池提供的电力保持系统的计时。在 PC 体系结构中，RTC 和 CMOS 集成在一起，而且 RTC 的运行和 BIOS 的保存设置都是通过同一个电池供电的。

当系统启动时，内核通过读取 RTC 来初始化墙上时间，该时间存放在 xtime 变量中。虽然内核通常不会在系统启动后再读取 xtime 变量，但是有些体系结构（比如 x86）会周期性地将当前时间值存回 RTC 中。尽管如此，实时时钟最主要的作用仍是在启动时初始化 xtime 变量。

11.4.2　系统定时器

系统定时器是内核定时机制中最为重要的角色。尽管不同体系结构中的定时器实现不尽相同，但是系统定时器的根本思想并没有区别——提供一种周期性触发中断机制。有些体系结构是通过对电子晶振进行分频来实现系统定时器，还有些体系结构则提供了一个衰减测量器（decrementer）——衰减测量器设置一个初始值，该值以固定频率递减，当减到零时，触发一个中断。无论哪种情况，其效果都一样。

在 x86 体系结构中，主要采用可编程中断时钟（PIT）。PIT 在 PC 机器中普遍存在，而且从 DOS 时代，就开始以它作为时钟中断源了。内核在启动时对 PIT 进行编程初始化，使其能够以 Hz/ 秒的频率产生时钟中断（中断 O）。虽然 PIT 设备很简单，功能也有限，但它却足以满足我们的需要。x86 体系结构中的其他的时钟资源还包括本地 APIC 时钟和时间戳计数（TSC）等。

11.5　时钟中断处理程序

现在我们已经理解了 Hz、jiffies 等概念以及系统定时器的功能。下面将分析时钟中断处理程序是如何实现的。时钟中断处理程序可以划分为两个部分：体系结构相关部分和体系结构无关部分。

与体系结构相关的例程作为系统定时器的中断处理程序而注册到内核中，以便在产生时钟中断时，它能够相应地运行。虽然处理程序的具体工作依赖于特定的体系结构，但是绝大多数处理程序最低限度也都要执行如下工作：

- 获得 xtime_lock 锁，以便对访问 jiffies_64 和墙上时间 xtime 进行保护。
- 需要时应答或重新设置系统时钟。
- 周期性地使用墙上时间更新实时时钟。
- 调用体系结构无关的时钟例程：tick_periodic()。

中断服务程序主要通过调用与体系结构无关的例程，tick_periodic() 执行下面更多的工作：

- 给 jiffies_64 变量增加 1（这个操作即使是在 32 位体系结构上也是安全的，因为前面已经获得了 xtime_lock 锁）。
- 更新资源消耗的统计值，比如当前进程所消耗的系统时间和用户时间。
- 执行已经到期的动态定时器（11.6 节将讨论）。
- 执行第 4 章曾讨论的 sheduler_tick() 函数。
- 更新墙上时间，该时间存放在 xtime 变量中。
- 计算平均负载值。

因为上述工作分别都由单独的函数负责完成，所以 tick_periodic() 例程的代码看起来非常简单。

```
static void tick_periodic(int cpu)
{
        if (tick_do_timer_cpu == cpu) {
                write_seqlock(&xtime_lock);

                /* 记录下一个节拍事件 */
                tick_next_period = ktime_add(tick_next_period, tick_period);

                do_timer(1);
                write_sequnlock(&xtime_lock);
        }

        update_process_times(user_mode(get_irq_regs()));
        profile_tick(CPU_PROFILING);
}
```

很多重要的操作都在 do_timer() 和 update_process_times() 函数中进行。前者承担着对 jiffies_64 的实际增加操作：

```
void do_timer(unsigned long ticks)
{
        jiffies_64 += ticks;
        update_wall_time();
        calc_global_load();
}
```

函数 update_wall_time()，顾名思义，根据所流逝的时间更新墙上的时钟，而 calc_global_load() 更新系统的平均负载统计值。当 do_timer() 最终返回时，调用 update_process_times() 更新所耗费的各种节拍数。注意，通过 user_tick 区别是花费在用户空间还是内核空间。

```
void update_process_times(int user_tick)
{
        struct task_struct *p = current;
        int cpu = smp_processor_id();
        /* 注意：也必须对这个时钟 irg 的上下文说明一下原因 */
        account_process_tick(p, user_tick);
        run_local_timers();
        rcu_check_callbacks(cpu, user_tick);
        printk_tick();
        scheduler_tick();
        run_posix_cpu_timers(p);
}
```

回想一下 tick_periodic()，user_tick 的值是通过查看系统寄存器来设置的：

```
update_process_times(user_mode(get_irq_regs()));
```

account_process_tick() 函数对进程的时间进行实质性更新：

```
void account_process_tick(struct task_struct *p, int user_tick)
{
        cputime_t one_jiffy_scaled = cputime_to_scaled(cputime_one_jiffy);
        struct rq *rq = this_rq();

        if (user_tick)
                account_user_time(p, cputime_one_jiffy, one_jiffy_scaled);
        else if ((p != rq->idle) || (irq_count() != HARDIRQ_OFFSET))
                account_system_time(p, HARDIRQ_OFFSET, cputime_one_jiffy,
                                    one_jiffy_scaled);
        else
                account_idle_time(cputime_one_jiffy);
}
```

也许你已经发现了，这样做意味着内核对进程进行时间计数时，是根据中断发生时处理器所处的模式进行分类统计的，它把上一个节拍全部算给了进程。但是事实上进程在上一个节拍期间可能多次进入和退出内核模式，而且在上一个节拍期间，该进程也不一定是唯一一个运行进程。很不幸，这种粒度的进程统计方式是传统的 UNIX 所具有的，现在还没有更加精密的统计算法的支持，内核现在只能做到这个程度。这也是内核应该采用更高频率的另一个原因。

接下来的 run_lock_timers() 函数标记了一个软中断（请参考第 8 章）去处理所有到期的定时器，在 11.6 节中将具体讨论定时器。

最后，scheduler_tick() 函数负责减少当前运行进程的时间片计数值并且在需要时设置 need_resched 标志。在 SMP 机器中，该函数还要负责平衡每个处理器上的运行队列，这点在第 4 章曾讨论过。

tick_periodic() 函数执行完毕后返回与体系结构相关的中断处理程序，继续执行后面的工作，释放 xtime_lock 锁，然后退出。

以上全部工作每 1/Hz 秒都要发生一次，也就是说在 x86 机器上时钟中断处理程序每秒执行 100 次或者 1000 次。

11.6 实际时间

当前实际时间（墙上时间）定义在文件 kernel/time/timekeeping.c 中：

```
struct timespec xtime;
```

timespec 数据结构定义在文件 <linux/time.h> 中，形式如下：

```
struct timespec{
        _kernel_time_t tv_sec;          /* 秒 */
        long tv_nsec;                   /* ns */
};
```

xtime.tv_sec 以秒为单位，存放着自 1970 年 1 月 1 日（UTC）以来经过的时间，1970 年 1 月 1 日被称为纪元，多数 UNIX 系统的墙上时间都是基于该纪元而言的。xtime.v_nsec 记录自上一秒开始经过的 ns 数。

读写 xtime 变量需要使用 xtime_lock 锁，该锁不是普通自旋锁而是一个 seqlock 锁，在第 10 章中曾讨论过 seqlock 锁。

更新 xtime 首先要申请一个 seqlock 锁：

```
write_seqlock(&xtime_lock);
/* 更新 xtime... */
write_sequnlock(&xtime_lock);
```

读取 xtime 时也要使用 read_seqbegin() 和 read_seqretry() 函数：

```
unsigned long seq;

do {
        unsigned long lost;
        seq = read_seqbegin(&xtime_lock);

        usec = timer->get_offset();
        lost = jiffies - wall_jiffies;
        if (lost)
                usec += lost * (1000000 / HZ);
        sec = xtime.tv_sec;
        usec += (xtime.tv_nsec / 1000);
} while (read_seqretry(&xtime_lock, seq));
```

该循环不断重复，直到读者确认读取数据时没有写操作介入。如果发现循环期间有时钟中断处理程序更新 xtime，那么 read_seqretry() 函数就返回无效序列号，继续循环等待。

从用户空间取得墙上时间的主要接口是 gettimeofday()，在内核中对应系统调用为 sys_gettimeofday()，定义于 kernel/time.c：

```
asmlinkage long sys_gettimeofday(struct timeval *tv, struct timezone *tz)
{
        if (likely(tv)) {
                struct timeval ktv;
                do_gettimeofday(&ktv);
                if (copy_to_user(tv, &ktv, sizeof(ktv)))
                        return -EFAULT;
        }
        if (unlikely(tz)) {
                if (copy_to_user(tz, &sys_tz, sizeof(sys_tz)))
                        return -EFAULT;
        }
        return 0;
}
```

如果用户提供的 tv 参数非空，那么与体系结构相关的 do_gettimeofday() 函数将被调用。该函数执行的就是上面提到的循环读取 xtime 的操作。如果 tz 参数为空，该函数将把系统时区（存放在 sys_tz 中）返回用户。如果在给用户空间拷贝墙上时间或时区时发生错误，该函数返回 -EFAULT；如果成功，则返回 0。

虽然内核也实现了 time()⊖系统调用，但是 gettimeofday() 几乎完全取代了它。另外 C 库函数也提供了一些墙上时间相关的库调用，比如 ftime() 和 ctime()。

另外，系统调用 settimeofday() 来设置当前时间，它需要具有 CAP_SYS_TIME 权能。

除了更新 xtime 时间以外，内核不会像用户空间程序那样频繁使用 xtime。但也有需要注意的特殊情况，那就是在文件系统的实现代码中存放访问时间戳（创建、存取、修改等）时需要使用 xtime。

11.7　定时器

定时器（有时也称为动态定时器或内核定时器）是管理内核流逝的时间的基础。内核经常需要推后执行某些代码，比如以前章节提到的下半部机制就是为了将工作放到以后执行。但不幸的是，之后这个概念很含糊，下半部的本意并非是放到以后的某个时间去执行任务，而仅仅是不在当前时间执行就可以了。我们所需要的是一种工具，能够使工作在指定时间点上执行——不长不短，正好在希望的时间点上。内核定时器正是解决这个问题的理想工具。

定时器的使用很简单。你只需要执行一些初始化工作，设置一个超时时间，指定超时发生后执行的函数，然后激活定时器就可以了。指定的函数将在定时器到期时自动执行。注意定时器并不周期运行，它在超时后就自行撤销，这也正是这种定时器被称为动态定时器⊖的一个原因；动态定时器不断地创建和撤销，而且它的运行次数也不受限制。定时器在内核中应用得非常普遍。

11.7.1　使用定时器

定时器由结构 timer_list 表示，定义在文件 <linux/timer.h> 中。

```
struct timer_list {
        struct list_head entry;            /* 定时器链表的入口 */
        unsigned long expires;             /* 以 jiffies 为单位的定时值 */
        void (*function)(unsigned long);   /* 定时器处理函数 */
        unsigned long data;                /* 传给处理函数的长整型参数 */
        struct tvec_t_base_s *base;        /* 定时器内部值，用户不要使用 */
};
```

幸运的是，使用定时器并不需要深入了解该数据结构。事实上，过深地陷入该结构，反而会使你的代码不能保证对可能发生的变化提供支持。内核提供了一组与定时器相关的接口用来简化管理定时器的操作。所有这些接口都声明在文件 <linux/timer.h> 中，大多数接口在文件 kernel/timer.c 中获得实现。

⊖　但在某些体系结构中，并没有实现 sys_time()，而是用 C 库中的 gettimeofday() 函数模拟它。
⊖　另一个原因是（2.3 版本前）内核也存在静态定时器。这种定时器在编译时创建，而不是实时创建。由于静态定时器存在缺陷，已经被淘汰了。

创建定时器时需要先定义它：

```
struct timer_list my_timer;
```

接着需要通过一个辅助函数来初始化定时器数据结构的内部值，初始化必须在使用其他定时器管理函数对定时器进行操作前完成。

```
init_timer(&my_timer);
```

现在你可以填充结构中需要的值了：

```
my_timer.expires = jiffies + delay;      /* 定时器超时的节拍数 */
my_timer.data = 0;                       /* 给定时器处理函数传入 0 值 */
my_timer.function = my_function;         /* 定时器超时时调用的函数 */
```

my_timer.expires 表示超时时间，它是以节拍为单位的绝对计数值。如果当前 jiffies 计数等于或大于 my_timer.expires，那么 my_timer.function 指向的处理函数就会开始执行，另外该函数还要使用长整型参数 my_timer.data。所以正如我们从 timer_list 结构看到的形式，处理函数必须符合下面的函数原型：

```
void my_timer_function(unsigned long data);
```

data 参数使你可以利用同一个处理函数注册多个定时器，只需通过该参数就能区别对待它们。如果你不需要这个参数，就可以简单地传递 0（或任何其他值）给处理函数。

最后，你必须激活定时器：

```
add_timer(&my_timer);
```

大功告成，定时器可以工作了！但请注意定时值的重要性。当前节拍计数等于或大于指定的超时时，内核就开始执行定时器处理函数。虽然内核可以保证不会在超时时间到期前运行定时器处理函数，但是有可能延误定时器的执行。一般来说，定时器都在超时后马上就会执行，但是也有可能推迟到下一次时钟节拍时才能运行，所以不能用定时器来实现任何硬实时任务。

有时可能需要更改已经激活的定时器超时时间，所以内核通过函数 mod_timer() 来实现该功能，该函数可以改变指定的定时器超时时间：

```
mod_timer(&my_timer,jiffies+new_delay);      /* 新的定时值 */
```

mod_timer() 函数也可操作那些已经初始化，但还没有被激活的定时器，如果定时器未被激活，mod_timer() 会激活它。如果调用时定时器未被激活，该函数返回 0；否则返回 1。但不论哪种情况，一旦从 mod_timer() 函数返回，定时器都将被激活而且设置了新的定时值。

如果需要在定时器超时前停止定时器，可以使用 del_timer() 函数：

```
del_timer(&my_timer);
```

被激活或未被激活的定时器都可以使用该函数，如果定时器还未被激活，该函数返回 0；否则返回 1。注意，不需要为已经超时的定时器调用该函数，因为它们会自动删除。

当删除定时器时，必须注意一个潜在的竞争条件。当 del_timer() 返回后，可以保证的只是：定时器不会再被激活（也就是，将来不会执行），但是在多处理器机器上定时器中断可能已经在其他处理器上运行了,所以删除定时器时需要等待可能在其他处理器上运行的定时器处理程序都退出,这时就要使用 del_timer_sync() 函数执行删除工作:

```
del_timer_sync(&my_timer);
```

和 del_timer() 函数不同,del_timer_sync() 函数不能在中断上下文中使用。

11.7.2 定时器竞争条件

因为定时器与当前执行代码是异步的,因此就有可能存在潜在的竞争条件。所以,首先,绝不能用如下所示的代码替代 mod_timer() 函数,来改变定时器的超时时间。这样的代码在多处理器机器上是不安全的:

```
del_timer(my_timer)
my_timer->expires = jiffies + new_delay;
add_timer(my_timer);
```

其次,一般情况下应该使用 del_timer_sync() 函数取代 del_timer() 函数,因为无法确定在删除定时器时,它是否正在其他处理器上运行。为了防止这种情况的发生,应该调用 del_timer_sync() 函数,而不是 del_timer() 函数。否则,对定时器执行删除操作后,代码会继续执行,但它有可能会去操作在其他处理器上运行的定时器正在使用的资源,因而造成并发访问,所以请优先使用删除定时器的同步方法。

最后,因为内核异步执行中断处理程序,所以应该重点保护定时器中断处理程序中的共享数据。定时器数据的保护问题曾在第 8 章和第 9 章讨论过。

11.7.3 实现定时器

内核在时钟中断发生后执行定时器,定时器作为软中断在下半部上下文中执行。具体来说,时钟中断处理程序会执行 update_process_times() 函数,该函数随即调用 run_local_timers() 函数:

```
void run_local_timers(void)
{
        hrtimer_run_queues();
        raise_softirq(TIMER_SOFTIRQ); /* 执行定时器软中断 */
        softlockup_tick();
}
```

run_timer_softirq() 函数处理软中断 TIMER_SOFTIRQ,从而在当前处理器上运行所有的(如果有的话)超时定时器。

虽然所有定时器都以链表形式存放在一起,但是让内核经常为了寻找超时定时器而遍历整个链表是不明智的。同样,将链表以超时时间进行排序也是很不明智的做法,因为这样一来在链表中插入和删除定时器都会很费时。为了提高搜索效率,内核将定时器按它们的超时时间划分为五组。当定时器超时时间接近时,定时器将随组一起下移。采用分组定时器的方法可以在执行软中断的多数情况下,确保内核尽可能减少搜索超时定时器所带来的负担。因此定时器管理代码是非常高效的。

11.8　延迟执行

内核代码（尤其是驱动程序）除了使用定时器或下半部机制以外，还需要其他方法来推迟执行任务。这种推迟通常发生在等待硬件完成某些工作时，而且等待的时间往往非常短，比如，重新设置网卡的以太模式需要花费 2ms，所以在设定网卡速度后，驱动程序必须至少等待 2ms 才能继续运行。

内核提供了许多延迟方法处理各种延迟要求。不同的方法有不同的处理特点，有些是在延迟任务时挂起处理器，防止处理器执行任何实际工作；另一些不会挂起处理器，所以也不能确保被延迟的代码能够在指定的延迟时间⊖运行。

11.8.1　忙等待

最简单的延迟方法（虽然通常也是最不理想的办法）是忙等待（或者说忙循环）。但要注意该方法仅仅在想要延迟的时间是节拍的整数倍，或者精确率要求不高时才可以使用。

忙循环实现起来很简单——在循环中不断旋转直到希望的时钟节拍数耗尽，比如：

```
unsigned long timeout = jiffies+10;        /* 10 个节拍 */

while (time_before(jiffies, timeout))
        ;
```

循环不断执行，直到 jiffies 大于 delay 为止，总共的循环时间为 10 个节拍。在 Hz 值等于 1000 的 x86 体系结构上，耗时为 10ms。类似地：

```
unsigned long delay = jiffies + 2*HZ;    /* 2 秒 */

while(time_before(jiffies,delay))
        ;
```

程序要循环等待 2×Hz 个时钟节拍，也就是说无论时钟节拍率如何，都将等待 2s。

对于系统的其他部分，忙循环方法算不上一个好办法。因为当代码等待时，处理器只能在原地旋转等待——它不会去处理其他任何任务！事实上，你几乎不会用到这种低效率的办法，这里介绍它仅仅因为它是最简单最直接的延迟方法。当然你也可能在那些蹩脚的代码中发现它的身影。

更好的方法应该是在代码等待时，允许内核重新调度执行其他任务：

```
unsigned long delay = jiffies +5*HZ;

while(time_before(jiffies,delay))
        cond_resched();
```

cond_resched() 函数将调度一个新程序投入运行，但它只有在设置完 need_resched 标志后才能生效。换句话说，该方法有效的条件是系统中存在更重要的任务需要运行。注意，因为该方法需要调用调度程序，所以它不能在中断上下文中使用——只能在进程上下文中使用。事实上，所有延迟方法在进程上下文中使用得很好，因为中断处理程序都应该尽可能快地执行（忙循环与这种目标绝对是背道而驰）。另外，延迟执行不管在哪种情况下，都不应该在持有锁时或禁止中断时发生。

⊖　事实上，没有方法能保证实际的延迟刚好等于指定的延迟时间，虽然可以非常接近，但是最精确的情况也只能达到接近，多数情况都要长于指定时间。

C 语言的推崇者可能会问：什么能保证前面的循环已经执行了。C 编译器通常只将变量装载一次。一般情况下不能保证循环中的 jiffies 变量在每次循环中被读取时都重新被载入。但是我们要求 jiffies 在每次循环时都必须重新装载，因为在后台 jiffies 值会随时钟中断的发生而不断增加。为了解决这个问题，<linux/jiffies.h> 中 jiffies 变量被标记为关键字 volatile。关键字 volatile 指示编译器在每次访问变量时都重新从主内存中获得，而不是通过寄存器中的变量别名来访问，从而确保前面的循环能按预期的方式执行。

11.8.2 短延迟

有时内核代码（通常也是驱动程序）不但需要很短暂的延迟（比时钟节拍还短），而且还要求延迟的时间很精确。这种情况多发生在和硬件同步时，也就是说需要短暂等待某个动作的完成（等待时间往往小于 1ms），所以不可能使用像前面例子中那种基于 jiffies 的延迟方法。对于频率为 100Hz 的时钟中断，它的节拍间隔甚至会超过 10ms！即使频率为 1000Hz 的时钟中断，节拍间隔也只能到 1ms，所以我们必须寻找其他方法满足更短、更精确的延迟要求。

幸运的是，内核提供了三个可以处理 ms、ns 和 ms 级别的延迟函数，它们定义在文件 <linux/delay.h> 和 <asm/delay.h> 中，可以看到它们并不使用 jiffies：

```
void udelay(unsigned long usecs)
void ndelay(unsigned long nsecs)
void mdelay(unsigned long msecs)
```

前一个函数利用忙循环将任务延迟指定的 ms 数后运行，后者延迟指定的 ms 数。众所周知，1s 等于 1000ms，等于 1000000μs。这个函数用起来很简单：

```
udelay(150);                    /* 延迟 150μs*/
```

udelay() 函数依靠执行数次循环达到延迟效果，而 mdelay() 函数又是通过 udelay() 函数实现的。因为内核知道处理器在 1s 内能执行多少次循环（请看副栏中的 BogoMIPS 内容），所以 udelay() 函数仅仅需要根据指定的延迟时间在 1s 中占的比例，就能决定需要进行多少次循环即可达到要求的推迟时间。

我的 BogoMIPS 比你的大

BogoMIPS 值总是让人觉得糊涂，也让人觉得有意思。其实，计算 BogoMIPS 并不是为了表现你的机器性能，它主要被 udelay() 函数和 mdelay() 函数使用。它的名字取自 bogus（也就是伪的）和 MIPS（每秒处理百万条指令）。大家都熟悉下面这样的系统启动信息（摘自一个装配主频为 2.4GHz 的 7300 系列 Intel Xeon 处理器的机器启动信息）：

```
Detected 2400.131  MHz processor.
Calibrating delay loop ... 4799.56 BogoMIPS
```

BogoMIPS 值记录处理器在给定时间内忙循环执行的次数。其实，BogoMIPS 记录处理器在空闲时速度有多快。该值存放在变量 loops_per_jiffy 中，可以从文件 /proc/cpuinfo 中读到它。延迟循环函数使用 loops_per_jiffy 值来计算（相当准确）为提供精确延迟而需要进行多少次循环。

内核在启动时利用 calibrate_delay() 计算 loops_per_jiffy 值，该函数在文件 init/main.c 中。

udelay() 函数应当只在小延迟中调用，因为在快速机器上的大延迟可能导致溢出。通常，超过 1ms 的范围不要使用 udelay() 进行延迟。对于较长的延迟，mdelay() 工作良好。像其他忙等而延迟执行的方案，除非绝对必要，这两个函数（尤其是 mdelay()，因为用于长的延迟）都不应当使用。记住，持锁忙等或禁止中断是一种粗鲁的做法，因为系统响应时间和性能都会大受影响。不过，如果你需要精确的延迟，这些调用是最好的办法。这些忙等函数主要用在延迟小的地方，通常在 μs 范围内。

11.8.3　schedule_timeout()

更理想的延迟执行方法是使用 schedule_timeout() 函数，该方法会让需要延迟执行的任务睡眠到指定的延迟时间耗尽后再重新运行。但该方法也不能保证睡眠时间正好等于指定的延迟时间，只能尽量使睡眠时间接近指定的延迟时间。当指定的时间到期后，内核唤醒被延迟的任务并将其重新放回运行队列，用法如下：

```
/* 将任务设置为可中断睡眠状态 */
set_current_state(TASK_INTERRUPTIBLE);

/* 小睡一会儿，“s”秒后唤醒 */
schedule_timeout(s*HZ);
```

唯一的参数是延迟的相对时间，单位为 jiffies，上例中将相应的任务推入可中断睡眠队列，睡眠 s 秒。因为任务处于可中断状态，所以如果任务收到信号将被唤醒。如果睡眠任务不想接收信号，可以将任务状态设置为 TASK_UNINTERRUPTIBLE，然后睡眠。注意，在调用 sechedule_timeout() 函数前必须首先将任务设置成上面两种状态之一，否则任务不会睡眠。

注意，由于 schedule_timeout() 函数需要调用调度程序，所以调用它的代码必须保证能够睡眠（请参考第 8 章和第 9 章）。简而言之，调用代码必须处于进程上下文中，并且不能持有锁。

1. schedule_timeout() 的实现

schedule_timeout() 函数的用法相当简单、直接。其实，它是内核定时器的一个简单应用。请看下面的代码：

```
signed long schedule_timeout(signed long timeout)
{
        timer_t timer;
        unsigned long expire;


        switch (timeout)
        {
        case MAX_SCHEDULE_TIMEOUT:
                schedule();
                goto out;
        default:
                if (timeout < 0)
                {
                        printk(KERN_ERR "schedule_timeout: wrong timeout "
```

```
                              "value %lx from %p\n", timeout,
                              __builtin_return_address(0));
                    current->state = TASK_RUNNING;
                    goto out;
            }
    }

    expire = timeout + jiffies;

    init_timer(&timer);
    timer.expires = expire;
    timer.data = (unsigned long) current;
    timer.function = process_timeout;

    add_timer(&timer);
    schedule();
    del_timer_sync(&timer);


    timeout = expire - jiffies;


out:
    return timeout < 0 ? 0 : timeout;
}
```

该函数用原始的名字 timer 创建了一个定时器 timer；然后设置它的超时时间 timeout；设置超时执行函数 process_timeout()；接着激活定时器而且调用 schedule()。因为任务被标识为 TASK_INTERRUPTIBLE 或 TASK_UNINTERRUPTIBLE，所以调度程序不会再选择该任务投入运行，而会选择其他新任务运行。

当定时器超时时，process_timeout() 函数会被调用：

```
void process_timeout(unsigned long data)
{
    wake_up_process((task_t *)data);
}
```

该函数将任务设置为 TASK_RUNNING 状态，然后将其放入运行队列。

当任务重新被调度时，将返回代码进入睡眠前的位置继续执行（正好在调用 schedule() 后）。如果任务提前被唤醒（比如收到信号），那么定时器被撤销，process_timeout() 函数返回剩余的时间。

在 switch() 括号中的代码是为处理特殊情况而写的，正常情况不会用到它们。MAX_SCHEDULE_TIMEOUT 是用来检查任务是否无限期地睡眠，如果那样的话，函数不会为它设置定时器（因为睡眠时间没有期限），而这时调度程序会立刻被调用。如果你需要无限期地让任务睡眠，最好使用其他方法唤醒任务。

2. 设置超时时间，在等待队列上睡眠

第 4 章我们已经看到进程上下文中的代码为了等待特定事件发生，可以将自己放入等待队列，然后调用调度程序去执行新任务。一旦事件发生后，内核调用 wake_up() 函数唤醒在睡眠队列上的任务，使其重新投入运行。

有时，等待队列上的某个任务可能既在等待一个特定事件到来，又在等待一个特定时间到期——就看谁来得更快。这种情况下，代码可以简单地使用 schedule_timeout() 函数代替 schedule() 函数，这样一来，当希望的指定时间到期，任务都会被唤醒。当然，代码需要检查被唤醒的原因（有可能是被事件唤醒，也有可能是因为延迟的时间到期，还可能是因为接收到了信号），然后执行相应的操作。

11.9　小结

在本章中，我们考察了时间的概念，并知道了墙上时钟与计算机的正常运行时间如何管理。我们对比了相对时间和绝对时间以及绝对事件与周期事件。我们还涵盖了诸如时钟中断、时钟节拍、Hz 以及 jiffies 等概念。

我们考察了定时器的实现，了解了如何把这些用到自己的内核代码中。本章最后，我们浏览了开发者用于延迟的其他方法。

你写的大多数内核代码都需要对时间及其走过的时间有一些理解。而最大的可能是，只要你编写驱动程序，就需要处理内核定时器。与其让时间悄悄溜走，还不如阅读本章。

内存管理

在内核里分配内存可不像在其他地方分配内存那么容易。造成这种局面的因素很多。从根本上讲，是因为内核本身不能像用户空间那样奢侈地使用内存。内核与用户空间不同，它不具备这种能力，它不支持简单便捷的内存分配方式。比如，内核一般不能睡眠。此外，处理内存分配错误对内核来说也绝非易事。正是由于这些限制，再加上内存分配机制不能太复杂，所以在内核中获取内存要比在用户空间复杂得多。不过，从程序开发者角度来看，也不是说内核的内存分配就困难得不得了，只是和用户空间中的内存分配不太一样而已。

本章讨论的是在内核之中获取内存的方法。在深入研究实际的分配接口之前，我们需要理解内核是如何管理内存的。

12.1 页

内核把物理页作为内存管理的基本单位。尽管处理器的最小可寻址单位通常为字（甚至字节），但是，内存管理单元（MMU，管理内存并把虚拟地址转换为物理地址的硬件）通常以页为单位进行处理。正因为如此，MMU 以页（page）大小为单位来管理系统中的页表（这也是页表名的来由）。从虚拟内存的角度来看，页就是最小单位。

在第 19 章中我们将会看到，体系结构不同，支持的页大小也不尽相同，还有些体系结构甚至支持几种不同的页大小。大多数 32 位体系结构支持 4KB 的页，而 64 位体系结构一般会支持 8KB 的页。这就意味着，在支持 4KB 页大小并有 1GB 物理内存的机器上，物理内存会被划分为 262144 个页。

内核用 struct page 结构表示系统中的每个物理页，该结构位于 <linux/mm_types.h 中——我简化了定义，去除了两个容易混淆我们讨论主题的联合结构体：

```
struct page {
    unsigned long        flags;
    atomic_t             _count;
    atomic_t             _mapcount;
    unsigned long        private;
    struct address_space *mapping;
    pgoff_t              index;
    struct list_head     lru;
    void                 *virtual;
};
```

让我们看一下其中比较重要的域。flag 域用来存放页的状态。这些状态包括页是不是脏的，是不是被锁定在内存中等。flag 的每一位单独表示一种状态，所以它至少可以同时表示出 32 种不同的状态。这些标志定义在 <linux/page-flags.h> 中。

　　_count 域存放页的引用计数——也就是这一页被引用了多少次。当计数值变为 −1 时，就说明当前内核并没有引用这一页，于是，在新的分配中就可以使用它。内核代码不应当直接检查该域，而是调用 page_count() 函数进行检查，该函数唯一的参数就是 page 结构。当页空闲时，尽管该结构内部的 _count 值是负的，但是对 page_count() 函数而言，返回 0 表示页空闲，返回一个正整数表示页在使用。一个页可以由页缓存使用（这时，mapping 域指向和这个页关联的 addresss_space 对象），或者作为私有数据（由 private 指向），或者作为进程页表中的映射。

　　virtual 域是页的虚拟地址。通常情况下，它就是页在虚拟内存中的地址。有些内存（即所谓的高端内存）并不永久地映射到内核地址空间上。在这种情况下，这个域的值为 NULL，需要的时候，必须动态地映射这些页。稍后我们将讨论高端内存。

　　必须要理解的一点是 page 结构与物理页相关，而并非与虚拟页相关。因此，该结构对页的描述只是短暂的。即便页中所包含的数据继续存在，由于交换等原因，它们也可能并不再和同一个 page 结构相关联。内核仅仅用这个数据结构来描述当前时刻在相关的物理页中存放的东西。这种数据结构的目的在于描述物理内存本身，而不是描述包含在其中的数据。

　　内核用这一结构来管理系统中所有的页，因为内核需要知道一个页是否空闲（也就是页有没有被分配）。如果页已经被分配，内核还需要知道谁拥有这个页。拥有者可能是用户空间进程、动态分配的内核数据、静态内核代码或页高速缓存等。

　　系统中的每个物理页都要分配一个这样的结构体，开发者常常对此感到惊讶。他们会想"这得浪费多少内存呀"！让我们来算算对所有这些页都这么做，到底要消耗掉多少内存。就算 struct page 占 40 字节的内存吧，假定系统的物理页为 8KB 大小，系统有 4GB 物理内存。那么，系统中共有页面 524 288 个，而描述这么多页面的 page 结构体消耗的内存只不过是 20MB：也许绝对值不小，但是相对系统 4GB 内存而言，仅是很小的一部分罢了。因此，要管理系统中这么多物理页面，这个代价并不算太高。

12.2　区

　　由于硬件的限制，内核并不能对所有的页一视同仁。有些页位于内存中特定的物理地址上，所以不能将其用于一些特定的任务。由于存在这种限制，所以内核把页划分为不同的区（zone）。内核使用区对具有相似特性的页进行分组。Linux 必须处理如下两种由于硬件存在缺陷而引起的内存寻址问题：

- 一些硬件只能用某些特定的内存地址来执行 DMA（直接内存访问）。
- 一些体系结构的内存的物理寻址范围比虚拟寻址范围大得多。这样，就有一些内存不能永久地映射到内核空间上。

因为存在这些制约条件，Linux 主要使用了四种区：

- ZONE_DMA——这个区包含的页能用来执行 DMA 操作。
- ZONE_DMA32——和 ZOME_DMA 类似，该区包含的页面可用来执行 DMA 操作；而和 ZONE_DMA 不同之处在于，这些页面只能被 32 位设备访问。在某些体系结构中，该区将比 ZONE_DMA 更大。

• ZONE_NORMAL——这个区包含的都是能正常映射的页。

• ZONE_HIGHEM——这个区包含"高端内存",其中的页并不能永久地映射到内核地址空间。

这些区(还有两种不大重要的)在 <linux/mmzone.h> 中定义。

区的实际使用和分布是与体系结构相关的。例如,某些体系结构在内存的任何地址上执行 DMA 都没有问题。在这些体系结构中,ZONE_DMA 为空,ZONE_NORMAL 就可以直接用于分配。与此相反,在 x86 体系结构上,ISA 设备就不能在整个 32 位⊖的地址空间中执行 DMA,因为 ISA 设备只能访问物理内存的前 16MB。因此,ZONE_DMA 在 x86 上包含的页都在 0-16MB 的内存范围里。

ZONE_HIGHMEM 的工作方式也差不多。能否直接映射取决于体系结构。在 32 位 x86 系统上,ZONE_HIGHMEM 为高于 896MB 的所有物理内存。在其他体系结构上,由于所有内存都被直接映射,所以 ZONE_HIGHMEM 为空。ZONE_HIGHMEM 所在的内存就是所谓的高端内存⊖(high memory)。系统的其余内存就是所谓的低端内存(low memory)。

前两个区各取所需之后,剩余的就由 ZONE_NORMAL 区独享了。在 x86 上,ZONE_NORMAL 是从 16MB 到 896MB 的所有物理内存。在其他(更幸运)的体系结构上,ZONE_NORMAL 是所有的可用物理内存。表 12-1 是每个区及其在 x86-32 上所占页的列表。

表 12-1   x86-32 上的区

区	描　　述	物 理 内 存
ZONE_DMA	DMA 使用的页	<16MB
ZONE_NORMAL	正常可寻址的页	16 ~ 896MB
ZONE_HIGHMEM	动态映射的页	>896MB

Linux 把系统的页划分为区,形成不同的内存池,这样就可以根据用途进行分配了。例如,ZONE_DMA 内存池让内核有能力为 DMA 分配所需的内存。如果需要这样的内存,那么,内核就可以从 ZONE_DMA 中按照请求的数目取出页。注意,区的划分没有任何物理意义,这只不过是内核为了管理页而采取的一种逻辑上的分组。

某些分配可能需要从特定的区中获取页,而另外一些分配则可以从多个区中获取页。比如,尽管用于 DMA 的内存必须从 ZONE_DMA 中进行分配,但是一般用途的内存却既能从 ZONE_DMA 分配,也能从 ZONE_NORMAL 分配,不过不可能同时从两个区分配,因为分配是不能跨区界限的。当然,内核更希望一般用途的内存从常规区分配,这样能节省 ZONE_DMA 中的页,保证满足 DMA 的使用需求。但是,如果可供分配的资源不够用了(如果内存已经变得很少了),那么,内核就会去占用其他可用区的内存。

不是所有的体系结构都定义了全部区,有些 64 位的体系结构,如 Intel 的 x86-64 体系结构

⊖ 有些糟糕的 PCI 设备只能在 24 位地址空间内执行 DMA 操作。

⊖ Linux 的高端内存和 DOS 的高端内存没有关系,DOS 的高端内存是围绕 DOS 和 x86 的"实模式"的空间范围限制而言的。

可以映射和处理 64 位的内存空间，所以 x86-64 没有 ZONE_HIGHMEM 区，所有的物理内存都处于 ZONE_DMA 和 ZONE_NORMAL 区。

每个区都用 struct zone 表示，在 <linux/mmzone.h> 中定义：

```
struct zone {
        unsigned long           watermark[NR_WMARK];
        unsigned long           lowmem_reserve[MAX_NR_ZONES];
        struct per_cpu_pageset  pageset[NR_CPUS];
        spinlock_t              lock;
        struct free_area        free_area[MAX_ORDER]
        spinlock_t              lru_lock;
        struct zone_lru {
                struct list_head list;
                unsigned long   nr_saved_scan;
        } lru[NR_LRU_LISTS];
        struct zone_reclaim_stat reclaim_stat;
        unsigned long           pages_scanned;
        unsigned long           flags;
        atomic_long_t           vm_stat[NR_VM_ZONE_STAT_ITEMS];
        int                     prev_priority;
        unsigned                int inactive_ratio;
        wait_queue_head_t       *wait_table;
        unsigned long           wait_table_hash_nr_entries;
        unsigned long           wait_table_bits;
        struct pglist_data      *zone_pgdat;
        unsigned long           zone_start_pfn;
        unsigned long           spanned_pages;
        unsigned long           present_pages;
        const char              *name;
};
```

这个结构体很大，但是，系统中只有三个区，因此，也只有三个这样的结构。让我们看一下其中一些重要的域。

lock 域是一个自旋锁，它防止该结构被并发访问。注意，这个域只保护结构，而不保护驻留在这个区中的所有页。没有特定的锁来保护单个页，但是，部分内核可以锁住在页中驻留的数据。

watermark 数组持有该区的最小值、最低和最高水位值。内核使用水位为每个内存区设置合适的内存消耗基准。该水位随空闲内存的多少而变化。

name 域是一个以 NULL 结束的字符串表示这个区的名字。内核启动期间初始化这个值，其代码位于 mm/page_alloc.c 中。三个区的名字分别为 "DMA" "Normal" 和 "HighMem"。

12.3　获得页

我们已经对内核如何管理内存（页、区等）有所了解了，现在让我们看一下内核实现的接口，我们正是通过这些接口在内核内分配和释放内存的。

内核提供了一种请求内存的底层机制，并提供了对它进行访问的几个接口。所有这些接口都以页为单位分配内存，定义于 <linux/gfp.h> 中。最核心的函数是：

```
struct page * alloc_pages(gfp_t gfp_mask, unsigned int order)
```

该函数分配 2^{order}（1<<order）个连续的物理页，并返回一个指针，该指针指向第一个页的 page 结构体；如果出错，就返回 NULL。在 12.4 节我们再研究 gft_t 类型和 gft_mask 参数。你可以用下面这个函数把给定的页转换成它的逻辑地址：

```
void * page_address(struct page *page)
```

该函数返回一个指针，指向给定物理页当前所在的逻辑地址。如果你无须用到 struct page，你可以调用：

```
unsigned long __get_free_pages(gfp_t gfp_mask, unsigned int order)
```

这个函数与 alloc_pages() 作用相同，不过它直接返回所请求的第一个页的逻辑地址。因为页是连续的，所以其他页也会紧随其后。

如果你只需一页，就可以用下面两个封装好的函数，它能让你少敲几下键盘：

```
struct page * alloc_page(gfp_t gfp_mask)
unsigned long __get_free_page(gfp_t gfp_mask)
```

这两个函数与其兄弟函数工作方式相同，只不过传递给 order 的值为 0（$2^0 = 1$ 页）。

12.3.1　获得填充为 0 的页

如果你需要让返回的页的内容全为 0，请用下面这个函数：

```
unsigned long get_zeroed_page(unsigned int gfp_mask)
```

这个函数与 __get_free_pages() 工作方式相同，只不过把分配好的页都填充成了 0——字节中的每一位都要取消设置。如果分配的页是给用户空间的，这个函数就非常有用了。虽说分配好的页中应该包含的都是随机产生的垃圾信息，但其实这些信息可能并不是完全随机的——它很可能"随机地"包含某些敏感数据。用户空间的页在返回之前，所有数据必须填充为 0，或做其他清理工作，在保障系统安全这一点上，我们决不妥协。表 12-2 是所有底层的页分配方法的列表。

表 12-2　低级页分配方法

标　　志	描　　述
alloc_page(gfp_mask)	只分配一页，返回指向页结构的指针
alloc_pages(gfp_mask,order)	分配 2^{order} 个页，返回指向第一页页结构的指针
__get_free_page(gfp_mask)	只分配一页，返回指向其逻辑地址的指针
__get_free_pages(gfp_mask,order)	分配 2^{order} 页，返回指向第一页逻辑地址的指针
get_zeroed_page(gfp_mask)	只分配一页，让其内容填充 0，返回指向其逻辑地址的指针

12.3.2　释放页

当你不再需要页时可以用下面的函数释放它们：

```
void __free_pages(struct page *page, unsigned int order)
void free_pages(unsigned long addr, unsigned int order)
void free_page(unsigned long addr)
```

释放页时要谨慎，只能释放属于你的页。传递了错误的 struct page 或地址，用了错误的 order 值，这些都可能导致系统崩溃。请记住，内核是完全信赖自己的。这点与用户空间不同，如果你有非法操作，内核会开开心心地把自己挂起来，停止运行。

让我们看一个例子。其中，我们想得到 8 个页：

```
unsigned long page;

page = __get_free_pages(GFP_KERNEL, 3);
if (!page){
        /* 没有足够的内存：你必须处理这种错误！ */
        return -ENOMEM;
}
/* "page" 现在指向 8 个连续页中第 1 个页的地址 ...*/
```

在此，我们使用完这 8 个页之后释放它们：

```
free_pages(page, 3);

 /*
  * 页现在已经被释放了，我们不应该再访问
  * 存放在 "page" 中的地址了
  */
```

GFP_KERNEL 参数是 gfp_mask 标志的一个例子。前面我们已经简要讨论过。

调用 _get_free_pages() 之后要注意进行错误检查。内核分配可能失败，因此你的代码必须进行检查并做相应的处理。这意味在此之前，你所做的所有工作可能前功尽弃，甚至还需要回归到原来的状态。正因为如此，在程序开始时就先进行内存分配是很有意义的，这能让错误处理得容易一点。如果你不这么做，那么在你想要分配内存的时候如果失败了，局面可能就难以控制了。

当你需要以页为单位的一族连续物理页时，尤其是在你只需要一两页时，这些低级页函数很有用。对于常用的以字节为单位的分配来说，内核提供的函数是 kmalloc()。

12.4　kmalloc()

kmalloc() 函数与用户空间的 malloc() 一族函数非常类似，只不过它多了一个 flags 参数。kmalloc() 函数是一个简单的接口，用它可以获得以字节为单位的一块内核内存。如果你需要整个页，那么，前面讨论的页分配接口可能是更好的选择。但是，对于大多数内核分配来说，kmalloc() 接口用得更多。

kmalloc() 在 <linux/slab.h> 中声明：

```
void * kmalloc(size_t size, gfp_t flags)
```

这个函数返回一个指向内存块的指针，其内存块至少要有 size 大小。所分配的内存区在物理上是连续的。在出错时，它返回 NULL。除非没有足够的内存可用，否则内核总能分配成功。在对 kmalloc() 调用之后，你必须检查返回的是不是 NULL，如果是，要适当地处理错误。

让我们看一个例子。我们随便假定存在一个 dog 结构体，现在需要为它动态地分配足够的空间：

```
struct dog *p;

p = kmalloc(sizeof(struct dog), GFP_KERNEL);
if (!p)
        /* 处理错误 ... */
```

如果 kmalloc() 调用成功，那么，ptr 现在指向一个内存块，内存块的大小至少为所请求的大小。GFP_KERNEL 标志表示在试图获取内存并返回给 kmalloc() 的调用者的过程中，内存分配器将要采取的行为。

12.4.1 gfp_mask 标志

我们已经看过了几个例子，发现不管是在低级页分配函数中，还是在 kmalloc() 中，都用到了分配器标志。现在，我们就深入讨论一下这些标志。

这些标志可分为三类：行为修饰符、区修饰符及类型。行为修饰符表示内核应当如何分配所需的内存。在某些特定情况下，只能使用某些特定的方法分配内存。例如，中断处理程序就要求内核在分配内存的过程中不能睡眠（因为中断处理程序不能被重新调度）。区修饰符表示从哪儿分配内存。前面我们已经看到，内核把物理内存分为多个区，每个区用于不同的目的。区修饰符指明到底从这些区中的哪一区中进行分配。类型标志组合了行为修饰符和区修饰符，将各种可能用到的组合归纳为不同类型，简化了修饰符的使用；这样，你只需指定一个类型标志就可以了。GFP_KERNEL 就是一种类型标志，内核中进程上下文相关的代码可以使用它。我们来看一下这些标志。

1. 行为修饰符

所有这些标志，包括行为描述符都是在 <linux/gfp.h> 中声明的。不过，在 <linux/slab.h> 中包含有这个头文件，因此，你一般不必直接包含引用它。实际上，一般只使用类型修饰符就够了，我们随后会看到这点。因此，最好对每个标志都有所了解。表 12-3 是行为修饰符的列表。

表 12-3 行为修饰符

标　　志	描　　述
__GFP_WAIT	分配器可以睡眠
__GFP_HIGH	分配器可以访问紧急事件缓冲池
__GFP_IO	分配器可以启动磁盘 I/O
__GFP_FS	分配器可以启动文件系统 I/O
__GFP_COLD	分配器应该使用高速缓存中快要淘汰出去的页
__GFP_NOWARN	分配器将不打印失败警告
__GFP_REPEAT	分配器在分配失败时重复进行分配，但是这次分配还存在失败的可能
__GFP_NOFALL	分配器将无限地重复进行分配。分配不能失败

（续）

标　　志	描　　述
__GFP_NORETRY	分配器在分配失败时绝不会重新分配
__GFP_NO_GROW	由 slab 层内部使用
__GFP_COMP	添加混合页元数据，在 hugetlb 的代码内部使用

可以同时指定这些分配标志。例如：

```
ptr = kmalloc(size, __GFP_WAIT | __GFP_IO | __GFP_FS);
```

说明页分配器（最终调用 alloc_pages()）在分配时可以阻塞、执行 I/O，在必要时还可以执行文件系统操作。这就让内核有很大的自由度，以便它尽可能找到空闲的内存来满足分配请求。

大多数分配都会指定这些修饰符，但一般不是这样直接指定，而是采用我们随后讨论的类型标志。别担心，你不会在分配内存时为怎样使用这些标志而犯愁的！

2. 区修饰符

区修饰符表示内存区应当从何处分配。通常，分配可以从任何区开始。不过，内核优先从 ZONE_NORMAL 开始，这样可以确保其他区在需要时有足够的空闲页可供使用。

实际上只有两个区修饰符，因为除了 ZONE_NORMAL 之外只有两个区（默认都是从 ZONE_NORMAL 区进行分配）。表 12-4 是区修饰符的列表。

表 12-4　区修饰符

标　　志	描　　述
__GFP_DMA	从 ZONE_DMA 分配
__GFP_DMA32	只在 ZONE_DMA32 分配
__GFP_HIGHMEM	从 ZONE_HIGHMEM 或 ZONE_NORMAL 分配

指定以上标志中的一个就可以改变内核试图进行分配的区。_GFP_DMA 标志强制内核从 ZONE_DMA 分配。这个标志在说，有了这种奇怪的标识，我绝对可以拥有进行 DMA 的内存。相反，如果指定 __GFP_HIGHEM 标志，则从 ZONE_HIGHMEM（优先）或 ZONE_NORMAL 分配。这个标志在说，我可以使用高端内存，因此，我可以是一个玩偶，给你退还一些内存，但是，常规内存还照常工作。如果没有指定任何标志，则内核从 ZONE_DMA 或 ZONE_NORMAL 进行分配，当然优先从 ZONE_NORMAL 进行分配。不管区标志说什么了，只要它行为正常，我就不关心了。

不能给 _get_free_pages() 或 kalloc() 指定 ZONE_HIGHMEM，因为这两个函数返回的都是逻辑地址，而不是 page 结构，这两个函数分配的内存当前有可能还没有映射到内核的虚拟地址空间，因此，也可能根本就没有逻辑地址。只有 alloc_pages() 才能分配高端内存。实际上，你的分配在大多数情况下都不必指定修饰符，ZONE_NORMAL 就足矣。

3. 类型标志

类型标志指定所需的行为和区描述符以完成特殊类型的处理。正因为这一点，内核代码趋向于使用正确的类型标志，而不是一味地指定它可能需要用到的多个描述符。这么做既简单又不容易出错误。表 12-5 是类型标志的列表，而表 12-6 显示了每个类型标志与哪些修饰符相关联。

表 12-5　类型标志

标　　志	描　　述
GFP_ATOMIC	这个标志用在中断处理程序、下半部、持有自旋锁以及其他不能睡眠的地方
GFP_NOWAIT	与 GFP_ATOMIC 类似，不同之处在于，调用不会退给紧急内存池。这就增加了内存分配失败的可能性
GFP_NOIO	这种分配可以阻塞，但不会启动磁盘 I/O。这个标志在不能引发更多磁盘 I/O 时能阻塞 I/O 代码，这可能导致令人不愉快的递归
GFP_NOFS	这种分配在必要时可能会阻塞，也可能启动磁盘 I/O，但是不会启动文件系统操作。这个标志在你不能再启动另一个文件系统的操作时，用在文件系统部分的代码中
GFP_KERNEL	这是一种常规分配方式，可能会阻塞。这个标志在睡眠安全时用在进程上下文代码中。为了获得调用者所需的内存，内核会尽力而为。这个标志应当是首选标志
GFP_USER	这是一种常规分配方式，可能会阻塞。这个标志用于为用户空间进程分配内存时
GFP_HIGHUSER	这是从 ZONE_HIGHMEM 进行分配，可能会阻塞。这个标志用于为用户空间进程分配内存
GFP_DMA	这是从 ZONE_DAM 进行分配。需要获取能供 DMA 使用的内存的设备驱动程序使用这个标志，通常与以上的某个标志组合在一起使用

表 12-6　在每种类型标志后隐含的修饰符列表

标　　志	修饰符标志
GFP_ATOMIC	__GFP_HIGH
GFP_NOWAIT	0
GFP_NOIO	__GFP_WAIT
GFP_NOFS	(__GFP_WAIT|__GFP_IO)
GFP_KERNEL	(__GFP_WAIT|__GFP_IO|__GFP_FS)
GFP_USER	(__GFP_WAIT|__GFP_IO|__GFP_FS)
GFP_HIGHUSER	(__GFP_WAIT|__GFP_IO|__GFP_FS|__GFP_HIGHMEM)
GFP_DMA	__GFP_DMA

让我们看一下最常用的标志以及你什么时候、为什么需要使用它们。内核中最常用的标志是 GFP_KERNEL。这种分配可能会引起睡眠，它使用的是普通优先级。因为调用可能阻塞，因此这个标志只用在可以重新安全调度的进程上下文中（也就是没有锁被持有等情况）。因为这个标志对内核如何获取请求的内存没有任何约束，所以内存分配成功的可能性很高。

另一个截然相反的标志是 GFP_ATOMIC。因为这个标志表示不能睡眠的内存分配，因此想要满足调用者获取内存的请求将会受到很严格的限制。即使没有足够的连续内存块可供使用，内核也很可能无法释放出可用内存来，因为内核不能让调用者睡眠。相反，GFP_KERNEL 分配可以让调用者睡眠、交换、刷新一些页到硬盘等。因为 GFP_ATOMIC 不能执行以上任何操作，因此与 GFP_KERNEL 相比较，它分配成功的机会较小（尤其在内存短缺时）。即便如此，在当前代码（例如中断处理程序、软中断和 tasklet）不能睡眠时，也只能选择 GFP_ATOMIC。

在以上两种标志中间的是 GFP_NOIO 和 GFP_NOFS。以这两个标志进行的分配可能会引起阻塞，但它们会避免执行某些其他操作。GFP_NOIO 分配绝不会启动任何磁盘 I/O 来帮助满足请求。而 GFP_NOFS 可能会启动磁盘 I/O，但是它不会启动文件系统 I/O。你为什么需要这些标志？它们分别用在某些低级块 I/O 或文件系统的代码中。设想，如果文件系统代码中需要分配内存，但没有使用 GFP_NOFS。这种分配可能会引起更多的文件系统操作，而这些操作又会导致另外的分配，从而再引起更多的文件系统操作！这会一直持续下去。这样的代码在调用分配器的时候，必须确保分配器不会再执行到代码本身，否则，分配就可能产生死锁。也别紧张，内核使用这两个标志的地方是极少的。

GFP_DMA 标志表示分配器必须满足从 ZONE_DMA 进行分配的请求。这个标志用在需要 DMA 的内存的设备驱动程序中。一般你会把这个标志与 GFP_ATOMIC 和 GFP_KERNEL 结合起来使用。

在你编写的绝大多数代码中，用到的要么是 GFP_KERNEL，要么是 GFP_ATOMIC。表 12-7 是通常情形和所用标志的列表。不管使用哪种分配类型，你都必须进行检查，并对错误进行处理。

表 12-7　什么时候用哪种标志

情　　形	相　应　标　志
进程上下文，可以睡眠	使用 GFP_KERNEL
进程上下文，不可以睡眠	使用 GFP_ATOMIC，在你睡眠之前或之后以 GFP_KERNEL 执行内存分配
中断处理程序	使用 GFP_ATOMIC
软中断	使用 GFP_ATOMIC
tasklet	使用 GFP_ATOMIC
需要用于 DMA 的内存，可以睡眠	使用（GFP_DMA ｜ GFP_KERNEL）
需要用于 DMA 的内存，不可以睡眠	使用（GFP_DMA ｜ GFP_ATOMIC），或在你睡眠之前执行内存分配

12.4.2　kfree()

kmalloc() 的另一端就是 kfree()，kfree() 声明于 <linux/slab.h> 中：

```
void kfree(const void *ptr)
```

kfree() 函数释放由 kmalloc() 分配出来的内存块。如果想要释放的内存不是由 kmalloc() 分配的，或者想要释放的内存早就被释放了，比如说释放属于内核其他部分的内存，调用这个函数就会导致严重的后果。与用户空间类似，分配和回收要注意配对使用，以避免内存泄漏和其他 bug。注意，调用 kfree（NULL）是安全的。

让我们看一个在中断处理程序中分配内存的例子。在这个例子中，中断处理程序想分配一个缓冲区来保存输入数据。BUF_SIZE 预定义为以字节为单位的缓冲区长度，它应该是大于两个字节的。

```
char *buf;

buf = kmalloc(BUF_SIZE, GFP_ATOMIC);
if (!buf)
```

```
/* 内存分配出错！ */
```

之后，当我们不再需要这个内存时，别忘了释放它：

```
kfree(buf);
```

12.5 vmalloc()

vmalloc() 函数的工作方式类似于 kmalloc()，只不过前者分配的内存虚拟地址是连续的，而物理地址则无须连续。这也是用户空间分配函数的工作方式：由 malloc() 返回的页在进程的虚拟地址空间内是连续的，但是，这并不保证它们在物理 RAM 中也是连续的。kmalloc() 函数确保页在物理地址上是连续的（虚拟地址自然也是连续的）。vmalloc() 函数只确保页在虚拟地址空间内是连续的。它通过分配非连续的物理内存块，再"修正"页表，把内存映射到逻辑地址空间的连续区域中，就能做到这点。

大多数情况下，只有硬件设备需要得到物理地址连续的内存。在很多体系结构上，硬件设备存在于内存管理单元以外，它根本不理解什么是虚拟地址。因此，硬件设备用到的任何内存区都必须是物理上连续的块，而不仅仅是虚拟地址连续上的块。而仅供软件使用的内存块（例如与进程相关的缓冲区）就可以使用只有虚拟地址连续的内存块。但在你的编程中，根本察觉不到这种差异。对内核而言，所有内存看起来都是逻辑上连续的。

尽管在某些情况下才需要物理上连续的内存块，但是，很多内核代码都用 kmalloc() 来获得内存，而不是 vmalloc()。这主要是出于性能的考虑。vmalloc() 函数为了把物理上不连续的页转换为虚拟地址空间上连续的页，必须专门建立页表项。糟糕的是，通过 vmalloc() 获得的页必须一个一个地进行映射（因为它们物理上是不连续的），这就会导致比直接内存映射大得多的 TLB ⊖ 抖动。因为这些原因，vmalloc() 仅在不得已时才会使用——典型的就是为了获得大块内存时，例如，当模块被动态插入到内核中时，就把模块装载到由 vmalloc() 分配的内存上。

vmalloc() 函数声明在 <linux/vmalloc.h> 中，定义在 <mm/vmalloc.c> 中。用法与用户空间的 malloc() 相同：

```
void * vmalloc(unsigned long size)
```

该函数返回一个指针，指向逻辑上连续的一块内存区，其大小至少为 size。在发生错误时，函数返回 NULL。函数可能睡眠，因此，不能从中断上下文中进行调用，也不能从其他不允许阻塞的情况下进行调用。

要释放通过 vmalloc() 所获得的内存，使用下面的函数：

```
void vfree(const void *addr)
```

这个函数会释放从 addr 开始的内存块，其中 addr 是以前由 vmalloc() 分配的内存块的地址。这个函数也可以睡眠，因此，不能从中断上下文中调用。它没有返回值。

这个函数用起来比较简单：

⊖ TLB（Translation Lookaside Buffer）是一种硬缓冲区，很多体系结构用它来缓存虚拟地址到物理地址的映射关系。它极大地提高了系统的性能，因为大多数内存都要进行虚拟寻址。

```
char *buf;

buf = vmalloc(16 * PAGE_SIZE); /* get 16 pages */
if (!buf)
        /* 错误！不能分配内存 */
/*
 * buf 现在指向虚拟地址连续的一块内存区，其大小至少为 16*PAGE_SIZE
 */
```

在分配内存之后，一定要释放它：

```
vfree(buf);
```

12.6　slab 层

分配和释放数据结构是所有内核中最普遍的操作之一。为了便于数据的频繁分配和回收，编程人员常常会用到空闲链表。空闲链表包含可供使用的、已经分配好的数据结构块。当代码需要一个新的数据结构实例时，就可以从空闲链表中抓取一个，而不需要分配内存，再把数据放进去。以后，当不再需要这个数据结构的实例时，就把它放回空闲链表，而不是释放它。从这个意义上说，空闲链表相当于对象高速缓存——快速存储频繁使用的对象类型。

在内核中，空闲链表面临的主要问题之一是不能全局控制。当可用内存变得紧缺时，内核无法通知每个空闲链表，让其收缩缓存的大小以便释放出一些内存来。实际上，内核根本就不知道存在任何空闲链表。为了弥补这一缺陷，也为了使代码更加稳固，Linux 内核提供了 slab 层（也就是所谓的 slab 分配器）。slab 分配器扮演了通用数据结构缓存层的角色。

slab 分配器的概念首先在 Sun 公司的 SunOS 5.4 操作系统中得以实现[⊖]。Linux 数据结构缓存层具有同样的名字和基本设计思想。.

slab 分配器试图在几个基本原则之间寻求一种平衡：

- 频繁使用的数据结构也会频繁分配和释放，因此应当缓存它们。
- 频繁分配和回收必然会导致内存碎片（难以找到大块连续的可用内存）。为了避免这种现象，空闲链表的缓存会连续地存放。因为已释放的数据结构又会放回空闲链表，因此不会导致碎片。
- 回收的对象可以立即投入下一次分配，因此，对于频繁的分配和释放，空闲链表能够提高其性能。
- 如果分配器知道对象大小、页大小和总的高速缓存的大小这样的概念，它会做出更明智的决策。
- 如果让部分缓存专属于单个处理器（对系统上的每个处理器独立而唯一），那么，分配和释放就可以在不加 SMP 锁的情况下进行。
- 如果分配器是与 NUMA 相关的，它就可以从相同的内存节点为请求者进行分配。
- 对存放的对象进行着色（color），以防止多个对象映射到相同的高速缓存行（cache line）。

Linux 的 slab 层在设计和实现时充分考虑了上述原则。

⊖　参看 J. Bonwick 所著的《The Slab Allocator：An Object-Caching Kernel Memory Allocator》，USENIX，1994。

12.6.1　slab 层的设计

slab 层把不同的对象划分为所谓高速缓存组，其中每个高速缓存组都存放不同类型的对象。每种对象类型对应一个高速缓存。例如，一个高速缓存用于存放进程描述符（task_struct 结构的一个空闲链表），而另一个高速缓存存放索引节点对象（struct inode）。有趣的是，kmalloc() 接口建立在 slab 层之上，使用了一组通用高速缓存。

然后，这些高速缓存又被划分为 slab（这也是这个子系统名字的来由）。slab 由一个或多个物理上连续的页组成。一般情况下，slab 也就仅仅由一页组成。每个高速缓存可以由多个 slab 组成。

每个 slab 都包含一些对象成员，这里的对象指的是被缓存的数据结构。每个 slab 处于三种状态之一：满、部分满或空。一个满的 slab 没有空闲的对象（slab 中的所有对象都已被分配）。一个空的 slab 没有分配出任何对象（slab 中的所有对象都是空闲的）。一个部分满的 slab 有一些对象已分配出去，有些对象还空闲着。当内核的某一部分需要一个新的对象时，先从部分满的 slab 中进行分配。如果没有部分满的 slab，就从空的 slab 中进行分配。如果没有空的 slab，就要创建一个 slab 了。显然，满的 slab 无法满足请求，因为它根本就没有空闲的对象。这种策略能减少碎片。

作为一个例子，让我们考察一下 inode 结构，该结构是磁盘索引节点在内存中的体现（参见第 13 章）。这些数据结构会频繁地创建和释放，因此，用 slab 分配器来管理它们就很有必要。因而 struct inode 就由 inode_cachep 高速缓存（这是一种标准的命名规范）进行分配。这种高速缓存由一个或多个 slab 组成——由多个 slab 组成的可能性大一些，因为这样的对象数量很大。每个 slab 包含尽可能多的 struct inode 对象。当内核请求分配一个新的 inode 结构时，内核就从部分满的 slab 或空的 slab（如果没有部分满的 slab）返回一个指向已分配但未使用的结构的指针。当内核用完 inode 对象后，slab 分配器就把该对象标记为空闲。图 12-1 显示了高速缓存、slab 及对象之间的关系。

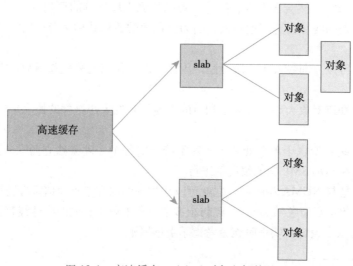

图 12-1　高速缓存、slab 及对象之间的关系

每个高速缓存都使用 kmem_cache 结构来表示。这个结构包含三个链表：slabs_full、slabs_partial 和 slabs_empty，均存放在 kmem_list3 结构内，该结构在 mm/slab.c 中定义。这些链表包含高速缓存中的所有 slab。slab 描述符 struct slab 用来描述每个 slab：

```
struct slab {
        struct list_head   list;        /* 满、部分满或空链表 */
        unsigned long      colouroff;   /* slab 着色的偏移量 */
        void               *s_mem;      /* 在 slab 中的第一个对象 */
        unsigned int       inuse;       /* slab 中已分配的对象数 */
        kmem_bufctl_t      free;        /* 第一个空闲对象（如果有的话）*/
};
```

slab 描述符要么在 slab 之外另行分配，要么就放在 slab 自身开始的地方。如果 slab 很小，或者 slab 内部有足够的空间容纳 slab 描述符，那么描述符就存放在 slab 里面。

slab 分配器可以创建新的 slab，这是通过 __get_free_pages() 低级内核页分配器进行的：

```
static void *kmem_getpages(struct kmem_cache *cachep, gfp_t flags, int nodeid)
{
        struct page *page;
        void *addr;
        int i;

        flags |= cachep->gfpflags;
        if (likely(nodeid == -1)) {
                addr = (void*)__get_free_pages(flags, cachep->gfporder);
                if (!addr)
                        return NULL;
                page = virt_to_page(addr);
        } else {
                page = alloc_pages_node(nodeid, flags, cachep->gfporder);
                if (!page)
                        return NULL;
                addr = page_address(page);
        }

        i = (1 << cachep->gfporder);
        if (cachep->flags & SLAB_RECLAIM_ACCOUNT)
                atomic_add(i, &slab_reclaim_pages);
        add_page_state(nr_slab, i);
        while (i--) {
                SetPageSlab(page);
                page++;
        }
        return addr;
}
```

该函数使用 __get_free_pages() 来为高速缓存分配足够多的内存。该函数的第一个参数就指向需要很多页的特定高速缓存。第二个参数是要传给 __get_free_pages() 的标志，注意这个标志是如何与另一个值进行二进制"或"运算的，这相当于把高速缓存需要的缺省标志加到 flags 参数上。

分配的页大小为 2 的幂次方，存放在 cachep->gfporder 中。由于与分配器 NUMA 相关的代码的关系前面这个函数比想象的要复杂一些。当 nodeid 是一个非负数时，分配器就试图对从相同的内存节点给发出的请求进行分配。这在 NUMA 系统上提供了较好的性能，但是访问节点之外的内存会导致性能的损失。

为了便于理解，我们可以忽略与 NUMA 相关的代码，写一个简单的 kmem_getpages() 函数：

```
static inline void * kmem_getpages(struct kmem_cache *cachep, gfp_t flags)
{
        void *addr;

        flags |= cachep->gfpflags;
        addr = (void*) __get_free_pages(flags, cachep->gfporder);

        return addr;
}
```

接着，调用 kmem_freepages() 释放内存，而对给定的高速缓存页，kmem_freepages() 最终调用的是 free_pages()。当然，slab 层的关键就是避免频繁分配和释放页。由此可知，slab 层只有当给定的高速缓存部分中既没有满也没有空的 slab 时才会调用页分配函数。而只有在下列情况下才会调用释放函数：当可用内存变得紧缺时，系统试图释放出更多内存以供使用；或者当高速缓存显式地被撤销时。

slab 层的管理是在每个高速缓存的基础上，通过提供给整个内核一个简单的接口来完成的。通过接口就可以创建和撤销新的高速缓存，并在高速缓存内分配和释放对象。高速缓存及其内slab 的复杂管理完全通过 slab 层的内部机制来处理。当你创建了一个高速缓存后，slab 层所起的作用就像一个专用的分配器，可以为具体的对象类型进行分配。

12.6.2　slab 分配器的接口

一个新的高速缓存通过以下函数创建：

```
struct kmem_cache * kmem_cache_create(const char *name,
                                      size_t size,
                                      size_t align,
                                      unsigned long flags,
                                      void (*ctor)(void *));
```

第一个参数是一个字符串，存放着高速缓存的名字；第二个参数是高速缓存中每个元素的大小；第三个参数是 slab 内第一个对象的偏移，它用来确保在页内进行特定的对齐。通常情况下，0 就可以满足要求，也就是标准对齐。flags 参数是可选的设置项，用来控制高速缓存的行为。它可以为 0，表示没有特殊的行为，或者与以下标志中的一个或多个进行"或"运算：

- SLAB_HWCACHE_ALIGN——这个标志命令 slab 层把一个 slab 内的所有对象按高速缓存行对齐。这就防止了"错误的共享"（两个或多个对象尽管位于不同的内存地址，但映射到相同的高速缓存行）。这可以提高性能，但以增加内存开销为代价，因为对齐越严格，浪费的内存就越多。到底会耗费掉多少内存，取决于对象的大小以及对象相对于系统高速缓存行对齐的方式。对于会频繁使用的高速缓存，而且代码本身对性能要求又很严格的情况，设置该选项是理想的选择；否则，请三思而后行。

- SLAB_POISON——这个标志使 slab 层用已知的值（a5a5a5a5）填充 slab。这就是所谓的"中毒"，有利于对未初始化内存的访问。
- SLAB_RED_ZONE——这个标志导致 slab 层在已分配的内存周围插入"红色警界区"以探测缓冲越界。
- SLAB_PANIC——这个标志当分配失败时提醒 slab 层。这在要求分配只能成功的时候非常有用。比如，在系统初启时分配一个 VMA 结构的高速缓存（参见第 15 章）。
- SLAB_CACHE_DMA——这个标志命令 slab 层使用可以执行 DMA 的内存给每个 slab 分配空间。只有在分配的对象用于 DMA，而且必须驻留在 ZONE_DMA 区时才需要这个标志。否则，你既不需要也不应该设置这个标志。

最后一个参数 ctor 是高速缓存的构造函数。只有在新的页追加到高速缓存时，构造函数才被调用。实际上，Linux 内核的高速缓存不使用构造函数。事实上这里曾经还有过一个析构函数参数，但是由于内核代码并不需要它，因此已经被抛弃了。你可以将 ctor 参数赋值为 NULL。

kmem_cache_create() 在成功时会返回一个指向所创建高速缓存的指针；否则，返回 NULL。这个函数不能在中断上下文中调用，因为它可能会睡眠。

要撤销一个高速缓存，则调用：

```
int kmem_cache_destroy(struct kmem_cache *cachep)
```

顾名思义，这样就可以撤销给定的高速缓存。这个函数通常在模块的注销代码中被调用，当然，这里指创建了自己的高速缓存的模块。同样，也不能从中断上下文中调用这个函数，因为它也可能睡眠。调用该函数之前必须确保存在以下两个条件：

- 高速缓存中的所有 slab 都必须为空。其实，不管哪个 slab 中，只要还有一个对象被分配出去并正在使用的话，那怎么可能撤销这个高速缓存呢？
- 在调用 kmem_cache_destroy() 过程中（更不用说在调用之后了）不再访问这个高速缓存。调用者必须确保这种同步。

该函数在成功时返回 0，否则返回非 0 值。

1. 从缓存中分配

创建高速缓存之后，就可以通过下列函数获取对象：

```
void * kmem_cache_alloc(struct kmem_cache *cachep, gfp_t flags)
```

该函数从给定的高速缓存 cachep 中返回一个指向对象的指针。如果高速缓存的所有 slab 中都没有空闲的对象，那么 slab 层必须通过 kmem_getpages() 获取新的页，flags 的值传递给 _get_free_pages()。这与我们前面看到的标志相同，你用到的应该是 GFP_KERNEL 或 GFP_ATOMIC。

最后释放一个对象，并把它返回给原先的 slab，可以使用下面这个函数：

```
void kmem_cache_free(struct kmem_cache *cachep, void *objp)
```

这样就能把 cachep 中的对象 objp 标记为空闲。

2. slab 分配器的使用实例

让我们考察一个鲜活的实例，这个例子用的是 task_struct 结构（进程描述符）。代码稍微有点复杂，取自 kernel/fork.c。

首先，内核用一个全局变量存放指向 task_struct 高速缓存的指针：

```
struct kmem_cache *task_struct_cachep;
```

在内核初始化期间，在定义于 kernel/fork.c 的 fork_init() 中会创建高速缓存：

```
task_struct_cachep = kmem_cache_create("task_struct",
                        sizeof(struct task_struct),
                        ARCH_MIN_TASKALIGN,
                        SLAB_PANIC | SLAB_NOTRACK,
                        NULL);
```

这样就创建了一个名为 task_struct 的高速缓存，其中存放的就是类型为 struct task_struct 的对象。该对象被创建后存放在 slab 中偏移量为 ARCH_MIN_TASKALIGN 个字节的地方，ARCH_MIN_TASKALIGN 预定义值与体系结构相关。通常将它定义为 L1_CACHE_BYTES——L1 高速缓存的字节大小。没有构造函数或析构函数。注意不用检查返回值是否为失败标记 NULL，因为 SLAB_PANIC 标志已经被设置了。如果分配失败，slab 分配器就调用 panic() 函数。如果没有提供 SLAB_PANIC 标志，就必须自己检查返回值。SLAB_PANIC 标志用在这儿是因为这是系统操作必不可少的高速缓存（没有进程描述符，机器自然不能正常运行）。

每当进程调用 fork() 时，一定会创建一个新的进程描述符（回忆一下第 3 章）。这是在 dup_task_sturct() 中完成的，而该函数会被 do_fork() 调用：

```
struct task_struct *tsk;

tsk = kmem_cache_alloc(task_struct_cachep, GFP_KERNEL);
if (!tsk)
        return NULL;
```

进程执行完后，如果没有子进程在等待的话，它的进程描述符就会被释放，并返回给 task_struct_cachep slab 高速缓存。这是在 free_task_struct() 中执行的（这里，tsk 是现有的进程）：

```
kmem_cache_free(task_struct_cachep, tsk);
```

由于进程描述符是内核的核心组成部分，时刻都要用到，因此 task_struct_cachep 高速缓存绝不会被撤销掉。即使真能撤销，我们也要通过下列函数阻止其被撤销：

```
int err;

err = kmem_cache_destroy(task_struct_cachep);
if (err)
```

```
/* 出错，撤销高速缓存 */
```

很容易吧？slab 层负责内存紧缺情况下所有底层的对齐、着色、分配、释放和回收等。如果你要频繁创建很多相同类型的对象，那么，就应该考虑使用 slab 高速缓存。也就是说，不要自己去实现空闲链表！

12.7 在栈上的静态分配

在用户空间，我们以前所讨论到的那些分配的例子，有不少都可以在栈上发生。因为我们毕竟可以事先知道所分配空间的大小。用户空间能够奢侈地负担起非常大的栈，而且栈空间还可以动态增长，相反，内核却不能这么奢侈——内核栈小而且固定。当给每个进程分配一个固定大小的小栈后，不但可以减少内存的消耗，而且内核也无须负担太重的栈管理任务。

每个进程的内核栈大小既依赖体系结构，也与编译时的选项有关。历史上，每个进程都有两页的内核栈。因为 32 位和 64 位体系结构的页面大小分别是 4KB 和 8KB，所以通常它们的内核栈的大小分别是 8KB 和 16KB。

12.7.1 单页内核栈

但是，在 2.6 系列内核的早期，引入了一个选项设置单页内核栈。当激活这个选项时，每个进程的内核栈只有一页那么大，根据体系结构的不同，或为 4KB，或为 8KB。这么做出于两个原因：首先，可以让每个进程减少内存消耗。其次，也是最重要的，随着机器运行时间的增加，寻找两个未分配的、连续的页变得越来越困难。物理内存渐渐变为碎片，因此，给一个新进程分配虚拟内存（VM）的压力也在增大。

还有一个更复杂的原因。继续跟随我：我们几乎掌握了关于内核栈的全部知识。现在，每个进程的整个调用链必须放在自己的内核栈中。不过，中断处理程序也曾经使用它们所中断的进程的内核栈，这样，中断处理程序也要放在内核栈中。这当然有效而简单，但是，这同时会把更严格的约束条件加在这可怜的内核栈上。当我们转而使用只有一个页面的内核栈时，中断处理程序就不放在栈中了。

为了矫正这个问题，内核开发者们实现了一个新功能：中断栈。中断栈为每个进程提供一个用于中断处理程序的栈。有了这个选项，中断处理程序不用再和被中断进程共享一个内核栈，它们可以使用自己的栈了。对每个进程来说仅仅耗费了一页而已。

总的来说，内核栈可以是 1 页，也可以是 2 页，这取决于编译时配置选项。栈大小因此在 4～16KB 的范围内。历史上，中断处理程序和被中断进程共享一个栈。当 1 页栈的选项激活时，中断处理程序获得了自己的栈。在任何情况下，无限制的递归和 alloca() 显然是不被允许的。

好，就讲到这里。大家明白了吗？

12.7.2 在栈上光明正大地工作

在任意一个函数中，你都必须尽量节省栈资源。这并不难，也没有什么窍门，只需要在具体的函数中让所有局部变量（即所谓的自动变量）所占空间之和不要超过几百字节。在栈上进行大量的静态分配（比如分配大型数组或大型结构体）是很危险的。要不然，在内核中和在用户空间中进行的栈分配就没有什么差别了。栈溢出时悄无声息，但势必会引起严重的问题。因为内核没有在管理内核栈上做足工作，因此，当栈溢出时，多出的数据就会直接溢出来，覆盖掉紧邻堆栈末端的东西。首先面临考验的就是 thread_info 结构（回想一下第 3 章，这个结构就贴着每个进程内核堆栈的末端）。在堆栈之外，任何内核数据都可能存在潜在的危险。当栈溢出时，最好的情况是机器宕机，最坏的情况是悄无声息地破坏数据。

因此，进行动态分配是一种明智的选择，本章前面有关大块内存的分配就是采用这种方式。

12.8　高端内存的映射

根据定义，在高端内存中的页不能永久地映射到内核地址空间上。因此，通过 alloc_pages() 函数以 __GFP_HIGHMEM 标志获得的页不可能有逻辑地址。

在 x86 体系结构上，高于 896MB 的所有物理内存的范围大都是高端内存，它并不会永久地或自动地映射到内核地址空间，尽管 x86 处理器能够寻址物理 RAM 的范围达到 4GB（启用 PAE ⊖ 可以寻址到 64GB）。一旦这些页被分配，就必须映射到内核的逻辑地址空间上。在 x86 上，高端内存中的页被映射到 3 ~ 4GB。

12.8.1　永久映射

要映射一个给定的 page 结构到内核地址空间，可以使用定义在文件 <linux/highmem.h> 中的这个函数：

```
void *kmap(struct page *page)
```

这个函数在高端内存或低端内存上都能用。如果 page 结构对应的是低端内存中的一页，函数只会单纯地返回该页的虚拟地址。如果页位于高端内存，则会建立一个永久映射，再返回地址。这个函数可以睡眠，因此 kmap() 只能用在进程上下文中。

因为允许永久映射的数量是有限的（如果没有这个限制，我们就不必搞得这么复杂，把所有内存通通映射为永久内存就行了），当不再需要高端内存时，应该解除映射，这可以通过下列函数完成：

```
void kunmap(struct page *page)
```

12.8.2　临时映射

当必须创建一个映射而当前的上下文又不能睡眠时，内核提供了临时映射（也就是所谓的原子映射）。有一组保留的映射，它们可以存放新创建的临时映射。内核可以原子地把高端内存中的一个页映射到某个保留的映射中。因此，临时映射可以用在不能睡眠的地方，比如中断处理程序中，因为获取映射时绝不会阻塞。

⊖ PAE 是 Physical Address Extension 的缩写，这是 x86 处理器的特点，这种特点使得 x86 处理器尽管只有 32 位的虚拟地址空间，但从物理上能寻址到 36 位（64GB）的内存空间。

通过下列函数建立一个临时映射：

```
void *kmap_atomic(struct page *page, enum km_type type)
```

参数 type 是下列枚举类型之一，这些枚举类型描述了临时映射的目的。它们定义于 <asm/kmap_types.h> 中：

```
enum km_type {
        KM_BOUNCE_READ,
        KM_SKB_SUNRPC_DATA,
        KM_SKB_DATA_SOFTIRQ,
        KM_USER0,
        KM_USER1,
        KM_BIO_SRC_IRQ,
        KM_BIO_DST_IRQ,
        KM_PTE0,
        KM_PTE1,
        KM_PTE2,
        KM_IRQ0,
        KM_IRQ1,
        KM_SOFTIRQ0,
        KM_SOFTIRQ1,
        KM_SYNC_ICACHE,
        KM_SYNC_DCACHE,
        KM_UML_USERCOPY,
        KM_IRQ_PTE,
        KM_NMI,
        KM_NMI_PTE,
        KM_TYPE_NR
};
```

这个函数不会阻塞，因此可以用在中断上下文和其他不能重新调度的地方。它也禁止内核抢占，这是有必要的，因为映射对每个处理器都是唯一的（调度可能对哪个处理器执行哪个进程做变动）。

通过下列函数取消映射：

```
void kunmap_atomic(void *kvaddr, enum km_type type)
```

这个函数也不会阻塞。在很多体系结构中，除非激活了内核抢占，否则 kmap_atomic() 根本就无事可做，因为只有在下一个临时映射到来前上一个临时映射才有效。因此，内核完全可以"忘掉"kmap_atomic() 映射，kunmap_atomic() 也无须做什么实际的事情。下一个原子映射将自动覆盖前一个映射。

12.9　每个 CPU 的分配

支持 SMP 的现代操作系统使用每个 CPU 上的数据，对于给定的处理器其数据是唯一的。一般来说，每个 CPU 的数据存放在一个数组中，数组中的每一项对应着系统上一个存在的处理器。按当前处理器号确定这个数组的当前元素，这就是 2.4 内核处理每个 CPU 数据的方式。这种方式还不错，因此，2.6 内核的很多代码依然用它。可以声明数据如下：

```
unsigned long my_percpu[NR_CPUS];
```

然后，按如下方式访问它：

```
int cpu;

cpu = get_cpu();              /* 获得当前处理器，并禁止内核抢占 */
my_percpu[cpu]++;             /* ... 或者无论什么 */
printk("my_percpu on cpu=%d is %lu\n", cpu, my_percpu[cpu]);
put_cpu();                    /* 激活内核抢占 */
```

注意，上面的代码中并没有出现锁，这是因为所操作的数据对当前处理器来说是唯一的。除了当前处理器之外，没有其他处理器可接触到这个数据，不存在并发访问问题，所以当前处理器可以在不用锁的情况下安全访问它。

现在，内核抢占成为唯一需要关注的问题，内核抢占会引起下面提到的两个问题：

- 如果你的代码被其他处理器抢占并重新调度，那么这时 CPU 变量就会无效，因为它指向的是错误的处理器（通常，代码获得当前处理器后是不可以睡眠的）。
- 如果另一个任务抢占了你的代码，那么有可能在同一个处理器上发生并发访问 my_percpu 的情况，显然这属于一个竞争条件。

虽然如此，但是你大可不必惊慌，因为在获取当前处理器号，即调用 get_cpu() 时，就已经禁止了内核抢占。相应的在调用 put_cpu() 时又会重新激活当前处理器号。注意，只要你总使用上述方法来保护数据安全，那么，内核抢占就不需要你自己去禁止。

12.10　新的每个 CPU 接口

2.6 内核为了方便创建和操作每个 CPU 数据，而引进了新的操作接口，称作 percpu。该接口归纳了前面所述的操作行为，简化了创建和操作每个 CPU 的数据。

但前面我们讨论的创建和访问每个 CPU 的方法依然有效，不过大型对称多处理器计算机要求对每个 CPU 数据操作更简单，功能更强大，正是在这种背景下，新接口应运而生。

头文件 <linux/percpu.h> 声明了所有的接口操作例程，你可以在文件 mm/slab.c 和 <asm/percpu.h> 中找到它们的定义。

12.10.1　编译时的每个 CPU 数据

在编译时定义每个 CPU 变量易如反掌：

```
DEFINE_PER_CPU(type, name);
```

这个语句为系统中的每一个处理器都创建了一个类型为 type，名字为 name 的变量实例，如果你需要在别处声明变量，以防范编译时警告，那么下面的宏将是你的好帮手：

```
DECLARE_PER_CPU(type, name);
```

你可以利用 get_cpu_var() 和 put_cpu_var() 例程操作变量。调用 get_cpu_var() 返回当前处理

器上的指定变量，同时它将禁止抢占；另一方面 put_cpu_var() 将相应的重新激活抢占。

```
get_cpu_var(name)++;        /* 增加该处理器上的 name 变量的值 */
put_cpu_var(name);          /* 完成；重新激活内核抢占 */
```

你也可以获得别的处理器上的每个 CPU 数据：

```
per_cpu(name, cpu)++;       /* 增加指定处理器上的 name 变量的值 */
```

使用此方法你需要格外小心，因为 per_cpu() 函数既不会禁止内核抢占，也不会提供任何形式的锁保护。如果一些处理器可以接触到其他处理器的数据，那么你就必须要给数据上锁。注意，第 9 章和第 10 章详细讨论了数据上锁问题。

另外还有一个需要提醒的问题：这些编译时每个 CPU 数据的例子并不能在模块内使用，因为连接程序实际上将它们创建在一个唯一的可执行段中（.data.percpu）。如果你需要从模块中访问每个 CPU 数据，或者如果你需要动态创建这些数据，那还是有希望的。

12.10.2　运行时的每个 CPU 数据

内核实现每个 CPU 数据的动态分配方法类似于 kmalloc()。该例程为系统上的每个处理器创建所需内存的实例，其原型在文件 <linux/percpu.h> 中：

```
void *alloc_percpu(type); /* 一个宏 */
void *__alloc_percpu(size_t size, size_t align);
void free_percpu(const void *);
```

宏 alloc_percpu() 给系统中的每个处理器分配一个指定类型对象的实例。它其实是宏 __alloc_percpu() 的一个封装，这个原始宏接收的参数有两个：一个是要分配的实际字节数，一个是分配时要按多少字节对齐。而封装后的 alloc_percpu() 按照单字节对齐——按照给定类型的自然边界对齐。这种对齐方式最为常用。比如：

```
struct rabid_cheetah = alloc_percpu(struct rabid_cheetah);
```

它等价于

```
struct rabid_cheetah = __alloc_percpu(sizeof (struct rabid_cheetah),
__alignof__ (struct rabid_cheetah));
```

__alignof__ 是 gcc 的一个功能，它会返回指定类型或 lvalue 所需的（或建议的，要知道有些古怪的体系结构并没有字节对齐的要求）对齐字节数。它的语义和 sizeof 一样，比如，下列程序在 x86 体系中将返回 4：

```
__alignof__ (unsigned long)
```

如果指定一个 lvalue，那么将返回 lvalue 的最大对齐字节数。比如一个结构中的 lvalue 相比结构外的 lvalue 可能有更大的对齐字节需求，这是结构本身的对齐要求的缘故。有关对齐的进一步讨论我们放在第 19 章中介绍。

相应的调用 free_percpu() 将释放所有处理器上指定的每个 CPU 数据。

无论是 alloc_percpu() 或是 __alloc_percpu() 都会返回一个指针，它用来间接引用动态创建的每个 CPU 数据，内核提供了两个宏来利用指针获取每个 CPU 数据：

```
get_cpu_var(ptr);        /* 返回一个 void 类型指针，该指针指向处理器的 ptr 的拷贝 */
put_cpu_var(ptr);        /* 完成：重新激活内核抢占 */
```

get_cpu_var() 宏返回了一个指向当前处理器数据的特殊实例，它同时会禁止内核抢占；而在 et_cpu_var() 宏中会重新激活内核抢占。

我们来看一个使用这些函数的完整例子。当然这个例子有点无聊，因为通常你会一次分配够内存（比如，在某些初始化函数中），就可以在各种地方使用它，或再一次释放（比如，在一些清理函数中）。不过，这个例子可清楚地说明如何使用这些函数。

```
void *percpu_ptr;
unsigned long *foo;

percpu_ptr = alloc_percpu(unsigned long);
if (!ptr)
        /* 内存分配错误 ... */

foo = get_cpu_var(percpu_ptr);
/* 操作 foo ... */
put_cpu_var(percpu_ptr);
```

12.11 使用每个 CPU 数据的原因

使用每个 CPU 数据具有不少好处。首先是减少了数据锁定。因为按照每个处理器访问每个 CPU 数据的逻辑，你可以不再需要任何锁。记住"只有这个处理器能访问这个数据"的规则纯粹是一个编程约定。你需要确保本地处理器只会访问它自己的唯一数据。系统本身并不存在任何措施禁止你从事欺骗活动。

第二个好处是使用每个 CPU 数据可以大大减少缓存失效。失效发生在处理器试图使它们的缓存保持同步时。如果一个处理器操作某个数据，而该数据又存放在其他处理器缓存中，那么存放该数据的那个处理器必须清理或刷新自己的缓存。持续不断的缓存失效称为缓存抖动，这样对系统性能影响颇大。使用每个 CPU 数据将使得缓存影响降至最低，因为理想情况下只会访问自己的数据。percpu 接口缓存－对齐（cache-align）所有数据，以便确保在访问一个处理器的数据时，不会将另一个处理器的数据带入同一个缓存线上。

综上所述，使用每个 CPU 数据会省去许多（或最小化）数据上锁，它唯一的安全要求就是要禁止内核抢占。而这点代价相比上锁要小得多，而且接口会自动帮你完成这个步骤。每个 CPU 数据在中断上下文或进程上下文中使用都很安全。但要注意，不能在访问每个 CPU 数据过程中睡眠——否则，你就可能醒来后已经到了其他处理器上了。

目前并不要求必须使用每个 CPU 的新接口。只要你禁止了内核抢占，用手动方法（利用我们原来讨论的数组）就很好，但是新接口在将来更容易使用，而且功能也会得到长足的优化。如果确实决定在你的内核中使用每个 CPU 数据，请考虑使用新接口。但我要提醒的是——新接口并不向后兼容之前的内核。

12.12　分配函数的选择

在这么多分配函数和方法中，有时并不能搞清楚到底该选择那种方式分配——但这确实很重要。如果你需要连续的物理页，就可以使用某个低级页分配器或 kmalloc()。这是内核中内存分配的常用方式，也是大多数情况下你自己应该使用的内存分配方式。回忆一下，传递给这些函数的两个最常用的标志是 GFP_ATOMIC 和 GFP_KERNEL。GFP_ATOMIC 表示进行不睡眠的高优先级分配，这是中断处理程序和其他不能睡眠的代码段的需要。对于可以睡眠的代码，（比如没有持自旋锁的进程上下文代码）则应该使用 GFP_KERNEL 获取所需的内存。这个标志表示如果有必要，分配时可以睡眠。

如果你想从高端内存进行分配，就使用 alloc_pages()。alloc_pages() 函数返回一个指向 struct page 结构的指针，而不是一个指向某个逻辑地址的指针。因为高端内存很可能并没有被映射，因此，访问它的唯一方式就是通过相应的 struct page 结构。为了获得真正的指针，应该调用 kmap()，把高端内存映射到内核的逻辑地址空间。

如果你不需要物理上连续的页，而仅仅需要虚拟地址上连续的页，那么就使用 vmalloc()（不过要记住 vmalloc() 相对 kmalloc() 来说，有一定的性能损失）。vmalloc() 函数分配的内存虚地址是连续的，但它本身并不保证物理上的连续。这与用户空间的分配非常类似，它也是把物理内存块映射到连续的逻辑地址空间上。

如果你要创建和撤销很多大的数据结构，那么考虑建立 slab 高速缓存。slab 层会给每个处理器维持一个对象高速缓存（空闲链表），这种高速缓存会极大地提高对象分配和回收的性能。slab 层不是频繁地分配和释放内存，而是为你把事先分配好的对象存放到高速缓存中。当你需要一块新的内存来存放数据结构时，slab 层一般无须另外去分配内存，而只需要从高速缓存中得到一个对象就可以了。

12.13　小结

本章中，我们学习了 Linux 内核如何管理内存。我们首先看到了内存空间的各种不同的描述单位，包括字节、页面和区（在第 15 章的进程地址空间中可看到 4 种不同层次的内存单位）。我们接着讨论了各种内存分配机制，其中包括页分配器和 slab 分配器。在内核中分配内存并非总是轻而易举，因为你必须小心地确保分配过程遵从内核特定的状态约束。比如分配过程中不得堵塞，或者访问文件系统等约束。为此我们讨论了 gfp 标识以及使用每个标识的针对场景。分配内存相对复杂是内核开发和用户程序开发的最大区别之一，本章使用大量篇幅描述内存分配的各种不同接口——通过这些不同调用接口，你应该能感觉到内核中分配内存为什么更复杂的原因。在本章基础上，在第 13 章我们讨论虚拟文件系统（VFS）——负责管理文件系统且为用户空间程序提供一致性接口的内核子系统。我们继续深入！

虚拟文件系统

虚拟文件系统（有时也称作虚拟文件交换，更常见的是简称 VFS）作为内核子系统，为用户空间程序提供了文件和文件系统相关的接口。系统中所有文件系统不但依赖 VFS 共存，而且也依靠 VFS 系统协同工作。通过虚拟文件系统，程序可以利用标准的 UNIX 系统调用对不同的文件系统，甚至不同介质上的文件系统进行读写操作，如图 13-1 所示。

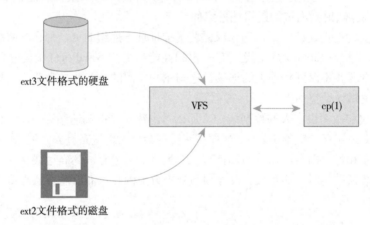

图 13-1　VFS 执行的动作：使用 cp(1) 命令从 ext3 文件系统格式的硬盘复制数据到 ext2 文件系统格式的可移动磁盘上。两种不同的文件系统，两种不同的介质，连接到同一个 VFS 上

13.1　通用文件系统接口

VFS 使得用户可以直接使用 open()、read() 和 write() 这样的系统调用而无须考虑具体文件系统和实际物理介质。现在听起来这并没什么新奇的（我们早就认为这是理所当然的），但是，使得这些通用的系统调用可以跨越各种文件系统和不同介质执行，绝非是微不足道的成绩。更了不起的是，系统调用可以在这些不同的文件系统和介质之间执行——我们可以使用标准的系统调用从一个文件系统拷贝或移动数据到另一个文件系统。老式的操作系统（比如 DOS）是无力完成上述工作的，任何对非本地文件系统的访问都必须依靠特殊工具才能完成。正是由于现代操作系统引入抽象层，比如 Linux，通过虚拟接口访问文件系统，才使得这种协作性和泛型存取成为可能。

新的文件系统和新类型的存储介质都能找到进入 Linux 之路，程序无须重写，甚至无须重新编译。在本章中，我们将讨论 VFS，它把各种不同的文件系统抽象后采用统一的方式进行操作。在第 14 章中，我们将讨论块 I/O 层，它支持各种各样的存储设备——从 CD 到蓝光光盘，从硬件设备再到压缩闪存。VFS 与块 I/O 相结合，提供抽象、接口以及交融，使得用户空间的程序调用统一的系统调用访问各种文件，不管文件系统是什么，也不管文件系统位于何种介质，采用的命名策略是统一的。

13.2　文件系统抽象层

之所以可以使用这种通用接口对所有类型的文件系统进行操作，是因为内核在它的底层文件系统接口上建立了一个抽象层。该抽象层使 Linux 能够支持各种文件系统，即便是它们在功能和行为上存在很大差别。为了支持多文件系统，VFS 提供了一个通用文件系统模型，该模型囊括了任何文件系统的常用功能集和行为。当然，该模型偏重于 UNIX 风格的文件系统（我们将在后面的小节看到 UNIX 风格的文件系统的构成）。但即使这样，Linux 仍然可以支持很多种差异很大的文件系统，从 DOS 系统的 FAT 到 Windows 系统的 NTFS，再到各种 UNIX 风格文件系统和 Linux 特有的文件系统。

VFS 抽象层之所以能衔接各种各样的文件系统，是因为它定义了所有文件系统都支持的、基本的、概念上的接口和数据结构。同时实际文件系统也将自身的诸如"如何打开文件""目录是什么"等概念在形式上与 VFS 的定义保持一致。因为实际文件系统的代码在统一的接口和数据结构下隐藏了具体的实现细节，所以在 VFS 层和内核的其他部分看来，所有文件系统都是相同的，它们都支持像文件和目录这样的概念，同时也支持像创建文件和删除文件这样的操作。

内核通过抽象层能够方便、简单地支持各种类型的文件系统。实际文件系统通过编程提供 VFS 所期望的抽象接口和数据结构，这样，内核就可以毫不费力地和任何文件系统协同工作，并且这样提供给用户空间的接口，也可以和任何文件系统无缝地连接在一起，完成实际工作。

其实在内核中，除了文件系统本身外，其他部分并不需要了解文件系统的内部细节。比如一个简单的用户空间程序执行如下的操作：

```
ret = write(fd, buf, len);
```

该系统调用将 buf 指针指向的长度为 len 字节的数据写入文件描述符 fd 对应的文件的当前位置。这个系统调用首先被一个通用系统调用 sys_write() 处理，sys_write() 函数要找到 fd 所在的文件系统实际给出的是哪个写操作，然后再执行该操作。实际文件系统的写方法是文件系统实现的一部分，数据最终通过该操作写入介质（或执行这个文件系统想要完成的写动作）。图 13-2 描述了从用户空间的 write() 调用到数据被写入磁盘介质的整个流程。一方面，系统调用是通用 VFS 接口，提供给用户空间的前端；另一方面，系统调用是具体文件系统的后端，处理实现细节。接下来的小节中我们会具体看到 VFS 抽象模型以及它提供的接口。

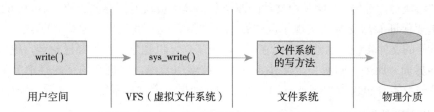

图 13-2　write() 调用将来自用户空间的数据流，首先通过 VFS 的通用系统调用，
其次通过文件系统的特殊写法，最后写入物理介质中

13.3　UNIX 文件系统

UNIX 使用了四种和文件系统相关的传统抽象概念：文件、目录项、索引节点和安装点（mount point）。

从本质上讲文件系统是特殊的数据分层存储结构，它包含文件、目录和相关的控制信息。文件系统的通用操作包含创建、删除和安装等。在 UNIX 中，文件系统被安装在一个特定的安装点上，该安装点在全局层次结构⊖中被称作命名空间，所有的已安装文件系统都作为根文件系统树的枝叶出现在系统中。与这种单一、统一的树形成鲜明对照的就是 DOS 和 Windows 的表现，它们将文件的命名空间分类为驱动字母，例如 C:。这种将命名空间划分为设备和分区的做法，相当于把硬件细节"泄露"给文件系统抽象层。对用户而言，如此的描述有点随意，甚至产生混淆，这是 Linux 统一命名空间所不屑一顾的。

文件其实可以做一个有序字节串，字节串中第一个字节是文件的头，最后一个字节是文件的尾。每一个文件为了便于系统和用户识别，都被分配了一个便于理解的名字。典型的文件操作有读、写、创建和删除等。UNIX 文件的概念与面向记录的文件系统（如 OpenVMS 的 File-11）形成鲜明的对照。面向记录的文件系统提供更丰富、更结构化的表示，而简单的面向字节流抽象的 UNIX 文件则以简单性和相当的灵活性为代价。

文件通过目录组织起来。文件目录好比一个文件夹，用来容纳相关文件。因为目录也可以包含其他目录，即子目录，所以目录可以层层嵌套，形成文件路径。路径中的每一部分都被称作目录条目。"/home/wolfman/butter"是文件路径的一个例子——根目录 /，目录 home，wolfman 和文件 butter 都是目录条目，它们统称为目录项。在 UNIX 中，目录属于普通文件，它列出包含在其中的所有文件。由于 VFS 把目录当作文件对待，所以可以对目录执行和文件相同的操作。

UNIX 系统将文件的相关信息和文件本身这两个概念加以区分，例如访问控制权限、大小、拥有者、创建时间等信息。文件相关信息，有时被称作文件的元数据（也就是说，文件的相关数据），被存储在一个单独的数据结构中，该结构被称为索引节点（inode），它其实是 index node 的缩写，不过近来术语"inode"使用得更为普遍一些。

所有这些信息都和文件系统的控制信息密切相关，文件系统的控制信息存储在超级块中，超级块是一种包含文件系统信息的数据结构。有时，把这些收集起来的信息称为文件系统数据元，它集单独文件信息和文件系统的信息于一身。

一直以来，UNIX 文件系统在它们物理磁盘布局中也是按照上述概念实现的。比如说在磁盘上，文件（目录也属于文件）信息按照索引节点形式存储在单独的块中；控制信息被集中存储在磁盘的超级块中，等等。UNIX 中文件的概念从物理上被映射到存储介质。Linux 的 VFS 的设计目标就是要保证能与支持和实现了这些概念的文件系统协同工作。像如 FAT 或 NTFS 这样的非 UNIX 风格的文件系统，虽然也可以在 Linux 上工作，但是它们必须经过封装，提供一个符合这些概念的界面。比如，即使一个文件系统不支持索引节点，它也必须在内存中装配索引节点结构体，就像它本身包含索引节点一样。再比如，如果一个文件系统将目录看作一种特殊对象，

⊖　近来，Linux 已经将这种层次化概念引入了单个进程中，每个进程都指定一个唯一的命名空间。因为每个进程都会继承父进程的命名空间（除非是特别声明的情况），所以所有进程往往都只有一个全局命名空间。

那么要想使用 VFS，就必须将目录重新表示为文件形式。通常，这种转换需要在使用现场（on the fly）引入一些特殊处理，使得非 UNIX 文件系统能够兼容 UNIX 文件系统的使用规则并满足 VFS 的需求。这种文件系统当然仍能工作，但是其带来的开销则不可思议（开销太大了）。

13.4　VFS 对象及其数据结构

VFS 其实采用的是面向对象⊖的设计思路，使用一组数据结构来代表通用文件对象。这些数据结构类似于对象。因为内核纯粹使用 C 代码实现，没有直接利用面向对象的语言，所以内核中的数据结构都使用 C 语言的结构体实现，而这些结构体包含数据的同时也包含操作这些数据的函数指针，其中的操作函数由具体文件系统实现。

VFS 中有四个主要的对象类型，它们分别是：

- 超级块对象，它代表一个具体的已安装文件系统。
- 索引节点对象，它代表一个具体文件。
- 目录项对象，它代表一个目录项，是路径的一个组成部分。
- 文件对象，它代表由进程打开的文件。

注意，因为 VFS 将目录作为一个文件来处理，所以不存在目录对象。回忆本章前面所提到的目录项代表的是路径中的一个组成部分，它可能包括一个普通文件。换句话说，目录项不同于目录，但目录却是另一种形式的文件，明白了吗？

每个主要对象中都包含一个操作对象，这些操作对象描述了内核针对主要对象可以使用的方法：

- super_operations 对象，其中包括内核针对特定文件系统所能调用的方法，比如 write_inode() 和 sync_fs() 等方法。
- inode_operations 对象，其中包括内核针对特定文件所能调用的方法，比如 create() 和 link() 等方法。
- dentry_operations 对象，其中包括内核针对特定目录所能调用的方法，比如 d_compare() 和 d_delete() 等方法。
- file_operations 对象，其中包括进程针对已打开文件所能调用的方法，比如 read() 和 write() 等方法。

操作对象作为一个结构体指针来实现，此结构体中包含指向操作其父对象的函数指针。对于其中许多方法来说，可以继承使用 VFS 提供的通用函数，如果通用函数提供的基本功能无法满足需要，那么就必须使用实际文件系统的独有方法填充这些函数指针，使其指向文件系统实例。

再次提醒，我们这里所说的对象就是指结构体，而不是像 C++ 或 Java 那样的真正的对象数据类类型。但是这些结构体的确代表的是一个对象，它含有相关的数据和对这些数据的操作，所以可以说它们就是对象。

⊖　人们时常忽略，甚至会否认，但是在内核中确实存在很多利用面向对象思想编程的例子。虽然内核开发者可能有意避免 C++ 和其他面向对象语言，但是面向对象的思想仍然经常被借鉴——虽然 C 语言缺乏面向对象的机制。VFS 就是一个利用 C 代码来有效和简洁地实现 OOP 的例子。

VFS 使用了大量结构体对象，它所包括的对象远远多于上面提到的这几种主要对象。比如每个注册的文件系统都由 file_system_type 结构体来表示，它描述了文件系统及其性能；另外，每一个安装点也都用 vfsmount 结构体表示，它包含的是安装点的相关信息，如位置和安装标志等。

在本章的最后还要介绍两个与进程相关的结构体，它们描述了文件系统以及和进程相关的文件，分别是 fs_struct 结构体和 file 结构体。

13.5 节将讨论这些对象以及它们在 VFS 层的实现中扮演的角色。

13.5 超级块对象

各种文件系统都必须实现超级块对象，该对象用于存储特定文件系统的信息，通常对应于存放在磁盘特定扇区中的文件系统超级块或文件系统控制块（所以称为超级块对象）。对于并非基于磁盘的文件系统（如基于内存的文件系统，比如 sysfs），它们会在使用现场创建超级块并将其保存到内存中。

超级块对象由 super_block 结构体表示，定义在文件 <linux/fs.h> 中，下面给出它的结构和各个域的描述：

```
struct super_block {
    struct list_head          s_list;              /* 指向所有超级块的链表 */
    dev_t                     s_dev;               /* 设备标识符 */
    unsigned long             s_blocksize;         /* 以字节为单位的块大小 */

    unsigned char             s_blocksize_bits;    /* 以位为单位的块大小 */
    unsigned char             s_dirt;              /* 修改（脏）标志 */
    unsigned long long        s_maxbytes;          /* 文件大小上限 */
    struct file_system_type       s_type;          /* 文件系统类型 */
    struct super_operations   s_op;                /* 超级块方法 */
    struct dquot_operations   *dq_op;              /* 磁盘限额方法 */
    struct quotactl_ops       *s_qcop;             /* 限额控制方法 */
    struct export_operations  *s_export_op;        /* 导出方法 */
    unsigned long             s_flags;             /* 挂载标志 */
    unsigned long             s_magic;             /* 文件系统的幻数 */
    struct dentry             *s_root;             /* 目录挂载点 */
    struct rw_semaphore       s_umount;            /* 卸载信号量 */
    struct semaphore          s_lock;              /* 超级块信号量 */
    int                       s_count;             /* 超级块引用计数 */
    int                       s_need_sync;         /* 尚未同步标志 */
    atomic_t                  s_active;            /* 活动引用计数 */
    void                      *s_security;         /* 安全模块 */
    struct xattr_handler      **s_xattr;           /* 扩展的属性操作 */
    struct list_head          s_inodes;            /* inodes 链表 */
    struct list_head          s_dirty;             /* 脏数据链表 */
    struct list_head          s_io;                /* 回写链表 */
    struct list_head          s_more_io;           /* 更多回写的链表 */
    struct hlist_head         s_anon;              /* 匿名目录项 */
    struct list_head          s_files;             /* 被分配文件链表 */
    struct list_head          s_dentry_lru;        /* 未被使用目录项链表 */
    int                       s_nr_dentry_unused;  /* 链表中目录项的数目 */
    struct block_device       *s_bdev;             /* 相关的块设备 */
```

```
struct mtd_info          *s_mtd;              /* 存储磁盘信息 */
struct list_head         s_instances;         /* 该类型文件系统 */
struct quota_info        s_dquot;             /* 限额相关选项 */
int                      s_frozen;            /* frozen标志位 */
wait_queue_head_t        s_wait_unfrozen;     /* 冻结的等待队列 */
char                     s_id[32];            /* 文本名字 */
void                     *s_fs_info;          /* 文件系统特殊信息 */
fmode_t                  s_mode;              /* 安装权限 */
struct semaphore         s_vfs_rename_sem;    /* 重命名信号量 */
u32                      s_time_gran;         /* 时间戳粒度 */
char                     *s_subtype;          /* 子类型名称 */
char                     *s_options;          /* 已存安装选项 */
};
```

创建、管理和撤销超级块对象的代码位于文件 fs/super.c 中。超级块对象通过 alloc_super()
函数创建并初始化。在文件系统安装时，文件系统会调用该函数以便从磁盘读取文件系统超级
块，并且将其信息填充到内存中的超级块对象中。

13.6　超级块操作

超级块对象中最重要的一个域是 s_op，它指向超级块的操作函数表。超级块操作函数表由
super_operations 结构体表示，定义在文件 <linux/fs.h> 中，其形式如下：

```
struct super_operations {
    struct inode *(*alloc_inode)(struct super_block *sb);
    void (*destroy_inode)(struct inode *);
    void (*dirty_inode) (struct inode *);
    int (*write_inode) (struct inode *, int);
    void (*drop_inode) (struct inode *);
    void (*delete_inode) (struct inode *);
    void (*put_super) (struct super_block *);
    void (*write_super) (struct super_block *);
    int (*sync_fs)(struct super_block *sb, int wait);
    int (*freeze_fs) (struct super_block *);
    int (*unfreeze_fs) (struct super_block *);
    int (*statfs) (struct dentry *, struct kstatfs *);
    int (*remount_fs) (struct super_block *, int *, char *);
    void (*clear_inode) (struct inode *);
    void (*umount_begin) (struct super_block *);
    int (*show_options)(struct seq_file *, struct vfsmount *);
    int (*show_stats)(struct seq_file *, struct vfsmount *);
    ssize_t (*quota_read)(struct super_block *, int, char *, size_t, loff_t);
    ssize_t (*quota_write)(struct super_block *, int, const char *, size_t, loff_t);
    int (*bdev_try_to_free_page)(struct super_block*, struct page*, gfp_t);
};
```

该结构体中的每一项都是一个指向超级块操作函数的指针，超级块操作函数执行文件系统和
索引节点的低层操作。

当文件系统需要对其超级块执行操作时，首先要在超级块对象中寻找需要的操作方法。比

如，如果一个文件系统要写自己的超级块，需要调用：

```
sb->s_op->write_super(sb);
```

在这个调用中，sb 是指向文件系统超级块的指针，沿着该指针进入超级块操作函数表 s_op，并从表中取得希望得到的 write_super() 函数，该函数执行写入超级块的实际操作。注意，尽管 write_super() 方法来自超级块，但是在调用时，还是要把超级块作为参数传递给它，这是因为 C 语言中缺少对面向对象的支持，而在 C++ 中，使用如下的调用就足够了：

```
sb.write_super();
```

由于在 C 语言中无法直接得到操作函数的父对象，所以必须将父对象以参数形式传给操作函数。下面给出 super_operation 中，超级块操作函数的用法。

• struct inode *alloc_inode(struct super_block *sb)

在给定的超级块下创建和初始化一个新的索引节点对象。

• void destroy_inode(struct inode *inode)

用于释放给定的索引节点。

• void dirty_inode(struct inode *inode)

VFS 在索引节点脏（被修改）时会调用此函数。日志文件系统（如 ext3 和 ext4）执行该函数进行日志更新。

• void write_inode(struct inode *inode,int wait)

用于将给定的索引节点写入磁盘。wait 参数指明写操作是否需要同步。

• void drop_inode(struct inode *inode)

在最后一个指向索引节点的引用被释放后，VFS 会调用该函数。VFS 只需要简单地删除这个索引节点后，普通 UNIX 文件系统就不会定义这个函数了。

• void delete_inode(struct inode *inode)

用于从磁盘上删除给定的索引节点。

• void put_super(struct super_block *sb)

在卸载文件系统时由 VFS 调用，用来释放超级块。调用者必须一直持有 s_lock 锁。

• void write_super(struct super_block *sb)

用给定的超级块更新磁盘上的超级块。VFS 通过该函数对内存中的超级块和磁盘中的超级块进行同步。调用者必须一直持有 s_lock 锁。

• int sync_fs(struct super_block *sb, int wait)

使文件系统的数据元与磁盘上的文件系统同步。wait 参数指定操作是否同步。

- void write_super_lockfs(struct super_block *sb)

首先禁止对文件系统做改变，再使用给定的超级块更新磁盘上的超级块。目前 LVM(逻辑卷标管理) 会调用该函数。

- void unlockfs(struct super_block *sb)

对文件系统解除锁定，它是 write_super_lockfs() 的逆操作。

- int statfs(struct super_block *sb,struct statfs *statfs)

VFS 通过调用该函数获取文件系统状态。指定文件系统相关的统计信息将放置在 statfs 中。

- int remount_fs(struct super_block *sb,int *flags,char *data)

当指定新的安装选项重新安装文件系统时，VFS 会调用该函数。调用者必须一直持有 s_lock 锁。

- void clear_inode(struct inode *inode)

VFS 调用该函数释放索引节点，并清空包含相关数据的所有页面。

- void umount_begin(struct super_block *sb)

VFS 调用该函数中断安装操作。该函数被网络文件系统使用，如 NFS。

所有以上函数都是由 VFS 在进程上下文中调用。除了 dirty_inode()，其他函数在必要时都可以阻塞。

这其中的一些函数是可选的。在超级块操作表中，文件系统可以将不需要的函数指针设置成 NULL。如果 VFS 发现操作函数指针是 NULL，那它要么就会调用通用函数执行相应操作，要么什么也不做，如何选择取决于具体操作。

13.7 索引节点对象

索引节点对象包含了内核在操作文件或目录时需要的全部信息。对于 UNIX 风格的文件系统来说，这些信息可以从磁盘索引节点直接读入。如果一个文件系统没有索引节点，那么，不管这些相关信息在磁盘上是怎么存放的，文件系统都必须从中提取这些信息。没有索引节点的文件系统通常将文件的描述信息作为文件的一部分来存放。这些文件系统与 UNIX 风格的文件系统不同，没有将数据与控制信息分开存放。有些现代文件系统使用数据库来存储文件的数据。不管哪种情况、采用哪种方式，索引节点对象必须在内存中创建，以便于文件系统使用。

索引节点对象由 inode 结构体表示，它定义在文件 <linux/fs.h> 中，下面给出它的结构体和各项的描述：

```
struct inode {
        struct hlist_node        i_hash;          /* 散列表 */
        struct list_head         i_list;          /* 索引节点链表 */
        struct list_head         i_sb_list;       /* 超级块链表 */
        struct list_head         i_dentry;        /* 目录项链表 */
        unsigned long            i_ino;           /* 节点号 */
```

```
        atomic_t              i_count;               /* 引用计数 */
        unsigned int          i_nlink;               /* 硬链接数 */
        uid_t                 i_uid;                 /* 使用者的 id */
        gid_t                 i_gid;                 /* 使用组的 id */
        kdev_t                i_rdev;                /* 实际设备标识符 */
        u64                   i_version;             /* 版本号 */
        loff_t                i_size;                /* 以字节为单位的文件大小 */
        seqcount_t            i_size_seqcount;       /* 对 i_size 进行串行计数 */
        struct timespec       i_atime;               /* 最后访问时间 */
        struct timespec       i_mtime;               /* 最后修改时间 */
        struct timespec       i_ctime;               /* 最后改变时间 */
        unsigned int          i_blkbits;             /* 以位为单位的块大小 */
        blkcnt_t              i_blocks;              /* 文件的块数 */
        unsigned short        i_bytes;               /* 使用的字节数 */
        umode_t               i_mode;                /* 访问权限 */
        spinlock_t            i_lock;                /* 自旋锁 */
        struct rw_semaphore   i_alloc_sem;           /* 嵌入 i_sem 内部 */
        struct semaphore      i_sem;                 /* 索引节点信号量 */
        struct inode_operations *i_op;               /* 索引节点操作表 */
        struct file_operations  *i_fop;              /* 缺省的索引节点操作 */
        struct super_block    *i_sb;                 /* 相关的超级块 */
        struct file_lock      *i_flock;              /*  文件锁链表 */
        struct address_space  *i_mapping;            /* 相关的地址映射 */
        struct address_space  i_data;                /* 设备地址映射 */
        struct dquot          *i_dquot[MAXQUOTAS];   /* 索引节点的磁盘限额 */
        struct list_head      i_devices;             /* 块设备链表 */
        union {
            struct pipe_inode_info *i_pipe;          /* 管道信息 */
            struct block_device    *i_bdev;          /* 块设备驱动 */
            struct cdev            *i_cdev;          /* 字符设备驱动 */
        };
        unsigned long         i_dnotify_mask;        /* 目录通知掩码 */
        struct dnotify_struct *i_dnotify;            /* 目录通知 */
        struct list_head      inotify_watches;       /* 索引节点通知监测链表 */
        struct mutex          inotify_mutex;         /* 保护 inotify_watches */
        unsigned long         i_state;               /* 状态标志 */
        unsigned long         dirtied_when;          /* 第一次弄脏数据的时间 */
        unsigned int          i_flags;               /* 文件系统标志 */
        atomic_t              i_writecount;          /* 写者计数 */
        void                  *i_security;           /* 安全模块 */
        void                  *i_private;            /* fs 私有指针 */
    };
```

一个索引节点代表文件系统中（但是索引节点仅当文件被访问时，才在内存中创建）的一个文件，它也可以是设备或管道这样的特殊文件。因此索引节点结构体中有一些和特殊文件相关的项，比如 i_pipe 项就指向一个代表有名管道的数据结构，i_bdev 指向块设备结构体，i_cdev 指向字符设备结构体。这三个指针被存放在一个公用体中，因为一个给定的索引节点每次只能表示三者之一（或三者均不）。

有时，某些文件系统可能并不能完整地包含索引节点结构体要求的所有信息。举个例子，有的文件系统可能并不记录文件的访问时间，这时，该文件系统就可以在实现中选择任意合适的办法来解决这个问题。它可以在 i_atime 中存储 0，或者让 i_atime 等于 i_mtime，或者只在内存中更新 i_atime 而不将其写回磁盘，或者由文件系统的实现者来决定。

13.8　索引节点操作

和超级块操作一样，索引节点对象中的 inode_operations 项也非常重要，因为它描述了 VFS 用以操作索引节点对象的所有方法，这些方法由文件系统实现。与超级块类似，对索引节点的操作调用方式如下：

```
i->i_op->truncate(i)
```

i 指向给定的索引节点，truncate() 函数是由索引节点 i 所在的文件系统定义的。inode_operations 结构体定义在文件 <linux/fs.h> 中：

```
struct inode_operations {
    int (*create) (struct inode *,struct dentry *,int, struct nameidata *);
    struct dentry * (*lookup) (struct inode *,struct dentry *, struct nameidata *);
    int (*link) (struct dentry *,struct inode *,struct dentry *);
    int (*unlink) (struct inode *,struct dentry *);
    int (*symlink) (struct inode *,struct dentry *,const char *);
    int (*mkdir) (struct inode *,struct dentry *,int);
    int (*rmdir) (struct inode *,struct dentry *);
    int (*mknod) (struct inode *,struct dentry *,int,dev_t);
    int (*rename) (struct inode *, struct dentry *,
                   struct inode *, struct dentry *);
    int (*readlink) (struct dentry *, char __user *,int);
    void * (*follow_link) (struct dentry *, struct nameidata *);
    void (*put_link) (struct dentry *, struct nameidata *, void *);
    void (*truncate) (struct inode *);
    int (*permission) (struct inode *, int);
    int (*setattr) (struct dentry *, struct iattr *);
    int (*getattr) (struct vfsmount *mnt, struct dentry *, struct kstat *);
    int (*setxattr) (struct dentry *, const char *,const void *,size_t,int);
    ssize_t (*getxattr) (struct dentry *, const char *, void *, size_t);
    ssize_t (*listxattr) (struct dentry *, char *, size_t);
    int (*removexattr) (struct dentry *, const char *);
    void (*truncate_range)(struct inode *, loff_t, loff_t);
    long (*fallocate)(struct inode *inode, int mode, loff_t offset,
                      loff_t len);
    int (*fiemap)(struct inode *, struct fiemap_extent_info *, u64 start,
                  u64 len);
};
```

下面这些接口由各种函数组成，在给定的节点上，可能由 VFS 执行这些函数，也可能由具体的文件系统执行：

• int create(struct inode *dir,struct dentry *dentry, int mode)

VFS 通过系统调用 create() 和 open() 来调用该函数，从而为 dentry 对象创建一个新的索引节点。在创建时使用 mode 指定的初始模式。

• struct dentry * lookup(struct inode *dir,struct dentry *dentry)

该函数在特定目录中寻找索引节点，该索引节点要对应于 denrty 中给出的文件名。

- ```
  int link(struct dentry *old_dentry,
          struct inode *dir,
          struct dentry *dentry)
  ```

该函数被系统调用 link() 调用，用来创建硬连接。硬连接名称由 dentry 参数指定，连接对象是 dir 目录中 old_dentry 目录项所代表的文件。

- ```
  int unlink(struct inode *dir,struct dentry *dentry)
  ```

该函数被系统调用 unlink() 调用，从目录 dir 中删除由目录项 dentry 指定的索引节点对象。

- ```
  int symlink(struct inode *dir,
             struct dentry *dentry,
             const char *symname)
  ```

该函数被系统调用 symlik() 调用，创建符号连接。该符号连接名称由 symname 指定，连接对象是 dir 目录中的 dentry 目录项。

- ```
  int mkdir(struct inode *dir,
           struct dentry *dentry,
           int mode)
  ```

该函数被系统调用 mkdir() 调用，创建一个新目录。创建时使用 mode 指定的初始模式。

- ```
  int rmdir(struct inode *dir,
           struct dentry *dentry)
  ```

该函数被系统调用 rmdir() 调用，删除 dir 目录中的 dentry 目录项代表的文件。

- ```
  int mknod(struct inode *dir,
           struct dentry *dentry,
           int mode ,dev_t rdev)
  ```

该函数被系统调用 mknod() 调用，创建特殊文件（设备文件、命名管道或套接字）。要创建的文件放在 dir 目录中，其目录项为 dentry，关联的设备为 rdev，初始权限由 mode 指定。

- ```
  int rename(struct inode *old_dir,
            struct dentry *old_dentry,
            struct inode *new_dir,
            struct dentry *new_dentry)
  ```

VFS 调用该函数来移动文件。文件源路径在 old_dir 目录中，源文件由 old_dentry 目录项指定，目标路径在 new_dir 目录中，目标文件由 new_dentry 指定。

- ```
  int readlink(struct dentry *dentry,
              char *buffer,int buflen)
  ```

该函数被系统调用 readlink() 调用，拷贝数据到特定的缓冲 buffer 中。拷贝的数据来自 dentry 指定的符号连接，拷贝大小最大可达 buflen 字节。

- ```
  int follow_link(struct dentry *dentry,
                 struct nameidata *nd)
  ```
  ```

该函数由 VFS 调用，从一个符号连接查找它指向的索引节点。由 dentry 指向的连接被解析，其结果存放在由 nd 指向的 nameidata 结构体中。

- `int put_link(struct dentry *dentry,`
  `            struct nameidata *nd)`

在 follow_link () 调用之后，该函数由 VFS 调用进行清除工作。

- `void truncate(struct inode *inode)`

该函数由 VFS 调用，修改文件的大小。在调用前，索引节点的 i_size 项必须设置为预期的大小。

- `int permission(struct inode *inode , int mask)`

该函数用来检查给定的 inode 所代表的文件是否允许特定的访问模式。如果允许特定的访问模式，返回零，否则返回负值的错误码。多数文件系统都将此区域设置为 NULL，使用 VFS 提供的通用方法进行检查。这种检查操作仅仅比较索引节点对象中的访问模式位是否和给定的 mask 一致。比较复杂的系统（比如支持访问控制链（ACLS）的文件系统），需要使用特殊的 permission() 方法。

- `int setattr(struct dentry *dentry,`
  `            struct iattr *attr)`

该函数被 notify_change() 调用，在修改索引节点后，通知发生了"改变事件"。

- `int getattr(struct vfsmount *mnt,`
  `            struct dentry *dentry,`
  `            struct kstat *stat)`

在通知索引节点需要从磁盘中更新时，VFS 会调用该函数。
扩展属性允许 key/value 这样的一对值与文件相关联。

- `int setxattr(struct dentry *dentry,`
  `            const char *name,`
  `            const void *value,`
  `            size_t size,int flags)`

该函数由 VFS 调用，给 dentry 指定的文件设置扩展属性。属性名为 name，值为 value。

- `ssize_t getxattr(struct dentry *dentry,`
  `            const char *name,`
  `            void *value,size_t size)`

该函数由 VFS 调用，向 value 中拷贝给定文件的扩展属性 name 对应的数值。

- `ssize_t listxattr(struct dentry *dentry,`
  `            char *list ,size_t size)`

该函数将特定文件的所有属性列表拷贝到一个缓冲列表中。

- `int removexattr(struct dentry  *dentry ,`
  `            const char *name)`

该函数从给定文件中删除指定的属性。

13.9 目录项对象

VFS 把目录当作文件对待,所以在路径 /bin/vi 中,bin 和 vi 都属于文件——bin 是特殊的目录文件而 vi 是一个普通文件,路径中的每个组成部分都由一个索引节点对象表示。虽然它们可以统一由索引节点表示,但是 VFS 经常需要执行目录相关的操作,比如路径名查找等。路径名查找需要解析路径中的每一个组成部分,不但要确保它有效,而且还需要再进一步寻找路径中的下一个部分。

为了方便查找操作,VFS 引入了目录项的概念。每个 dentry 代表路径中的一个特定部分。对前一个例子来说,/、bin 和 vi 都属于目录项对象。前两个是目录,最后一个是普通文件。必须明确一点:在路径中(包括普通文件在内),每一个部分都是目录项对象。解析一个路径并遍历其分量绝非简单的演练,它是耗时的、常规的字符串比较过程,执行耗时、代码烦琐。目录项对象的引入使得这个过程更加简单。

目录项也可包括安装点。在路径 /mnt/cdrom/foo 中,构成元素 /、mnt、cdrom 和 foo 都属于目录项对象。VFS 在执行目录操作时(如果需要的话)会现场创建目录项对象。

目录项对象由 dentry 结构体表示,定义在文件 <linux/dcache.h> 中。下面给出该结构体和其中各项的描述:

```
struct dentry {
        atomic_t                d_count;        /* 使用记数 */
        unsigned int            d_flags;        /* 目录项标识 */
        spinlock_t              d_lock;         /* 单目录项锁 */
        int                     d_mounted;      /* 是登录点的目录项吗? */
        struct inode            *d_inode;       /* 相关联的索引节点 */
        struct hlist_node       d_hash;         /* 散列表 */
        struct dentry           *d_parent;      /* 父目录的目录项对象 */
        struct qstr             d_name;         /* 目录项名称 */
        struct list_head        d_lru;          /* 未使用的链表 */
        union {
            struct list_head    d_child;        /* 目录项内部形成的链表 */
            struct rcu_head     d_rcu;          /* RCU 加锁 */
        } d_u;
        struct list_head        d_subdirs;      /* 子目录链表 */
        struct list_head        d_alias;        /* 索引节点别名链表 */
        unsigned long           d_time;         /* 重置时间 */
        struct dentry_operations *d_op;         /* 目录项操作指针 */
        struct super_block      *d_sb;          /* 文件的超级块 */
        void                    *d_fsdata;      /* 文件系统特有数据 */
        unsigned char           d_iname[DNAME_INLINE_LEN_MIN]; /* 短文件名 */
};
```

与前面的两个对象不同,目录项对象没有对应的磁盘数据结构,VFS 根据字符串形式的路径名现场创建它。而且由于目录项对象并非真正保存在磁盘上,所以目录项结构体没有是否被修改的标志(也就是是否为脏、是否需要写回磁盘的标志)。

13.9.1 目录项状态

目录项对象有三种有效状态:被使用、未被使用和负状态。

一个被使用的目录项对应一个有效的索引节点（即 d_inode 指向相应的索引节点）并且表明该对象存在一个或多个使用者（即 d_count 为正值）。一个目录项处于被使用状态，意味着它正被 VFS 使用并且指向有效的数据，因此不能被丢弃。

一个未被使用的目录项对应一个有效的索引节点（d_inode 指向一个索引节点），但是应指明 VFS 当前并未使用它（d_count 为 0）。该目录项对象仍然指向一个有效对象，而且被保留在缓存中以便需要时再使用它。由于该目录项不会过早地被撤销，所以以后再需要它时，不必重新创建，与未缓存的目录项相比，这样使路径查找更迅速。但如果要回收内存的话，可以撤销未使用的目录项。

一个负状态的目录项⊖没有对应的有效索引节点（d_inode 为 NULL），因为索引节点已被删除了，或路径不再正确了，但是目录项仍然保留，以便快速解析以后的路径查询。比如，一个守护进程不断地去试图打开并读取一个不存在的配置文件。open() 系统调用不断地返回 ENOENT，直到内核构建了这个路径、遍历磁盘上的目录结构体并检查这个文件的确不存在为止。即便这个失败的查找很浪费资源，但是将负状态缓存起来还是非常值得的。虽然负状态的目录项有些用处，但是如果有需要，可以撤销它，因为毕竟实际上很少用到它。

目录项对象释放后也可以保存到 slab 对象缓存中去，这点在第 12 章讨论过。此时，任何 VFS 或文件系统代码都没有指向该目录项对象的有效引用。

13.9.2　目录项缓存

如果 VFS 层遍历路径名中所有的元素并将它们逐个地解析成目录项对象，还要到达最深层目录，将是一件非常费力的工作，会浪费大量的时间。所以内核将目录项对象缓存在目录项缓存（简称 dcache）中。

目录项缓存包括三个主要部分：

- "被使用的"目录项链表。该链表通过索引节点对象中的 i_dentry 项连接相关的索引节点，因为一个给定的索引节点可能有多个链接，所以就可能有多个目录项对象，因此用一个链表来连接它们。
- "最近被使用的"双向链表。该链表含有未被使用的和负状态的目录项对象。由于该链总是在头部插入目录项，所以链头节点的数据总比链尾的数据要新。当内核必须通过删除节点项回收内存时，会从链尾删除节点项，因为尾部的节点最旧，所以它们在近期内再次被使用的可能性最小。
- 散列表和相应的散列函数用来快速地将给定路径解析为相关目录项对象。

散列表由数组 dentry_hashtable 表示，其中每一个元素都是一个指向具有相同键值的目录项对象链表的指针。数组的大小取决于系统中物理内存的大小。

实际的散列值由 d_hash() 函数计算，它是内核提供给文件系统的唯一的一个散列函数。

查找散列表要通过 d_lookup() 函数，如果该函数在 dcache 中发现了与其相匹配的目录项对象，则匹配的对象被返回；否则，返回 NULL 指针。

⊖　这个名字容易产生误导，其实它和任何负数或负状态并没有联系。更准确的名称应该是无效目录项。

举例说明，假设你需要在自己目录中编译一个源文件，/home/dracula/src/the_sun_sucks.c，每一次对文件进行访问（比如说，首先要打开它，然后要存储它，还要进行编译等），VFS 都必须沿着嵌套的目录依次解析全部路径：/、home、dracula、src 和最终的 the_sun_sucks.c。为了避免每次访问该路径名都进行这种耗时的操作，VFS 会先在目录项缓存中搜索路径名，如果找到了，就无须花费那么大的力气了。相反，如果该目录项在目录项缓存中并不存在，VFS 就必须自己通过遍历文件系统为每个路径分量解析路径，解析完毕后，再将目录项对象加入 dcache 中，以便以后可以快速查找到它。

而 dcache 在一定意义上也提供对索引节点的缓存，也就是 icache。和目录项对象相关的索引节点对象不会被释放，因为目录项会让相关索引节点的使用计数为正，这样就可以确保索引节点留在内存中。只要目录项被缓存，其相应的索引节点也就被缓存了。所以像前面的例子，只要路径名在缓存中找到了，那么相应的索引节点肯定也在内存中缓存着。

因为文件访问呈现空间和时间的局部性，所以对目录项和索引节点进行缓存非常有益。文件访问有时间上的局部性，是因为程序可能会一次又一次地访问相同的文件。因此，当一个文件被访问时，所缓存的相关目录项和索引节点不久被命中的概率较高。文件访问具有空间的局部性是因为程序可能在同一个目录下访问多个文件，因此一个文件对应的目录项缓存后极有可能被命中，因为相关的文件可能在下次又被使用。

13.10 目录项操作

dentry_operation 结构体指明了 VFS 操作目录项的所有方法。

该结构定义在文件 <linux/dcache.h> 中。

```
struct dentry_operations {
        int (*d_revalidate) (struct dentry *, struct nameidata *);
        int (*d_hash) (struct dentry *, struct qstr *);
        int (*d_compare) (struct dentry *, struct qstr *, struct qstr *);
        int (*d_delete) (struct dentry *);
        void (*d_release) (struct dentry *);
        void (*d_iput) (struct dentry *, struct inode *);
        char *(*d_dname) (struct dentry *, char *, int);
};
```

下面给出函数的具体用法：

• int d_revalidate(struct dentry *dentry ,
                struct nameidata*);

该函数判断目录对象是否有效。VFS 准备从 dcache 中使用一个目录项时，会调用该函数。大部分文件系统将该方法置 NULL，因为它们认为 dcache 中的目录项对象总是有效的。

• int d_hash(struct dentry *dentry,
            struct qstr *name)

该函数为目录项生成散列值，当目录项需要加入到散列表中时，VFS 调用该函数。

• int d_compare(struct dentry *dentry,

```
        struct qstr *name1,
        struct qstr *name2)
```

VFS 调用该函数来比较 name1 和 name2 这两个文件名。多数文件系统使用 VFS 默认的操作，仅仅作字符串比较。对有些文件系统，比如 FAT，简单的字符串比较不能满足其需要。因为 FAT 文件系统不区分大小写，所以需要实现一种不区分大小写的字符串比较函数。注意使用该函数时需要加 dcache_lock 锁。

- int d_delete(struct dentry *dentry)

当目录项对象的 d_count 计数值等于 0 时，VFS 调用该函数。注意使用该函数需要加 dcache_lock 锁和目录项的 d_lock。

- void d_release(struct dentry *dentry)

当目录项对象将要被释放时，VFS 调用该函数，默认情况下，它什么也不做。

- void d_iput(struct dentry *dentry,
        struct inode *inode)

当一个目录项对象丢失了其相关的索引节点时（也就是说磁盘索引节点被删除了），VFS 调用该函数。默认情况下 VFS 会调用 iput() 函数释放索引节点。如果文件系统重载了该函数，那么除了执行此文件系统特殊的工作外，还必须调用 iput() 函数。

13.11 文件对象

VFS 的最后一个主要对象是文件对象。文件对象表示进程已打开的文件。如果我们站在用户角度来看待 VFS，文件对象会首先进入我们的视野。进程直接处理的是文件，而不是超级块、索引节点或目录项。所以不必奇怪：文件对象包含我们非常熟悉的信息（如访问模式，当前偏移等），同样道理，文件操作和我们非常熟悉的系统调用 read() 和 write() 等也很类似。

文件对象是已打开的文件在内存中的表示。该对象（不是物理文件）由相应的 open() 系统调用创建，由 close() 系统调用撤销，所有这些文件相关的调用实际上都是文件操作表中定义的方法。因为多个进程可以同时打开和操作同一个文件，所以同一个文件也可能存在多个对应的文件对象。文件对象仅仅在进程观点上代表已打开文件，它反过来指向目录项对象（反过来指向索引节点），其实只有目录项对象才表示已打开的实际文件。虽然一个文件对应的文件对象不是唯一的，但对应的索引节点和目录项对象无疑是唯一的。

文件对象由 file 结构体表示，定义在文件 <linux/fs.h> 中，下面给出该结构体和各项的描述。

```
struct file {
    union {
        struct list_head        fu_list;      /* 文件对象链表 */
        struct rcu_head         fu_rcuhead;   /* 释放之后的 RCU 链表 */
    } f_u;
    struct path             f_path;       /* 包含目录项 */
    struct file_operations  *f_op;        /* 文件操作表 */
    spinlock_t              f_lock;       /* 单个文件结构锁 */
    atomic_t                f_count;      /* 文件对象的使用计数 */
```

```
unsigned int              f_flags;         /* 当打开文件时所指定的标志 */
mode_t                    f_mode;          /* 文件的访问模式 */
loff_t                    f_pos;           /* 文件当前的位移量（文件指针）*/
struct fown_struct        f_owner;         /* 拥有者通过信号进行异步 I/O 数据的传送 */
const struct cred         *f_cred;         /* 文件的信任状 */
struct file_ra_state      f_ra;            /* 预读状态 */
u64                       f_version;       /* 版本号 */
void                      *f_security;     /* 安全模块 */
void                      *private_data;   /* tty 设备驱动的钩子 */
struct list_head          f_ep_links;      /* 事件池链表 */
spinlock_t                f_ep_lock;       /* 事件池锁 */
struct address_space      *f_mapping;      /* 页缓存映射 */
unsigned long             f_mnt_write_state; /* 调试状态 */
};
```

类似于目录项对象，文件对象实际上没有对应的磁盘数据。所以在结构体中没有代表其对象是否为脏、是否需要写回磁盘的标志。文件对象通过 f_dentry 指针指向相关的目录项对象。目录项会指向相关的索引节点，索引节点会记录文件是否是脏的。

13.12 文件操作

和 VFS 的其他对象一样，文件操作表在文件对象中也非常重要。跟 file 结构体相关的操作与系统调用很类似，这些操作是标准 UNIX 系统调用的基础。

文件对象的操作由 file_operations 结构体表示，定义在文件 <linux/fs.h> 中：

```
struct file_operations {
        struct module *owner;
        loff_t (*llseek) (struct file *, loff_t, int);
        ssize_t (*read) (struct file *, char __user *, size_t, loff_t *);
        ssize_t (*write) (struct file *, const char __user *, size_t, loff_t *);
        ssize_t (*aio_read) (struct kiocb *, const struct iovec *,
                             unsigned long, loff_t);
        ssize_t (*aio_write) (struct kiocb *, const struct iovec *,
                             unsigned long, loff_t);
        int (*readdir) (struct file *, void *, filldir_t);
        unsigned int (*poll) (struct file *, struct poll_table_struct *);
        int (*ioctl) (struct inode *, struct file *, unsigned int,
                      unsigned long);
        long (*unlocked_ioctl) (struct file *, unsigned int, unsigned long);
        long (*compat_ioctl) (struct file *, unsigned int, unsigned long);
        int (*mmap) (struct file *, struct vm_area_struct *);
        int (*open) (struct inode *, struct file *);
        int (*flush) (struct file *, fl_owner_t id);
        int (*release) (struct inode *, struct file *);
        int (*fsync) (struct file *, struct dentry *, int datasync);
        int (*aio_fsync) (struct kiocb *, int datasync);
        int (*fasync) (int, struct file *, int);
        int (*lock) (struct file *, int, struct file_lock *);
        ssize_t (*sendpage) (struct file *, struct page *,
                             int, size_t, loff_t *, int);
        unsigned long (*get_unmapped_area) (struct file *,
                                            unsigned long,
```

```
                                    unsigned long,
                                    unsigned long,
                                    unsigned long);
        int (*check_flags) (int);
        int (*flock) (struct file *, int, struct file_lock *);
        ssize_t (*splice_write) (struct pipe_inode_info *,
                                 struct file *,
                                 loff_t *,
                                 size_t,
                                 unsigned int);
        ssize_t (*splice_read) (struct file *,
                                 loff_t *,
                                 struct pipe_inode_info *,
                                 size_t,
                                 unsigned int);
        int (*setlease) (struct file *, long, struct file_lock **);
};
```

　　具体的文件系统可以为每一种操作做专门的实现，或者如果存在通用操作，也可以使用通用操作。一般在基于 UNIX 的文件系统上，这些通用操作效果都不错。并不要求实际文件系统实现文件操作函数表中的所有方法——虽然不实现最基础的那些操作显然是很不明智的，对不感兴趣的操作完全可以简单地将该函数指针置为 NULL。

　　下面给出操作的用法说明：

```
• loff_t lleek(struct file *file,
              loff_t offset ,int origin)
```

该函数用于更新偏移量指针，由系统调用 lleek() 调用它。

```
• ssize_t read(struct file *file,
              char *buf,size_t count,
              loff_t *offset)
```

该函数从给定文件的 offset 偏移处读取 conut 字节的数据到 buf 中，同时更新文件指针。由系统调用 read() 调用它。

```
• ssize_t aio_read(struct kiocb *iocb,
              char *buf, size_t count,
              loff_t offset)
```

该函数从 iocb 描述的文件里，以同步方式读取 count 字节的数据到 buf 中。由系统调用 aio_read() 调用它。

```
• ssize_t write(struct file *file,
              const,char *buf,size_t count,
              loff_t *offset)
```

该函数从给定的 buf 中取出 conut 字节的数据，写入给定文件的 offset 偏移处，同时更新文件指针。由系统调用 write() 调用它。

```
• ssize_t aio_write(struct kiocb *iocb,
                    const,char *buf,
                    size_t count, loff_t offset)
```

该函数以同步方式从给定的 buf 中取出 conut 字节的数据，写入由 iocb 描述的文件中。由系统调用 aio_write() 调用它。

```
• int readdir(struct file *file ,void *dirent ,filldir_t filldir)
```

该函数返回目录列表中的下一个目录。由系统调用 readdir() 调用它。

```
• unsigned int poll(struct file *file,
                    struct poll_table_struct *poll_table)
```

该函数睡眠等待给定文件活动。由系统调用 poll() 调用它。

```
• int ioctl(struct inode *inode,
           struct file *file,
           unsigned int cmd,
           unsigned long arg)
```

该函数用来给设备发送命令参数对。当文件是一个被打开的设备节点时，可以通过它进行设置操作。由系统调用 ioctl() 调用它。调用者必须持有 BKL。

```
• int unlocked_ioctl(struct file *file,
                     unsigned int cmd,
                     unsigned long arg)
```

其实现与 ioctl() 有类似的功能，只不过不需要调用者持有 BKL。如果用户空间调用 ioctl() 系统调用，VFS 便可以调用 unlocked_ioctl()（凡是 ioctl() 出现的场所）。因此文件系统只需要实现其中的一个，一般优先实现 unlocked_ioctl()。

```
• int compat_ioctl(struct file *file,
                   unsigned int cmd,
                   unsigned long arg)
```

该函数是 ioctl() 函数的可移植变种，被 32 位应用程序用在 64 位系统上。这个函数被设计成即使在 64 位的体系结构上对 32 位也是安全的，它可以进行必要的字大小转换。新的驱动程序应该设计自己的 ioctl 命令以便所有的驱动程序都是可移植的，从而使得 compat_ioctl() 和 unlocked_ioctl() 指向同一个函数。像 compat_ioctl() 和 unlocked_ioctl() 一样都不必持有 BKL。

```
• int mmap(struct file *file,struct vm_area_struct *vma)
```

该函数将给定的文件映射到指定的地址空间上。由系统调用 mmap() 调用它。

```
• int open(struct inode *inode,
          struct file *file)
```

该函数创建一个新的文件对象，并将它和相应的索引节点对象关联起来。由系统调用 open() 调用它。

```
• int flush(struct file *file)
```

当已打开文件的引用计数减少时，该函数被 VFS 调用。它的作用根据具体文件系统而定。

- `int release(struct inode *inode,`
  `            struct file *file)`

当文件的最后一个引用被注销时（比如，当最后一个共享文件描述符的进程调用了 close() 或退出时），该函数会被 VFS 调用。它的作用根据具体文件系统而定。

- `int fsync(struct file *file,`
  `          struct dentry *dentry,`
  `          int datasync)`

将给定文件的所有被缓存数据写回磁盘。由系统调用 fsync() 调用它。

- `int aio_fsync(struct kiocb *iocb,`
  `              int datasync)`

将 iocb 描述的文件的所有被缓存数据写回到磁盘。由系统调用 aio_fsync() 调用它。

- `int fasync(int fd,struct file *file ,int on)`

该函数用于打开或关闭异步 I/O 的通告信号。

- `int lock (struct file *file,int cmd,struct file_lock *lock)`

该函数用于给指定文件上锁。

- `ssize_t readv(struct file *file,`
  `              const struct iovec *vector,`
  `              unsigned long count,`
  `              loff_t *offset)`

该函数从给定文件中读取数据，并将其写入由 vector 描述的 count 个缓冲中去，同时增加文件的偏移量。由系统调用 readv() 调用它。

- `ssize_t writev(struct file *file,`
  `               const struct iovec *vector,`
  `               unsigned long count,`
  `               loff_t *offset)`

该函数将由 vector 描述的 count 个缓冲中的数据写入到由 file 指定的文件中去，同时减小文件的偏移量。由系统调用 writev() 调用它。

- `ssize_t sendfile(struct file *file,`
  `                 loff_t *offset,`
  `                 size_t size,`
  `                 read_actor_t actor,`
  `                 void *target)`

该函数用于从一个文件拷贝数据到另一个文件中，它执行的拷贝操作完全在内核中完成，避免了向用户空间进行不必要的拷贝。由系统调用 sendfile() 调用它。

- `ssize_t sendpage(struct file *file,`
  `                 struct page *page,`
  `                 int offset,size_t size,`
  `                 loff_t *pos, int more)`

该函数用来从一个文件向另一个文件发送数据。

- unsigned long get_unmapped_area(struct file *file,
                                  unsigned long addr,
                                  unsigned long len,
                                  unsigned long offset,
                                  unsigned long flags)

该函数用于获取未使用的地址空间来映射给定的文件。

- int check_flags(int flags)

当给出 SETFL 命令时，这个函数用来检查传递给 fcntl() 系统调用的 flags 的有效性。与大多数 VFS 操作一样，文件系统不必实现 check_flags()——目前，只有在 NFS 文件系统上实现了。这个函数能使文件系统限制无效的 SETFL 标志，不进行限制的话，普通的 fcntl() 函数能使标志生效。在 NFS 文件系统中，不允许把 O_APPEND 和 O_DIRECT 相结合。

- int flock(struct file *filp,
        int cmd,
        struct file_lock *fl)

这个函数用来实现 flock() 系统调用，该调用提供忠告锁。

如此之多的 Ioctls

　　不久之前，只有一个单独的 ioctl 方法。如今，有三个相关的方法。unlocked_ioctl() 和 ioctl 相同，不过前者在无大内核锁（BKL）情况下被调用。因此函数的作者必须确保适当的同步。因为大内核锁是粗粒度、低效的锁，驱动程序应当实现 unlocked_ioctl() 而不是 ioctl()。

　　compat_ioctl() 也在无大内核锁的情况下被调用，但是它的目的是为 64 位的系统提供 32 位 ioctl 的兼容方法。至于你如何实现它取决于现有的 ioctl 命令。早期的驱动程序隐含有确定大小的类型（如 long），应该实现适用于 32 位应用的 compat_ioctl() 方法。这通常意味着把 32 位值转换为 64 位内核中合适的类型。新驱动程序重新设计 ioctl 命令，应该确保所有的参数和数据都有明确大小的数据类型，在 32 位系统上运行 32 位应用是安全的，在 64 位系统上运行 32 位应用也是安全的，在 64 位系统上运行 64 位应用更是安全的。这些驱动程序可以让 compat_ioctl() 函数指针和 unlocked_ioctl() 函数指针指向同一函数。

13.13　和文件系统相关的数据结构

　　除了以上几种 VFS 基础对象外，内核还使用了另外一些标准数据结构来管理文件系统的其他相关数据。第一个对象是 file_system_type，用来描述各种特定文件系统类型，比如 ext3、ext4 或 UDF。第二个结构体是 vfsmount，用来描述一个安装文件系统的实例。

　　因为 Linux 支持众多不同的文件系统，所以内核必须由一个特殊的结构来描述每种文件系统的功能和行为。file_system_type 结构体被定义在 <linux/fs.h> 中，具体实现如下：

```
struct file_system_type {
        const char            *name;          /* 文件系统的名字 */
        int                   fs_flags;       /* 文件系统类型标志 */
```

```
        /* 下面的函数用来从磁盘中读取超级块 */
        struct super_block        *(*get_sb)        (struct file_system_type *, int,
                                                     char *, void *);
        /* 下面的函数用来终止访问超级块 */
        void                      (*kill_sb)        (struct super_block *);

        struct module             *owner;           /* 文件系统模块 */
        struct file_system_type   *next;            /* 链表中下一个文件系统类型 */
        struct list_head          fs_supers;        /* 超级块对象链表 */

        /*  剩下的几个字段运行时使锁生效  */
        struct lock_class_key     s_lock_key;
        struct lock_class_key     s_umount_key;
        struct lock_class_key     i_lock_key;
        struct lock_class_key     i_mutex_key;
        struct lock_class_key     i_mutex_dir_key;
        struct lock_class_key     i_alloc_sem_key;
};
```

get_sb() 函数从磁盘上读取超级块，并且在文件系统被安装时，在内存中组装超级块对象。剩余的函数描述文件系统的属性。

每种文件系统，不管有多少个实例安装到系统中，还是根本就没有安装到系统中，都只有一个 file_system_type 结构。

更有趣的事情是，当文件系统被实际安装时，将有一个 vfsmount 结构体在安装点被创建。该结构体用来代表文件系统的实例——换句话说，代表一个安装点。

vfsmount 结构被定义在 <linux/mount.h> 中，下面是具体结构：

```
struct vfsmount {
        struct list_head          mnt_hash;              /* 散列表 */
        struct vfsmount           *mnt_parent;           /* 父文件系统 */
        struct dentry             *mnt_mountpoint;       /* 安装点的目录项 */
        struct dentry             *mnt_root;             /* 该文件系统的根目录项 */
        struct super_block        *mnt_sb;               /* 该文件系统的超级块 */
        struct list_head          mnt_mounts;            /* 子文件系统链表 */
        struct list_head          mnt_child;             /* 子文件系统链表 */
        int                       mnt_flags;             /* 安装标志 */
        char                      *mnt_devname;          /* 设备文件名 */
        struct list_head          mnt_list;              /* 描述符链表 */
        struct list_head          mnt_expire;            /* 在到期链表中的入口 */
        struct list_head          mnt_share;             /* 在共享安装链表中的入口 */
        struct list_head          mnt_slave_list;        /* 从安装链表 */
        struct list_head          mnt_slave;             /* 从安装链表中的入口 */
        struct vfsmount           *mnt_master;           /* 从安装链表的主人 */
        struct mnt_namespace      *mnt_namespace;        /* 相关的命名空间 */
        int                       mnt_id;                /* 安装标识符 */
        int                       mnt_group_id;          /* 组标识符 */
        atomic_t                  mnt_count;             /* 使用计数 */
        int                       mnt_expiry_mark;       /* 如果标记为到期，则值为真 */
        int                       mnt_pinned;            /* "钉住"进程计数 */
        int                       mnt_ghosts;            /* "镜像"引用计数 */
        atomic_t                  __mnt_writers;         /* 写者引用计数 */
};
```

理清文件系统和所有其他安装点间的关系，是维护所有安装点链表中最复杂的工作。所以

vfsmount 结构体中维护的各种链表就是为了能够跟踪这些关联信息。

　　vfsmount 结构还保存了在安装时指定的标志信息，该信息存储在 mnt_flages 域中。表 13-1 列出了标准的安装标志。

表 13-1　标准安装标志列表

标　　志	描　　述
MNT_NOSUID	禁止该文件系统的可执行文件设置 setuid 和 setgid 标志
MNT_MODEV	禁止访问该文件系统上的设备文件
MNT_NOEXEC	禁止执行该文件系统上的可执行文件

　　安装那些管理员不充分信任的移动设备时，这些标志很有用处。它们和其他一些很少用的标志一起定义在 <linux/mount.h> 中。

13.14　和进程相关的数据结构

　　系统中的每一个进程都有自己的一组打开的文件，像根文件系统、当前工作目录、安装点等。有三个数据结构将 VFS 层和系统的进程紧密联系在一起，它们分别是：file_struct 、fs_struct 和 namespace 结构体。

　　file_struct 结构体定义在文件 <linux/fdtable.h> 中。该结构体由进程描述符中的 files 目录项指向。所有与单个进程（per-process）相关的信息（如打开的文件及文件描述符）都包含在其中，其结构和描述如下：

```
struct files_struct {
    atomic_t              count;                  /* 结构的使用计数 */
    struct fdtable        *fdt;                   /* 指向其他 fd 表的指针 */
    struct fdtable        fdtab;                  /* 基 fd 表 */
    spinlock_t            file_lock;              /* 单个文件的锁 */
    int                   next_fd;                /* 缓存下一个可用的 fd */
    struct embedded_fd_set close_on_exec_init;   /* exec() 时关闭的文件描述符链表 */
    struct embedded_fd_set open_fds_init         /* 打开的文件描述符链表 */
    struct file           *fd_array[NR_OPEN_DEFAULT]; /* 缺省的文件对象数组 */
};
```

　　fd_array 数组指针指向已打开的文件对象。因为 NR_OPEN_DEFAULT 等于 BITS_PER_LONG，在 64 位机器体系结构中这个宏的值为 64 ，所以该数组可以容纳 64 个文件对象。如果一个进程所打开的文件对象超过 64 个，内核将分配一个新数组，并且将 fdt 指针指向它。所以对适当数量的文件对象的访问会执行得很快，因为它是对静态数组进行的操作；如果一个进程打开的文件数量过多，那么内核就需要建立新数组。所以如果系统中有大量的进程都要打开超过 64 个文件，为了优化性能，管理员可以适当增大 NR_OPEN_DEFAULT 的预定义值。

　　和进程相关的第二个结构体是 fs_struct。该结构由进程描述符的 fs 域指向。它包含文件系统和进程相关的信息，定义在文件 <linux/fs_struct.h> 中，下面是它的具体结构体和各项描述：

```
struct fs_struct {
    int         users;          /* 用户数目 */
    rwlock_t    lock;           /* 保护该结构体的锁 */
```

```
    int             umask;              /* 掩码 */
    int             in_exec;            /* 当前正在执行的文件 */
    struct path root;                   /* 根目录路径 */
    struct path pwd;                    /* 当前工作目录的路径 */
};
```

该结构包含了当前进程的当前工作目录（pwd）和根目录。

第三个也是最后一个相关结构体是 namespace 结构体。它定义在文件 <linux/mmt_namespace.h> 中，由进程描述符中的 mmt_namespace 域指向。2.4 版内核以后，单进程命名空间被加入到内核中，它使得每一个进程在系统中都看到唯一的安装文件系统——不仅是唯一的根目录，而且是唯一的文件系统层次结构。下面是其具体结构和描述：

```
struct mmt_namespace {
    atomic_t                    count;  /* 结构的使用计数 */
    struct vfsmount             *root;  /* 根目录的安装点对象 */
    struct list_head            list;   /* 安装点链表 */
    wait_queue_head_t           poll;   /* 轮询的等待队列 */
    int                         event;  /* 事件计数 */
};
```

list 域是连接已安装文件系统的双向链表，它包含的元素组成了全体命名空间。

上述这些数据结构都是通过进程描述符连接起来的。对多数进程来说，它们的描述符都指向唯一的 files_struct 和 fs_struct 结构体。但是，对于那些使用克隆标志 CLONE_FILES 或 CLONE_FS 创建的进程，会共享⊖这两个结构体。所以多个进程描述符可能指向同一个 files_struct 或 fs_struct 结构体。每个结构体都维护一个 count 域作为引用计数，它防止在进程正使用该结构时，该结构被撤销。

namespace 结构体的使用方法却和前两种结构体完全不同，默认情况下，所有的进程共享同样的命名空间（也就是，它们都从相同的挂载表中看到同一个文件系统层次结构）。只有在进行 clone() 操作时使用 CLONE_NEWS 标志，才会给进程一个唯一的命名空间结构体的拷贝。因为大多数进程不提供这个标志，所有进程都继承其父进程的命名空间。因此，在大多数系统上只有一个命名空间，不过，CLONE_NEWS 标志可以使这一功能失效。

13.15　小结

Linux 支持了相当多种类的文件系统。从本地文件系统（如 ext3 和 ext4）到网络文件系统（如 NFS 和 Coda），Linux 在标准内核中已支持的文件系统超过 60 种。VFS 层提供给这些不同文件系统一个统一的实现框架，而且也提供了能和标准系统调用交互工作的统一接口。由于 VFS 层的存在，使得在 Linux 上实现新文件系统的工作变得简单起来，它可以轻松地使这些文件系统通过标准 UNIX 系统调用而协同工作。

本章描述了 VFS 的目的，讨论了各种数据结构，包括最重要的索引节点、目录项以及超级块对象。第 14 章将讨论数据如何从物理上存放在文件系统中。

⊖　线程通常在创建时使用 CLONE_FILES 和 CLONE_FS 标志，所以多个线程共享一个 file_struct 结构体和 fs_struct 结构体。但另一方面，普通进程没有指定这些标志，所以它们有自己的文件系统信息和打开文件表。

块 I/O 层

　　系统中能够随机（不需要按顺序）访问固定大小数据片（chunks）的硬件设备称作块设备，这些固定大小的数据片就称作块。最常见的块设备是硬盘，除此以外，还有软盘驱动器、蓝光光驱和闪存等许多其他块设备。注意，它们都是以安装文件系统的方式使用的——这也是块设备一般的访问方式。

　　另一种基本的设备类型是字符设备。字符设备按照字符流的方式被有序访问，像串口和键盘就属于字符设备。如果一个硬件设备是以字符流的方式被访问的话，那就应该将它归于字符设备；反过来，如果一个设备是随机（无序的）访问的，那么它就属于块设备。

　　对于这两种类型的设备，它们的区别在于是否可以随机访问数据——换句话说，就是能否在访问设备时随意地从一个位置跳转到另一个位置。举个例子，键盘这种设备提供的就是一个数据流，当你输入 "wolf" 这个字符串时，键盘驱动程序会按照和输入完全相同的顺序返回这个由四个字符组成的数据流。如果让键盘驱动程序打乱顺序来读字符串，或读取其他字符，都是没有意义的。所以键盘就是一种典型的字符设备，它提供的就是用户从键盘输入的字符流。对键盘进行读操作会得到一个字符流，首先是 "w"，然后是 "o"，再是 "l"，最后是 "x"。当没人敲键盘时，字符流就是空的。硬盘设备的情况就不大一样了。硬盘设备的驱动可能要求读取磁盘上任意块的内容，然后又转去读取别的块的内容，而被读取的块在磁盘上位置不一定要连续。所以说硬盘的数据可以被随机访问，而不是以流的方式被访问，因此它是一个块设备。

　　内核管理块设备要比管理字符设备细致得多，需要考虑的问题和完成的工作相对于字符设备来说要复杂许多。这是因为字符设备仅仅需要控制一个位置——当前位置，而块设备访问的位置必须能够在介质的不同区间前后移动。所以事实上内核不必提供一个专门的子系统来管理字符设备，但是对块设备的管理却必须要有一个专门的提供服务的子系统。不仅仅是因为块设备的复杂性远远高于字符设备，更重要的原因是块设备对执行性能的要求很高；对硬盘每多一份利用都会对整个系统的性能带来提升，其效果要远远比键盘吞吐速度成倍的提高大得多。另外，我们将会看到，块设备的复杂性会为这种优化留下很大的施展空间。这一章的主题就是讨论内核如何对块设备和块设备的请求进行管理。该部分在内核中称作块 I/O 层。有趣的是，改写块 I/O 层正是 2.5 开发版内核的主要目标。本章涵盖了 2.6 版内核中所有新的块 I/O 层。

14.1　剖析一个块设备

　　块设备中最小的可寻址单元是扇区。扇区大小一般是 2 的整数倍，而最常见的是 512 字节。扇区的大小是设备的物理属性，扇区是所有块设备的基本单元——块设备无法对比它还小的单元进行寻址和操作，尽管许多块设备能够一次对多个扇区进行操作。虽然大多数块设备的扇区大小都是 512 字节，不过其他大小的扇区也很常见。比如，很多 CD-ROM 盘的扇区都是 2KB 大小。

因为各种软件的用途不同，所以它们都会用到自己的最小逻辑可寻址单元——块。块是文件系统的一种抽象——只能基于块来访问文件系统。虽然物理磁盘寻址是按照扇区级进行的，但是内核执行的所有磁盘操作都是按照块进行的。由于扇区是设备的最小可寻址单元，所以块不能比扇区还小，只能数倍于扇区大小。另外，内核（对有扇区的硬件设备）还要求块大小是 2 的整数倍，而且不能超过一个页的长度（请看第 12 章和第 19 章）$^\ominus$。所以，对块大小的最终要求是，必须是扇区大小的 2 的整数倍，并且要小于页面大小。所以通常块大小是 512 字节、1KB 或 4KB。

扇区和块还有一些不同的叫法，为了不引起混淆，我们在这里简要介绍一下它们的其他名称。扇区——设备的最小寻址单元，有时会称作"硬扇区"或"设备块"；同样的，块——文件系统的最小寻址单元，有时会称作"文件块"或"I/O 块"。在这一章里，会一直使用"扇区"和"块"这两个术语，但你还是应该记住它们的这些别名。图 14-1 是扇区和缓冲区之间的关系图。

至少相对于硬盘而言，另外一些术语更通用——如簇、柱面以及磁头。这些表示是针对某些特定的块设备的，大多数情况下，对用户空间的软件是不可见的。扇区这一术语之所以对内核重要，是因为所有设备的 I/O 必须以扇区为单位进行操作。以此类推，内核所使用的"块"这一高级概念就是建立在扇区之上的。

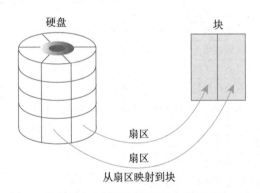

硬盘　　　　　　　　　块

扇区

扇区

从扇区映射到块

图 14-1　扇区和缓冲区之间的关系

14.2　缓冲区和缓冲区头

当一个块被调入内存时（也就是说，在读入后或等待写出时），它要存储在一个缓冲区中。每个缓冲区与一个块对应，它相当于是磁盘块在内存中的表示。前面提到过，块包含一个或多个扇区，但大小不能超过一个页面，所以一个页可以容纳一个或多个内存中的块。由于内核在处理数据时需要一些相关的控制信息（比如块属于哪一个块设备，块对应于哪个缓冲区等），所以每一个缓冲区都有一个对应的描述符。该描述符用 buffer_head 结构体表示，称作缓冲区头，在文件 <linux/buffer_head.h> 中定义，它包含了内核操作缓冲区所需要的全部信息。

$\ominus$　这个认为的限制可能会遗留到以后，但是强制块的大小等于或小于页大小无疑简化了内核。

下面给出缓冲区头结构体和其中各个域的说明：

```
struct buffer_head {
        unsigned long b_state;                  /* 缓冲区状态标志 */
        struct buffer_head *b_this_page;        /* 页面中的缓冲区 */
        struct page *b_page;                    /* 存储缓冲区的页面 */
        sector_t b_blocknr;                     /* 起始块号 */
        size_t b_size;                          /* 映像的大小 */
        char *b_data;                           /* 页面内的数据指针 */
        struct block_device *b_bdev;            /* 相关联的块设备 */
        bh_end_io_t *b_end_io;                  /* I/O 完成方法 */
        void *b_private;                        /* io 完成方法 */
        struct list_head b_assoc_buffers;       /* 相关的映射链表 */
        struct address_space *b_assoc_map;      /* 相关的地址空间 */
        atomic_t b_count;                       /* 缓冲区使用计数 */
};
```

b_state 域表示缓冲区的状态，可以是表 14-1 中一种标志或多种标志的组合。合法的标志存放在 bh_state_bits 枚举中，该枚举在 <linux/buffer_head.h> 中定义。

表 14-1 bh_state 标志

状 态 标 志	意　义
BH_Uptodate	该缓冲区包含可用数据
BH_Dirty	该缓冲区是脏的（缓存中的内容比磁盘中的块内容新，所以缓冲区内容必须被写回磁盘）
BH_Lock	该缓冲区正在被 I/O 操作使用，被锁定以防被并发访问
BH_Req	该缓冲区有 I/O 请求操作
BH_Mapped	该缓冲区是映射磁盘块的可用缓冲区
BH_New	缓冲区是通过 get_block() 刚刚映射的，尚且不能访问
BH_Async_Read	该缓冲区正通过 end_buffer_async_read() 被异步 I/O 读操作使用
BH_Async_write	该缓冲区正通过 end_buffer_async_write() 被异步 I/O 写操作使用
BH_Delay	该缓冲区尚未和磁盘块关联
BH_Boundary	该缓冲区处于连续块区的边界——下一个块不再连续
BH_Write_EIO	该缓冲区在写的时候遇到 I/O 错误
BH_Ordered	顺序写
BH_Eopnotsupp	该缓冲区发生"不被支持"错误
BH_Unwritten	该缓冲区在硬盘上的空间已被申请但是没有实际的数据写出
BH_Quiet	此缓冲区禁止错误

bh_state_bits 列表还包含了一个特殊标志——BH_PrivateStart，该标志不是可用状态标志，使用它是为了指明可被其他代码使用的起始位。块 I/O 层不会使用 BH_PrivateStart 或更高的位。那么某个驱动程序希望通过 b_state 域存储信息时就可以安全地使用这些位。驱动程序可以在这些位中定义自己的状态标志，只要保证自定义的状态标志不与块 I/O 层的专用位发生冲突就可以了。

b_count 域表示缓冲区的使用记数，可通过两个定义在文件 <linux/buffer_head.h> 中的内联函数对此域进行增减。

```
static inline void get_bh(struct buffer_head *bh)
{
        atomic_inc(&bh->b_count);
}

static inline void put_bh(struct buffer_head *bh)
{
        atomic_dec(&bh->b_count);
}
```

　　在操作缓冲区头之前，应该先使用 get_bh() 函数增加缓冲区头的引用计数，确保该缓冲区头不会再被分配出去；当完成对缓冲区头的操作之后，还必须使用 put_bh() 函数减少引用计数。

　　与缓冲区对应的磁盘物理块由 b_blocknr-th 域索引，该值是 b_bdev 域指明的块设备中的逻辑块号。

　　与缓冲区对应的内存物理页由 b_page 域表示，另外，b_data 域直接指向相应的块（它位于 b_page 域所指明的页面中的某个位置上），块的大小由 b_size 域表示，所以块在内存中的起始位置在 b_data 处，结束位置在 (b_data + b_size) 处。

　　缓冲区头的目的在于描述磁盘块和物理内存缓冲区（在特定页面上的字节序列）之间的映射关系。这个结构体在内核中只扮演一个描述符的角色，说明从缓冲区到块的映射关系。

　　在 2.6 内核以前，缓冲区头的作用比现在还要重要。因为缓冲区头作为内核中的 I/O 操作单元，不仅仅描述了从磁盘块到物理内存的映射，而且还是所有块 I/O 操作的容器。可是，将缓冲区头作为 I/O 操作单元带来了两个弊端。首先，缓冲区头是一个很大且不易控制的数据结构体（现在是缩减过的了），而且缓冲区头对数据的操作既不方便也不清晰。对内核来说，它更倾向于操作页面结构，因为页面操作起来更为简便，同时效率也高。使用一个巨大的缓冲区头表示每一个独立的缓冲区（可能比页面小）效率低下，所以在 2.6 版本中，许多 I/O 操作都是通过内核直接对页面或地址空间进行操作来完成，不再使用缓冲区头了。这其中所做的一些工作会在第 16 章中进行讨论，具体情况请参考 address_space 结构和 pdflush 等守护进程（daemon）部分。

　　缓冲区头带来的第二个弊端是：它仅能描述单个缓冲区，当作为所有 I/O 的容器使用时，缓冲区头会促使内核把对大块数据的 I/O 操作（比如写操作）分解为对多个 buffer_head 结构体进行操作。这样做必然会造成不必要的负担和空间浪费。所以 2.5 开发版内核的主要目标就是为块 I/O 操作引入一种新型、灵活并且轻量级的容器，也就是 14.3 节要介绍的 bio 结构体。

14.3　bio 结构体

　　目前内核中块 I/O 操作的基本容器由 bio 结构体表示，它定义在文件 <linux/bio.h> 中。该结构体代表了正在现场的（活动的）以片段（segment）链表形式组织的块 I/O 操作。一个片段是一小块连续的内存缓冲区。这样的话，就不需要保证单个缓冲区一定要连续。所以通过用片段来描述缓冲区，即使一个缓冲区分散在内存的多个位置上，bio 结构体也能对内核保证 I/O 操作的执行。像这样的向量 I/O 就是所谓的聚散 I/O。

　　bio 结构体定义于 <linux/bio.h> 中，下面给出 bio 结构体和各个域的描述。

```
struct bio {
        sector_t                    bi_sector;              /* 磁盘上相关的扇区 */
        struct bio                  *bi_next;               /* 请求链表 */
        struct block_device         *bi_bdev;               /* 相关的块设备 */
        unsigned long               bi_flags;               /* 状态和命令标志 */
        unsigned long               bi_rw;                  /* 读还是写 */
        unsigned short              bi_vcnt;                /* bio_vecs 偏移的个数 */
        unsigned short              bi_idx;                 /* bio_io_vect 的当前索引 */
        unsigned short              bi_phys_segments;       /* 结合后的片段数目 */
        unsigned int                bi_size;                /* I/O 计数 */
        unsigned int                bi_seg_front_size;      /* 第一个可合并的段大小 */
        unsigned int                bi_seg_back_size;       /* 最后一个可合并的段大小 */
        unsigned int                bi_max_vecs;            /* bio_vecs 数目上限 */
        unsigned int                bi_comp_cpu;            /* 结束 CPU*/
        atomic_t                    bi_cnt;                 /* 使用计数 */
        struct bio_vec              *bi_io_vec;             /* bio_vecs 链表 */
        bio_end_io_t                *bi_end_io;             /* I/O 完成方法 */
        void                        *bi_private;            /* 拥有者的私有方法 */
        bio_destructor_t            *bi_destructor;         /* 撤销方法 */
        struct bio_vec              bi_inline_vecs[0];      /* 内嵌 bio 向量 */
};
```

使用 bio 结构体的目的主要是代表正在现场执行的 I/O 操作，所以该结构体中的主要域都是用来管理相关信息的，其中最重要的几个域是 bi_io_vecs、bi_vcnt 和 bi_idx。图 14-2 显示了 bio 结构体及其他结构体之间的关系。

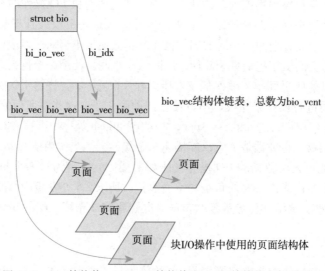

图 14-2　bio 结构体、bio_vec 结构体和 page 结构体之间的关系

14.3.1　I/O 向量

bi_io_vec 域指向一个 bio_vec 结构体数组，该结构体链表包含了一个特定 I/O 操作所需要使用到的所有片段。每个 bio_vec 结构都是一个形式为 <page, offset, len> 的向量，它描述的是一个特定的片段：片段所在的物理页、块在物理页中的偏移位置、从给定偏移量开始的块长度。整个

bio_io_vec 结构体数组表示了一个完整的缓冲区。bio_vec 结构定义在 <linux/bio.h> 文件中：

```
struct bio_vec {
        /* 指向这个缓冲区所驻留的物理页 */
        struct page        *bv_page;

        /* 这个缓冲区以字节为单位的大小 */
        unsigned int       bv_len;

        /* 缓冲区所驻留的页中以字节为单位的偏移量 */
        unsigned int       bv_offset;
};
```

在每个给定的块 I/O 操作中，bi_vcnt 域用来描述 bi_io_vec 所指向的 vio_vec 数组中的向量数目。当块 I/O 操作执行完毕后，bi_idx 域指向数组的当前索引。

总而言之，每一个块 I/O 请求都通过一个 bio 结构体表示。每个请求包含一个或多个块，这些块存储在 bio_vec 结构体数组中。这些结构体描述了每个片段在物理页中的实际位置，并且像向量一样被组织在一起。I/O 操作的第一个片段由 b_io_vec 结构体所指向，其他的片段在其后依次放置，共有 bi_vcnt 个片段。当块 I/O 层开始执行请求、需要使用各个片段时，bi_idx 域会不断更新，从而总指向当前片段。

bi_idx 域指向数组中的当前 bio_vec 片段，块 I/O 层通过它可以跟踪块 I/O 操作的完成进度。但该域更重要的作用在于分割 bio 结构体。像冗余廉价磁盘阵列（RAID，出于提高性能和可靠性的目的，将单个磁盘的卷扩展到多个磁盘上）这样的驱动器可以把单独的 bio 结构体（原本是为单个设备使用准备的），分割到 RAID 阵列中的各个硬盘上去。RAID 设备驱动只需要拷贝这个 bio 结构体，再把 bi_idx 域设置为每个独立硬盘操作时需要的位置就可以了。

bi_cnt 域记录 bio 结构体的使用计数，如果该域值减为 0，就应该撤销该 bio 结构体，并释放它占用的内存。通过下面两个函数管理使用计数。

```
void bio_get(struct bio *bio)
void bio_put(struct bio *bio)
```

前者增加使用计数，后者减少使用计数（如果计数减到 0，则撤销 bio 结构体）。在操作正在活动的 bio 结构体时，一定要首先增加它的使用计数，以免在操作过程中该 bio 结构体被释放；相反，在操作完毕后，要减少使用计数。

最后要说明的是 bi_private 域，这是一个属于拥有者（也就是创建者）的私有域，只有创建了 bio 结构的拥有者可以读写该域。

14.3.2　新老方法对比

缓冲区头和新的 bio 结构体之间存在显著差别。bio 结构体代表的是 I/O 操作，它可以包括内存中的一个或多个页；而另一方面，buffer_head 结构体代表的是一个缓冲区，它描述的仅仅是磁盘中的一个块。因为缓冲区头关联的是单独页中的单独磁盘块，所以它可能会引起不必要的分割，将请求按块为单位划分，只能靠以后才能再重新组合。由于 bio 结构体是轻量级的，它描述的块可以不需要连续存储区，并且不需要分割 I/O 操作。

利用 bio 结构体代替 buffer_bead 结构体还有以下好处：

- bio 结构体很容易处理高端内存，因为它处理的是物理页而不是直接指针。
- bio 结构体既可以代表普通页 I/O，同时也可以代表直接 I/O（指那些不通过页高速缓存的 I/O 操作——请参考第 16 章中对页高速缓存的讨论）。
- bio 结构体便于执行分散—集中（矢量化的）块 I/O 操作，操作中的数据可取自多个物理页面。
- bio 结构体相比缓冲区头属于轻量级的结构体。因为它只需要包含块 I/O 操作所需的信息就行了，不用包含与缓冲区本身相关的不必要信息。

但是还是需要缓冲区头这个概念，毕竟它还负责描述磁盘块到页面的映射。bio 结构体不包含任何和缓冲区相关的状态信息——它仅仅是一个矢量数组，描述一个或多个单独块 I/O 操作的数据片段和相关信息。在当前设置中，当 bio 结构体描述当前正在使用的 I/O 操作时，buffer_head 结构体仍然需要包含缓冲区信息。内核通过这两种结构分别保存各自的信息，可以保证每种结构所含的信息量尽可能地少。

14.4   请求队列

块设备将它们挂起的块 I/O 请求保存在请求队列中，该队列由 reques_queue 结构体表示，定义在文件 <linux/blkdev.h> 中，包含一个双向请求链表以及相关控制信息。通过内核中像文件系统这样高层的代码将请求加入到队列中。请求队列只要不为空，队列对应的块设备驱动程序就会从队列头获取请求，然后将其送入对应的块设备上去。请求队列表中的每一项都是一个单独的请求，由 reques 结构体表示。

队列中的请求由结构体 request 表示，它定义在文件 <linux/blkdev.h> 中。因为一个请求可能要操作多个连续的磁盘块，所以每个请求可以由多个 bio 结构体组成。注意，虽然磁盘上的块必须连续，但是在内存中这些块并不一定要连续——每个 bio 结构体都可以描述多个片段（回忆一下，片段是内存中连续的小区域），而每个请求也可以包含多个 bio 结构体。

14.5   I/O 调度程序

如果简单地以内核产生请求的次序直接将请求发向块设备的话，性能肯定让人难以接受。磁盘寻址是整个计算机中最慢的操作之一，每一次寻址（定位硬盘磁头到特定块上的某个位置）需要花费不少时间。所以尽量缩短寻址时间无疑是提高系统性能的关键。

为了优化寻址操作，内核既不会简单地按请求接收次序，也不会立即将其提交给磁盘。相反，它会在提交前，先执行名为合并与排序的预操作，这种预操作可以极大地提高系统的整体性能⊖。在内核中负责提交 I/O 请求的子系统称为 I/O 调度程序。

I/O 调度程序将磁盘 I/O 资源分配给系统中所有挂起的块 I/O 请求。具体地说，这种资源分配是通过将请求队列中挂起的请求合并和排序来完成的。注意不要将 I/O 调度程序和进程调度程序（请看第 4 章）混淆。进程调度程序的作用是将处理器资源分配给系统中的运行进程。这两种

⊖   这一点需要强调。如果一个系统没有这些功能，或者这些功能实现得很差，那么即使是数量不大的块 I/O 操作，执行性能也会很糟糕。

子系统看起来非常相似，但并不相同。进程调度程序和 I/O 调度程序都是将一个资源虚拟给多个对象，对进程调度程序来说，处理器被虚拟并被系统中的运行进程共享。这种虚拟提供给用户的就是多任务和分时操作系统，像 UNIX 系统。相反，I/O 调度程序虚拟块设备给多个磁盘请求，以便降低磁盘寻址时间，确保磁盘性能的最优化。

14.5.1　I/O 调度程序的工作

I/O 调度程序的工作是管理块设备的请求队列。它决定队列中的请求排列顺序以及在什么时刻派发请求到块设备。这样做有利于减少磁盘寻址时间，从而提高全局吞吐量。注意，全局这个定语很重要，坦率地讲，一个 I/O 调度器可能为了提高系统整体性能，而对某些请求不公。

I/O 调度程序通过两种方法减少磁盘寻址时间：合并与排序。合并指将两个或多个请求结合成一个新请求。考虑一下这种情况，文件系统提交请求到请求队列——从文件中读取一个数据区（当然，最终所有的操作都是针对扇区和块进行的，而不是文件，还假定请求的块都是来自文件块），如果这时队列中已经存在一个请求，它访问的磁盘扇区和当前请求访问的磁盘扇区相邻（比如，同一个文件中早些时候被读取的数据区），那么这两个请求就可以合并为一个对单个和多个相邻磁盘扇区操作的新请求。通过合并请求，I/O 调度程序将多次请求的开销压缩成一次请求的开销。更重要的是，请求合并后只需要传递给磁盘一条寻址命令，就可以访问到请求合并前必须多次寻址才能访问完的磁盘区域了，因此合并请求显然能减少系统开销和磁盘寻址次数。

现在，假设在读请求被提交给请求队列的时候，队列中并不需要操作相邻扇区的其他请求，此时就无法将当前请求与其他请求合并，当然，可以将其插入请求队列的尾部。但是如果有其他请求需要操作磁盘上类似的位置呢？如果存在一个请求，它要操作的磁盘扇区位置与当前请求比较接近，那么是不是该让这两个请求在请求队列上也相邻呢？事实上，I/O 调度程序的确是这样处理上述情况的，整个请求队列将按扇区增长方向有序排列。使所有请求按硬盘上扇区的排列顺序有序排列（尽可能的）的目的不仅是为了缩短单独一次请求的寻址时间，更重要的优化在于，通过保持磁盘头以直线方向移动，缩短了所有请求的磁盘寻址时间。该排序算法类似于电梯调度——电梯不能随意地从一层跳到另一层，它应该向一个方向移动，当抵达了同一方向上的最后一层后，再掉头向另一个方向移动。出于这种相似性，所以 I/O 调度程序（或这种排序算法）称作电梯调度。

14.5.2　Linus 电梯

下面看看 Linux 中实际使用的 I/O 调度程序。我们看到的第一个 I/O 调度程序称为 Linus 电梯（没错，Linus 确实是用他的名字命名了这个电梯）。在 2.4 版内核中，Linus 电梯是默认的 I/O 调度程序。虽然后来在 2.6 版内核中它被另外两种调度程序取代了，但是由于这个电梯比后来的调度程序简单，而且它们执行的许多功能都相似，所以它可以作为一个优秀的入门介绍程序。

Linus 电梯能执行合并与排序预处理。当有新的请求加入队列时，它首先会检查其他每一个挂起的请求是否可以和新请求合并。Linus 电梯 I/O 调度程序可以执行向前和向后合并，合并类型描述的是请求向前面还是向后面，这一点和已有请求相连。如果新请求正好连在一个现存的请求前，就是向前合并；相反如果新请求直接连在一个现存的请求后，就是向后合并。鉴于文件的分布（通常以扇区号的增长表现）特点和 I/O 操作执行方式具有典型性（一般都是从头读向尾，很少从反方向读），所以向前合并相比向后合并要少得多，但是 Linus 电梯还是会对两种合并类型都进行检查。

如果合并尝试失败，那么就需要寻找可能的插入点（新请求在队列中的位置必须符合请求以扇区方向有序排列的原则）。如果找到，新请求将被插入到该点；如果没有合适的位置，那么新请求就被加入到队列尾部。另外，如果发现队列中有驻留时间过长的请求，那么新请求也将被加入到队列尾部，即使插入后还要排序。这样做是为了避免由于访问相近磁盘位置的请求太多，从而造成访问磁盘其他位置的请求难以得到执行机会这一问题。不幸的是，这种"年龄"检测方法并不很有效，因为它并非是给等待了一段时间的请求提供实质性服务，它仅仅是在经过了一定时间后停止插入－排序请求，这改善了等待时间但最终还是会导致请求饥饿现象的发生，所以这是一个 2.4 内核 I/O 调度程序中必须要修改的缺陷。

总而言之，当一个请求加入队列中时，有可能发生四种操作，它们依次是：

1）如果队列中已存在一个对相邻磁盘扇区操作的请求，那么新请求将和这个已经存在的请求合并成一个请求。

2）如果队列中存在一个驻留时间过长的请求，那么新请求将被插入到队列尾部，以防止其他旧的请求饥饿发生。

3）如果队列中以扇区方向为序存在合适的插入位置，那么新的请求将被插入到该位置，保证队列中的请求是以被访问磁盘物理位置为序进行排列的。

4）如果队列中不存在合适的请求插入位置，请求将被插入到队列尾部。

14.5.3　最终期限 I/O 调度程序

最终期限（deadline）I/O 调度程序是为了解决 Linus 电梯所带来的饥饿问题而提出的。出于减少磁盘寻址时间的考虑，对某个磁盘区域上的繁重操作，无疑会使得磁盘其他位置上的操作请求得不到运行机会。实际上，一个对磁盘同一位置操作的请求流可以造成较远位置的其他请求永远得不到运行机会，这是一种很不公平的饥饿现象。

更糟糕的是，普通的请求饥饿还会带来名为写－饥饿－读（writes-starving-reads）这种特殊问题。写操作通常是在内核有空时才将请求提交给磁盘的，写操作完全和提交它的应用程序异步执行；读操作则恰恰相反，通常当应用程序提交一个读请求时，应用程序会发生堵塞直到读请求被满足，也就是说，读操作是和提交它的应用程序同步执行的。所以虽然写反应时间（提交写请求花费的时间）不会给系统响应速度造成很大影响，但是读响应时间（提交读请求花费的时间）对系统响应时间来说却非同小可。虽然写请求时间对应用程序性能⊖带来的影响不大，但是应用程序却必须等待读请求完成后才能运行其他程序，所以读操作响应时间对系统的性能非常重要。

问题还可能更严重，这是因为读请求往往会相互依靠。比如，要读大量的文件，每次都是针对一块很小的缓冲区数据区进行读操作，而应用程序只有将上一个数据区从磁盘中读取并返回之后，才能继续读取下一个数据区（或下一个文件）。糟糕的是，不管是读还是写，二者都需要读

⊖　不过，我们还是不打算把写请求无限期地延迟下去，因为内核想确保数据最终能写到磁盘，以避免在内存缓冲区中的数据变得越来越多或者太陈旧。

取像索引节点这样的元数据。从磁盘进一步读取这些块会使 I/O 操作串行化。所以如果每一次请求都发生饥饿现象，那么对读取文件的应用程序来说，全部延迟加起来会造成过长的等待时间，让用户无法忍受。综上所述，读操作具有同步性，并且彼此之间往往相互依靠，所以读请求响应时间直接影响系统性能，因此 2.6 版本内核新引入了最后期限 I/O 调度程序来减少请求饥饿现象，特别是读请求饥饿现象。

注意，减少请求饥饿必须以降低全局吞吐量为代价。Linus 电梯调度程序虽然也做了这样的折中，但显然不够——Linus 电梯可以提供更好的系统吞吐量（通过最小化寻址），可是它总按照扇区顺序将请求插入队列，从不检查驻留时间过长的请求，更不会将请求插入列队尾部，所以它虽然能让寻址时间最短，但是却会带来同样不可取的请求饥饿问题。为了避免饥饿同时提供良好的全局吞吐量，最后期限 I/O 调度程序做了更多的努力。既要尽量提高全局吞吐量，又要使请求得到公平处理，这是很困难的。

在最后期限 I/O 调度程序中，每个请求都有一个超时时间。默认情况下，读请求的超时时间是 500ms，写请求的超时时间是 5s。最后期限 I/O 调度请求类似于 Linus 电梯，也以磁盘物理位置为次序维护请求队列，这个队列称为排序队列。当一个新请求递交给排序队列时，最后期限 I/O 调度程序在执行合并和插入请求时类似于 Linus 电梯[⊖]，但是最后期限 I/O 调度程序同时也会以请求类型为依据将它们插入额外队列中。读请求按次序被插入特定的读 FIFO 队列中，写请求被插入特定的写 FIFO 队列中。虽然普通队列以磁盘扇区为序进行排列，但是这些队列是以 FIFO（很有效，以时间为基准排序）形式组织的，结果新队列总是被加入队列尾部。对于普通操作来说，最后期限 I/O 调度程序将请求从排序队列的头部取下，再推入派发队列中，派发队列然后将请求提交给磁盘驱动，从而保证了最小化的请求寻址。

如果在写 FIFO 队列头，或是在读 FIFO 队列头的请求超时（也就是，当前时间超过了请求指定的超时时间），那么最后期限 I/O 调度程序便从 FIFO 队列中提取请求进行服务。依靠这种方法，最后期限 I/O 调度程序试图保证不会发生有请求在明显超期的情况下仍不能得到服务的现象，参见图 14-3。

图 14-3　最后期限 I/O 调度程序的三个队列

注意，最后期限 I/O 调度算法并不能严格保证请求的响应时间，但是通常情况下，可以在请求超时或超时前提交和执行，以防止请求饥饿现象的发生。由于读请求给定的超时时间要比写请求短许多，所以最后期限 I/O 调度器也确保了写请求不会因为堵塞读请求而使读请求发生饥饿。这种对读操作的照顾确保了读响应时间尽可能短。

<hr>

[⊖] 最后期限 I/O 排序执行向前合并是一个可选项。因为读操作请求通常很少需要向前合并，所以向前合并通常不必考虑。

最后期限 I/O 调度程序的实现在文件 block/deadline-iosched.c 中。

14.5.4 预测 I/O 调度程序

虽然最后期限 I/O 调度程序为降低读操作响应时间做了许多工作，但是它同时也降低了系统吞吐量。假设一个系统处于很繁重的写操作期间，每次提交读请求，I/O 调度程序都会迅速处理读请求，所以磁盘首先为读操作进行寻址，执行读操作，然后返回再寻址进行写操作，并且对每个读请求都重复这个过程。这种做法对读请求来说是件好事，但是两次寻址操作（一次对读操作定位，一次返回来进行写操作定位）却损害了系统全局吞吐量。预测（Anticipatory）I/O 调度程序的目标就是在保持良好的读响应的同时也能提供良好的全局吞吐量。

预测 I/O 调度的基础仍然是最后期限 I/O 调度程序，所以它们有很多相同之处。预测 I/O 调度程序也实现了三个队列（加上一个派发队列），并为每个请求设置了超时时间，这点与最后期限 I/O 调度程序一样。预测 I/O 调度程序最主要的改进是它增加了预测启发（anticipation-heuristic）能力。

预测 I/O 调度试图减少在进行 I/O 操作期间，处理新到的读请求所带来的寻址数量。和最后期限 I/O 调度程序一样，读请求通常会在超时前得到处理，但是预测 I/O 调度程序的不同之处在于，请求提交后并不直接返回处理其他请求，而是会有意空闲片刻（实际空闲时间可以设置，默认为 6ms）。这几 ms，对应用程序来说是个提交其他读请求的好机会——任何对相邻磁盘位置操作的请求都会立刻得到处理。在等待时间结束后，预测 I/O 调度程序重新返回原来的位置，继续执行以前剩下的请求。

要注意，如果等待可以减少读请求所带来的向后再向前（back-and-forth）寻址操作，那么完全值得花一些时间来等待更多的请求；如果一个相邻的 I/O 请求在等待期到来，那么 I/O 调度程序可以节省两次寻址操作。如果存在愈来愈多的访问同样区域的读请求到来，那么片刻等待无疑会避免大量的寻址操作。

当然，如果没有 I/O 请求在等待期到来，那么预测 I/O 调度程序会给系统性能带来轻微的损失，浪费掉几 ms。预测 I/O 调度程序所能带来的优势取决于能否正确预测应用程序和文件系统的行为。这种预测依靠一系列的启发和统计工作。预测 I/O 调度程序跟踪并且统计每个应用程序块 I/O 操作的习惯行为，以便正确预测应用程序的未来行为。如果预测准确率足够高，那么预测调度程序便可以大大减少服务读请求所需的寻址开销，而且同时仍能满足请求所需要的系统响应时间要求。这样的话，预测 I/O 调度程序既减少了读响应时间，又能减少寻址次数和时间，所以说它既缩短了系统响应时间，又提高了系统吞吐量。

预测 I/O 调度程序的实现在文件内核源代码树的 block/as-iosched.c 中，它是 Linux 内核中缺省的 I/O 调度程序，对大多数工作负荷来说都执行良好，对服务器也是理想的。不过，在某些非常见而又有严格工作负荷的服务器（包括数据库挖掘服务器）上，这个调度程序执行的效果不好。

14.5.5 完全公正的排队 I/O 调度程序

完全公正的排队 I/O 调度程序（Complete Fair Queuing, CFQ）是为专有工作负荷设计的，不过，在实际中，也为多种工作负荷提供了良好的性能。但是，它与前面介绍的 I/O 调度程序有根本的不同。

CFQ I/O 调度程序把进入的 I/O 请求放入特定的队列中，这种队列是根据引起 I/O 请求的进程组织的。例如，来自 foo 进程的 I/O 请求进入 foo 队列，而来自 bar 进程的 I/O 请求进入 bar 队列。在每个队列中，刚进入的请求与相邻请求合并在一起，并进行插入分类。队列由此按扇区方式分类，这与其他 I/O 调度程序队列类似。CFQ I/O 调度程序的差异在于每一个提交 I/O 的进程都有自己的队列。

CFQ I/O 调度程序以时间片轮转调度队列，从每个队列中选取请求数（默认值为 4，可以进行配置），然后进行下一轮调度。这就在进程级提供了公平，确保每个进程接收公平的磁盘带宽片段。预定的工作负荷是多媒体，在这种媒体中，这种公平的算法可以得到保证，比如，音频播放器总能够及时从磁盘再填满它的音频缓冲区。不过，实际上，CFQ I/O 调度程序在很多场合都能很好地执行。

完全公正的排队 I/O 调度程序位于 block/cfq-iosched.c。尽管这主要推荐给桌面工作负荷使用，但是，如果没有其他异常情况，它在几乎所有的工作负荷中都能很好地执行。

14.5.6 空操作的 I/O 调度程序

第四种也是最后一种 I/O 调度程序是空操作（Noop）I/O 调度程序，之所以这样命名是因为它基本上是一个空操作，不做多少事情。空操作 I/O 调度程序不进行排序，或者也不进行什么其他形式的预寻址操作。依此类推，它也没必要实现那些老套的算法，也就是在以前的 I/O 调度程序中看到的为了最小化请求周期而采用的算法。

不过，空操作 I/O 调度程序忘不了执行合并，这就像它的家务事。当一个新的请求提交到队列时，就把它与任一相邻的请求合并。除了这一操作，空操作 I/O 调度程序的确再不做什么，只是维护请求队列以近乎 FIFO 的顺序排列，块设备驱动程序便可以从这种队列中摘取请求。

空操作 I/O 调度程序不勤奋工作是有道理的。因为它打算用在块设备，那是真正的随机访问设备，比如闪存卡。如果块设备只有一点或者没有"寻道"的负担，那么，就没有必要对进入的请求进行插入排序，因此，空操作 I/O 调度程序是理想的候选者。

空操作 I/O 调度程序位于 block/noop-iosched.c，它是专为随机访问设备而设计的。

14.5.7 I/O 调度程序的选择

你现在已经看到 2.6 内核中四种不同的 I/O 调度程序。其中的每一种 I/O 调度程序都可以被启用，并内置在内核中。作为缺省，块设备使用完全公平的 I/O 调度程序。在启动时，可以通过命令行选项 elevator=foo 来覆盖缺省，这里 foo 是一个有效而激活的 I/O 调度程序，参看表 14-2。

表 14-2 给定 elevator 选项的参数

参　　数	I/O 调度程序
as	预测
cfq	完全公正的排队
deadline	最终期限
noop	空操作

　　例如，内核命令行选项 elevator=as 会启用预测 I/O 调度程序给所有的块设备，从而覆盖默认的完全公正调度程序。

14.6　小结

　　在本章中，我们讨论了块设备的基本知识，并考察了块 I/O 层所用的数据结构：bio，表示活动的 I/O 操作；buffer_head，表示块到页的映射；还有请求结构，表示具体的 I/O 请求。我们追寻了 I/O 请求简单但重要的生命历程，其生命的重要点就是 I/O 调度程序。我们讨论了 I/O 调度程序所涉及的困惑问题，同时仔细推敲了当前内核的 4 种 I/O 调度程序，以及 2.4 版本中原有的 linus 电梯调度。

　　我们将在第 15 章讨论进程地址空间。

进程地址空间

第 12 章介绍了内核如何管理物理内存。其实内核除了管理本身的内存外，还必须管理用户空间中进程的内存。我们称这个内存为进程地址空间，也就是系统中每个用户空间进程所看到的内存。Linux 操作系统采用虚拟内存技术，因此，系统中的所有进程之间以虚拟方式共享内存。对一个进程而言，它好像都可以访问整个系统的所有物理内存。更重要的是，即使单独一个进程，它拥有的地址空间也可以远远大于系统物理内存。本章将集中讨论内核如何管理进程地址空间。

15.1　地址空间

进程地址空间由进程可寻址的虚拟内存组成，而且更为重要的特点是内核允许进程使用这种虚拟内存中的地址。每个进程都有一个 32 位或 64 位的平坦（flat）地址空间，空间的具体大小取决于体系结构。术语"平坦"指的是地址空间范围是一个独立的连续区间（比如，地址从 0 扩展到 4294967295 的 32 位地址空间）。一些操作系统提供了段地址空间，这种地址空间不是一个独立的线性区域，而是被分段的，但现代采用虚拟内存的操作系统通常都使用平坦地址空间而不是分段式的内存模式。通常情况下，每个进程都有唯一的这种平坦地址空间。一个进程的地址空间与另一个进程的地址空间即使有相同的内存地址，实际上也彼此互不相干。我们称这样的进程为线程。

内存地址是一个给定的值，它要在地址空间范围之内，比如 4021f000。这个值表示的是进程 32 位地址空间中的一个特定的字节。尽管一个进程可以寻址 4GB 的虚拟内存（在 32 位的地址空间中），但这并不代表它就有权访问所有的虚拟地址。在地址空间中，我们更为关心的是一些虚拟内存的地址区间，比如 08048000-0804c000，它们可被进程访问。这些可被访问的合法地址空间称为内存区域（memory areas）。通过内核，进程可以给自己的地址空间动态地添加或减少内存区域。

进程只能访问有效内存区域内的内存地址。每个内存区域也具有相关权限如对相关进程有可读、可写、可执行属性。如果一个进程访问了不在有效范围中的内存区域，或以不正确的方式访问了有效地址，那么内核就会终止该进程，并返回"段错误"信息。

内存区域可以包含各种内存对象，比如：
• 可执行文件代码的内存映射，称为代码段（text section）。
• 可执行文件的已初始化全局变量的内存映射，称为数据段（data section）。

- 包含未初始化全局变量，也就是 bss 段⊖的零页（页面中的信息全部为 0 值，所以可用于映射 bss 段等目的）的内存映射。
- 用于进程用户空间栈 (不要和进程内核栈混淆，进程的内核栈独立存在并由内核维护) 的零页的内存映射。
- 每一个诸如 C 库或动态连接程序等共享库的代码段、数据段和 bss 也会被载入进程的地址空间。
- 任何内存映射文件。
- 任何共享内存段。
- 任何匿名的内存映射，比如由 malloc()⊖分配的内存。

进程地址空间中的任何有效地址都只能位于唯一的区域，这些内存区域不能相互覆盖。可以看到，在执行的进程中，每个不同的内存片段都对应一个独立的内存区域：栈、对象代码、全局变量、被映射的文件等。

15.2　内存描述符

内核使用内存描述符结构体表示进程的地址空间，该结构包含了和进程地址空间有关的全部信息。内存描述符由 mm_struct 结构体表示，定义在文件 <linux/sched.h> 中。下面给出内存描述符的结构和各个域的描述：

```
struct mm_struct{
        struct vm_area_struct      *mmap;              /* 内存区域链表 */
        struct rb_root             mm_rb;             /* VMA 形成的红黑树 */
        struct vm_area_struct      *mmap_cache;        /* 最近使用的内存区域 */
        unsigned long              free_area_cache;    /* 地址空间第一个空洞 */
        pgd_t                      *pgd;               /* 页全局目录 */
        atomic_t                   mm_users;           /* 使用地址空间的用户数 */
        atomic_t                   mm_count;           /* 主使用计数器 */
        int                        map_count;          /* 内存区域的个数 */
        struct rw_semaphore        mmap_sem;           /* 内存区域的信号量 */
        spinlock_t                 page_table_lock;    /* 页表锁 */
        struct list_head           mmlist;             /* 所有 mm_struct 形成的链表 */
        unsigned long              start_code;         /* 代码段的开始地址 */
        unsigned long              end_code;           /* 代码段的结束地址 */
        unsigned long              start_data;         /* 数据的首地址 */
        unsigned long              end_data;           /* 数据的尾地址 */
        unsigned long              start_brk;          /* 堆的首地址 */
        unsigned long              brk;                /* 堆的尾地址 */
        unsigned long              start_stack;        /* 进程栈的首地址 */
        unsigned long              arg_start;          /* 命令行参数的首地址 */
        unsigned long              arg_end;            /* 命令行参数的尾地址 */
        unsigned long              env_start;          /* 环境变量的首地址 */
        unsigned long              env_end;            /* 环境变量的尾地址 */
```

⊖　术语 "BSS" 已经有些年头了，它是 block started by symbol 的缩写。因为未初始化的变量没有对应的值，所以并不需要存放在可执行对象中。但是因为 C 标准强制规定未初始化的全局变量要被赋予特殊的默认值（基本上是 0 值），所以内核要将变量（未赋值的）从可执行代码载入到内存中，然后将零页映射到该片内存上，于是这些未初始化变量就被赋予了 0 值。这样做避免了在目标文件中显式地进行初始化，减少了空间浪费。

⊖　在最新版本的 glibc 中，通过 mmap() 和 brk() 来实现 malloc() 函数。

```
        unsigned long            rss;                     /* 所分配的物理页 */
        unsigned long            total_vm;                /* 全部页面数目 */
        unsigned long            locked_vm;               /* 上锁的页面数目 */
        unsigned long            saved_auxv[AT_VECTOR_SIZE]; /* 保存的auxv */
        cpumask_t                cpu_vm_mask;             /* 懒惰（lazy）TLB交换掩码 */
        mm_context_t             context;                 /* 体系结构特殊数据 */
        unsigned long            flags;                   /* 状态标志 */
        int                      core_waiters;            /* 内核转储等待线程 */
        struct core_state        *core_state;             /* 核心转储的支持 */
        spinlock_t               ioctx_lock;              /* AIO I/O 链表锁 */
        struct hlist_head        ioctx_list;              /* AIO I/O 链表 */
};
```

mm_users 域记录正在使用该地址的进程数目。比如，如果两个线程共享该地址空间，那么 mm_users 的值便等于 2；mm_count 域是 mm_struct 结构体的主引用计数。所有的 mm_users 都等于 mm_count 的增加量。这样，在前面的例子中，mm_count 就仅仅为 1。如果有 9 个线程共享某个地址空间，那么 mm_users 将会是 9，而 mm_count 的值将再次为 1。当 mm_users 的值减为 0（即所有正使用该地址空间的线程都退出）时，mm_count 域的值才变为 0。当 mm_count 的值等于 0，说明已经没有任何指向该 mm_struct 结构体的引用了，这时该结构体会被撤销。当内核在一个地址空间上操作，并需要使用与该地址相关联的引用计数时，内核便增加 mm_count。内核同时使用这两个计数器是为了区别主使用计数（mm_count）器和使用该地址空间的进程的数目（mm_users）。

mmap 和 mm_rb 这两个不同数据结构体描述的对象是相同的：该地址空间中的全部内存区域。但是前者以链表形式存放而后者以红—黑树的形式存放。红—黑树是一种二叉树，与其他二叉树一样，搜索它的时间复杂度为 O（log n）。在本章后续部分"内存区域的树型结构和内存区域的链表结构"一节中，我们将进一步讨论红—黑树。

内核通常会避免使用两种数据结构组织同一种数据，但此处内核这样的冗余确实派得上用场。mmap 结构体作为链表，利于简单、高效地遍历所有元素；而 mm_rb 结构体作为红—黑树，更适合搜索指定元素。对内存区域的具体操作将在本章的后续部分详细介绍。内核并没有复制 mm_struct 结构体，而仅仅被包含其中。覆盖树上的链表并用这两个结构体同时访问相同的数据集，有时候我们将此操作称作线索树。

所有的 mm_struct 结构体都通过自身的 mmlist 域连接在一个双向链表中，该链表的首元素是 init_mm 内存描述符，它代表 init 进程的地址空间。另外要注意，操作该链表的时候需要使用 mmlist_lock 锁来防止并发访问，该锁定义在文件 kernel/fork.c 中。

15.2.1 分配内存描述符

在进程的进程描述符（在 <linux/sched.h> 中定义的 task_struct 结构体就表示进程描述符）中，mm 域存放着该进程使用的内存描述符，所以 current-> mm 便指向当前进程的内存描述符。fork() 函数利用 copy_mm() 函数复制父进程的内存描述符，也就是 current->mm 域给其子进程，而子进程中的 mm_struct 结构体实际是通过文件 kernel/fork.c 中的 allocate_mm() 宏从 mm_cachep slab 缓存中分配得到的。通常，每个进程都有唯一的 mm_struct 结构体，即唯一的进程地址空间。

如果父进程希望和其子进程共享地址空间，可以在调用 clone() 时，设置 CLONE_VM 标志。我们把这样的进程称作线程。回忆第 3 章，是否共享地址空间几乎是进程和 Linux 中所谓的线程间本质上的唯一区别。除此以外，Linux 内核并不区别对待它们，线程对内核来说仅仅是一个共享特定资源的进程而已。

当 CLONE_VM 被指定后，内核就不再需要调用 allocate_mm() 函数了，而仅仅需要在调用 copy_mm() 函数中将 mm 域指向其父进程的内存描述符就可以了：

```
if(clone_flags & CLONE_VM){
    /*
     * current 是父进程而 tsk 在 fork() 执行期间是子进程
     */
    atomic_inc(&current->mm->mm_users);
    tsk->mm= current ->mm;
}
```

15.2.2 撤销内存描述符

当进程退出时，内核会调用定义在 kernel/exit.c 中的 exit_mm() 函数，该函数执行一些常规的撤销工作，同时更新一些统计量。其中，该函数会调用 mmput() 函数减少内存描述符中的 mm_users 用户计数，如果用户计数降到零，将调用 mmdrop() 函数，减少 mm_count 使用计数。如果使用计数也等于零了，说明该内存描述符不再有任何使用者了，那么调用 free_mm() 宏通过 kmem_cache_free() 函数将 mm_struct 结构体归还到 mm_cachep slab 缓存中。

15.2.3 mm_struct 与内核线程

内核线程没有进程地址空间，也没有相关的内存描述符。所以内核线程对应的进程描述符中 mm 域为空。事实上，这也正是内核线程的真实含义——它们没有用户上下文。

省了进程地址空间再好不过了，因为内核线程并不需要访问任何用户空间的内存（那它们访问谁的呢？）而且因为内核线程在用户空间中没有任何页，所以实际上它们并不需要有自己的内存描述符和页表（后面的内容将讲述页表）。尽管如此，即使访问内核内存，内核线程也还是需要使用一些数据的，比如页表。为了避免内核线程为内存描述符和页表浪费内存，也为了当新内核线程运行时，避免浪费处理器周期向新地址空间进行切换，内核线程将直接使用前一个进程的内存描述符。

当一个进程被调度时，该进程的 mm 域指向的地址空间被装载到内存，进程描述符中的 active_mm 域会被更新，指向新的地址空间。内核线程没有地址空间，所以 mm 域为 NULL。于是，当一个内核线程被调度时，内核发现它的 mm 域为 NULL，就会保留前一个进程的地址空间，随后内核更新内核线程对应的进程描述符中的 active_mm 域，使其指向前一个进程的内存描述符。所以在需要时，内核线程便可以使用前一个进程的页表。因为内核线程不访问用户空间的内存，所以它们仅仅使用地址空间中和内核内存相关的信息，这些信息的含义和普通进程完全相同。

15.3　虚拟内存区域

内存区域由 vm_area_struct 结构体描述，定义在文件 <linux/mm_types.h> 中。内存区域在 Linux 内核中也经常称作虚拟内存区域（virtual memoryAreas，VMAs）。

vm_area_struct 结构体描述了指定地址空间内连续区间上的一个独立内存范围。内核将每个内存区域作为一个单独的内存对象管理，每个内存区域都拥有一致的属性，比如访问权限等，另外，相应的操作也都一致。按照这样的方式，每一个 VMA 就可以代表不同类型的内存区域（比如内存映射文件或者进程用户空间栈），这种管理方式类似于使用 VFS 层的面向对象方法（请看第 13 章），下面给出该结构定义和各个域的描述：

```
struct vm_area_struct {
    struct mm_struct        *vm_mm;         /* 相关的 mm_struct 结构体 */
    unsigned long           vm_start;       /* 区间的首地址 */
    unsigned long           vm_end;         /* 区间的尾地址 */
    struct vm_area_struct   *vm_next;       /*VMA 链表 */
    pgprot_t                vm_page_prot;   /* 访问控制权限 */
    unsigned long           vm_flags;       /* 标志 */
    struct rb_node          vm_rb;  /* 树上该 VMA 的节点 */
    union {         /* 或者是关联于 address_space->i_mmap 字段，或者是关联于
    address_space->i_mmap_nonlinear 字段 */
            struct {
                    struct list_head        list;
                    void                    *parent;
                    struct vm_area_struct    *head;
                } vm_set;
                struct prio_tree_node prio_tree_node;
    } shared;
    struct list_head        anon_vma_node;          /*anon_vma 项 */
    struct anon_vma         *anon_vma;              /* 匿名 VMA 对象 */
    struct vm_operations_struct *vm_ops;            /* 相关的操作表 */
    unsigned long           vm_pgoff;               /* 文件中的偏移量 */
    struct file             *vm_file;               /* 被映射的文件（如果存在）*/
    void                    *vm_private_data;       /* 私有数据 */
};
```

每个内存描述符都对应于进程地址空间中的唯一区间。vm_start 域指向区间的首地址（最低地址），vm_end 域指向区间的尾地址（最高地址）之后的第一个字节，也就是说，vm_start 是内存区间的开始地址（它本身在区间内），而 vm_end 是内存区间的结束地址（它本身在区间外），因此，vm_end － vm_start 的大小便是内存区间的长度，内存区域的位置就在 [vm_start, vm_end] 之中。注意，在同一个地址空间内的不同内存区间不能重叠。

vm_mm 域指向和 VMA 相关的 mm_struct 结构体，注意，每个 VMA 对其相关的 mm_struct 结构体来说都是唯一的，所以即使两个独立的进程将同一个文件映射到各自的地址空间，它们分别都会有一个 vm_area_struct 结构体来标志自己的内存区域；反过来，如果两个线程共享一个地址空间，那么它们也同时共享其中的所有 vm_area_struct 结构体。

15.3.1　VMA 标志

VMA 标志是一种位标志，其定义见 <linux/mm.h>。它包含在 vm_flags 域内，标志了内存区

域所包含的页面的行为和信息。和物理页的访问权限不同，VMA 标志反映了内核处理页面所需要遵守的行为准则，而不是硬件要求。而且，vm_flags 同时也包含了内存区域中每个页面的信息，或内存区域的整体信息，而不是具体的独立页面。表 15-1 列出了所有 VMA 标志的可能取值。

表 15-1　VMA 标志

标　　　志	对 VMA 及其页面的影响
VM_READ	页面可读取
VM_WRITE	页面可写
VM_EXEC	页面可执行
VM_SHARED	页面可共享
VM_MAYREAD	VM_READ 标志可被设置
VM_MAYWRITE	VM_WRITE 标志可被设置
VM_MAYEXEC	VM_EXEC 标志可被设置
VM_MAYSHARE	VM_SHARE 标志可被设置
VM_GROWSDOWN	区域可向下增长
VM_GROWSUP	区域可向上增长
VM_SHM	区域可用作共享内存
VM_DENYWRITE	区域映射一个不可写文件
VM_EXECUTABLE	区域映射一个可执行文件
VM_LOCKED	区域中的页面被锁定
VM_IO	区域映射设备 I/O 空间
VM_SEQ_READ	页面可能会被连续访问
VM_RAND_READ	页面可能会被随机访问
VM_DONTCOPY	区域不能在 fork() 时被拷贝
VM_DONTEXPAND	区域不能通过 mremap() 增加
VM_RESERVED	区域不能被换出
VM_ACCOUNT	该区域是一个记账 VM 对象
VM_HUGETLB	区域使用了 hugetlb 页面
VM_NONLINEAR	该区域是非线性映射的

让我们进一步看看其中有趣和重要的几种标志，VM_READ、VM_WRITE 和 VM_EXEC 标志了内存区域中页面的读、写和执行权限。这些标志根据要求组合构成 VMA 的访问控制权限，当访问 VMA 时，需要查看其访问权限。比如进程的对象代码映射区域可能会标志为 VM_READ 和 VM_EXEC，而没有标志为 VM_ WRITE；另一方面，可执行对象数据段的映射区域标志为 VM_READ 和 VM_WRITE，而 VM_EXEC 标志对它就毫无意义。也就是说，只读文件数据段的映射区域仅可被标志为 VM_READ。

VM_SHARD 指明了内存区域包含的映射是否可以在多进程间共享，如果该标志被设置，则我们称其为共享映射；如果未被设置，而仅仅只有一个进程可以使用该映射的内容，我们称它为私有映射。

VM_IO 标志内存区域中包含对设备 I/O 空间的映射。该标志通常在设备驱动程序执行

mmap() 函数进行 I/O 空间映射时才被设置，同时该标志也表示该内存区域不能被包含在任何进程的存放转存（core dump）中。VM_RESERVED 标志规定了内存区域不能被换出，它也是在设备驱动程序进行映射时被设置。

　　VM_SEQ_READ 标志暗示内核应用程序对映射内容执行有序的（线性和连续的）读操作；这样，内核可以有选择地执行预读文件。VM_RAND_READ 标志的意义正好相反，暗示应用程序对映射内容执行随机的（非有序的）读操作。因此内核可以有选择地减少或彻底取消文件预读，所以这两个标志可以通过系统调用 madvise() 设置，设置参数分别是 MADV_SEQUENTIAL 和 MADV_RANDOM。文件预读是指在读数据时有意地按顺序多读取一些本次请求以外的数据——希望多读的数据能够很快就被用到。这种预读行为对那些顺序读取数据的应用程序有很大的好处，但是如果数据的访问是随机的，那么预读显然就多余了。

15.3.2　VMA 操作

　　vm_area_struct 结构体中的 vm_ops 域指向与指定内存区域相关的操作函数表，内核使用表中的方法操作 VMA。vm_area_struct 作为通用对象代表了任何类型的内存区域，而操作表描述针对特定的对象实例的特定方法。

　　操作函数表由 vm_operations_struct 结构体表示，定义在文件 <linux/mm.h> 中：

```
struct vm_operations_struct {
        void (*open)(struct vm_area_struct *);
        void (*close)(struct vm_area_struct *);
        int (*fault) (struct vm_area_struct *, struct vm_fault *);
        int (*page_mkwrite) (struct vm_area_struct *vma, struct vm_fault *vmf);
        int (*access) (struct vm_area_struct *, unsigned long ,
                     void *, int, int);
};
```

下面介绍具体方法：

```
*void open(struct vm_area_struct *area)
```

当指定的内存区域被加入一个地址空间时，该函数被调用。

```
*void close(struct vm_area_struct *area)
```

当指定的内存区域从地址空间删除时，该函数被调用。

```
*int fault(struct vm_area_sruct *area, struct vm_fault *vmf)
```

当没有出现在物理内存中的页面被访问时，该函数被页面故障处理调用。

```
*int page_mkwrite(struct vm_area_sruct *area, struct vm_fault *vmf)
```

当某个页面为只读页面时，该函数被页面故障处理调用。

```
*int access(struct vm_area_struct *vma, unsigned long address, void
*buf, int len, int write)
```

当 get_user_pages() 函数调用失败时，该函数被 access_process_vm() 函数调用。

15.3.3　内存区域的树型结构和内存区域的链表结构

上文讨论过，可以通过内存描述符中的 mmap 和 mm_rb 域之一访问内存区域。这两个域各自独立地指向与内存描述符相关的全体内存区域对象。其实，它们包含完全相同的 vm_area_struct 结构体的指针，仅仅组织方法不同。

mmap 域使用单独链表连接所有的内存区域对象。每一个 vm_area_struct 结构体通过自身的 vm_next 域被连入链表，所有的区域按地址增长的方向排序，mmap 域指向链表中第一个内存区域，链中最后一个结构体指针指向空。

mm_rb 域使用红－黑树连接所有的内存区域对象。mm_rb 域指向红－黑树的根节点，地址空间中每一个 vm_area_struct 结构体通过自身的 vm_rb 域连接到树中。

红－黑树是一种二叉树，树中的每一个元素称为一个节点，最初的节点称为树根。红－黑树的多数节点都由两个子节点：一个左子节点和一个右子节点，不过也有节点只有一个子节点的情况。树末端的节点称为叶子节点，它们没有子节点。红－黑树中的所有节点都遵从：左边节点值小于右边节点值；另外每个节点都被配以红色或黑色（要么红要么黑，所以叫作红－黑树）。分配的规则为：红节点的子节点为黑色，并且树中的任何一条从节点到叶子的路径必须包含同样数目的黑色节点。记住根节点总为红色。红－黑树的搜索、插入、删除等操作的复杂度都为 $O(\log(n))$。

链表用于需要遍历全部节点的时候，而红－黑树适用于在地址空间中定位特定内存区域的时候。内核为了内存区域上的各种不同操作都能获得高性能，所以同时使用了这两种数据结构。

15.3.4　实际使用中的内存区域

可以使用 /proc 文件系统和 pmap (1) 工具查看给定进程的内存空间和其中所含的内存区域。我们来看一个非常简单的用户空间程序的例子，它其实什么也不做，仅仅是为了做说明：

```
int main(int argc,char *argv[])
{
        return 0;
}
```

下面列出该进程地址空间中包含的内存区域。其中有代码段、数据段和 bss 段等。假设该进程与 C 库动态连接，那么地址空间中还将分别包含 libc.so 和 ld.so 对应的上述三种内存区域。此外，地址空间中还要包含进程栈对应的内存区域。

/proc/<pid>/maps 的输出显示了该进程地址空间中的全部内存区域：

```
rlove@wolf:~$ cat /proc/1426/maps
00e80000-00faf000 r-xp 00000000 03:01 208530    /lib/tls/libc-2.5.1.so
00faf000-00fb2000 rw-p 0012f000 03:01 208530    /lib/tls/libc-2.5.1.so
00fb2000-00fb4000 rw-p 00000000 00:00 0
08048000-08049000 r-xp 00000000 03:03 439029    /home/rlove/src/example
08049000-0804a000 rw-p 00000000 03:03 439029    /home/rlove/src/example
40000000-40015000 r-xp 00000000 03:01 80276     /lib/ld-2.5.1.so
40015000-40016000 rw-p 00015000 03:01 80276     /lib/ld-2.5.1.so
4001e000-4001f000 rw-p 00000000 00:00 0
bfffe000-c0000000 rwxp fffff000 00:00 0
```

每行数据格式如下：

开始－结束　访问权限　　偏移　　主设备号：次设备号 i 节点　　文件

pmap(1) 工具⊖将上述信息以更方便阅读的形式输出：

```
rlove@wolf:~$ pmap 1426
example [1426]
00e80000(1212KB)   r-xp   (03:01 208530)        /lib/tls/libc-2.5.1.so
00faf000(12KB)     rw-p   (03:01 208530)        /lib/tls/libc-2.5.1.so
00fbz000(8KB)      rw-p   (00:000)
08048000(4KB)      r-xp   (03:03 439029)        /home/rlove/src/example
08049000(4KB)      rw-p   (03:03 439029)        /home/rlove/src/example
40000000(84KB)     r-xp   (03:01 80276)         /lib/ld-2.5.1.so
40015000 (4KB)     rw-p   (03:01 80276)         /lib/ld-2.5.1.so
4001e000(4KB)      rw-p   (00:00 0)
bfffe000(8KB)      rwxp   (00:00 0)             [stack]
mapped :1340KB     writable/private : 40KB      shared :0KB
```

前三行分别对应 C 库中 lic.so 的代码段、数据段和 bss 段，接下来的两个行为可执行对象的代码段和数据段，再下来三个行为动态连接程序 ld.so 的代码段、数据段和 bss 段，最后一行是进程的栈。

注意，代码段具有我们所要求的可读且可执行权限；另一方面，数据段和 bss（它们都包含全局数据变量）具有可读、可写但不可执行权限。而堆栈则可读、可写，甚至还可执行——虽然这点并不常用到。

该进程的全部地址空间大约为 1340KB，但是只有大约 40KB 的内存区域是可写和私有的。如果一片内存范围是共享的或不可写的，那么内核只需要在内存中为文件（backing file）保留一份映射。对于共享映射来说，这样做没什么特别的，但是对于不可写内存区域也这样做，就有些让人奇怪了。如果考虑到映射区域不可写意味着该区域不可被改变（映射只用来读），就应该清楚只把该映像读入一次是很安全的。所以 C 库在物理内存中仅仅需要占用 1212KB 空间，而不需要为每个使用 C 库的进程在内存中都保存一个 1212KB 的空间。进程访问了 1340KB 的数据和代码空间，然而仅仅消耗了 40KB 的物理内存，可以看出利用这种共享不可写内存的方法节约了大量的内存空间。

注意没有映射文件的内存区域的设备标志为 00：00，索引接点标志也为 0，这个区域就是零页——零页映射的内容全为零。如果将零页映射到可写的内存区域，那么该区域将全被初始化为 0。这是零页的一个重要用处，而 bss 段需要的就是全 0 的内存区域。由于内存未被共享，所以只要一有进程写该处数据，那么该处数据就将被拷贝出来（就是我们所说的写时拷贝），然后才被更新。

每个和进程相关的内存区域都对应于一个 vm_area_struct 结构体。另外进程不同于线程，进程结构体 stask_struct 包含唯一的 mm_struct 结构体引用。

15.4　操作内存区域

内核时常需要在某个内存区域上执行一些操作，比如某个指定地址是否包含在某个内存区域中。这类操作非常频繁，另外它们也是 mmap() 例程的基础——我们在 15.5 节会讨论 mmap() 操作。为了方便执行这类对内存区域的操作，内核定义了许多的辅助函数。

它们都声明在文件 <linux/mm.h> 中。

15.4.1 find_vma()

为了找到一个给定的内存地址属于哪一个内存区域，内核提供了 find_vma() 函数。该函数定义在文件 <mm/mmap.c> 中：

```
struct vm_area_struct * find_vma(struct mm_struct *mm, unsigned long addr);
```

该函数在指定的地址空间中搜索第一个 vm_end 大于 addr 的内存区域。换句话说，该函数寻找第一个包含 addr 或首地址大于 addr 的内存区域，如果没有发现这样的区域，该函数返回 NULL；否则返回指向匹配的内存区域的 vm_area_struct 结构体指针。注意，由于返回的 VMA 首地址可能大于 addr，所以指定的地址并不一定就包含在返回的 VMA 中。因为很有可能在对某个 VMA 执行操作后，还有其他更多的操作会对该 VMA 接着进行操作，所以 find_vma() 函数返回的结果被缓存在内存描述符的 mmap_cache 域中。实践证明，被缓存的 VMA 会有相当好的命中率（实践中大约 30% ～ 40%），而且检查被缓存的 VMA 速度会很快，如果指定的地址不在缓存中，那么必须搜索和内存描述符相关的所有内存区域。这种搜索通过红－黑树进行：

```
struct vm_area_struct * find_vma(struct mm_struct *mm, unsigned long addr)
{
        struct vm_area_struct *vma = NULL;

        if (mm) {
                vma = mm->mmap_cache;
                if (!(vma && vma->vm_end > addr && vma->vm_start <= addr)) {
                        struct rb_node *rb_node;

                        rb_node = mm->mm_rb.rb_node;
                        vma = NULL;
                        while (rb_node) {
                                struct vm_area_struct * vma_tmp;

                                vma_tmp = rb_entry(rb_node,
                                                struct vm_area_struct, vm_rb);
                                if (vma_tmp->vm_end > addr) {
                                        vma = vma_tmp;
                                        if (vma_tmp->vm_start <= addr)
                                                break;
                                        rb_node = rb_node->rb_left;
                                } else
                                        rb_node = rb_node->rb_right;
                        }
                        if (vma)
                                mm->mmap_cache = vma;
                }
```

```
        }

        return vma;
}
```

首先，该函数检查 mmap_cache，看看缓存的 VMA 是否包含了所需地址。注意简单地检查 VMA 的 vm_end 是否大于 addr，并不能保证该 VMA 是第一个大于 addr 的内存区域，所以缓存要想发挥作用，就要求指定的地址必须包含在被缓存的 VMA 中——幸好，这也正是连续操作同一 VMA 必然发生的情况。

如果缓存中并未包含希望的 VMA，那么该函数必须搜索红－黑树。如果当前 VMA 的 vm_end 大于 addr，进入左子节点继续搜索；否则，沿右边子节点搜索，直到找到包含 addr 的 VMA 为止。如果没有包含 addr 的 VMA 被找到，那么该函数继续搜索树，并且返回大于 addr 的第一个 VMA。如果也不存在满足要求的 VMA，那该函数返回 NULL。

15.4.2　find_vma_prev()

find_vma_prev() 函数和 find_vma() 工作方式相同，但是它返回第一个小于 addr 的 VMA。该函数定义和声明分别在文件 mm/mmap.c 中和文件 <linux/mm.h> 中：

```
struct vm_area_struct * find_vma_prev(struct mm_struct *mm,unsigned long addr ,
                                struct vm_area_struct **pprev)
```

pprev 参数存放指向先于 addr 的 VMA 指针。

15.4.3　find_vma_intersection()

find_vma_intersection() 函数返回第一个和指定地址区间相交的 VMA。因为该函数是内联函数，所以定义在文件 <linux/mm.h> 中：

```
static inline struct vm_area_struct *
find_vma_intersection(struct mm_struct *mm,
                      unsigned long start_addr,
                      unsigned long end_addr)
{
        struct vm_area_struct *vma;

        vma = find_vma(mm, start_addr);
        if (vma && end_addr <= vma->vm_start)
                vma = NULL;
        return vma;
}
```

第一个参数 mm 是要搜索的地址空间，start_addr 是区间的开始首位置，end_addr 是区间的尾位置。

显然，如果 find_vma() 返回 NULL，那么 find_vma_interesection() 也会返回 NULL。但是如果 find_vma() 返回有效的 VMA，find_vma_intersection() 只有在该 VMA 的起始位置于给定的地

址区间结束位置之前，才将其返回。如果 VMA 的起始位置大于指定地址范围的结束位置，则该函数返回 NULL。

15.5 mmap() 和 do_mmap()：创建地址区间

内核使用 do_mmap() 函数创建一个新的线性地址区间。但是说该函数创建了一个新 VMA 并不非常准确，因为如果创建的地址区间和一个已经存在的地址区间相邻，并且它们具有相同的访问权限的话，两个区间将合并为一个。如果不能合并，就确实需要创建一个新的 VMA 了。但无论哪种情况，do_mmap() 函数都会将一个地址区间加入进程的地址空间中——无论是扩展已存在的内存区域还是创建一个新的区域。

do_mmap() 函数定义在文件 <linux/mm.h> 中。

```
unsigned long do_mmap(struct file *file, unsigned long addr,
                      unsigned long len, unsigned long prot,
                      unsigned long flag, unsigned long offset)
```

该函数映射由 file 指定的文件，具体映射的是文件中从偏移 offset 处开始，长度为 len 字节的范围内的数据。如果 file 参数是 NULL 并且 offset 参数也是 0，那么就代表这次映射没有和文件相关，该情况称作匿名映射（anonymous mapping）。如果指定了文件名和偏移量，那么该映射称为文件映射（file-backed mapping）。

addr 是可选参数，它指定搜索空闲区域的起始位置。

prot 参数指定内存区域中页面的访问权限。访问权限标志定义在文件 <asm/mman.h> 中，不同体系结构标志的定义有所不同，但是对所有体系结构而言，都会包含表 15-2 中所列举的标志。

表 15-2　页保护标志

标　　志	对新建区间中页的要求
PROT_READ	对应于 VM_READ
PROT_WRITE	对应于 VM_WRITE
PROT_EXEC	对应于 VM_EXEC
PROT_NONE	页不可被访问

flag 参数指定了 VMA 标志，这些标志指定类型并改变映射的行为。它们也在文件 <asm/mman.h> 中定义，请参看表 15-3。

表 15-3　页保护标志

标　　志	对新区间的要求
MAP_SHARED	映射可以被共享
MAP_PRIVATE	映射不能被共享
MAP_FIXED	新区间必须开始于指定的地址 addr
MAP_ANONYMOUS	映射不是 file-backed，而是匿名的
MAP_GROWSDOWN	对应于 VM_GROWSDOWN
MAP_DENYWRITE	对应于 VM_DENYWRITE

（续）

标　　　志	对新区间的要求
MAP_EXECUTABLE	对应于 VM_EXECUTABLE
MAP_LOCKED	对应于 VM_LOCKED
MAP_NORESERVE	不需要为映射保留空间
MAP_POPULATE	填充页表
MAP_NONBLOCK	在 I/O 操作上不堵塞

　　如果系统调用 do_mmap() 的参数中有无效参数，那么它返回一个负值；否则，它会在虚拟内存中分配一个合适的新内存区域。如果有可能的话，将新区域和邻近区域进行合并，否则内核从 vm_area_cachep 长字节（slab）缓存中分配一个 vm_area_struct 结构体，并且使用 vma_link() 函数将新分配的内存区域添加到地址空间的内存区域链表和红－黑树中，随后还要更新内存描述符中的 total_vm 域，然后才返回新分配的地址区间的初始地址。

　　在用户空间可以通过 mmap() 系统调用获取内核函数 do_mmap() 的功能。mmap() 系统调用定义如下：

```
void  * mmap2(void *start,
            size_t length,
            int prot,
            int flags,
            int fd,
            off_t pgoff)
```

　　由于该系统调用是 mmap() 调用的第二种变种，所以起名为 mmap2()。最原始的 mmap() 调用中最后一个参数是字节偏移量，而目前这个 mmap2() 使用页面偏移作最后一个参数。使用页面偏移量可以映射更大的文件和更大的偏移位置。原始的 mmap() 调用由 POSIX 定义，仍然在 C 库中作为 mmap() 方法使用，但是内核中已经没有对应的实现了，而实现的是新方法 mmap2()。虽然 C 库仍然可以使用原始版本的映射方法，但是它其实还是基于函数 mmap2() 进行的，因为对原始 mmap() 方法的调用是通过将字节偏移转化为页面偏移，从而转化为对 mmap2() 函数的调用来实现的。

15.6　munmap() 和 do_munmap()：删除地址区间

　　do_munmap() 函数从特定的进程地址空间中删除指定地址区间，该函数定义在文件 <linux/mm.h> 中：

```
int do_munmap(struct mm_struct *mm,unsigned long start, size_t len)
```

　　第一个参数指定要删除区域所在的地址空间，删除从地址 start 开始，长度为 len 字节的地址区间。如果成功，返回零。否则，返回负的错误码。

　　系统调用 munmap() 给用户空间程序提供了一种从自身地址空间中删除指定地址区间的方法，它和系统调用 mmap() 的作用相反：

```
int munmap(void *start, size_t length)
```

该系统调用定义在文件 mm/mmap.c 中，它是对 do_munmap() 函数的一个简单的封装：

```
asmlinkage long sys_munmap(unsigned long addr, size_t len)
{
        int ret;
        struct mm_struct *mm;

        mm = current->mm;
        down_write(&mm->mmap_sem);
        ret = do_munmap(mm, addr, len);
        up_write(&mm->mmap_sem);
        return ret;
}
```

15.7　页表

　　虽然应用程序操作的对象是映射到物理内存之上的虚拟内存，但是处理器直接操作的却是物理内存。所以当用程序访问一个虚拟地址时，首先必须将虚拟地址转化成物理地址，然后处理器才能解析地址访问请求。地址的转换工作需要通过查询页表才能完成，概括地讲，地址转换需要将虚拟地址分段，使每段虚拟地址都作为一个索引指向页表，而页表项则指向下一级别的页表或者指向最终的物理页面。

　　Linux 中使用三级页表完成地址转换。利用多级页表能够节约地址转换需占用的存放空间。如果利用三级页表转换地址，即使是 64 位机器，占用的空间也很有限。但是如果使用静态数组实现页表，那么即便在 32 位机器上，该数组也将占用巨大的存放空间。Linux 对所有体系结构，包括对那些不支持三级页表的体系结构（比如，有些体系结构只使用两级页表或者使用散列表完成地址转换）都使用三级页表管理，因为使用三级页表结构可以利用"最大公约数"的思想——一种设计简单的体系结构，可以按照需要在编译时简化使用页表的三级结构，比如只使用两级。

　　顶级页表是页全局目录（PGD），它包含了一个 pgd_t 类型数组，多数体系结构中 pgd_t 类型等同于无符号长整型类型。PGD 中的表项指向二级页目录中的表项：PMD。

　　二级页表是中间页目录（PMD），它是个 pmd_t 类型数组，其中的表项指向 PTE 中的表项。

　　最后一级的页表简称页表，其中包含了 pte_t 类型的页表项，该页表项指向物理页面。

　　多数体系结构中，搜索页表的工作是由硬件完成的（至少某种程度上）。虽然通常操作中，很多使用页表的工作都可以由硬件执行，但是只有在内核正确设置页表的前提下，硬件才能方便地操作它们。图 15-1 描述了虚拟地址通过页表找到物理地址的过程。

　　每个进程都有自己的页表（当然，线程会共享页表）。内存描述符的 pgd 域指向的就是进程的页全局目录。注意，操作和检索页表时必须使用 page_table_lock 锁，该锁在相应的进程的内存描述符中，以防止竞争条件。

　　页表对应的结构体依赖于具体的体系结构，所以定义在文件 <asm/page.h> 中。

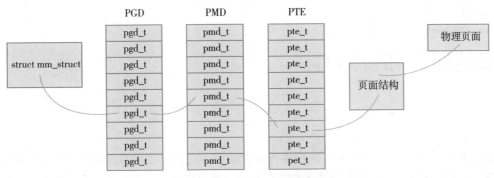

图 15-1　虚拟－物理地址查询

由于几乎每次对虚拟内存中的页面访问都必须先解析它，从而得到物理内存中的对应地址，所以页表操作的性能非常关键。但不幸的是，搜索内存中的物理地址速度很有限，因此为了加快搜索，多数体系结构都实现了一个翻译后缓冲器（translate lookaside buffer，TLB）。TLB 作为一个将虚拟地址映射到物理地址的硬件缓存，当请求访问一个虚拟地址时，处理器将首先检查TLB 中是否缓存了该虚拟地址到物理地址的映射，如果在缓存中直接命中，物理地址立刻返回；否则，就需要再通过页表搜索需要的物理地址。

虽然硬件完成了有关页表的部分工作，但是页表的管理仍然是内核的关键部分——而且在不断改进。2.6 版内核对页表管理的主要改进是：从高端内存分配部分页表。今后可能的改进包括通过在写时拷贝（copy-on-write）的方式共享页表。这种机制使得在 fork() 操作中可由父子进程共享页表。因为只有当子进程或父进程试图修改特定页表项时，内核才去创建该页表项的新拷贝，此后父子进程才不再共享该页表项。可以看到，利用共享页表可以消除 fork() 操作中页表拷贝所带来的消耗。

15.8　小结

这章的内容不能不说是很"难缠"啦。其中，我们看到了抽象出来的进程虚拟内存，看到了内核如何表示进程空间（通过 mm_struct）以及内核如何表示该空间中的内存区域（通过结构体 vm_area_struct）。除此以外，我们还了解了内核如何创建（通过 mmap()）和撤销（通过 munmap()）这些内存区域，最后还讨论了页表。因为 Linux 是一个基于虚拟内存的操作系统，所以这些概念对于系统运行来说都是非常基础的，一定要仔细领会。

第 16 章，我们要讨论页缓存——一种用于所有页 I/O 操作的内存数据缓存，而且还要涵盖内核执行基于页的数据回写。

第 16 章

页高速缓存和页回写

页高速缓存（cache）是 Linux 内核实现磁盘缓存。它主要用来减少对磁盘的 I/O 操作。具体地讲，是通过把磁盘中的数据缓存到物理内存中，把对磁盘的访问变为对物理内存的访问。这一章将讨论页高速缓存与页回写（将页高速缓存中的变更数据刷新回磁盘的操作）。

磁盘高速缓存之所以在任何现代操作系统中尤为重要源自两个因素：第一，访问磁盘的速度要远远低于（差好几个数量级）访问内存的速度——ms 和 ns 的差距，因此，从内存访问数据比从磁盘访问速度更快，若从处理器的 L1 和 L2 高速缓存访问则更快。第二，数据一旦被访问，就很有可能在短期内再次被访问到。这种在短时期内集中访问同一片数据的原理称作临时局部原理（temporal locality）。临时局部原理能保证：如果在第一次访问数据时缓存它，那就极有可能在短期内再次被高速缓存命中（访问到高速缓存中的数据）。正是由于内存访问要比磁盘访问快得多，再加上数据一次被访问后更可能再次被访问的特点，所以磁盘的内存缓存将给系统存储性能带来质的飞跃。

16.1　缓存手段

页高速缓存是由内存中的物理页面组成的，其内容对应磁盘上的物理块。页高速缓存大小能动态调整——它可以通过占用空闲内存以扩张大小，也可以自我收缩以缓解内存使用压力。我们称正被缓存的存储设备为后备存储，因为缓存背后的磁盘无疑才是所有缓存数据的归属。当内核开始一个读操作（比如，进程发起一个 read() 系统调用），它首先会检查需要的数据是否在页高速缓存中。如果在，则放弃访问磁盘，而直接从内存中读取。这个行为称作缓存命中。如果数据没有在缓存中，称为缓存未命中，那么内核必须调度块 I/O 操作从磁盘去读取数据。然后内核将读来的数据放入页缓存中，于是任何后续相同的数据读取都可命中缓存了。注意，系统并不一定要将整个文件都缓存。缓存可以持有某个文件的全部内容，也可以存储另一些文件的一页或者几页。到底该缓存谁取决于谁被访问到。

16.1.1　写缓存

上面解释了在读操作过程中页高速缓存的作用，那么在进程写磁盘时，比如执行 write() 系统调用，缓存如何被使用呢？通常来讲，缓存一般被实现成下面三种策略之一：第一种策略称为不缓存（nowrite），也就是说高速缓存不去缓存任何写操作。当对一个缓存中的数据片进行写时，将直接跳过缓存，写到磁盘，同时也使缓存中的数据失效。那么如果后续读操作进行时，需要再重新从磁盘中读取数据。不过这种策略很少使用，因为该策略不但不去缓存写操作，而且需要额外费力去使缓存数据失效。

第二种策略，写操作将自动更新内存缓存，同时也更新磁盘文件。这种方式，通常称为写透缓存（write-through cache），因为写操作会立刻穿透缓存到磁盘中。这种策略对保持缓存一致性很有好处——缓存数据时刻和后备存储保持同步，所以不需要让缓存失效，同时它的实现也最简单。

第三种策略，也是 Linux 所采用的，称为"回写" [⊖]。在这种策略下，程序执行写操作直接写到缓存中，后端存储不会立刻直接更新，而是将页高速缓存中被写入的页面标记成"脏"，并且被加入脏页链表中。然后由一个进程（回写进程）周期行将脏页链表中的页写回到磁盘，从而让磁盘中的数据和内存中最终一致。最后清理"脏"页标识。注意这里"脏页"这个词可能引起混淆，因为实际上脏的并非页高速缓存中的数据（它们是干干净净的），而是磁盘中的数据（它们已过时了）。也许更好的描述应该是"未同步"吧。尽管如此，我们说缓存内容是脏的，而不是说磁盘内容。回写策略通常认为要好于写透策略，因为通过延迟写磁盘，方便在以后的时间内合并更多的数据和再一次刷新。当然，其代价是实现复杂度高了许多。

16.1.2　缓存回收

缓存算法最后涉及的重要内容是缓存中的数据如何清除；或者是为更重要的缓存项腾出位置；或者是收缩缓存大小，腾出内存给其他地方使用。这个工作，也就是决定缓存中什么内容将被清除的策略，称为缓存回收策略。Linux 的缓存回收是通过选择干净页（不脏）进行简单替换。如果缓存中没有足够的干净页面，内核将强制地进行回写操作，以腾出更多的干净可用页。最难的事情在于决定什么页应该回收。理想的回收策略应该是回收那些以后最不可能使用的页面。当然要知道以后的事情你必须是先知。也正是这个原因，理想的回收策略称为预测算法。但这种策略太理想了，无法真正实现。

　1. 最近最少使用

缓存回收策略通过所访问的数据特性，尽量追求预测效率。最成功的算法（特别是对于通用目的的页高速缓存）称作最近最少使用算法，简称 LRU。LRU 回收策略需要跟踪每个页面的访问踪迹（或者至少按照访问时间为序的页链表），以便能回收最老时间戳的页面（或者回收排序链表头所指的页面）。该策略的良好效果源自缓存的数据越久未被访问，则越不大可能近期再被访问，而最近被访问的最有可能被再次访问。但是，LRU 策略并不是放之四海而皆准的法则，对于许多文件被访问一次，再不被访问的情景，LRU 尤其失败。将这些页面放在 LRU 链的顶端显然不是最优，当然，内核并没办法知道一个文件只会被访问一次，但是它却知道过去访问了多少次。

　2. 双链策略

Linux 实现的是一个修改过的 LRU，也称为双链策略。和以前不同，Linux 维护的不再是一个 LUR 链表，而是维护两个链表：活跃链表和非活跃链表。处于活跃链表上的页面被认为是

[⊖] 有些书或者操作系统称这个策略是 copy-write 或者 write-behind 缓存。所有这些命名都是同义词。Linux 和其他 UNIX 系统使用 write-back 称谓来描述缓存策略，使用 writeback 称谓描述写缓存数据到后备存储这一动作。本书遵循这种称谓。

"热"的且不会被换出,而在非活跃链表上的页面则是可以被换出的。在活跃链表中的页面必须在其被访问时就处于非活跃链表中。两个链表都被伪 LRU 规则维护:页面从尾部加入,从头部移除,如同队列。两个链表需要维持平衡——如果活跃链表变得过多而超过了非活跃链表,那么活跃链表的头页面将被重新移回到非活跃链表中,以便能再被回收。双链表策略解决了传统 LRU 算法中对仅一次访问的窘境。而且也更加简单的实现了伪 LRU 语义。这种双链表方式也称作 LUR/2。更普遍的是 n 个链表,故称 LRU/n。

我们现在知道页缓存如何构建(通过读和写),如何在写时被同步(通过回写)以及旧数据如何被回收来容纳新数据(通过双链表)。现在让我们看看真实世界应用场景中,页高速缓存如何帮助系统。假定你在开发一个很大的软件工程(比如 Linux 内核)那么你将有大量的源文件被打开,只要你打开读取源文件,这些文件就将被存储在页高速缓存中。只要数据被缓存,那么从一个文件跳到另一个文件将瞬间完成。当你编辑文件时,存储文件也会瞬间完成,因为写操作只需要写到内存,而不是磁盘。当你编译项目时,缓存的文件将使得编译过程更少访问磁盘,所以编译速度也就更快了。如果整个源码树太大了,无法一次性放入内存,那么其中一部分必须被回收——由于双链表策略,任何回收的文件都将处于非活跃链表,而且不大可能是你正在编译的文件。幸运的是,在你没在编译的时候,内核会执行页回写,刷新你所修改文件的磁盘副本。由此可见,缓存将极大地提高系统性能。为了看到差别,对比一下缓存冷(cache cold)时(也就是说重启后,编译你的大软件工程的时间)和缓存热(cache warm)时的差别吧。

16.2　Linux 页高速缓存

从名字可以看出,页高速缓存是 RAM 中的页面缓存。缓存中的页来自对正规文件、块设备文件和内存映射文件的读写。如此一来,页高速缓存就包含了最近被访问过的文件的数据块。在执行一个 I/O 操作前(比如 read() [⊖]操作),内核会检查数据是否已经在页高速缓存中了,如果所需要的数据确实在高速缓存中,那么内核可以从内存中迅速地返回需要的页,而不再需要从相对较慢的磁盘上读取数据。在接下来的章节里,我们将剖析具体的数据结构以及内核如何使用它们管理缓存。

16.2.1　address_space 对象

在页高速缓存中的页可能包含了多个不连续的物理磁盘块[⊖]。也正是由于页面中映射的磁盘块不一定连续,所以在页高速缓存中检查特定数据是否已经被缓存是件颇为困难的工作。因为不能用设备名称和块号来做页高速缓存中的数据的索引,要不然这将是最简单的定位办法。

另外,Linux 页高速缓存对被缓存的页面范围定义非常宽泛。实际上,在最初 System V

⊖　如你在第 13 章所见,并非 read()、write() 系统调用执行实际的页 I/O 操作,而是通过文件系统提供的特定操作 file->f_op->read() 和 file->f_op->write() 完成。

⊖　比如,x86 体系结构中一个物理页大小是 4KB。而大多数文件系统的块大小仅仅 512KB。所以八个块才可以填满一个页面。另外因为文件本身可能分布在磁盘上的各个位置,所以页面中映射的块也不需要连续。

Release 4 引入页高速缓存时，仅仅只用作缓存文件系统数据，所以 SVR4 的页高速缓存使用它的等价文件对象（称为 vnode 结构体）管理页高速缓存。Linux 页高速缓存的目标是缓存任何基于页的对象，这包含各种类型的文件和各种类型的内存映射。

虽然 Linux 页高速缓存可以通过扩展 inode 结构体（见第 13 章）支持页 I/O 操作，但这种做法会将页高速缓存局限于文件。为了维持页高速缓存的普遍性（不应该将其绑定到物理文件或者 inode 结构体），Linux 页高速缓存使用了一个新对象管理缓存项和页 I/O 操作。这个对象是 address_space 结构体。该结构体是第 15 章介绍的虚拟地址 vm_area_struct 的物理地址对等体。当一个文件可以被 10 个 vm_area_struct 结构体标识（比如有 5 个进程，每个调用 mmap() 映射它两次），那么这个文件只能有一个 address_space 数据结构——也就是文件可以有多个虚拟地址，但是只能在物理内存有一份。与 Linux 内核中其他结构一样，address_space 也是文不对题，也许更应该叫它 page_cache_entity 或者 physical_pages_of_a_file。

该结构定义在文件 <linux/fs.h> 中，下面给出具体形式：

```
struct address_space {
        struct inode            *host;              /* 拥有节点 */
        struct radix_tree_root  page_tree;          /* 包含全部页面的 radix 树 */
        spinlock_t              tree_lock;          /* 保护 page_tree 的自旋锁 */
        unsigned int            i_mmap_writable;    /* VM_SHARED 计数 */
        struct prio_tree_root   i_mmap;             /* 私有映射链表 */
        struct list_head        i_mmap_nonlinear;   /* VM_NONLINEAR 链表 */
        spinlock_t              i_mmap_lock;        /* 保护 i_mmap 的自旋锁 */
        atomic_t                truncate_count;     /* 截断计数 */
        unsigned long           nrpages;            /* 页总数 */
        pgoff_t                 writeback_index;    /* 回写的起始偏移 */
        struct address_space_operations   *a_ops;   /* 操作表 */
        unsigned long           flags;              /* gfp_mask 掩码与错误标识 */
        struct backing_dev_info *backing_dev_info;  /* 预读信息 */
        spinlock_t              private_lock;       /* 私有 address_space 锁 */
        struct list_head        private_list;       /* 私有 address_space 链表 */
        struct address_space    *assoc_mapping;     /* 相关的缓冲 */
};
```

其中 i_mmap 字段是一个优先搜索树，它的搜索范围包含了在 address_space 中所有共享的与私有的映射页面。优先搜索树是一种巧妙地将堆与 radix 树结合⊖的快速检索树。回忆早些提到的：一个被缓存的文件只和一个 address_space 结构体相关联，但它可以有多个 vm_area_struct 结构体——一物理页到虚拟页是个一对多的映射。i_map 字段可帮助内核高效地找到关联的被缓存文件。

address space 页总数由 nrpages 字段描述。

address_space 结构往往会和某些内核对象关联。通常情况下，它会与一个索引节点（inode）关联，这时 host 域就会指向该索引节点；如果关联对象不是一个索引节点的话，比如 address_space 和 swapper 关联时，host 域会被置为 NULL。

⊖　在内核中采用 Raidix 优先搜索树是由 Edward M. McCreight 1985 年 5 月于 SIAM 计算机杂志第 14 期，第 2 集，257-276 页中提出的。

16.2.2　address_space 操作

a_ops 域指向地址空间对象中的操作函数表，这与 VFS 对象及其操作表关系类似，操作函数表定义在文件 <linux/fs.h> 中，由 address_space_operations 结构体来表示：

```
struct address_space_operations {
        int (*writepage)(struct page *, struct writeback_control *);
        int (*readpage) (struct file *, struct page *);
        int (*sync_page) (struct page *);
        int (*writepages) (struct address_space *,
                          struct writeback_control *);
        int (*set_page_dirty) (struct page *);
        int (*readpages) (struct file *, struct address_space *,
                          struct list_head *, unsigned);
        int (*write_begin)(struct file *, struct address_space *mapping,
                          loff_t pos, unsigned len, unsigned flags,
                          struct page **pagep, void **fsdata);
        int (*write_end)(struct file *, struct address_space *mapping,
                          loff_t pos, unsigned len, unsigned copied,
                          struct page *page, void *fsdata);
        sector_t (*bmap) (struct address_space *, sector_t);
        int (*invalidatepage) (struct page *, unsigned long);
        int (*releasepage) (struct page *, int);
        int (*direct_IO) (int, struct kiocb *, const struct iovec *,
                          loff_t, unsigned long);
        int (*get_xip_mem) (struct address_space *, pgoff_t, int,
                           void **, unsigned long *);
        int (*migratepage) (struct address_space *,
                           struct page *, struct page *);
        int (*launder_page) (struct page *);
        int (*is_partially_uptodate) (struct page *,
                                      read_descriptor_t *,
                                      unsigned long);
        int (*error_remove_page) (struct address_space *,
                                  struct page *);
};
```

这些方法指针指向那些为指定缓存对象实现的页 I/O 操作。每个后备存储都通过自己的 address_space_operation 描述自己如何与页高速缓存交互。比如 ext3 文件系统在文件 fs/ext3/inode.c 中定义自己的操作表。这些方法提供了管理页高速缓存的各种行为，包括最常用的读页到缓存、更新缓存数据。这里面 readpage() 和 writepage() 两个方法最为重要。我们下面就来看看一个页面的读操作会包含哪些步骤。首先 linux 内核试图在页高速缓存中找到需要的数据；find_get_page() 方法负责完成这个检查动作。一个 address_space 对象和一个偏移量会传给 find_get_page() 方法，用于在页高速缓存中搜索需要的数据：

```
page = find_get_page(mapping ,index);
```

这里 mapping 是指定的地址空间，index 是文件中的指定位置，以页面为单位（是的，称 address_space 结构体为 mapping，又是一个容易混淆的命名，虽然我也在重复这种内核命名不一致的问题，但我还是鄙视它）。如果搜索的页并没在高速缓存中，find_get_page() 将会返回一个 NULL，并且内核将分配一个新页面，然后将之前搜索的页加入页高速缓存中。

```
struct page *page;
int error;

/* 分配页…*/
page = page_cache_alloc_cold(mapping);
if(!page)
        /* 内存分配出错 */

/*……然后将其加入页面调整缓存 */
error = add_to_page_cache_lru(page,mapping,index,GFP_KERNEL);
if(error)
        /* 页面被加入页面高速缓存时，出错 */
```

最后，需要的数据从磁盘被读入，再被加入页高速缓存，然后返回给用户：

```
error= mapping->a_ops->readpage(file,page);
```

写操作和读操作有少许不同。对于文件映射来说，当页被修改了，VM 仅仅需要调用：

```
SetPageDirty(page);
```

内核会在晚些时候通过 writepage() 方法把页写出。对特定文件的写操作比较复杂，它的代码在文件 mm/filemap.c 中，通常写操作路径要包含以下各步：

```
page = __grab_cache_page(mapping,index,&cached_page,&lru_pvec);
status = a_ops->prepare_write(file,page,offset,offset+bytes);
page_fault = filemap_copy_from_user(page,offset,buf,bytes);
status = a_ops->commit_write(file,page,offset,offset+bytes);
```

首先，在页高速缓存中搜索需要的页。如果需要的页不在高速缓存中，那么内核在高速缓存中新分配一空闲项；下一步，内核创建一个写请求；接着数据被从用户空间拷贝到了内核缓冲；最后将数据写入磁盘。

因为所有的页 I/O 操作都要执行上面这些步骤，这就保证了所有的页 I/O 操作必然都是通过页高速缓存进行的。因此，内核也总是试图先通过页高速缓存来满足所有的读请求。如果在页高速缓存中未搜索到需要的页，则内核将从磁盘读入需要的页，然后将该页加入到页高速缓存中；对于写操作，页高速缓存更像是一个存储平台，所有要被写出的页都要加入页高速缓存中。

16.2.3　基树

因为在任何页 I/O 操作前内核都要检查页是否已经在页高速缓存中了，所以这种频繁进行的检查必须迅速、高效，否则搜索和检查页高速缓存的开销可能抵消页高速缓存带来的好处（至少在缓存命中率很低的时候，搜索的开销足以抵消以内存代替磁盘进行检索数据带来的好处）。

正如在 16.2.2 节所看到的，页高速缓存通过两个参数 address_space 对象加上一个偏移量进行搜索。每个 address_space 对象都有唯一的基树（radix tree），它保存在 page_tree 结构体中。基树是一个二叉树，只要指定了文件偏移量，就可以在基树中迅速检索到希望的页。页高速缓存的搜索函数 find_get_page() 要调用函数 radix_tree_lookup()，该函数会在指定基树中搜索指定页面。

基树核心代码的通用形式可以在文件 lib/radix-tree.c 中找到。另外，要想使用基树，需要包含头文件 <linux/radix_tree.h>。

16.2.4　以前的页散列表

在 2.6 版本以前，内核页高速缓存不是通过基树检索，而是通过一个维护了系统中所有页的全局散列表进行检索。对于给定的一个键值，该散列表会返回一个双向链表的入口对应于这个所给定的值。如果需要的页贮存在缓存中，那么链表中的一项就会与其对应。否则，页就不在页面高速缓存中，散列函数返回 NULL。

全局散列表主要存在四个问题：

- 由于使用单个的全局锁保护散列表，所以即使在中等规模的机器中，锁的争用情况也会相当严重，造成性能受损。
- 由于散列表需要包含所有页高速缓存中的页，可是搜索需要的只是和当前文件相关的那些页，所以散列表包含的页面相比搜索需要的页面要大得多。
- 如果散列搜索失败（也就是给定的页不在页高速缓存中），执行速度比希望的要慢得多，这是因为检索必须遍历指定散列键值对应的整个链表。
- 散列表比其他方法会消耗更多的内存。

2.6 版本内核中引入基于基树的页高速缓存来解决这些问题。

16.3　缓冲区高速缓存

独立的磁盘块通过块 I/O 缓冲也要被存入页高速缓存。回忆一下第 14 章，一个缓冲是一个物理磁盘块在内存里的表示。缓冲的作用就是映射内存中的页面到磁盘块，这样一来页高速缓存在块 I/O 操作时也减少了磁盘访问，因为它缓存磁盘块和减少块 I/O 操作。这个缓存通常称为缓冲区高速缓存，虽然实现上它没有作为独立缓存，而是作为页高速缓存的一部分。

块 I/O 操作一次操作一个单独的磁盘块。普遍的块 I/O 操作是读写 i 节点。内核提供了 bread() 函数实现从磁盘读一个块的底层操作。通过缓存，磁盘块映射到它们相关的内存页，并缓存到页高速缓存中。

缓冲和页高速缓存并非天生就是统一的，2.4 内核的主要工作之一就是统一它们。在更早的内核中，有两个独立的磁盘缓存：页高速缓存和缓冲区高速缓存。前者缓存页面，后者缓存缓冲区，这两个缓存并没有统一。一个磁盘块可以同时存于两个缓存中，这导致必须同步操作两个缓冲中的数据，而且浪费了内存，去存储重复的缓存项。今天我们只有一个磁盘缓存，即页高速缓存。虽然如此，内核仍然需要在内存中使用缓冲来表示磁盘块，幸好，缓冲是用页映射块的，所以它正好在页高速缓存中。

16.4　flusher 线程

由于页高速缓存的缓存作用，写操作实际上会被延迟。当页高速缓存中的数据比后台存储的数据更新时，该数据就称作脏数据。在内存中累积起来的脏页最终必须被写回磁盘。在以下 3 种情况发生时，脏页被写回磁盘：

- 当空闲内存低于一个特定的阈值时，内核必须将脏页写回磁盘以便释放内存，因为只有干净（不脏的）内存才可以被回收。当内存干净后，内核就可以从缓存清理数据，然后收缩缓存，最终释放出更多的内存。
- 当脏页在内存中驻留时间超过一个特定的阈值时，内核必须将超时的脏页写回磁盘，以确保脏页不会无限期地驻留在内存中。
- 当用户进程调用 sync() 和 fsync() 系统调用时，内核会按要求执行回写动作。

　　上面三种工作的目的完全不同。实际上，在旧内核中，这是由两个独立的内核线程（请看后面章节）分别完成的。但是在 2.6 内核中，由一群[⊖]内核线程（flusher 线程）执行这三种工作。

　　首先，flusher 线程在系统中的空闲内存低于一个特定的阈值时，将脏页刷新写回磁盘。该后台回写例程的目的在于——在可用物理内存过低时，释放脏页以重新获得内存。这个特定的内存阈值可以通过 dirty_background_ratio sysctl 系统调用设置。当空闲内存比阈值 dirty_background_ratio 还低时，内核便会调用函数 flusher_threads()[⊜]唤醒一个或多个 flusher 线程，随后 flusher 线程进一步调用函数 bdi_writeback_all() 开始将脏页写回磁盘。该函数需要一个参数——试图写回的页面数目。函数连续地写出数据，直到满足以下两个条件：

- 已经有指定的最小数目的页被写出到磁盘。
- 空闲内存数已经回升，超过了阈值 dirty_background_ratio。

　　上述条件确保了 flusher 线程操作可以减轻系统中内存不足的压力。回写操作不会在达到这两个条件前停止，除非刷新者线程写回了所有的脏页，没有剩下的脏页可再被写回了。

　　为了满足第二个目标，flusher 线程后台例程会被周期性唤醒（和空闲内存是否过低无关），将那些在内存中驻留时间过长的脏页写出，确保内存中不会有长期存在的脏页。如果系统发生崩溃，由于内存处于混乱之中，所以那些在内存中还没来得及写回磁盘的脏页就会丢失，所以周期性同步页高速缓存和磁盘非常重要。在系统启动时，内核初始化一个定时器，让它周期地唤醒 flusher 线程，随后使其运行函数 wb_writeback()。该函数将把所有驻留时间超过 dirty_expire_interval ms 的脏页写回。然后定时器将再次被初始化为 dirty_expire_centisecs 秒后唤醒 flusher 线程。总而言之，flusher 线程周期性地被唤醒并且把超过特定期限的脏页写回磁盘。

　　系统管理员可以在 /proc/sys/vm 中设置回写相关的参数，也可以通过 sysctl 系统调用设置它们。表 16-1 列出了与 pdflush 相关的所有可设置变量。

表 16-1　页回写设置

变　　量	描　　述
dirty_background_ratio	占全部内存的百分比。当内存中空闲页达到这个比例时，pdflush 线程开始回写脏页
dirty_expire_interval	该数值以百分之一秒为单位，它描述超时多久的数据将被周期性执行的 pdflush 线程写出
dirty_ratio	占全部内存百分比，当一个进程产生的脏页达到这个比例时，就开始被写出
dirty_writeback_interval	该数值以百分之一秒为单位，它描述 pdflush 线程的运行频率
laptop_mode	一个布尔值，用于控制膝上型计算机模式，具体请见后续内容

⊖　术语"群"通常在计算机科学中指的是一组可以并行执行的事情。
⊜　是的，它的确命名错了，它应该称为 wakeup_bdflush()。原因请看后面关于这个调用的继承部分。

flusher 线程的实现代码在文件 mm/page-writeback.c 和 mm/backing-dev.c 中，回写机制的实现代码在文件 fs/fs-writeback.c 中。

16.4.1 膝上型计算机模式

膝上型计算机模式是一种特殊的页回写策略，该策略主要意图是将硬盘转动的机械行为最小化，允许硬盘尽可能长时间地停滞，以此延长电池供电时间。该模式可通过 /proc/sys/vm/laptop_mode 文件进行配置。通常，上述配置文件内容为 0，也就是说膝上型计算机模式关闭，如果需要启用膝上型计算机模式，则向配置文件中写入 1。

膝上型计算机模式的页回写行为与传统方式相比只有一处变化。除了当缓存中的页面太旧时要执行回写脏页以外，flusher 还会找准磁盘运转的时机，把所有其他的物理磁盘 I/O、刷新脏缓冲等通通写回到磁盘，以便保证不会专门为了写磁盘而去主动激活磁盘运行。

上述回写行为变化要求 dirty_expire_interval 和 dirty_writeback_interval 两阈值必须设置得更大，比如 10 分钟。因为磁盘运转并不很频繁，所以用这样长的回写延迟就能保证膝上型计算机模式可以等到磁盘运转机会写入数据。因为关闭磁盘驱动器是节电的重要手段，膝上模式可以延长膝上计算机依靠电池的续航能力。其坏处则是系统崩溃或者其他错误会使得数据丢失。

多数 Linux 发布版会在计算机接上电池或拔掉电池时，自动开启或禁止膝上型计算机模式以及其他需要的回写可调节开关。因此机器可在使用电池电源时自动进入膝上型计算机模式，而在插上交流电源时恢复到常规的页回写模式。

16.4.2 历史上的 bdflush、kupdated 和 pdflush

在 2.6 版本前，flusher 线程的工作是分别由 bdflush 和 kupdated 两个线程共同完成。

当可用内存过低时，bdflush 内核线程在后台执行脏页回写操作。类似 flusher，它也有一组阈值参数，当系统中空闲内存消耗到特定阈值以下时，bdflush 线程就被 wakeup_bdflush() 函数唤醒。

bdflush 和当前的 flusher 线程之间存在两个主要区别。第一个区别是系统中只有一个 bdflush 后台线程，而 flusher 线程的数目却是根据磁盘数量变化的（这在 16.5 节中会谈到）；第二个区别是 bdflush 线程基于缓存，它将脏缓冲写回磁盘。相反，flusher 线程基于页面，它将整个脏页写回磁盘。当然，页面可能包含缓冲，但是实际 I/O 操作对象是整页，而不是块。因为页在内存中是更普遍和普通的概念，所以管理页相比管理块要简单。

因为只有在内存过低和缓冲数量过大时，bdflush 例程才刷新缓冲，所以 kupdated 例程被引入，以便周期地写回脏页。它和 pdflush 线程的 wb_writeback() 函数提供同样的服务。

在 2.6 内核中，buflush 和 kupdated 已让路给了 pdflush 线程——page dirty flush（比以前两个更容易令人混淆的名字）的缩写。Pdflush 线程的执行和今天的 flusher 线程类似。其主要区别在于，pdflush 线程数目是动态的，默认是 2 个到 8 个，具体多少取决于系统 I/O 的负载。Pdflush 线程与任何任务都无关，它们是面向系统所有磁盘的全局任务。这样做的好处是实现简单，可带来的问题是，pdflush 线程很容易在拥塞的磁盘上绊住，而现代硬件发生拥塞更是家常便饭。采用每个磁盘一个刷新线程可以使得 I/O 操作同步执行，简化了拥塞逻辑，也提升了性能。Flusher 线程在 2.6.32 内核系列中取代了 pdflush 线程（针对每个磁盘独立执行回写操作是其和 pdflush 的主要区别）。本节中剩下部分的讨论，仍然适用于 pdflush，而且也适用于所有 2.6 内核系列。

16.4.3　避免拥塞的方法：使用多线程

使用 bdflush 线程最主要的一个缺点就是，bdflush 仅仅包含了一个线程，因此很有可能在页回写任务很重时，造成拥塞。这是因为单一的线程有可能堵塞在某个设备的已拥塞请求队列（正在等待将请求提交给磁盘的 I/O 请求队列）上，而其他设备的请求队列却没法得到处理。如果系统有多个磁盘和较强的处理能力，内核应该能使得每个磁盘都处于忙状态。不幸的是，即使还有许多数据需要回写，单个的 bdflush 线程也可能会堵塞在某个队列的处理上，不能使所有磁盘都处于饱和的工作状态，原因在于磁盘的吞吐量是非常有限的。正是因为磁盘的吞吐量很有限，所以如果只有唯一线程执行页回写操作，那么这个线程很容易苦苦等待对一个磁盘上的操作。为了避免出现这种情况，内核需要多个回写线程并发执行，这样单个设备队列的拥塞就不会成为系统瓶颈了。

2.6 内核通过使用多个 flusher 线程来解决上述问题。每个线程可以相互独立地将脏页刷新回磁盘，而且不同的 flusher 线程处理不同的设备队列。pdflush 线程策略中，线程数是动态变化的。每一个线程试图尽可能忙地从每个超级块的脏页链表中回收数据，并且写回到磁盘。pdflush 方式避免了因为一个忙磁盘，而使得其余磁盘饥饿的状况。通常情况下这样是不错的，但是如果每个 pdflush 线程在同一个拥塞的队列上挂起了又该如何呢？在这种情况下，多个 pdflush 线程可能并不比一个线程更好，就浪费的内存而言就要多许多。为了减轻上述影响，pdflush 线程采用了拥塞回避策略：它们会主动尝试从那些没有拥塞的队列回写页。从而，pdflush 线程将其工作调度开来，防止了仅仅欺负某一个忙碌设备。

这种方式效果确实不错，但是拥塞回避并不完美。在现代操作系统中，因为 I/O 总线技术和计算机其他部分相比发展要缓慢得多，所以拥塞现象时常发生——处理器发展速度遵循摩尔定律，但是硬盘驱动器则仅仅比 20 年前快一点点。要知道，目前除了 pdflush 以外，I/O 系统中还没有其他地方使用这种拥塞回避处理。不过在很多情况下，pdflush 确实可以避免向特定盘回写的时间和期望时间相比太久。当前 flusher 线程模型（自 2.6.32 内核系列以后采用）和具体块设备关联，所以每个给定线程从每个给定设备的脏页链表收集数据，并写回到对应磁盘。回写于是更趋于同步了，而且由于每个磁盘对应一个线程，所以线程也不需要采用复杂的拥塞避免策略，因为一个磁盘就一个线程操作。该方法提高了 I/O 操作的公平性，而且降低了饥饿风险。

因为使用 pdflush 以及后来的 flusher 线程提升了页回写性能。2.6 内核系列相比早期内核可让磁盘利用更饱和。在系统 I/O 很重的时候，flusher 线程可以在每个磁盘上都维护更高的吞吐量。

16.5　小结

本章中我们看到了 Linux 的页高速缓存和页回写。了解了内核如何通过页缓存执行页 I/O 操作以及这些页高速缓存（通过存储数据在内存中）可以利用减少磁盘 I/O，从而极大地提升系统的性能。我们讨论了通过称为"回写缓存"的进程维护在缓存中的更新页面——具体做法是标记内存中的页面为脏，然后找时机延迟写到磁盘中。Flusher 内核线程将负责处理这些最终的页回写操作。

通过最近几章的学习，你应该已经对内存与文件系统有了深刻认识，那么接下来我们将进入模块专题，去学习 Linux 的设备驱动以及内核如何被模块化、在运行时插入和删除内核代码的动态机制。

设备与模块

在本章中，关于设备驱动和设备管理，我们讨论四种内核成分。

- 设备类型：在所有 UNIX 系统中为了统一普通设备的操作所采用的分类。
- 模块：Linux 内核中用于按需加载和卸载目标码的机制。
- 内核对象：内核数据结构中支持面向对象的简单操作，还支持维护对象之间的父子关系。
- sysfs：表示系统中设备树的一个文件系统。

17.1   设备类型

在 Linux 以及所有 UNIX 系统中，设备被分为以下三种类型：

- 块设备
- 字符设备
- 网络设备

块设备通常缩写为 blkdev，它是可寻址的，寻址以块为单位，块大小随设备不同而不同；块设备通常支持重定位（seeking）操作，也就是对数据的随机访问。块设备的例子有硬盘、蓝光光碟，还有如 Flash 这样的存储设备。块设备是通过称为"块设备节点"的特殊文件来访问的，并且通常被挂载为文件系统。我们在第 13 章已经讨论过了文件系统，在第 14 章已经讨论过了块设备。

字符设备通常缩写为 cdev，它是不可寻址的，仅提供数据的流式访问，就是一个个字符，或者一个个字节。字符设备的例子有键盘、鼠标、打印机，还有大部分伪设备。字符设备是通过称为"字符设备节点"的特殊文件来访问的。与块设备不同，应用程序通过直接访问设备节点与字符设备交互。

网络设备最常见的类型有时也以以太网设备 (ethernet devices) 来称呼，它提供了对网络（例如 Internet）的访问，这是通过一个物理适配器 (如你的膝上型计算机的 802.11 卡) 和一种特定的协议 (如 IP 协议) 进行的。网络设备打破了 UNIX 的"所有东西都是文件"的设计原则，它不是通过设备节点来访问，而是通过套接字 API 这样的特殊接口来访问。

Linux 还提供了不少其他设备类型，但都是针对单个任务，而非通用的。一个特例是"杂项设备" (miscellaneous device)，通常简写为 miscdev，它实际上是个简化的字符设备。杂项设备使驱动程序开发者能够很容易地表示一个简单设备——实际上是对通用基本架构的一种折中。

并不是所有设备驱动都表示物理设备。有些设备驱动是虚拟的，仅提供访问内核功能而已。我们称为"伪设备"（pseudo device)，最常见的如内核随机数发生器 (通过 /dev/random 和 /dev/urandom 访问)、空设备 (通过 /dev/null 访问)、零设备 (通过 /dev/zero 访问)、满设备

(通过 /dev/full 访问)，还有内存设备 (通过 /dev/mem 访问)。然而，大部分设备驱动是表示物理设备的。

17.2　模块

尽管 Linux 是 "单块内核"（monolithic）的操作系统——这是说整个系统内核都运行于一个单独的保护域中，但是 Linux 内核是模块化组成的，它允许内核在运行时动态地向其中插入或从中删除代码。这些代码（包括相关的子例程、数据、函数入口和函数出口）被一并组合在一个单独的二进制镜像中，即所谓的可装载内核模块中，或简称为模块。支持模块的好处是基本内核镜像可以尽可能地小，因为可选的功能和驱动程序可以利用模块形式再提供。模块允许我们方便地删除和重新载入内核代码，也方便了调试工作。而且当热插拔新设备时，可通过命令载入新的驱动程序。

本章我们将探寻内核模块的奥秘，同时也学习如何编写自己的内核模块。

17.2.1　Hello，World

与开发我们已经讨论过的大多数内核核心子系统不同，模块开发更接近编写新的应用系统，因为至少在模块文件中具有入口和出口点。

虽然编写 "Hello，World" 程序作为实例实属陈词滥调了，但它的确很让人喜爱。内核模块 Hello，World 出场了：

```
/*
 * hello.c _The Hello, World! 我们的第一个内核模块
 */

#include <linux/init.h>
#include <linux/module.h>
#include <linux/kernel.h>
/*
 * hello_init- 初始化函数，当模块装载时被调用，如果成功装载返回零，否
 * 则返回非零值
 */
static int hello_init(void)
{
        printk(KERN_ALERT "I bear a charmed life.\n");
        return 0;
}

/*
 * hello_exit— 退出函数，当模块卸载时被调用
 */
static void hello_exit(void)
{
        printk(KERN_ALERT "Out, out, brief candle!\n");
}

module_init(hello_init);
module_exit(hello_exit);
```

```
MODULE_LICENSE("GPL");
MODULE_AUTHOR("Shakespeare");
MODULE_DESCRIPTION("A Hello, World Module");
```

这大概是我们所能见到的最简单的内核模块了，hello_init() 函数是模块的入口点，它通过 module_init() 例程注册到系统中，在内核装载时被调用。调用 module_init() 实际上不是真正的函数调用，而是一个宏调用，它唯一的参数便是模块的初始化函数。模块的所有初始化函数必须符合下面的形式：

```
int my_init(void);
```

因为 init 函数通常不会被外部函数直接调用，所以你不必导出该函数，故它可标记为 static 类型。

init 函数会返回一个 int 型数值，如果初始化（或你的 init 函数想做的事情）顺利完成，那么它的返回值为零；否则返回一个非零值。

这个 init 函数仅仅打印了一条简单的消息，然后返回零。在实际的模块中，init 函数还会注册资源、初始化硬件、分配数据结构等。如果这个文件被静态编译进内核映像中，其 init 函数将存放在内核映像中，并在内核启动时运行。

hello_exit() 函数是模块的出口函数，它由 module_exit() 例程注册到系统。在模块从内存卸载时，内核便会调用 hello_exit()。退出函数可能会在返回前负责清理资源，以保证硬件处于一致状态；或者做其他的一些操作。简单说来，exit 函数负责对 init 函数以及在模块生命周期过程中所做的一切事情进行撤销工作，基本上就是清理工作。在退出函数返回后，模块就被卸载了。

退出函数必须符合以下形式：

```
void my_exit(void);
```

与 init 函数一样，你也可以标记其为 static。

如果上述文件被静态地编译到内核映像中，那么退出函数将不被包含，而且永远都不会被调用（因为如果不是编译成模块的话，那么代码就不需从内核中卸载）。

MODULE_LICENSE() 宏用于指定模块的版权。如果载入非 GPL 模块到系统内存，则会在内核中设置被污染标识——这个标识只起到记录信息的作用。版权许可证具有两大目的。首先，它具有通告的目的。当 oops 中设置了被污染的标识时，很多内核开发者对 bug 的报告缺乏信任，因为他们认为二进制模块（也就是开发者不能调试它）被装载到了内核。其次，非 GPL 模块不能调用 GPL_only 符号，本章后续的"导出符号表"一节将对其加以描述。

最后还要说明，MODULE_AUTHOR() 宏和 MODULE_DESCRIPTION() 宏指定了代码作者和模块的简要描述，它们完全是用作信息记录目的。

17.2.2　构建模块

在 2.6 内核中，由于采用了新的"kbuild"构建系统，现在构建模块相比从前更加容易。构建过程的第一步是决定在哪里管理模块源码。你可以把模块源码加入内核源代码树中，或者是作为一个补丁或者是最终把你的代码合并到正式的内核代码树中；另一种可行的方式是在内核源代码树之外维护和构建你的模块源码。

1. 放在内核源代码树中

最理想的情况莫过于你的模块正式成为 Linux 内核的一部分，这样就会被存放入内核源代码树中。把你的模块代码正确地置于内核中，开始的时候难免需要更多的维护，但这样通常是一劳永逸的解决之道。

当你决定了把你的模块放入内核源代码树中，下一步要清楚你的模块应在内核源代码树中处于何处。设备驱动程序存放在内核源码树根目录下 /drivers 的子目录下，在其内部，设备驱动文件被进一步按照类别、类型或特殊驱动程序等更有序地组织起来。如字符设备存在于 drivers/char/ 目录下，而块设备存放在 drivers/block/ 目录下，USB 设备则存放在 drivers/usb/ 目录下。文件的具体组织规则并不须绝对墨守成规，不容打破，你可看到许多 USB 设备也属于字符设备。但是不管怎么样，这些组织关系对我们来说相当容易理解，而且很也准确。

假定你有一个字符设备，而且希望将它存放在 drivers/char/ 目录下，那么要注意，在该目录下同时会存在大量的 C 源代码文件和许多其他目录。所以对于仅仅只有一两个源文件的设备驱动程序，可以直接存放在该目录下；但如果驱动程序包含许多源文件和其他辅助文件，那么可以创建一个新子目录。这期间并没有什么金科玉律。假设想建立自己代码的子目录，你的驱动程序是一个钓鱼竿和计算机的接口，名为 Fish Master XL 3000，那么你需要在 drivers/char/ 目录下建立一个名为 fishing 的子目录。

接下来需要向 drivers/char/ 下的 Makefile 文件中添加一行。编辑 derivers/char/Makefile/ 并加入：

```
obj-m += fishing/
```

这行编译指令告诉模块构建系统，在编译模块时需要进入 fishing/ 子目录中。更可能发生的情况是，你的驱动程序的编译取决于一个特殊配置选项；比如，可能的 CONFIG_FISHING_POLE（请看 17.2.6 节，它会告诉你如何加入一个新的编译选项）。如果这样，你需要用下面的指令代替刚才那条指令：

```
obj-$(CONFIG_FISHING_POLE) += fishing/
```

最后，在 drivers/char/fishing/ 下，需要添加一个新 Makefile 文件，其中需要有下面这行指令：

```
obj-m += fishing.o
```

一切就绪了，此刻构建系统运行将会进入 fishing/ 目录下，并且将 fishing.c 编译为 fishing.ko 模块。虽然你写的扩展名是 .o，但是模块被编译后的扩展名却是 .ko。

再一个可能，要是你的钓鱼竿驱动程序编译时内有编译选项，那么你可能需要这么来做：

```
obj-$(CONFIG_FISHING_POLE) += fishing.o
```

以后，假如你的钓鱼竿驱动程序需要更加智能化——它可以自动检测钓鱼线，这可是最新的鱼竿"必备要求"呀。这时驱动程序源文件可能就不再只有一个了。别怕，朋友，你只要把你的 Makefile 做如下修改就可搞定：

```
obj-$(CONFIG_FISHING_POLE) += fishing.o
fishing-objs := fishing-main.o fishing-line.o
```

每当设置了 CONFIG_FISHING_POLE，fishing-main.c 和 fishing-line.c 就一起被编译和连接到 fishing.ko 模块内。

最后一个注意事项是，在构建文件时你可能需要额外的编译标记，如果这样，你只需在 Makefile 中添加如下指令：

```
EXTRA_CFLAGS += -DTITANIUM_POLE
```

如果喜欢把你的源文件置于 drivers/char/ 目录下，并且不建立新目录的话，那么你要做的便是将前面提到的行（也就是原来处于 drivers/char/fishing/ 下你自己的 Makefile 中的）都加入 drivers/char/Makefile 中。

开始编译吧，运行内核构建过程和原来一样。如果你的模块编译取决于配置选项，比如有 CONFIG_FISHING_POLE 约束，那么在编译前首先要确保选项被允许。

2. 放在内核代码外

如果你喜欢脱离内核源代码树来维护和构建你的模块，把自己作为一个圈外人，那你要做的就是在你自己的源代码树目录中建立一个 Makefile 文件，它只需要一行指令：

```
obj-m := fishing.o
```

这条指令就可把 fishing.c 编译成 fishing.ko。如果你有多个源文件，那么用两行就足够：

```
obj-m := fishing.o
fishing-objs := fishing-main.o fishing-line.o
```

这样一来，fishing-main.c 和 fishing-line.c 就一起被编译和连接到 fishing.ko 模块内了。

模块在内核内和在内核外构建的最大区别在于构建过程。当模块在内核源代码树外围时，你必须告诉 make 如何找到内核源代码文件和基础 Makefile 文件。不过要完成这个工作同样不难：

```
make -C /kernel/source/location SUBDIRS=$PWD modules
```

在这个例子中，/ kernel/source/location 是你配置的内核源代码树。回想一下，不要把要处理的内核源代码树放在 /usr/src/linux 下，而要移到你 home 目录下某个方便访问的地方。

17.2.3　安装模块

编译后的模块将被装入到目录 /lib/modules/version/kernel/ 下，在 kernel/ 目录下的每一个目录都对应着内核源码树中的模块位置。如果使用的是 2.6.34 内核，而且将你的模块源代码直接放在 drivers/char/ 下，那么编译后的钓鱼竿驱动程序的存放路径将是：/lib/modules/2.6.34/kernel/drivers/char/fishing.ko。

下面的构建命令用来安装编译的模块到合适的目录下：

```
make modules_install
```

通常需要以 root 权限运行。

17.2.4　产生模块依赖性

Linux 模块之间存在依赖性，也就是说钓鱼模块依赖于鱼饵模块，那么当你载入钓鱼模块时，鱼饵模块会被自动载入。这里需要的依赖信息必须事先生成。多数 Linux 发布版都能自动产生这些依赖关系信息，而且在每次启动时更新。若想产生内核依赖关系的信息，root 用户可运行命令

```
depmod
```

为了执行更快的更新操作，那么可以只为新模块生成依赖信息，而不是生成所有的依赖关系，这时 root 用户可运行命令

```
depmod -A
```

模块依赖关系信息存放在 /lib/modules/version/modules.dep 文件中。

17.2.5　载入模块

载入模块最简单的方法是通过 insmod 命令，这是个功能很有限的命令，它能做的就是请求内核载入指定的模块。insmod 程序不执行任何依赖性分析或进一步的错误检查。它用法简单，以 root 身份运行命令：

```
insmod module.ko
```

这里，module.ko 是要载入的模块名称。比如装载钓鱼竿模块，那你就执行命令：

```
insmod fishing.ko
```

类似的，卸载一个模块，你可使用 rmmod 命令，它同样需要以 root 身份运行：

```
rmmod module
```

比如，rmmod fishing 命令将卸载钓鱼竿模块。

```
rmmod fishing
```

这两个命令是很简单，但是它们一点也不智能。先进工具 modprobe 提供了模块依赖性分析、错误智能检查、错误报告以及许多其他功能和选项。我强烈建议大家用这个命令。

为了在内核 via modprobe 中插入模块，需要以 root 身份运行：

```
modprobe module [ module parameters ]
```

其中，参数 module 指定了需要载入的模块名称，后面的参数将在模块加载时传入内核。（请看 17.2.7 一节对模块参数的讨论）。

modprobe 命令不但会加载指定的模块，而且会自动加载任何它所依赖的有关模块。所以说它是加载模块的最佳机制。

modprobe 命令也可用来从内核中卸载模块，当然这也需要以 root 身份运行：

```
modprobe -r modules
```

参数 modules 指定一个或多个需要卸载的模块。与 rmmod 命令不同，modprobe 也会卸载给定模块所依赖的相关模块，但其前提是这些相关模块没有被使用。Linux 用户手册第 8 部分提供

了上述命令的使用参考，里面包括了命令选项和用法。

17.2.6　管理配置选项

在前面的内容中我们看到，只要设置了 CONFIG_FISHING_POLE 配置选项，钓鱼竿模块就将被自动编译。虽然配置选项在前面已经讨论过了，但这里我们将继续以钓鱼竿驱动程序为例，再看看一个新的配置选项如何加入。

由于 2.6 内核中新引入了"kbuild"系统，因此，加入一个新配置选项现在可以说是易如反掌。你所需做的全部就是向 kconfig 文件中添加一项，用以对应内核源码树。对驱动程序而言，kconfig 通常和源代码处于同一目录。如果钓鱼竿驱动程序在目录 drivers/char/ 下，那么你便会发现 drivers/char/kconfig 也同时存在。

如果你建立了一个新子目录，而且也希望 kconfig 文件存在于该目录中的话，那么你必须在一个已存在的 kconfig 文件中将它引入。你需要加入下面一行指令：

```
source "drivers/char/fishing/Kconfig"
```

这里所谓存在的 Kconfig 文件可能是 drivers/char/Kconfig。

Kconfig 文件很方便加入一个配置选型，请看钓鱼竿模块的选项，如下所示：

```
config FISHING_POLE
        tristate "Fish Master 3000 support"
        default n
        help
          If you say Y here, support for the Fish Master 3000 with computer
          interface will be compiled into the kernel and accessible via a
          device node. You can also say M here and the driver will be built as a
          module named fishing.ko.

          If unsure, say N.
```

配置选项第一行定义了该选项所代表的配置目标。注意 CONFIG_ 前缀并不需要写上。

第二行声明选项类型为 tristate，也就是说可以编译进内核（Y），也可作为模块编译（M），或者干脆不编译它（N）。如果编译选项代表的是一个系统功能，而不是一个模块，那么编译选项将用 bool 指令代替 tristate，这说明它不允许被编译成模块。处于指令之后的引号内文字为该选项指定了名称。

第三行指定了该选项的默认选择，这里默认操作是不编译它（N）。也可以把默认选择指定为编译进内核（Y），或者编译成一个模块（M）。对驱动程序而言，默认选择通常为不编译进内核（N）。

Help 指令的目的是为该选项提供帮助文档。各种配置工具都可以按要求显示这些帮助。因为这些帮助是面向编译内核的用户和开发者的，所以帮助内容简洁扼要。一般的用户通常不会编译内核，但如果他们想试试，往往也能理解配置帮助的意思。

除了上述选项以外，还存在其他选项。比如 depends 指令规定了在该选项被设置前，首先要设置的选项。假如依赖性不满足，那么该选项就被禁止。比如，如果你加入指令：

```
depends on FISH_TANK
```

到配置选项中，那么就意味着在 CONFIG_FISH_TANK 被选择前，我们的钓鱼竿模块是不能使用的（Y 或者 M）。Select 指令和 depends 类似，它们只有一点不同之处——只要是 select 指定了谁，它就会强行将被指定的选项打开。所以这个指令可不能向 depends 那样滥用一通，因为它会自动的激活其他配置选项。它的用法和 depends 一样。比如：

```
select BAIT
```

意味着当 CONFIG_ FISHING_POLE 被激活时，配置选项 CONFIG_BAIT 必然一起被激活。

如果 select 和 depends 同时指定多个选项，那就需要通过 && 指令来进行多选。使用 depends 时，你还可以利用叹号前缀来指明禁止某个选项。比如：

```
depends on EXAMPLE_DRIVERS && !NO_FISHING_ALLOWED
```

这行指令就指定驱动程序安装要求打开 CONFIG_EXAMPLE_DRIVERS 选项，同时要禁止 CONFIG_NO_ FISHING_ALLOWED 选项。

tristate 和 bool 选项往往会结合 if 指令一起使用，这表示某个选项取决于另一个配置选项。如果条件不满足，配置选项不但会被禁止，甚至不会显示在配置工具中，比如，要求配置系统只有在 CONFIG_x86 配置选项设置时才显示某选项。请看下面指令：

```
bool "Deep Sea Mode" if OCEAN
```

If 指令也可与 default 指令结合使用，强制只有在条件满足时 default 选项才有效。

配置系统导出了一些元选项（meta-option）以简化生成配置文件。比如选项 CONFIG_EMBEDDED 是用于关闭那些用户想要禁止的关键功能（比如要在嵌入系统中节省珍贵的内存）；选项 CONFIG_BROKEN_ON_SMP 用来表示驱动程序并非多处理器安全的。通常该项不应设置，标记它的目的是确保用户能知道该驱动程序的弱点。当然，新的驱动程序不应该使用该标志。最后要说明 CONFIG_EXPERIMENTAL 选项，它是一个用于说明某项功能尚在试验或处于 beta 版阶段的标志选项。该选项默认情况下关闭，同样，标记它的目的是让用户在使用驱动程序前明白潜在风险。

17.2.7　模块参数

Linux 提供了这样一个简单框架——它可允许驱动程序声明参数，从而用户可以在系统启动或者模块装载时再指定参数值，这些参数对于驱动程序属于全局变量。值得一提的是模块参数同时也将出现在 sysfs 文件系统中（见本章后面的介绍），这样一来，无论是生成模块参数，还是管理模块参数的方式都变得灵活多样了。

定义一个模块参数可通过宏 module_param() 完成：

```
module_param(name, type, perm);
```

参数 name 既是用户可见的参数名，也是你模块中存放模块参数的变量名。参数 type 则存放了参数的类型，它可以是 byte、short、ushort、int、uint、long、ulong、charp、bool 或 invbool，它们分别代表字节型、短整型、无符号短整型、整型、无符号整型、长整型、无符号长整型、字

符指针、布尔型，以及应用户要求转换得来的布尔型。其中 byte 类型存放在 char 类型变量中，boolean 类型存放在 int 变量中，其余的类型都一致对应 C 语言的变量类型。最后一个参数 perm 指定了模块在 sysfs 文件系统下对应文件的权限，该值可以是八进制的格式，比如 0644（所有者可以读写，组内可以读，其他人可以读）；或是 S_Ifoo 的定义形式，比如 S_IRUGO | S_IWUSR（任何人可读，user 可写）；如果该值是零，则表示禁止所有的 sysfs 项。

上面的宏其实并没有定义变量，你必须在使用该宏前进行变量定义。通常使用类似下面的语句完成定义：

```
/* 在模块参数控制下，我们允许在钓鱼竿上用活鱼饵 */
static int allow_live_bait = 1;                    /* 默认功能允许 */
module_param(allow_live_bait, bool, 0644);  /* 一个 Boolean 类型 */
```

这个值处于模块代码文件外部，换句话说，allow_live_bait 是个全局变量。

有可能模块的外部参数名称不同于它对应的内部变量名称，这时就该使用宏 module_param_named() 定义了：

```
module_param_named(name, variable, type, perm);
```

参数 name 是外部可见的参数名称，参数 variable 是参数对应的内部全局变量名称。比如：

```
static unsigned int max_test = DEFAULT_MAX_LINE_TEST;
module_param_named(maximum_line_test, max_test, int, 0);
```

通常，需要用一个 charp 类型来定义模块参数（一个字符串），内核将用户提供的这个字符串拷贝到内存，而且将变量指向该字符串。比如：

```
static char *name;
module_param(name, charp, 0);
```

如果需要，也可使内核直接拷贝字符串到指定的字符数组。宏 module_param_string() 可完成上述任务：

```
module_param_string(name, string, len, perm);
```

这里参数 name 为外部参数名称，参数 string 是对应的内部变量名称，参数 len 是 string 命名缓冲区的长度（或更小的长度，但是没什么太大的意义），参数 perm 是 sysfs 文件系统的访问权限（如果为零，则表示完全禁止 sysfs 项），比如：

```
static char species[BUF_LEN];
module_param_string(specifies, species, BUF_LEN, 0);
```

你可接受逗号分隔的参数序列，这些参数序列可通过宏 module_param_array() 存储在 C 数组中：

```
module_param_array(name, type, nump, perm);
```

参数 name 仍然是外部参数以及对应内部变量名，参数 type 是数据类型，参数 perm 是 sysfs 文件系统访问权限，这里新参数是 nump，它是一个整型指针，该整型存放数组项数。注意由参数 name 指定的数组必须是静态分配的，内核需要在编译时确定数组大小，从而保证不会造成溢出。该函数用法相当简单，比如：

```
static int fish[MAX_FISH];
static int nr_fish;
module_param_array(fish, int, &nr_fish, 0444);
```

你可以将内部参数数组命名区别于外部参数，这时你需使用宏：

```
module_param_array_named(name, array, type, nump, perm);
```

其中参数和其他宏一致。

最后，你可使用 MODULE_PARM_DESC() 描述你的参数：

```
static unsigned short size = 1;
module_param(size, ushort, 0644);
MODULE_PARM_DESC(size, "The size in inches of the fishing pole.");
```

上述所有宏需要包含 <linux/module.h> 头文件。

17.2.8 导出符号表

模块被载入后，就会被动态地连接到内核。注意，它与用户空间中的动态链接库类似，只有当被显式导出后的外部函数，才可以被动态库调用。在内核中，导出内核函数需要使用特殊的指令：EXPORT_SYMBOL() 和 EXPORT_SYMBOL_GPL()。

导出的内核函数可以被模块调用，而未导出的函数模块则无法被调用。模块代码的链接和调用规则相比核心内核镜像中的代码而言，要更加严格。核心代码在内核中可以调用任意非静态接口，因为所有的核心源代码文件被链接成了同一个镜像。当然，被导出的符号表所含的函数必然也要是非静态的。

导出的内核符号表被看作导出的内核接口，甚至称为内核 API。导出符号相当简单，在声明函数后，紧跟上 EXPORT_SYMBOL() 指令就搞定了，比如：

```
/*
 * get_pirate_beard_color - 返回当前 priate 胡须的颜色,
 * @pirate 是一个指向 pirate 结构体的指针；颜色定义在文件 <linux/beard_colors.h> 中
 */
int get_pirate_beard_color(struct pirate *p)
{
        return p->beard.color;
}
EXPORT_SYMBOL(get_pirate_beard_color);
```

假定 get_pirate_beard_color() 同时也定义在一个可访问的头文件中，那么现在任何模块都可以访问它。有一些开发者希望自己的接口仅仅对 GPL- 兼容的模块可见，内核连接器使用 MODULE_LICENSE() 宏可满足这个要求。如果你希望先前的函数仅仅对标记为 GPL 协议的模块可见，那么你就需要用：

```
EXPORT_SYMBOL_GPL(get_pirate_beard_color);
```

如果你的代码被配置为模块，那么你就必须确保当它被编译为模块时，它所用的全部接口都已被导出，否则就会产生连接错误（而且模块不能成功编译）。

17.3　设备模型

2.6 内核增加了一个引人注目的新特性——统一设备模型（device model）。设备模型提供了一个独立的机制专门来表示设备，并描述其在系统中的拓扑结构，从而使得系统具有以下优点：

- 代码重复最小化。
- 提供诸如引用计数这样的统一机制。
- 可以列举系统中所有的设备，观察它们的状态，并且查看它们连接的总线。
- 可以将系统中的全部设备结构以树的形式完整、有效地展现出来——包括所有的总线和内部连接。
- 可以将设备和其对应的驱动联系起来，反之亦然。
- 可以将设备按照类型加以归类，比如分类为输入设备，而无须理解物理设备的拓扑结构。
- 可以沿设备树的叶子向其根的方向依次遍历，以保证能以正确顺序关闭各设备的电源。

最后一点是实现设备模型的最初动机。若想在内核中实现智能的电源管理，就需要建立表示系统中设备拓扑关系的树结构。当在树上端的设备关闭电源时，内核必须首先关闭该设备节点以下的（处于叶子上的）设备电源。比如内核需要先关闭一个 USB 鼠标，然后才可关闭 USB 控制器；同样内核也必须在关闭 PCI 总线前先关闭 USB 控制器。简而言之，若要准确而又高效地完成上述电源管理目标，内核无疑需要一棵设备树。

17.3.1　kobject

设备模型的核心部分就是 kobject（kernel object），它由 struct kobject 结构体表示，定义于头文件 <linux/kobject.h> 中。kobject 类似于 C# 或 Java 这些面向对象语言中的对象（object）类，提供了诸如引用计数、名称和父指针等字段，可以创建对象的层次结构。

看下面的具体结构：

```
struct kobject {
        const char              *name;
        struct list_head        entry;
        struct kobject          *parent;
        struct kset             *kset;
        struct kobj_type        *ktype;
        struct sysfs_dirent     *sd;
        struct kref             kref;
        unsigned int            state_initialized:1;
        unsigned int            state_in_sysfs:1;
        unsigned int            state_add_uevent_sent:1;
        unsigned int            state_remove_uevent_sent:1;
        unsigned int            uevent_suppress:1;
};
```

name 指针指向此 kobject 的名称。

parent 指针指向 kobject 的父对象。这样一来，kobject 就会在内核中构造一个对象层次结构，并且可以将多个对象间的关系表现出来。就如你所看到的，这便是 sysfs 的真正面目：一个用户空间的文件系统，用来表示内核中 kobject 对象的层次结构。

sd 指针指向 sysfs_dirent 结构体，该结构体在 sysfs 中表示的就是这个 kobject。从 sysfs 文件系统内部看，这个结构体是表示 kobject 的一个 inode 结构体。

kref 提供引用计数。ktype 和 kset 结构体对 kobjcct 对象进行描述和分类。在下面的内容中将详细介绍它们。

kobject 通常是嵌入其他结构中的，其单独意义其实并不大。相反，那些更为重要的结构体，比如定义于 <linux/cdev.h> 中的 struct cdev 中才真正需要用到 kobj 结构。

```
/* cdev structure - 该对象代表一个字符设备 */
struct cdev {
        struct kobject              kobj;
        struct module               *owner;
        const struct file_operations ^ops;
        struct list_head            list;
        dev_t                       dev;
        unsigned int                count;
};
```

当 kobject 被嵌入到其他结构中时，该结构便拥有了 kobject 提供的标准功能。更重要的一点是，嵌入 kobject 的结构体可以成为对象层次架构中的一部分。比如 cdev 结构体就可通过其父指针 cdev->kobj.parent 和链表 cdev->kobj.entry 插入到对象层次结构中。

17.3.2 ktype

kobject 对象被关联到一种特殊的类型，即 ktype（kernel object type 的缩写）。ktype 由 kobj_type 结构体表示，定义于头文件 <linux/kobject.h> 中：

```
struct kobj_type {
        void (*release)(struct kobject *);
        const struct sysfs_ops    *sysfs_ops;
        struct attribute          **default_attrs;
};
```

ktype 的存在是为了描述一族 kobject 所具有的普遍特性。如此一来，不再需要每个 kobject 都分别定义自己的特性，而是将这些普遍的特性在 ktype 结构中一次定义，然后所有"同类"的 kobject 都能共享一样的特性。

release 指针指向在 kobject 引用计数减至零时要被调用的析构函数。该函数负责释放所有 kobject 使用的内存和其他相关清理工作。

sysfs_ops 变量指向 sysfs_ops 结构体。该结构体描述了 sysfs 文件读写时的特性。有关其细节参见 17.3.9 节。

最后，default_attrs 指向一个 attribute 结构体数组。这些结构体定义了该 kobject 相关的默认属性。属性描述了给定对象的特征，如果该 kobject 导出到 sysfs 中，那么这些属性都将相应地作为文件而导出。数组中的最后一项必须为 NULL。

17.3.3　kset

kset 是 kobject 对象的集合体。把它看成是一个容器，可将所有相关的 kobject 对象，比如"全部的块设备"置于同一位置。听起来 kset 与 ktype 非常类似，好像没有多少实质内容。那么"为什么会需要这两个类似的东西呢？" kset 可把 kobject 集中到一个集合中，而 ktype 描述相关类型 kobject 所共有的特性，它们之间的重要区别在于：具有相同 ktype 的 kobject 可以被分组到不同的 kset。就是说，在 Linux 内核中，只有少数一些的 ktype，却有多个 kset。

kobject 的 kset 指针指向相应的 kset 集合。kset 集合由 kset 结构体表示，定义于头文件 <linux/kobject.h> 中：

```
struct kset {
        struct list_head        list;
        spinlock_t              list_lock;
        struct kobject          kobj;
        struct kset_uevent_ops  *uevent_ops;
};
```

在这个结构中，其中 list 连接该集合（kset）中所有的 kobject 对象，list_lock 是保护这个链表中元素的自旋锁（关于自旋锁的讨论，详见第 10 章），kobj 指向的 koject 对象代表了该集合的基类。uevent_ops 指向一个结构体——用于处理集合中 kobject 对象的热插拔操作。uevent 就是用户事件（user event）的缩写，提供了与用户空间热插拔信息进行通信的机制。

17.3.4　kobject、ktype 和 kset 的相互关系

上文反复讨论的这一组结构体很容易令人混淆，这可不是因为它们数量繁多（其实只有三个），也不是它们太复杂（它们都相当简单），而是由于它们内部相互交织。要了解 kobject，很难只讨论其中一个结构而不涉及其他相关结构。然而在这些结构的相互作用下，会更有助你深刻理解它们之间的关系。

这里最重要的家伙是 kobject，它由 struct koject 表示。kobject 为我们引入了诸如引用计数（reference counting）、父子关系和对象名称等基本对象道具，并且是以一个统一的方式提供这些功能。不过 kobject 本身意义并不大，通常情况下它需要被嵌入到其他数据结构中，让那些包含它的结构具有了 kobject 的特性。

kobject 与一个特别的 ktype 对象关联，ktype 由 struct kobj_type 结构体表示，在 koject 中 ktype 字段指向该对象。ktype 定义了一些 kobject 相关的默认特性：析构行为（反构造功能）、sysfs 行为（sysfs 的操作表）以及别的一些默认属性。

kobject 又归入了称作 kset 的集合，kset 集合由 struct kset 结构体表示。kset 提供了两个功能。第一，其中嵌入的 kobject 作为 kobject 组的基类。第二，kset 将相关的 kobject 集合在一起。在 sysfs 中，这些相关的 koject 将以独立的目录出现在文件系统中。这些相关的目录，也许是给定目录的所有子目录，它们可能处于同一个 kset。

图 17-1 描述了这些数据结构的内在关系。

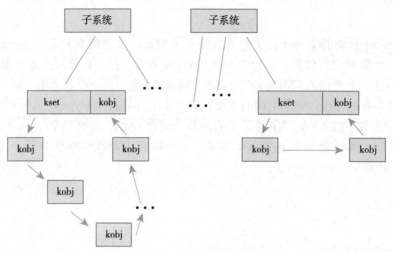

图 17-1　kobject、kset 和子系统的内在关系

17.3.5　管理和操作 kobject

当了解了 kobject 的内部基本细节后，我们来看管理和操作它的外部接口了。多数时候，驱动程序开发者并不必直接处理 kobject，因为 kobject 是被嵌入到一些特殊类型结构体中的（就如在字符设备结构体中看到的情形），而且会由相关的设备驱动程序在"幕后"管理。即便如此，kobject 并不是有意在隐藏自己，它可以出现在设备驱动代码中，或者可以在设备驱动子系统本身中使用它。

使用 kobjcet 的第一步需要先来声明和初始化。kobject 通过函数 kobject_init 进行初始化，该函数定义在文件 <linux/kobject.h> 中：

```
void kobject_init(struct kobject *kobj, struct kobj_type *ktype);
```

该函数的第一个参数就是需要初始化的 kobject 对象，在调用初始化函数前，kobject 必须清空。这个工作往往会在 kobject 所在的上层结构体初始化时完成。如果 kobject 未被清空，那么只需要调用 memset() 即可：

```
memset(kobj, 0, sizeof (*kobj));
```

在清零后，就可以安全的初始化 parent 和 kset 字段。例如，

```
struct kobject *kobj;

kobj = kmalloc(sizeof (*kobj), GFP_KERNEL);
if (!kobj)
        return -ENOMEM;
memset(kobj, 0, sizeof (*kobj));
kobj->kset = my_kset;
kobject_init(kobj, my_ktype);
```

这多步操作也可以由 kobject_create() 来自动处理，它返回一个新分配的 kobject：

```
struct kobject *kobject_create(void);
```

使用相当简单：

```
struct kobject *kobj;

kobj = kobject_create();
if (!kobj)
        return -ENOMEM;
```

大多数情况下，应该调用 kobject_create() 创建 kobject，或者是调用相关的辅助函数，而不是直接操作这个结构体。

17.3.6　引用计数

kobject 的主要功能之一就是为我们提供了一个统一的引用计数系统。初始化后，kobject 的引用计数设置为 1。只要引用计数不为零，那么该对象就会继续保留在内存中，也可以说是被"钉住"了。任何包含对象引用的代码首先要增加该对象的引用计数，当代码结束后则减少它的引用计数。增加引用计数称为获得（getting）对象的引用，减少引用计数称为释放（putting）对象的引用。当引用计数跌到零时，对象便可以被撤销，同时相关内存也都被释放。

1.递增和递减引用计数

增加一个引用计数可通过 koject_get() 函数完成：

```
struct kobject * kobject_get(struct kobject *kobj);
```

该函数正常情况下将返回一个指向 kobject 的指针，如果失败则返回 NULL 指针；

减少引用计数通过 kobject_put() 完成，这个指令也声明在 <linux/kobject.h> 中：

```
void kobject_put(struct kobject *kobj);
```

如果对应的 kobject 的引用计数减少到零，则与该 kobject 关联的 ktype 中的析构函数将被调用。

2. kref

我们深入到引用计数系统的内部去看，会发现 kobject 的引用计数是通过 kref 结构体实现的，该结构体定义在头文件 <linux/kref.h> 中：

```
struct kref {
        atomic_t refcount;
};
```

其中唯一的字段是用来存放引用计数的原子变量。那为什么采用结构体？这是为了便于进行类型检测。在使用 kref 前，你必须先通过 kref_init() 函数来初始化它：

```
void kref_init(struct kref *kref)
{
        atomic_set(&kref->refcount, 1);
}
```

正如你所看到的，这个函数简单地将原子变量置 1，所以 kref 一旦被初始化，它表示的引用计数便固定为 1。这点和 kobject 中的计数行为一致。

要获得对 kref 的引用，需要调用 kref_get() 函数，这个函数声明在 <linux/kref.h> 中：

```
void kref_get(struct kref *kref)
{
        WARN_ON(!atomic_read(&kref->refcount));
        atomic_inc(&kref->refcount);
}
```

该函数增加引用计数值，它没有返回值。减少对 kref 的引用，调用声明在 <Linux/kreF.h> 中的函数 kref_put():

```
int kref_put(struct kref *kref, void (*release) (struct kref *kref))
{
        WARN_ON(release == NULL);
        WARN_ON(release == (void (*)(struct kref *))kfree);

        if (atomic_dec_and_test(&kref->refcount)) {
                release(kref);
                return 1;
        }
        return 0;
}
```

该函数将使得引用计数减 1，如果计数减少到零，则要调用作为参数提供的 release() 函数。注意 WARN_ON() 声明，提供的 release() 函数不能简单地采用 kfree()，它必须是一个仅接收一个 kref 结构体作为参数的特有函数，而且还没有返回值。kref_put() 函数返回 0，但有一种情况下它返回 1，那就是在对该对象的最后一个引用减 1 时。通常情况下，kref_put() 的调用者不关心这个返回值。

开发者现在不必在内核代码中利用 atmoic_t 类型来实现自己的引用计数和简单的 "get"、"put" 这些封装函数。对开发者而言，在内核代码中最好的方法是利用 kref 类型和它相应的辅助函数，为自己提供一个通用的、正确的引用计数机制。

上述的所有函数定义与声明分别在文件 lib/kref.c 和文件 <linux/kref.h> 中。

17.4　sysfs

sysfs 文件系统是一个处于内存中的虚拟文件系统，它为我们提供了 kobject 对象层次结构的视图。帮助用户能以一个简单文件系统的方式来观察系统中各种设备的拓扑结构。借助属性对象，kobject 可以用导出文件的方式，将内核变量提供给用户读取或写入（可选）。

虽然设备模型的初衷是为了方便电源管理而提出的一种设备拓扑结构，但是 sysfs 是颇为意外的收获。为了方便调试，设备模型的开发者决定将设备结构树导出为一个文件系统。这个举措很快被证明是非常明智的，首先 sysfs 代替了先前处于 /proc 下的设备相关文件；另外它为系统对象提供了一个很有效的视图。实际上，sysfs 起初被称为 driverfs，它早于 kobject 出现。最终 sysfs 使得我们认识到一个全新的对象模型非常有利于系统，于是 kobject 应运而生。今天所有 2.6 内核的系统都拥有 sysfs 文件系统，而且几乎都毫无例外的将其挂载在 sys 目录下。

sysfs 的诀窍是把 kobject 对象与目录项（directory entries）紧密联系起来，这点是通过 kobject 对象中的 dentry 字段实现的。回忆第 12 章，dentry 结构体表示目录项，通过连接 kobject 到指定的目录项上，无疑方便地将 kobject 映射到该目录上。从此，把 kobject 导出形成文件系统就变得如同在内存中构建目录项一样简单。好了，kobject 其实已经形成了一棵树——就是我们心爱的对象模型体系。由于 kobject 被映射到目录项，同时对象层次结构也已经在内存中形成了一棵树，因此 sysfs 的生成便水到渠成般地简单了。

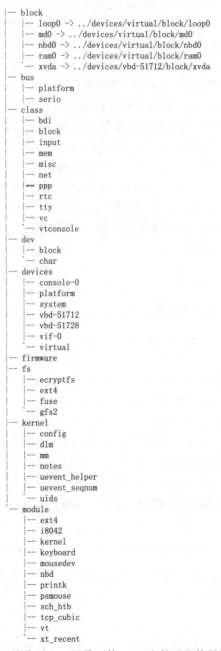

```
|-- block
|   |-- loop0 -> ../devices/virtual/block/loop0
|   |-- md0 -> ../devices/virtual/block/md0
|   |-- nbd0 -> ../devices/virtual/block/nbd0
|   |-- ram0 -> ../devices/virtual/block/ram0
|   `-- xvda -> ../devices/vbd-51712/block/xvda
|-- bus
|   |-- platform
|   |-- serio
|-- class
|   |-- bdi
|   |-- block
|   |-- input
|   |-- mem
|   |-- misc
|   |-- net
|   |-- ppp
|   |-- rtc
|   |-- tty
|   |-- vc
|   `-- vtconsole
|-- dev
|   |-- block
|   `-- char
|-- devices
|   |-- console-0
|   |-- platform
|   |-- system
|   |-- vbd-51712
|   |-- vbd-51728
|   |-- vif-0
|   `-- virtual
|-- firmware
|-- fs
|   |-- ecryptfs
|   |-- ext4
|   |-- fuse
|   `-- gfs2
|-- kernel
|   |-- config
|   |-- dlm
|   |-- mm
|   |-- notes
|   |-- uevent_helper
|   |-- uevent_seqnum
|   `-- uids
`-- module
    |-- ext4
    |-- i8042
    |-- kernel
    |-- keyboard
    |-- mousedev
    |-- nbd
    |-- printk
    |-- psmouse
    |-- sch_htb
    |-- tcp_cubic
    |-- vt
    `-- xt_recent
```

图 17-2   挂载于 /sys 目录下的 sysfs 文件系统的局部视图

sysfs 的根目录下包含了至少十个目录：block、bus、class、dev、devices、firmware、fs、kernel、module 和 power。block 目录下的每个子目录都对应着系统中的一个已注册的块设备。反过来，每个目录下又都包含了该块设备的所有分区。bus 目录提供了一个系统总线视图。class 目录包含了以高层功能逻辑组织起来的系统设备视图。dev 目录是已注册设备节点的视图。devices 目录是系统中设备拓扑结构视图，它直接映射出了内核中设备结构体的组织层次。firmware 目录包含了一些诸如 ACPI、EDD、EFI 等低层子系统的特殊树。fs 目录是已注册文件系统的视图。kernel 目录包含内核配置项和状态信息，module 目录则包含系统已加载模块的信息。power 目录包含系统范围的电源管理数据。并不是所有的系统都包含所有这些目录，还有些系统含有其他目录，但在这里尚未提到。

其中最重要的目录是 devices，该目录将设备模型导出到用户空间。目录结构就是系统中实际的设备拓扑。其他目录中的很多数据都是将 devices 目录下的数据加以转换加工而得。比如，/sys/class/net/ 目录是以注册网络接口这一高层概念来组织设备关系的，在这个目录中可能会有目录 eth0，它里面包含的 devices 文件其实就是一个指回到 devices 下实际设备目录的符号连接。

随便看看你可访问到的任何 Linux 系统的 sys 目录，这种系统设备视图相当准确和漂亮，而且可以看到 class 中的高层概念与 devices 中的低层物理设备，以及 bus 中的实际驱动程序之间互相联络是非常广泛的。当你认识到这种数据是开放的，换句话说，这是内核中维持系统的很好表示方式⊖时，整个经历都弥足珍贵。

17.4.1　sysfs 中添加和删除 kobject

仅仅初始化 kobject 是不能自动将其导出到 sysfs 中的，想要把 kobject 导入 sysfs，你需要用到函数 kobject_add()：

```
int kobject_add(struct kobject *kobj, struct kobject *parent, const char *fmt, ...);
```

kobject 在 sysfs 中的位置取决于 kobject 在对象层次结构中的位置。如果 kobject 的父指针被设置，那么在 sysfs 中 kobject 将被映射为其父目录下的子目录；如果 parent 没有设置，那么 kobject 将被映射为 kset->kobj 中的子目录。如果给定的 kobject 中 parent 或 kset 字段都没有被设置，那么就认为 kobject 没有父对象，所以就会被映射成 sysfs 下的根级目录。这往往不是你所需要的，所以在调用 kobject_add() 前 parent 或 kset 字段应该进行适当的设置。不管怎么样，sysfs 中代表 kobject 的目录名字是由 fmt 指定的，它也接受 printf() 样式的格式化字符串。

辅助函数 kobject_create_and_add() 把 kobject_create() 和 kobject_add() 所做的工作放在一个函数中：

```
struct kobject *kobject_create_and_add(const char *name, struct kobject *parent);
```

注意　kobject_create_and_add() 函数接受直接的指针 name 作为 kobject 所对应的目录名称，而 kobject_add() 使用 printf() 风格的格式化字符串。

⊖　如果你对 sysfs 感兴趣，你可能也会对 HAL 感兴趣，它是一个硬件抽象层，可以在 http://hal.freedesktop.org/.wiki/software/hal 找到它。HAL 基于 sysfs 中的数据建立起了一个内存数据库，将 class 概念、设备概念和驱动概念联系到一起。在这些数据之上，HAL 提供了丰富的 API 以使得应用程序更灵活。

从 sysfs 中删除一个 kobject 对应文件目录，需使用函数 kobject_del()：

```
void kobject_del(struct kobject *kobj);
```

上述这些函数都定义于文件 lib/kobject.c 中，声明于头文件 <linux/kobject.h> 中。

17.4.2　向 sysfs 中添加文件

我们已经看到 kobject 被映射为文件目录，而且所有的对象层次结构都优雅地、一个不少地映射成 sys 下的目录结构。但是里面的文件是什么？ sysfs 仅仅是一个漂亮的树，但是没有提供实际数据的文件。

1. 默认属性

默认的文件集合是通过 kobject 和 kset 中的 ktype 字段提供的。因此所有具有相同类型的 kobject 在它们对应的 sysfs 目录下都拥有相同的默认文件集合。kobj_type 字段含有一个字段——default_attrs，它是一个 attributo 结构体数组。这些属性负责将内核数据映射成 sysfs 中的文件。

attribute 结构体定义在文件 <linux/sysfs.h> 中：

```
/* attribute 结构体 - 内核数据映射成 sysfs 中的文件 */
struct attribute {
        const char        *name;      /* 属性名称 */
        struct module     *owner;     /* 所属模块，如果存在 */
        mode_t            mode;       /* 权限 */
};
```

其中名称字段提供了该属性的名称，最终出现在 sysfs 中的文件名就是它。owner 字段在存在所属模块的情况下指向其所属的 module 结构体。如果一个模块没有该属性，那么该字段为 NULL。mode 字段类型为 mode_t，它表示了 sysfs 中该文件的权限。对于只读属性而言，如果是所有人都可读它，那么该字段被设为 S_IRUGO；如果只限于所有者可读，则该字段被设置为 S_IRUSR。同样对于可写属性，可能会设置该字段为 S_IRUGO | S_IWUSR。sysfs 中的所有文件和目录的 uid 与 gid 标志均为零。

虽然 default_attrs 列出了默认的属性，sysfs_ops 字段则描述了如何使用它们。sysfs_ops 字段指向了一个定义于文件 <linux/sysfs.h> 的同名的结构体：

```
struct sysfs_ops {
        /* 在读 sysfs 文件时该方法被调用 */
        ssize_t (*show) (struct kobject *kobj,
                         struct attribute *attr,
                         char *buffer);

        /* 在写 sysfs 文件时该方法被调用 */
        ssize_t (*store) (struct kobject *kobj,
                          struct attribute *attr,
                          const char *buffer,
                          size_t size);
};
```

当从用户空间读取 sysfs 的项时调用 show() 方法。它会拷贝由 attr 提供的属性值到 buffer 指定的缓冲区中，缓冲区大小为 PAGE_SIZE 字节；在 x86 体系中，PAGE_SIZE 为 4096 字节。该函数如果执行成功，则将返回实际写入 buffer 的字节数；如果失败，则返回负的错误码。

store() 方法在写操作时调用，它会从 buffer 中读取 size 大小的字节，并将其存放入 attr 表示的属性结构体变量中。缓冲区的大小总是为 PAGE_SIZE 或更小些。该函数如果执行成功，则将返回实际从 buffer 中读取的字节数；如果失败，则返回负数的错误码。

由于这组函数必须对所有的属性都进行文件 I/O 请求处理，所以它们通常需要维护某些通用映射来调用每个属性所特有的处理函数。

2. 创建新属性

通常来讲，由 kobject 相关 ktype 所提供的默认属性是充足的，事实上，因为所有具有相同 ktype 的 kobject，在本质上区别不大的情况下，都应是相互接近的。也就是说，比如对于所有的分区而言，它们完全可以具有同样的属性集合。这不但可以让事情简单，有助于代码合并，还使类似对象在 sysfs 目录中外观一致。

但是，有时在一些特别情况下会碰到特殊的 kobject 实例。它希望（甚至是必须）有自己的属性——也许是通用属性没包含那些需要的数据或者函数。为此，内核为能在默认集合之上，再添加新属性而提供了 sysfs_create_file() 接口：

```
int sysfs_create_file(struct kobject *kobj, const struct attribute *attr);
```

这个接口通过 attr 参数指向相应的 attribute 结构体，而参数 kobj 则指定了属性所在的 kobject 对象。在该函数被调用前，给定的属性将被赋值，如果成功，该函数返回零，否则返回负的错误码。

注意，kobject 中 ktype 所对应的 sysfs_ops 操作将负责处理新属性。现有的 show() 和 store() 方法必须能够处理新属性。

除了添加文件外，还有可能需要创建符号连接。在 sysfs 中创建一个符号连接相当简单：

```
int sysfs_create_link(struct kobject *kobj, struct kobject *target, char *name);
```

该函数创建的符号连接名由 name 指定，连接则由 kobj 对应的目录映射到 target 指定的目录。如果成功该函数返回零，如果失败返回负的错误码。

3. 删除新属性

删除一个属性需通过函数 sysfs_remove_file() 完成：

```
void sysfs_remove_file(struct kobject *kobj, const struct attribute *attr);
```

一旦调用返回，给定的属性将不再存在于给定的 kobject 目录中。另外由 sysfs_creat_link() 创建的符号连接可通过函数 sysfs_remove_link() 删除：

```
void sysfs_remove_link(struct kobject *kobj, char *name);
```

调用一旦返回，在 kobj 对应目录中的名为 name 的符号连接将不复存在。

上述的四个函数在文件 <linux/kobject.h> 中声明；sysfs_create_file() 和 sysfs_remove_file()

函数定义于文件 fs/sysfs/file.c 中；sysfs_create_link() 和 sysfs_remove_link() 函数定义于文件 fs/sysfs/symlink.c 中。

4. sysfs 约定

当前 sysfs 文件系统代替了以前需要由 ioctl()（作用于设备节点）和 procfs 文件系统完成的功能。目前，在合适目录下实现 sysfs 属性这样的功能的确别具一格。比如利用在设备映射的 sysfs 目录中添加一个 sysfs 属性，代替在设备节点上实现一新的 ioctl()。采用这种方法避免了在调用 ioctl() 时使用类型不正确的参数和弄乱 /proc 目录结构。

但是为了保持 sysfs 干净和直观，开发者必须遵从以下约定。

首先，sysfs 属性应该保证每个文件只导出一个值，该值应该是文本形式而且映射为简单 C 类型。其目的是避免数据的过度结构化或太凌乱，现在 /proc 中就混乱而不具有可读性。每个文件提供一个值，这使得从命令行读写变得简洁，同时也使 C 语言程序轻易地将内核数据从 sysfs 导入到自身的变量中去。但有些时候，一值一文件的规则不能很有效地表示数据，那么可以将同一类型的多个值放入一个文件中。不过这时需要合理地表述它们，比如利用一个空格也许就可使其意义清晰明了。总的来讲，应考虑 sysfs 属性要映射到独立的内核变量（正如通常所做），而且要记住应保证从用户空间操作简单，尤其是从 shell 操作简单。

其次，在 sysfs 中要以一个清晰的层次组织数据。父子关系要正确才能将 kobject 层次结构直观地映射到 sysfs 树中。另外，kobject 相关属性同样需要正确，并且要记住 kobject 层次结构不仅仅存在于内核，而且也要作为一个树导出到用户空间，所以要保证 sysfs 树健全无误。

最后，记住 sysfs 提供内核到用户空间的服务，这多少有些用户空间的 ABI（应用程序二进制接口）的作用。用户程序可以检测和获得其存在性、位置、取值以及 sysfs 目录和文件的行为。任何情况下都不应改变现有的文件，另外更改给定属性，但保留其名称和位置不变无疑是在自找麻烦。

这些简单的约定保证 sysfs 可为用户空间提供丰富和直观的接口。正确使用 sysfs，其他应用程序的开发者绝不会对你的代码抱有微辞，相反会赞美它。

17.4.3　内核事件层

内核事件层实现了内核到用户的消息通知系统——就是建立在上文一直讨论的 kobject 基础之上。在 2.6.0 版本以后，显而易见，系统确实需要一种机制来帮助将事件传出内核输送到用户空间，特别是对桌面系统而言，因为它需要更完整和异步的系统。为此就要让内核将其事件压到堆栈：硬盘满了！处理器过热了！分区挂载了！

早期的事件层没有采用 kobject 和 sysfs，它们如过眼烟云，没有存在多久。现在的事件层借助 koject 和 sysfs 实现已证明相当理想。内核事件层把事件模拟为信号——从明确的 koject 对象发出，所以每个事件源都是一个 sysfs 路径。如果请求的事件与你的第一个硬盘相关，那么 /sys/block/had 便是源树。实质上，在内核中我们认为事件都是从幕后的 kobject 对象产生的。

每个事件都被赋予了一个动词或动作字符串表示信号。该字符串会以 "被修改过" 或 "未挂载" 等词语来描述事件。

最后，每个事件都有一个可选的负载（payload）。相比传递任意一个表示负载的字符串到用户空间而言，内核事件层使用 sysfs 属性代表负载。

从内部实现来讲，内核事件由内核空间传递到用户空间需要经过 netlink。netlink 是一个用于传送网络信息的多点传送套接字。使用 netlink 意味着从用户空间获取内核事件就如同在套接字上堵塞一样易如反掌。方法就是用户空间实现一个系统后台服务用于监听套接字，处理任何读到的信息，并将事件传送到系统栈里。对于这种用户后台服务来说，一个潜在的目的就是将事件融入 D-BUS 系统⊖。D-BUS 系统已经实现了一套系统范围的消息总线，这种总线可帮助内核如同系统中其他组件一样地发出信号。

在内核代码中向用户空间发送信号使用函数 kobject_uevent()：

```
int kobject_uevent(struct kobject *kobj,enum kobject_action action);
```

第一个参数指定发送该信号的 koject 对象。实际的内核事件将包含该 koject 映射到 sysfs 的路径。

第二个参数指定了描述该信号的"动作"或"动词"。实际的内核事件将包含一个映射成枚举类型 kobject_action 的字符串。该函数不是直接提供一个字符串，而是利用一个枚举变量来提高可重用性和保证类型安全，而且也消除了打字错误或其他错误。该枚举变量定义于文件 <linux/kobject_uevent.c> 中，其形式为 kOBJ_foo。当前值包含 kOBJ_MOUNT、kOBJ_UNMOUNT、kOBJ_ADD、kOBJ_REMOVE 和 kOBJ_CHANGE 等，这些值分别映射为字符串"mount""unmount""add""remove"和"change"等。当这些现有的值不够用时，允许添加新动作。

使用 kobject 和属性不但有利于很好的实现基于 sysfs 的事件，同时也有利于创建新 kojects 对象和属性来表示新对象和数据——它们尚未出现在 sysfs 中。

这两个函数分别定义和声明于文件 lib/kobject_uevent.c 与文件 <linux/kobject.h> 中。

17.5 小结

本章中，我们考察的内核功能涉及设备驱动的实现和设备树的管理，包括模块、kobject（以及相关的 kset 和 ktype）和 sysfs。这些功能对于设备驱动程序的开发者来说是至关重要的，因为这能够让他们写出更为模块化、更为高级的驱动程序。

这章讨论了内核中我们要学习的最后一个子系统，从下面开始要介绍一些普遍的但却重要的主题，这些主题是任何一个内核开发者都需要了解的，首先要讲的就是调试！

⊖ 想了解 D-BUS 更多的信息，参见 http://dbus.freedesktop.org/。

调　　试

调试工作艰难是内核级开发区别于用户级开发的一个显著特点。相比于用户级开发，内核调试的难度确实要艰苦得多。更可怕的是，它带来的风险比用户级别更高，内核的一个错误往往立刻就能让系统崩溃。

驾驭内核调试的能力（当然，最终是为了能够成功地开发内核）很大程度上取决于经验和对整个操作系统的把握。没错，玉树临风可能会对别的事情有帮助，但是调试内核的关键还是在于你对内核的深刻理解。然而我们必须找到可以开始着手的地方，所以，在这一章里我们从调试内核的一种可能步骤开始。

18.1　准备开始

内核调试往往是一个令人挠头不已的漫长过程。不少 bug 已经让整个开发社区几个月都食不甘味了。幸运的是，在这些费劲的问题中也有不少比较简单，而且容易消灭的小 bug。运气好时，你可能面对的是些简单的小 bug。开始做一些调查之前，不会清楚到底面对的是什么。现在，需要的只是：

- 一个 bug。听起来很可笑，但确实需要一个确定的 bug。如果错误总是能够重现的话，那对我们会有很大的帮助（有一部分错误确实如此）。然而不幸的是，大部分 bug 通常都不是行为可靠而且定义明确的。
- 一个藏匿 bug 的内核版本。如果你知道这个 bug 最早出现在哪个内核版本中那就再理想不过了。如果你还不知道的话，别着急，本章会教你一个快速找出这个 bug 首先出现在哪个内核版本中的方法。
- 相关内核代码的知识和运气。调试内核其实是一个棘手的问题。不过对周围的代码理解得越多，调试起来也就越轻松。

本章中的大多数方法都假定能够让 bug 重现。因此，想要成功地进行调试，就取决于是否能让这些错误重现。如果不能，消灭 bug 就只能通过抽象出问题，再从代码中搜索蛛丝马迹来进行了。虽然有时也得这么做，但如果你能够让错误重现，成功的机会要大许多。

有一些 bug 存在而且有人没办法让它重现，这听起来可能感觉挺奇怪。在用户级的程序里，bug 常常表现得很直截了当。比如，执行 foo 就会让程序立即产生核心信息转储（dump core）。但是内核中的 bug 表现却不是那么清晰。内核、用户程序和硬件之间的交互常常会很微妙。一个竞争条件可能在几百万次的算法迭代中才露出一次狰狞的面孔。设计不佳的（甚至是包含错误的）代码在某些系统上可能还让人可以忍受，而在其他的一些系统中却表现得相当糟糕。在一些特定的配置、一些特定的机器上，通常都需要付出额外的努力来触发某个 bug，不然的话，根本看不到它。在跟踪 bug 的时候，掌握的信息越多越好。许多时候，当可以精确地重现一个 bug 的时候，就已经成功了一大半了。

18.2　内核中的 bug

内核中的 bug 多种多样。它们的产生可以有无数的原因，同时它们的表象也变化多端。从明白无误的错误代码（比如，没有把正确的值存放在恰当的位置）到同步时发生的错误（比如，共享变量锁定不当），再到错误地管理硬件（比如，给错误的控制寄存器发送错误的指令）；从降低所有程序的运行性能到毁坏数据再到使得系统处于死锁状态，都可能是 bug 发作时的症状。

从隐藏在源代码中的错误到展现在目击者面前的 bug，往往是经历一系列连锁反应的事件才可能触发的。举个例子，一个被共享的结构体，如果它没有引用计数，那么它就有可能会引发竞争条件。因为没有引用计数的话，一个进程可以在另外一个进程仍然需要使用该结构的时候就释放掉它。继而，第二个进程就有可能试图通过无效的指针去使用一个不存在的数据结构。这样做可能导致引用一个空指针，也可能导致读出一些垃圾数据，还可能并不产生什么恶果（如果该数据并没有被其他什么覆盖的话）。引用空指针会导致产生一个 oops，而垃圾数据可能会导致系统崩溃（这种情形比 oops 还坏）。用户报告了 oops 或系统的错误现象之后，开发者回过头来观察错误情形，发现在释放数据之后还会对它进行读写，存在着一个竞争条件，于是就会进行修正，给这个共享的结构加上适当的引用计数。

内核调试听起来很难，但事实上 Linux 内核与其他大型的软件项目也没有什么太大的不同。内核确实有一些独特的问题需要考虑，像定时限制和竞争条件等，它们都是允许多个线程在内核中同时运行产生的结果。

18.3　通过打印来调试

内核提供的打印函数 printk() 和 C 库提供的 printf() 函数功能几乎相同。实际上，在本书中我们都没有用到这两个函数的不同部分。从它实现的大部分意图来说，这个名字很不错，printk() 就是内核的格式化打印函数。但是，printk() 确实还有一些自身特殊的功能。

18.3.1　健壮性

健壮性是 printk() 函数最容易让人们接受的一个特质。任何时候，任何地方都能调用它，内核中的 printk() 比比皆是。可以在中断上下文和进程上下中被调用；可以在任何持有锁时被调用；可以在多处理器上同时被调用，而且调用者连锁都不必使用。

它是一个弹性极佳的函数。这一点相当重要，printk() 之所以这么有用，就在于它随时都能被调用。

printk() 函数的健壮驱壳下也难免会有漏洞。在系统启动过程中，终端还没有初始化之前，在某些地方不能使用它。不过说实在的，如果终端没有初始化，你又能输出到什么地方去呢？

这一般不是一个什么问题，除非你要调试的是启动过程最开始的那些步骤（比如说在负责执行硬件体系结构相关的初始化动作的 setup_arch() 函数中）。着手进行这样的调试挑战性很强——没有任何打印函数能用，确实让问题更加棘手。

不过还是有一些可以指望的（虽然不多）。核心硬件部分的黑客依靠此时能够工作的硬件设备（比如说一个串口）与外界通信。绝大部分人对此都不会感兴趣。解决的办法是提供一个printk() 的变体函数——early_printk()，这个函数在启动过程的初期就具有在终端上打印的能力。它的功能与 prink() 完全相同，区别仅仅在于名字和能够更早地工作。不过，由于该函数在一些内核支持的硬件体系结构上无法实现，所以这种办法缺少可移植性。但是，如果所使用的硬件体系可以实现这个函数（大多数硬件体系都可以，包括 x86），它就是最好的指望。

除非在启动过程的初期就要在终端上输出，否则可以认为 printk() 在什么情况下都能工作。

18.3.2　日志等级

printk() 和 printf() 在使用上最主要的区别就是前者可以指定一个日志级别。内核根据这个级别来判断是否在终端上打印消息。内核把级别比某个特定值低的所有消息显示在终端上。

可以通过下面这种方式指定一个记录级别：

```
printk(KERN_WARNING "This is a warning!\n");
printk(KERN_DEBUG "This is a debug notice!\n");
printk("I did not specify a loglevel!\n");
```

KERN_WARING 和 KERN_DEBUG 都是 <linux/kernel.h> 中的简单宏定义。它们扩展开是像“<4>”或“<7>”这样的字符串，加进 printk() 函数要打印的消息的开头。内核用这个指定的记录等级和当前终端的记录等级 console_loglevel 来决定是不是向终端上打印。表 18-1 列举了所有可供使用的记录等级。

表 18-1　可供使用的记录等级

记　录　等　级	描　　　述
KERN_EMERG	一个紧急情况
KERN_ALERT	一个需要立即被注意到的错误
KERN_CRIT	一个临界情况
KERN_ERR	一个错误
KERN_WARNING	一个警告
KERN_NOTICE	一个普通的，不过也有可能需要注意的情况
KERN_INFO	一条非正式的消息
KERN_DEBUG	一条调试信息——一般是冗余信息

如果你没有特别指定一个记录等级，函数会选用默认的 DEFAULT_MESSAGE_ LOGLEVEL，现在默认等级是 KERN_WARNING。由于这个默认值将来存在变化的可能性，所以还是应该给自己的消息指定一个记录等级。

内核将最重要的记录等级 KERN_EMERG 定为“<0>”，将无关紧要的记录等级“KERN_DEBUG”定为“<7>”。举例来说，当编译预处理完成之后，前例中的代码实际被编译成如下格式：

```
printk("<4> This is a warning!\n");
printk("<7> This is a debug notice!\n");
printk("<4> did not specify a loglevel!\n");
```

怎样给调用的 printk() 赋记录等级完全取决于自己。那些正式的、需要你保持的消息应该有合适的记录等级。但是那些当你试图解决一个问题时加得到处都是的调试信息（必须承认，我们都这么干而且也确实行得通），可以按照你的想法赋予记录等级。一种选择是保持终端的默认记录等级不变，给所有调试信息 KERN_CRIT 或更低的等级。相反，也可以给所有调试信息 KERN_DEBUG 等级，而调整终端的默认记录等级。两种方法各有利弊，自己拿主意吧。

18.3.3   记录缓冲区

内核消息都被保存在一个 LOG_BUF_LEN 大小的环形队列中。该缓冲区大小可以在编译时通过设置 CONFIG_LOG_BUF_SHIFT 进行调整。在单处理器的系统上其默认值是 16KB。换句话说，就是内核在同一时间只能保存 16KB 的内核消息。如果消息队列已经达到最大值，那么如果再有 printk() 调用时，新消息将覆盖队列中的老消息。这个记录缓冲区之所以称为环形，是因为它的读写都是按照环形队列方式进行操作的。

使用环形队列有许多好处。由于同时读写环形缓冲区时，其同步问题很容易解决，所以即使在中断上下文中也可以方便地使用 printk()。此外，它使记录维护起来也更容易。如果有大量的消息同时产生，新消息只需覆盖掉旧消息即可。在某个问题引发大量消息的时候，记录只会覆盖掉它本身，而不会因为失控而消耗掉大量内存。而环形缓冲区的唯一缺点——可能会丢失消息，但是与简单性和健壮性的好处相比，这点代价是值得的。

18.3.4   syslogd 和 klogd

在标准的 Linux 系统上，用户空间的守护进程 klogd 从记录缓冲区中获取内核消息，再通过 syslogd 守护进程将它们保存在系统日志文件中。klogd 程序既可以从 /proc/kmsg 文件中，也可以通过 syslog() 系统调用读取这些消息。默认情况下，它选择读取 /proc 方式实现。不管是哪种方法，klogd 都会阻塞，直到有新的内核消息可供读出。在被唤醒之后，它会读取出新的内核消息并进行处理。默认情况下，它就是把消息传给 syslogd 守护进程。

syslogd 守护进程把它接收到的所有消息添加进一个文件中，该文件默认是 /var/log/messages。也可以通过 /etc/syslog.conf 配置文件重新指定。

在启动 klogd 的时候，可以通过指定 -c 标志来改变终端的记录等级。

18.3.5   从 printf() 到 printk() 的转换

当刚开始开发内核代码的时候，往往会把 printk() 输入成 printf()。这很正常，你无法抗拒多年来在用户级程序中使用 printf() 的习惯。幸而这种错误不会持续很长时间，反复出现的链接错误很快就会让你在心烦意乱中开始培养新的习惯。

在编写用户级程序的时候，你输入 printf() 的时候不小心输入了 printk()。恭喜你，成为一个真正的内核黑客的时刻终于到来了。

18.4   oops

oops 是内核告知用户有不幸发生的最常用的方式。由于内核是整个系统的管理者，所以它不能采取像在用户空间出现运行错误时使用的那些简单手段，因为它很难自行修复，它也不能将自己杀死。内核只能发布 oops。这个过程包括向终端上输出错误消息，输出寄存器中保存的信息并输出可供跟踪的回溯线索。内核中出现的故障很难处理，所以内核往往要经历严峻的考验才能发送出 oops 和靠它自己完成的一些清理工作。通常，发送完 oops 之后，内核会处于一种不稳定状态。举例来说，oops 发生的时候内核可能正在处理非常重要的数据。它可能持有一把锁或正在和硬件设备交互。内核必须适当地从当前的上下文环境中退出并尝试恢复对系统的控制。多数时候，这种尝试都会失败。因为如果 oops 在中断上下文时发生，内核根本无法继续，它会陷入混乱。混乱的结果就是系统死机。如果 oops 在 idle 进程（pid 为 0）或 init 进程（pid 为 1）时发生，结果同样是系统陷入混乱，因为内核缺了这两个重要的进程根本就无法工作。不过，要是 oops 在其他进程运行时发生，内核就会杀死该进程并尝试着继续执行。

oops 的产生有很多可能原因，其中包括内存访问越界或者非法的指令等。作为一个内核开发者，你将会经常处理（毫无疑问，也将导致）oops。

紧接着的是一个 oops 的实例，它是在一台 PPC 机器上的 tulip 网卡的定时器处理函数运行时发生的：

```
Oops: Exception in kernel mode, sig: 4
Unable to handle kernel NULL pointer dereference at virtual address 00000001

NIP: C013A7F0 LR: C013A7F0 SP: C0685E00 REGS: c0905d10 TRAP: 0700
Not tainted
MSR: 00089037 EE: 1 PR: 0 FP: 0 ME: 1 IR/DR: 11
TASK = c0712530[0] 'swapper' Last syscall: 120
GPR00: C013A7C0 C0295E00 C0231530 0000002F 00000001 C0380CB8 C0291B80 C02D0000
GPR08: 000012A0 00000000 00000000 C0292AA0 4020A088 00000000 00000000 00000000
GPR16: 00000000 00000000 00000000 00000000 00000000 00000000 00000000 00000000
GPR24: 00000000 00000005 00000000 00001032 C3F7C000 00000032 FFFFFFFF C3F7C1C0
Call trace:
[c013ab30] tulip_timer+0x128/0x1c4
[c0020744] run_timer_softirq+0x10c/0x164
[c001b864] do_softirq+0x88/0x104
[c0007e80] timer_interrupt+0x284/0x298
[c00033c4] ret_from_except+0x0/0x34
[c0007b84] default_idle+0x20/0x60
[c0007bf8] cpu_idle+0x34/0x38
[c0003ae8] rest_init+0x24/0x34
```

使用 PC 的读者可能对这么多的寄存器感到惊奇（居然有 32 个之多）。你可能对 x86-32 系统更熟悉一些，在这种系统上，oops 会简单一点。但是，oops 中包含的重要信息对于所有体系结构都是完全相同的：寄存器上下文和回溯线索。

回溯线索显示了导致错误发生的函数调用链。这样我们就可以观察究竟发生了什么：机器处于空闲状态，正在执行 idle 循环，由 cpu_idle() 循环调用 default_idle()。此时定时器中断产生了，它引起了对定时器的处理。tulip_timer() 这个定时器处理函数被调用，而就是它引用了空指针。甚至可以通过偏移量（像 0x128/0x1c4 这些出现在函数左侧的数字）找出导致问题的语句。

寄存器上下文信息可能同样有用，尽管使用起来不那么方便。如果你有函数的汇编代码，这些寄存器数据可以帮助你重建引发问题的现场。在寄存器中发现一个本不应该出现的数值可能会在黑暗中给你带来第一丝光明。在上面的例子中,我们可以查看是哪个寄存器包含了 NULL(一个所有位都为零的数值),进而找出是函数的哪个变量的值不正常。一般在这种情况下问题往往是竞争引起的,在本例中,是指定时器和这块网卡驱动的其他部分之间的竞争。调试一个竞争条件往往很有挑战性。

18.4.1 ksymoops

前面列举的 oops 可以说是一个经过解码的 oops,因为内存地址都已经转换成了它们对应的函数。下面是其未解码版本:

```
NIP: C013A7F0 LR: C013A7F0 SP: C0685E00 REGS: c0905d10 TRAP: 0700
Not tainted
MSR: 00089037 EE: 1 PR: 0 FP: 0 ME: 1 IR/DR: 11
TASK = c0712530[0] 'swapper' Last syscall: 120
GPR00: C013A7C0 C0295E00 C0231530 0000002F 00000001 C0380CB8 C0291B80 C02D0000
GPR08: 000012A0 00000000 00000000 C0292AA0 4020A088 00000000 00000000 00000000
GPR16: 00000000 00000000 00000000 00000000 00000000 00000000 00000000 00000000
GPR24: 00000000 00000005 00000000 00001032 C3F7C000 00000032 FFFFFFFF C3F7C1C0
Call trace: [c013ab30] [c0020744] [c001b864] [c0007e80] [c00061c4]
[c0007b84] [c0007bf8] [c0003ae8]
```

回溯线索中的地址需要转化成有意义的符号名称才方便使用。这需要调用 ksymoops 命令,并且还必须提供编译内核时产生的 System.map。如果使用的是模块,还需要一些模块信息。ksymoops 通常会自行解析这些信息,所以一般可以这样调用它:

```
ksymoops saved_oops.txt
```

然后该程序就会吐出解码版的 oops。如果 ksymoops 无法找到默认位置上的信息,或者想提供不同信息,该程序可以接受许多参数。ksymoops 的使用手册上提供了许多说明信息,使用之前最好先行查阅。ksymoops 一般会随 Linux 发行版本提供。

18.4.2 kallsyms

谢天谢地,现在已经无须使用 ksymoops 工具了,这是一个了不起的工作。因为尽管开发者使用它的时候一般很少出现问题,但是最终用户常常会错误地匹配 System.map 文件或错误地对 oops 进行解码。

开发版的 2.5 版内核引入了 kallsyms 特性,它可以通过定义 CONFIG_KALLSYMS 配置选项启用。该选项存放着内核镜像中相应函数地址的符号名称,所以内核可以打印解码好的跟踪线索。相应地,解码 oops 也不再需要 System.map 或者 ksymoops 工具了。但是,这样做会使内核变大一些,因为从函数的地址到符号名称的映射必须永久地驻留在内核所映射的内存地址上。然而,不管是在开发的过程中还是在部署的过程中,占用这些内存都是值得的。配置选项 CONFIG_KALLSYMS_ALL 表示不仅存放函数名称,还存放所有的符号名称。但一般只有那些特殊的调试器才会有此需要。CONFIG_KALLSYMS_EXTRA_PASS 选项会引起内核构建过程中再次忽略内核的目标代码。这个选项只有在调试 kallsyms 本身时才会有用。

18.5　内核调试配置选项

在编译的时候，为了方便调试和测试内核代码，内核提供了许多配置选项。这些选项都在内核配置编辑器的内核开发（Kernel hacking）菜单项中，它们都依赖于 CONFIG_ DEBUG_KERNEL。当开发内核的时候，作为一种练习，不妨打开所有这些选项。

有些选项确实有用，应该启用 slab layer debugging（slab 层调试选项）、high-memory debugging（高端内存调试选项）、I/O mapping debugging（I/O 映射调试选项）、spin-lock debugging（自旋锁调试选项）和 stack-overflow checking（栈溢出检查选项）。其中最有用的一个是 sleep-inside-spinlock checking（自旋锁内睡眠选项），这些选项确实能完成不少调试工作。

从 2.5 版开始，为了检查各类由原子操作引发的问题，内核提供了极佳的工具。回忆一下第 9 章，原子操作指那些能够不分隔执行的东西；在执行时不能中断否则就是完不成的代码。正在使用一个自旋锁或禁止抢占的代码进行的就是原子操作。在进行此类操作的时候，代码不能睡眠——使用锁时睡眠是引发死锁的元凶。

托内核抢占的福，内核提供了一个原子操作计数器。它可以被配置成一旦在原子操作过程中进程进入睡眠或者做了一些可能引起睡眠的操作，就打印警告信息并提供追踪线索。所以，包括正使用锁的时候调用 schedule()，正使用锁的时候以阻塞方式请求分配内存和在引用单 CPU 数据时睡眠在内，各种潜在的 bug 都能够被探测到。这种调试方法捕获了大量 bug，它也受到了大家极力推荐使用。

下面这些选项可以最大限度地利用该特性：

```
CONFIG_PREEMPT=y
CONFIG_DEBUG_KERNEL=y
CONFIG_KALLSYMS=y
CONFIG_DEBUG_SPINLOCK_SLEEP=y
```

18.6　引发 bug 并打印信息

一些内核调用可以用来方便标记 bug，提供断言并输出信息。最常用的两个是 BUG() 和 BUG_ON()。当被调用的时候，它们会引发 oops，导致栈的回溯和错误信息的打印。这些声明会导致 oops 跟硬件的体系结构是相关的。大部分体系结构把 BUG() 和 BUG_ON() 定义成某种非法操作，这样自然会产生需要的 oops。可以把这些调用当作断言使用，想要断言某种情况不该发生：

```
if (bad_thing)
        BUG();
```

或者使用更好的形式：

```
BUG_ON(bad_thing);
```

多数内核开发者相信 BUG_ON() 比 BUG() 更清晰、更可读，而且 BUG_ON() 会将其声明作为一个语句放入 unlikely() 中。请注意，有些开发者在讨论是否能用一个编译选项将 BUG_ON() 声明在编译时剔除，以便能在嵌入内核中节约空间。这就意味着你可以放心地使用 BUG_ON()，而不用担心 BUG_ON() 内的声明可能带来的任何"不良反应"。BUILD_BUG_ON() 与 BUG_ON() 作用相同，仅在编译时调用。如果在编译阶段已提供的声明为真，那么编译将会因为一个错误而中止。

可以用 panic() 引发更严重的错误。调用 panic() 不但会打印错误消息，而且还会挂起整个系统。显然，只应该在最糟糕的情况下使用它：

```
if (terrible_thing)
    panic("terrible thing is %ld\n", terrible_thing);
```

有些时候，只是需要在终端上打印一下栈的回溯信息来帮助调试。这个时候，dump_stack() 就很有用了。它只在终端上打印寄存器上下文和函数的跟踪线索：

```
if (!debug_check) {
    printk(KERN_DEBUG "provide some information...\n");
    dump_stack();
}
```

18.7 神奇的系统请求键

神奇的系统请求键（Magic SysRq key）是另外一根救命稻草，该功能可以通过定义 CONFIG_MAGIC_SYSRQ 配置选项来启用。SysRq（系统请求）键在大多数键盘上都是标准键。在 i386 和 PPC 上，它可以通过 ALT-PrintScreen 访问。当该功能被启用的时候，无论内核处于什么状态，都可以通过特殊的组合键跟内核进行通信。这种功能可以让你在面对一台奄奄一息的系统时能完成一些有用的工作。

除了配置选项以外，还要通过一个 sysctl 用来标记该特性的开或关。需要启用它时使用如下命令：

```
echo 1 > /proc/sys/kernel/sysrq
```

从终端上，你可以输入 Sysrq-h 获取一份可用的选项列表。SysRq-s 将"脏"缓冲区跟硬盘交换分区同步，SysRq-u 卸载所有的文件系统，SysRq-b 重启设备。在一行内发送这三个键的组合可以重新启动濒临死亡的系统，这比直接按下机器的 Reset 键要安全一些。

如果机器已经完全锁死了，它也可能不会再响应神奇系统请求键，或者无法完成给定的命令。不过如果运气稍好的话，这些选项或许可以保存数据或者进行调试。表 18-2 列举了所有支持的系统请求命令。

内核代码中的 Documentation/sysrq.txt 对此有更详细的说明。实际的实现在 drivers/char/sysrq.c 中。神奇系统请求键是调试和挽救垂危系统所必需的一种工具。由于该功能对终端上的任何用户都提供服务，所以在重要的机器上启用它需要三思而行。可是对于自己用于开发的机器，启用它确实帮助很大。

表 18-2　支持 SysRq 的命令

主 要 命 令	描　　　述
SysRq-b	重新启动机器
SysRq-e	向 init 以外的所有进程发送 SIGTERM 信号
SysRq-h	在控制台显示 SysRq
SysRq-i	向 init 以外的所有进程发送 SIGKILL 信号
SysRq-k	安全访问键：杀死这个控制台上的所有程序
SysRq-l	向包括 init 的所有进程发送 SIGKILL 信号
SysRq-m	把内存信息输出到控制台
SysRq-o	关闭机器
SysRq-p	把寄存器的信息输出到控制台
SysRq-r	关闭键盘原始模式
SysRq-s	把所有已安装文件系统都刷新到磁盘
SysRq-t	把任务信息输出到控制台
SysRq-u	卸载所有已加载文件系统

18.8　内核调试器的传奇

很多内核开发者一直以来都希望能拥有一个用于内核的调试器。不幸的是，Linus 不愿意在它的内核源代码树中加入一个调试器。他认为调试器会误导开发者，从而导致引入不良的修正。没有人能对他的逻辑提出异议——从真正理解代码出发，确实更能保证修正的正确性。然而，许多内核开发者们还是希望有一个官方发布的、用于内核的调试器。因为这个要求看起来不会马上被满足，所以许多补丁应运而生了，它们为标准内核附加上了内核调试的支持。虽然这都是一些不被官方认可的附加补丁，但它们确实功能完善，十分强大。在我们深入这些解决方案之前，先看看标准的 Linux 调试器 gdb 能够给我们一些什么帮助是一个不错的选择。

18.8.1　gdb

可以使用标准的 GNU 调试器对正在运行的内核进行查看。针对内核启动调试器的方法与针对进程的方法大致相同：

```
gdb vmlinux /proc/kcore
```

其中 vmlinux 文件是未经压缩的内核映像，不是压缩过的 zImage 或 bzImage，它存放在源代码树的根目录上。

/proc/kcore 作为一个参数选项，是作为 core 文件来用的，通过它能够访问到内核驻留的高端内存。只有超级用户才能读取此文件的数据。

可以使用 gdb 的所有命令来获取信息。举个例子，为了打印一个变量的值，你可以用下面的命令：

```
p global_variable
```

反汇编一个函数：

```
disassemble function
```

如果编译内核的时候使用了 -g 参数（在内核的 Makefile 文件的 CFLAGS 变量中加入 -g），gdb 还可以提供更多的信息。比如，你可以打印出结构体中存放的信息或是跟踪指针。当然，编译出的内核会大很多，所以不要把编译带调试信息的内核当做一种习惯。

接下来，就要说不幸的那一面了，gdb 还是有很多局限性的。它没有任何办法修改内核数据。它也不能单步执行内核代码，不能加断点。不能修改内核数据是个非常大的缺陷。尽管在必要时反汇编函数无疑是个非常有用的功能，但是能够修改数据的却更为有用。

18.8.2 kgdb

kgdb 是一个补丁，它可以让我们在远端主机上通过串口利用 gdb 的所有功能对内核进行调试。这需要两台计算机：第一台运行带有 kgdb 补丁的内核，第二台通过串行线（不通过 modem，直接连接两台机器的电缆）使用 gdb 对第一台进行调试。通过 kgdb、gdb 的所有功能都能使用：读取或修改变量值，设置断点，设置关注变量，单步执行等。某些版本的 gdb 甚至允许执行函数。

设置 kgdb 和连接串行线比较麻烦，但是一旦做完了，调试就变得很简单了。该补丁会在 Documentation/ 目录下安装很多说明文件，可以把它们挑出来研究一下。

不同体系结构、不同内核版本使用的 kgdb 由不同的人员维护，为了给需要调试的内核找到合适的补丁，还是在网上搜索一下比较好。

18.9 探测系统

如果对内核调试有丰富的经验的话，那么你会掌握一些诀窍来帮助你更进一步地探测系统从而找到想要的答案。内核调试很有挑战性，即使是一点小的暗示或者技巧都能给你很大的帮助。我们最好把它们联系起来。

18.9.1 用 UID 作为选择条件

如果你开发的是进程相关的部分，有些时候，你可以在提供替代物的同时不打破原有代码的可执行性。这在你重写重要系统调用的时候，或者在你希望进行调试时系统功能依旧健全的情况下非常有用。

举个例子，假设为了加入一个激动人心的新特性，你重写了 fork() 系统调用。除非第一次的尝试就完美无缺，否则系统调试就是一场噩梦。如果 fork() 系统调用不正常的话，压根就不用指望整个系统还能正常工作。当然，和任何时候一样，希望总是存在的。

一般情况下，只要保留原有的算法而把你的新算法加到其他位置上，基本就能保证安全。可以利用把用户 id（UID）作为选择条件来实现这种功能，通过这种选择条件，可以安排到底执行哪种算法：

```
if (current->uid != 7777) {
    /* 老算法 ... */
} else {
    /* 新算法 ... */
}
```

除了 UID 为 7777 以外，其他所有的用户都用的是老算法。可以创建一个 UID 为 7777 的用户，专门来测试新算法。对于要求很严格的进程相关部分的代码来说，这种方法使得测试变得容易了许多。

18.9.2　使用条件变量

如果代码与进程无关，或者希望有一个针对所有情况都能使用的机制来控制某个特性，可以使用条件变量。这比使用 UID 还来得简单，只需要创建一个全局变量作为一个条件选择开关。如果该变量为零，就使用一个分支上的代码。如果它不为零，就选择另外一个分支。可以通过某种接口提供对这个变量的操控，也可以直接通过调试器进行操控。

18.9.3　使用统计量

有些时候你需要掌握某个特定事件的发生规律。有些时候需要比较多个事件并从中得出规律。通过创建统计量并提供某种机制访问其统计结果，很容易就能满足这种需求。

举个例子，假设我们希望得到 foo 和 bar 的发生频率，那么在某个文件中，当然最好是在定义该事件的那个文件里，定义两个全局变量：

```
unsigned long foo_stat = 0;
unsigned long bar_stat = 0;
```

每当事件发生的时候，就让相应的变量加 1。然后在觉得合适的地方输出它。比如，可以在 /proc 目录中创建一个文件，还可以新创建一个系统调用。最简单的办法当然还是通过调试器直接访问它们。

注意，这种实现并不是 SMP 安全的。理想的办法是通过原子操作进行实现。但是仅仅对于一个简单的每次加 1 的调试统计量，一般无须搞得这么麻烦。

18.9.4　重复频率限制

为了发现一个错误，开发者们往往在代码的某个部分加入很多错误检查语句（多数对应的都是一些打印语句）。在内核中，有些函数每秒都要被调用很多次。如果你在这样的函数中加入了 prink()，那么系统马上就会被显示调试信息这一个任务压得喘不过气来，很快就什么也干不成了。

有两种相关的技巧可以用来防止此类问题的发生。第一种是重复频率限制，如果某种事件发生的非常频繁，而又需要观察它的整体进展情况，就可以让这种技巧施展身手了。为了避免调试信息发生井喷，可以每隔几秒执行一次打印（或者是其他任何你想完成的操作）。举个例子：

```
static unsigned long prev_jiffy = jiffies;              /* 频率限制 */

if (time_after(jiffies, prev_jiffy + 2*HZ)) {
    prev_jiffy = jiffies;
    printk(KERN_ERR "blah blah blah\n");
}
```

此例中，调试信息最多两秒打印一次。这可以让你的终端不至于被汹涌而至的调试信息洪流充塞，也保证你的系统依旧能用。完全可以根据自己的需要，或低或高地调整这种重复频率。

如果只使用 printk()，可以用一个特殊的函数去限制 printk() 的调用频率：

```
if (error && printk_ratelimit())
        printk(KERN_DEBUG "error=%d\n", error);
```

如果频率限制生效，那么 printk_ratelimit() 返回 0；否则，返回非 0。默认情况下，此函数限制每 5 秒产生一条信息，但是在施加这一条件之前，可以让起始频率为 10 条信息。可以通过 printk_ratelimit 和 printk_ratelimit_burst sysctl 来调整这些参数。

另一种棘手的问题是你如何确认在特定情况下某段代码确实被执行了。与前面的例子不同，你想观察的不是一个实时通知。如果这种通知在被触发一次之后依旧不停地到来，那就比较麻烦了。下面这种技巧针对的就不再是如何限制重复频率了，它要实现的是发生次数限制。

```
static unsigned long limit = 0;

if (limit < 5) {
    limit++;
    printk(KERN_ERR "blah blah blah\n");
}
```

此例中，调试信息输出 5 次就封顶了。5 次之后，打印条件总是不能成立。

不管是上面提到的哪个示例，用到的变量都应该是静态的（static），并且应该限制在函数的局部范围以内，这样才能保证变量的值在经历多次函数调用后仍然能够保留下来。

这些例子的代码都不是 SMP 或抢占安全的，不过，只需要用原子操作改造一下就没问题了。不过，对于一个临时的调试检测来说，没必要搞得这么复杂。

18.10　用二分查找法找出引发罪恶的变更

知道 bug 是什么时候引入内核源代码的通常都是很有用的。如果你知道 2.6.33 版中出现了一个 bug，而能肯定 2.4.29 中没有，那么就能够很容易地对引发这个 bug 的代码变更进行定位。消灭 bug 变得唾手可得——要么取消这个变更，要么对其进行修正。

可是，很多时候并不知道到底是哪个内核版本引入了 bug。你知道当前版本里 bug 是确确实实存在的，不过，它好像就是存在于当前版本中。只需要花一点点力气，就能找出引发问题的代码变更了。元凶在手，消灭 bug 就指日可待了。

一开始，需要一个可靠的可复制的错误，最好是系统一启动就能查证的 bug。接下来，需要一个能确保没问题的内核（你应该能够找到）。举个例子，你知道几个月前的内核没有这种错误，那么就从那时使用的内核中选取一个。如果发现问题，说明那时就存在了，那就找更早的。找到不含该 bug 的内核应该不会太难。

接下来需要一个肯定有问题的内核。为了简单起见，应该从已知最早出现该问题的内核开始。

现在，你就可以在问题内核和良好的内核之间使用二分法了。举个例子，假定确保没有问题的内核版本是 2.6.11，有问题的内核版本是 2.6.20。从二者的正中选取一个内核版本，比如说 2.6.15。检查 2.6.15 是否包含此 bug。如果 2.6.15 没有问题，那么就知道错误是发生在此版本之后了。所以，再从 2.6.15 开始，在它和 2.6.20 正中选取下一个版本，比如说对 2.6.17 进行检查。如果 2.6.15 有问题，那么错误就可能发生在此版本之前了，那么就该选 2.6.13 作为下一个待查目标了。就这样重复筛选。

最终你肯定能把问题局限在两个相继发行的版本之间——一个包含错误而另外一个不包含。你就能够很容易地对引发这个 bug 的代码变更进行定位。

这种方式比依次对每个版本的内核进行核查要好得多。

18.11　使用 Git 进行二分搜索

Git 源码管理工具提供了一个有用的二分搜索机制。如果你使用 Git 来控制 Linux 源码树的副本，那么 Git 将自动运行二分搜索进程。此外，Git 会在修订版本中进行二分搜索，这样可以找到具体哪次提交的代码引发了 bug。很多 Git 相关的任务比较繁杂，但使用 Git 进行二分搜索并不那么的困难。一开始，你得告诉 Git 你要进行二分搜索：

```
$ git bisect start
```

然后再为 Git 提供一个出现问题的最早内核版本：

```
$ git bisect bad <revision>
```

如果当前的内核版本就是引发 bug 的罪魁祸首，那么就不必提供内核版本：

```
$ git bisect bad
```

然后，还得为 Git 提供一个最新的可正常运行的内核版本：

```
$ git bisect good v2.6.28
```

接下来，Git 将会利用二分搜索法在 Linux 源码树中，自动检测正常的内核版本和有 bug 的内核版本之间哪个版本有隐患。接着再编译、运行以及测试正被检测的版本。如果这个版本一切正常，可以运行下面的命令：

```
$ git bisect good
```

如果这个版本运行有异常——也就是说，如果证明这个给定的内核版本有 bug，可以运行：

```
$ git bisect bad
```

对于每一条命令，Git 将在每一个版本的基础上反复二分搜索源码树，并且返回所查的下一个内核版本。这个过程需要反复执行直到不能再进行二分搜索为止。Git 将最终打印出有问题的版本号。

这本应该是一个漫长的过程，但是 Git 使得这一过程变得容易起来。如果你已经知道引发 bug 的源（比如，x86 机型的启动代码），你可以指定 git 仅仅在与错误相关的目录列表中去二分搜索提交的补丁。

```
$ git bisect start - arch/x86
```

18.12　当所有的努力都失败时：社区

或许你已经做完了所有你能想到的尝试。你在键盘上呕心沥血了几个小时——实际上，可能是无数日子，答案依旧没有眷顾你。此时，如果 bug 是在 Linux 内核的主流部分中，你可以在内核开发社区中寻求其他开发者的帮助。

你应该向内核邮件列表发送一份电子邮件，对 bug 进行完整而又简洁地描述，你的发现可能会对找到最终的答案起到帮助。毕竟，没人希望 bug 存在。

第 20 章将会重点推荐社区和它最重要的论坛——Linux 内核邮件列表（LKML）。

18.13　小结

本章讨论了内核的调试——调试过程其实是一种寻求实现与目标偏差的行为。我们考察了几种技术：从内核内置的调试架构到调试程序，从记录日志到用 git 二分法查找。因为调试 Linux 内核困难重重，非调试用户程序能比，因此，本章的资料对于试图在内核代码中牛刀小试的任何人都至关重要。

我们将在第 19 章涉及另外的话题：Linux 内核的可移植性。

不要止步！

可 移 植 性

Linux 是一个可移植性非常好的操作系统，它广泛支持许多不同体系结构的计算机。可移植性是指代码从一种体系结构移植到另外一种不同的体系结构上的方便程度。我们都知道 Linux 是可移植的，因为它已经能够在各种不同的体系结构上运行了。但这种可移植性不是凭空得来的——需要在编写可移植代码时就为此付出努力并坚持不懈。现在，这种努力已经开始得到回报了，移植 Linux 到新的系统上就很容易（相对来说）完成。本章中我们将讨论如何编写可移植的代码——编写内核代码和驱动程序时，必须时刻牢记这个问题。

19.1 可移植操作系统

有些操作系统在设计时把可移植性作为头等大事之一，尽可能少地涉及与机器相关的代码。汇编代码用得少之又少，为了支持各种不同类别的体系结构，界面和功能在定义时都尽最大可能地具有普适性和抽象性。这么做最显著的回报就是需要支持新的体系结构时，所需完成的工作要相对容易许多。一些移植性非常高而本身又比较简单的操作系统在支持新的体系结构时，可能只需要为此体系结构编写几百行专门的代码就行了。问题在于，体系结构相关的一些特性往往无法被支持，也不能对特定的机器进行手动优化。选择这种设计，就是利用代码的性能优化能力换取代码的可移植性。Minix、NetBSD 和许多研究用的系统就是这种高度可移植操作系统的实例。

与之相反，还有一种操作系统完全不顾及可移植性，它们尽最大的可能追求代码的性能表现，尽可能多地使用汇编代码，压根就是只为在一种硬件体系结构使用。内核的特性都是围绕硬件提供的特性设计的。因此，将其移植到其他体系结构就等于再重新从头编写一个新的操作系统内核，而且即便进行移植，这种操作系统在其他体系结构上也会不适用。选择这种设计，就是用代码的可移植性换取代码的性能优化能力。这样的系统往往比移植性好的系统更难维护。当然，这种系统对性能的要求不见得比对可移植性系统更强，不过它们还是愿意牺牲可移植性，而不乐意让设计打折扣。DOS 和 Windows 95 便是这种设计方案的最好例证。

Linux 在可移植性这个方面走的是中间路线。差不多所有的接口和核心代码都是独立于硬件体系结构的 C 语言代码。但是，在对性能要求很严格的部分，内核的特性会根据不同的硬件体系进行调整。举例来说，需要快速执行的和底层的代码都与硬件相关并且是用汇编语言写成的。这种实现方式使 Linux 在保持可移植性的同时兼顾对性能的优化。当可移植性妨碍性能发挥的时候，往往性能会被优先考虑。除此之外，代码就一定要保证可移植性。

一般来说，暴露在外的内核接口往往是与硬件体系结构无关的。如果函数的任何部分需要针对特殊的体系结构（无论是出于优化的目的还是作为一种必需的选择）提供支持的时候，这些部分都会被安置在独立的函数中，等待调用。每种被支持的体系结构都实现了一个与体系结构相关的函数，而且会链接到内核映像之中。

调度程序就是一个好例子。调度程序的主体程序存放在 kernel/sched.c 文件中，用 C 语言编写，与体系结构无关。可是，调度程序需要进行的一些工作，比如说切换处理器上下文和切换地址空间等，却不得不依靠相应的体系结构完成。于是，内核用 C 语言编写了函数 context_switch() 用于实现进程切换，而在它的内部，则会调用 switch_to() 和 switch_mm() 分别完成处理器上下文和地址空间的切换。

而对于 Linux 支持的每种体系结构，它们的 switch_to() 和 switch_mm() 实现都各不相同。所以，当 Linux 需要移植到新的体系结构上的时候，只需要重新编写和提供这样的函数就可以了。

与体系结构相关的代码都存放在 arch/architecture/ 目录中，architecture 是 Linux 支持的体系结构的简称。比如说，Intel x86 体系结构对应的简称是 x86（这种体系结构既支持 x86-32 又支持 x86-64）。与这种体系结构相关的代码都存放在 arch/x86 目录下。2.6 系列内核支持的体系结构包括 alpha、arm、avr32、blackfin、cris、frv、h8300、ia64、m32r、m68k、m68knommu、mips、mn10300、parisc、powerpc、s390、sh、sparc、um、x86 和 xtensa.。本章稍后给出的表 19-1 是一份更详尽的清单。

19.2　Linux 移植史

当 Linus 最初把 Linux 带到这个无法预测的大千世界的时候，它只能在 i386 上运行。尽管这个操作系统通用性很强，代码也写得不错，可是可移植性在那时算不上是一个关注焦点。实际上，Linus 还一度建议让 Linux 只在 i386 体系结构上驰骋。不过，人们还是在 1993 年开始把 Linux 向 Digital Alpha 体系结构上移植了。Digital Alpha 是一种高性能现代计算机体系结构，它支持 RISC 和 64 位寻址。这与 Linus 最初选的 i386 无疑是天壤之别。虽然如此，最初的这次移植工作最终还是花了将近一年时间，Alpha 机成为了 i386 后第一个被官方支持的体系结构。万事开头难，这次移植的挑战性是最大的，为了提高可移植性，内核中不少代码都被重写了⊖。尽管这给整个移植带来了不小的工作量，可是效果是显著的，自此以后，移植变得简单轻松多了。

尽管第一个发行版只支持 Intel i386，但 1.2 版的内核就可以支持 Digital Alpha、Intel x86、MIPS 和 SPARC——虽然支持的不是很完善，而且带些试验性质。

在 2.0 版内核中，加入了对 Motorola 68K 和 PowerPC 的官方支持，而原 1.2 版支持的体系结构也纳入了官方支持的范畴，并且稳定下来。

2.2 版内核加入了对更多体系结构的支持，新增了对 ARMS、IBM S390 和 UltraSPARC 的支持。没过几年，2.4 版内核支持的体系结构就达到了 15 个，像 CRIS、IA_64、64 位 MIPS、HP PA_RISC、64 位 IBM S/390 和 Hitachi SH 都被加进来了。

⊖　在内核开发中这很普遍。如果打算做一件事，那么就要把它做好。为了追求完美，内核开发者们是决不会介意重写大段代码的。

当前的 2.6 内核把体系结构的数目进一步提高到了 21 个，有不含 MMU 的 AVR、FR-V 和 Motorola 68k 以及 M32xxx、H8/300、IBM POWER、Xtensa，甚至还提供了用户模式（Usermode）Linux（一个在 Linux 虚拟机上运行的内核版本）。

每一种体系结构本身就可以支持不同的芯片和机型。像被支持的 ARM 和 PowerPC 等体系结构，它们就可以支持很多不同的芯片和机型。其他的体系结构，比如说 x86 和 SPARC，它们可以支持 32 位和 64 位不同的处理器。所以说，尽管 Linux 移植到了 21 种基本体系结构上，但实际上可以运行它的机器的数目要大得多。

19.3　字长和数据类型

能够由机器一次完成处理的数据称为字。这和我们在文档中用字符（8 位）和页（许多字，通常是 4KB 或 8KB）来计量数据是相似的。字是指位的整数数目——比如说，1、2、4 或 8 等。但人们说某个机器是多少"位"的时候，他们其实说的就是该机器的字长。比如说，当人们说 Intel i7 是 64 位芯片时，他们的意思是奔腾的字长为 64 位，也就是 8 字节。

处理器通用寄存器（general-purpose registers，GPR）的大小和它的字长是相同的。一般来说，对于一个体系结构，它各个部件的宽度（比如说内存总线）最少要和它的字长一样大。虽然物理地址空间有时候会比字长小，但虚拟地址空间的大小也等于字长，至少 Linux 支持的体系结构中都是这样的 $^{\ominus}$。此外，C 语言定义的 long 类型总是对等于机器的字长，而 int 类型有时会比字长小。比如说，Alpha 是 64 位机器，所以它的寄存器、指针和 long 类型都是 64 位长度的，而 int 类型是 32 位的。Alpha 机每一次可以访问和操作一个 64 位长的数据。

> **字、双字以及混合**
>
> 有些操作系统和处理器不把它们的标准字长称作字，相反，出于历史原因和某种主观的命名习惯，它们用字来代表一些固定长度的数据类型。比如说，一些系统根据长度把数据划分为字节（byte，8 位）、字（word，16 位）、双字（double words，32 位）和四字（quad words 64 位），而实际上该机是 32 位的。在本书中（在 Linux 中一般也是这样），像我们前面所讨论的那样，一个字就代表处理器的字长。

对于支持的每一种体系结构，Linux 都要将 <asm/types.h> 中的 BITS_PER_LONG 定义为 C long 类型的长度，也就是系统的字长。表 19-1 是 Linux 支持的体系结构和它们的字长的对照表。

一般而言，Linux 对于一种体系结构都会分别实现 32 位和 64 位的不同版本。比如，在 2.6 内核的早期版本中，内核中就同时有 i386 和 x86-64，mips 和 mips64，以及 ppc 和 ppc64。但现在，经过大家的努力，这些体系结构均放在 arch/ 目录下，每个代码库中既支持 32 位又支持 64 位。

$\ominus$　不过实际上可寻址的内存空间也可能会比字长小一些。比如，一个 64 位的体系结构虽然可能会提供 64 位的指针，但可能只用 48 位来寻址。此外，如果支持 Intel 的 PAE，那么实际的物理内存也有比字长还大的可能。

表 19-1 Linux 支持的体系结构

体 系 结 构	描　　述	字　　长
alpha	Digital Alpha	64 位
arm	ARM 和增强型 ARM	32 位
avr	AVR	32 位
blackfin	Blackfin	32 位
cris	CRIS	32 位
frv	FR-V	32 位
h8300	H8/300	32 位
ia64	IA-64	64 位
m32r	M32xxx	32 位
m68k	Motorola 68k	32 位
m68knommu	无 MMU 型 M68k	32 位
mips	MIPS	32 位和 64 位
parisc	HP PA-RISC	32 位和 64 位
powerpc	PowerPC	32 位和 64 位
s390	IBM S/390	32 位和 64 位
Sh	Hitachi SH	32 位
Sparc	SPARC	32 位和 64 位
Um	Usermode Linux	32 位和 64 位
x86	x86-32 和 x86-64	32 位和 64 位
xtensa	Xtensa	32 位

　　C 语言虽然规定了变量的最小长度，但是没有规定变量具体的标准长度，它们可以根据实现变化[○]。C 语言的标准数据类型长度随体系结构变化这一特性不断引起争议。好的一面是标准数据类型可以充分利用不同体系结构变化的字长而无须明确定义长度。C 语言中 long 类型的长度就被确定为机器的字长。不好的一面是在编程时不能对标准的 C 数据类型进行大小的假定，没有什么能够保障 int 一定和 long 的长度是相同的[○]。

　　情况其实还会更加复杂，因为用户空间使用的数据类型和内核空间的数据类型不一定要相互关联。sparc64 体系结构就提供了 32 位的用户空间，其中指针、int 和 long 的长度都是 32 位。而在内核空间，它的 int 长度是 32 位，指针和 long 的长度却是 64。没有什么标准来规范这些。

　　牢记下述准则：

- ANSI C 标准规定，一个 char 的长度一定是 1 字节。
- 尽管没有规定 int 类型的长度是 32 位，但在 Linux 当前所有支持的体系结构中，它都是 32 位的。

[○]　唯一的例外是 char，它的长度总是 8 位。

[○]　事实上对于 Linux 支持的 64 位体系结构来说，long 和 int 长度是不同的，int 是 32 位的，而 long 是 64 位的。但对于我们所熟悉的 32 位体系结构而言，两种数据类型都是 32 位的。

- short 类型也类似，在当前所有支持的体系结构中，虽然没有明文规定，但是它都是 16 位的。
- 绝不应该假定指针和 long 的长度，在 Linux 当前支持的体系结构中，它们可以在 32 位和 64 位中变化。
- 由于不同的体系结构 long 的长度不同，决不应该假设 sizeof(int) = sizeof(long)。
- 类似地，也不要假设指针和 int 长度相等。

操作系统常用一个简单的助记符来描述此系统中数据类型的大小。比如，64 位的 Windows 系统简称为 LLP64，它说明 long 和指针的长度都是 64 位。64 位的 Linux 系统可简记为 LP64，即 long 和指针都是 64 位。32 位的 Linux 系统简称为 ILP32，即 int、long 和指针的长度均为 32 位。这些助记符可以一目了然地显示出操作系统所提供的字长大小，因为这种方法涉及一种权衡问题。

现在依次来分析 ILP64、LP64 和 LLP64 这三种情况。ILP64 这种操作系统，int、long 和指针的大小都是 64 位。这样的数据长度使得编程变得更加容易，因为 C 语言中主要的数据类型大小是一样的（整型和指针大小的不匹配是编程中常出现的错误）。不过这样也会带来缺点，这种整型比我们平常所需的整型要大很多。在 LP64 操作系统中，程序员可以使用不同大小的整型，但必须注意整型的大小比指针类型要小。对于 LLP64 系统而言，程序员不仅要被迫接受 int 和 long 的大小相同，还要担心整型和指针之间的大小不匹配。大多数程序员都喜欢 LP64 型，即 Linux 所采用的操作系统模型。

19.3.1 不透明类型

不透明数据类型隐藏了它们的内部格式或结构。在 C 语言中，它们就像黑盒一样。支持它们的语言不是很多。作为替代，开发者们利用 typedef 声明一个类型，把它叫作不透明类型，希望其他人别去把它重新转化回对应的那个标准 C 类型。通常开发者们在定义一套特别的接口时才会用到它们。比如说用来保存进程标识符的 pid_t 类型。该类型的实际长度被隐藏起来了——尽管任何人都可以偷偷撩开它的面纱，发现它就是一个 int。如果所有代码都不显式地利用它的长度[⊖]，那么改变时就不会引起什么争议，这种改变确实可能会出现：在老版本的 UNIX 系统中，pid_t 的定义是 short 类型。

另外一个不透明数据类型的例子是 atomic_t。在第 10 章中介绍过，它放置的是一个可以进行原子操作的整型值。尽管这种类型就是一个 int，但利用不透明类型可以帮助确保这些数据只在特殊的有关原子操作的函数中才会被使用。不透明类型还帮助我们隐藏了 atomic_t 类型的可用长度，但是该类型也并不总是完整的 32 位，比如在 32 位 SPARC 体系下长度就被限制。

内核还用到了其他一些不透明类型，包括 dev_t、gid_t 和 uid_t 等。

处理不透明类型时的原则是：

- 不要假设该类型的长度。这些类型在某些系统中可能是 32 位，而在其他系统中又可能是 64 位。并且，内核开发者可以任意修改这些类型的大小。
- 不要将该类型转化回其对应的 C 标准类型使用。

⊖ 显式利用长度这里指直接使用 int 类型的长度，比如说在编程时使用 sizeof(int) 而不是 sizeof(pid_t)。——译者注

- 成为一个大小不可知论者。编程时要保证在该类型实际存储空间和格式发生变化时代码不受影响。

19.3.2 指定数据类型

内核中还有一些数据虽然无须用不透明的类型表示，但它们定义成了指定的数据类型。在中断控制时用到的 flag 参数就是个例子，它应该存放在 unsigned long 类型中。

当存放和处理这些特别的数据时，一定要搞清楚它们对应的类型后再使用。把它们存放在其他（如 unsigned int 等）类型中是一种常见错误。在 32 位机上这没什么问题，可是 64 位机上就会捅娄子了。

19.3.3 长度明确的数据类型

作为一个程序员，你往往需要在程序中使用长度明确的数据。像操作硬件设备、进行网络通信和操作二进制文件时，通常都必须满足它们明确的内部要求。比如说，一块声卡可能用的是 32 位寄存器，一个网络包有一个 16 位字段，一个可执行文件有 8 位的 cookie。在这些情况下，数据对应的类型应该长度明确。

内核在 <asm/typs.h> 中定义了这些长度明确的类型，而该文件又被包含在文件 <linux/types. h> 中。表 19-2 有完整的清单。

表 19-2　长度明确的数据类型

类　　型	描　　述
s8	带符号字节
u8	无符号字节
s16	带符号 16 位整数
u16	无符号 16 位整数
s32	带符号 32 位整数
u32	无符号 32 位整数
s64	带符号 64 位整数
u64	无符号 64 位整数

其中带符号的变量用得比较少。

这些长度明确的类型大部分都是通过 typedef 对标准的 C 类型进行映射得到的。在一个 64 位机上，它们看起来像：

```
typedef signed char s8;
typedef unsigned char u8;
typedef signed short s16;
typedef unsigned short u16;
typedef signed int s32;
typedef unsigned int u32;
typedef signed long s64;
typedef unsigned long u64;
```

而在 32 位机上，它们可能定义成：

```
typedef signed char s8;
typedef unsigned char u8;
typedef signed short s16;
typedef unsigned short u16;
typedef signed int s32;
typedef unsigned int u32;
typedef signed long long s64;
typedef unsigned long long u64;
```

上述的这些类型只能在内核内使用，不可以在用户空间出现（比如，在头文件中的某个用户可见结构中出现）。这个限制是为了保护命名空间。不过内核对应这些不可见变量同时也定义了对应的用户可见的变量类型，这些类型与上面类型所不同的是增加了两个下划线前缀。比如，无符号 32 位整型对应的用户空间可见类型就是 __u32。该类型除了名字有区别外，其他方面与 u32 相同。在内核中你可以任意使用这两个名字，但是如果是用户可见的类型，那必须使用下划线前缀的版本名，防止污染用户空间的命名空间。

19.3.4　char 型的符号问题

C 标准表示 char 类型可以带符号也可以不带符号，由具体的编译器、处理器或由它们两者共同决定到底 char 是带符号还是不带符号。

大部分体系结构上，char 默认是带符号的，它可以自 −128 到 127 之间取值。也有一些例外，比如 ARM 体系结构上，char 就是不带符号的，它的取值范围是 $0 \sim 255$。

举例来说，在默认 char 不带符号的情况下，下面的代码实际会把 255 而不是把 −1 赋予 i：

```
char i = -1;
```

而另一种机器上，默认 char 带符号，就会确切地把 −1 赋予 i。如果程序员本意是把 −1 保存在 i 中，那么前面的代码就该修改成：

```
signed char i = -1;
```

另外，如果程序员确实希望存储 255，那么代码应该如下：

```
unsigned char = 255;
```

如果在自己的代码中使用了 char 类型，那么要保证在带符号和不带符号的情况下代码都没问题。如果能明确要用的是哪一个，就直接声明它。

19.4　数据对齐

对齐是跟数据块在内存中的位置相关的话题。如果一个变量的内存地址正好是它长度的整数倍，它就称作是自然对齐的。举例来说，对于一个 32 位类型的数据，如果它在内存中的地址刚好可以被 4 整除（也就最低两位为 0），那它就是自然对齐的。也就是说，一个大小为 2^n 字节的数据类型，它地址的最低有效位的后 n 位都应该为 0。

一些体系结构对对齐的要求非常严格。通常像 RISC 的系统，载入未对齐的数据会导致处理器陷入（一种可处理的错误）。还有一些系统可以访问没有对齐的数据，只不过性能会下降。编写可移植性高的代码要避免对齐问题，保证所有的类型都能够自然对齐。

19.4.1　避免对齐引发的问题

编译器通常会通过让所有的数据自然对齐来避免引发对齐问题。实际上，内核开发者在对齐上不用花费太大心思——只有搞 gcc 的那些老兄才应该为此犯愁呢。可是，当程序员使用 指针太多，对数据的访问方式超出编译器的预期时，就会引发问题了。

一个数据类型长度较小，它本来是对齐的，如果你用一个指针进行类型转换，并且转换后的类型长度较大，那么通过改指针进行数据访问时就会引发对齐问题（无论如何，某些体系结构会存在这种问题）。也就是说，下面的代码是错误的：

```
char wolf[]="Like a wolf";
char *p = &wolf[1];
unsigned long l = *(unsigned long *)p;
```

这个例子将一个指向 char 型的指针当作指向 unsigned long 型的指针来用，这会引起问题，因为此时会试图从一个并不能被 4 或 8 整除的内存地址上载入 32 位或 64 位的 unsigned long 型数据。

这种复杂的访问可能看起来有些模糊，不过通常就是如此。无论如何，这种错误出现了，所以应该小心。实际编程时错误可能不会像一些例子中那么明显或复杂。

19.4.2　非标准类型的对齐

前面提到了，对于标准数据类型来说，它的地址只要是其长度的整数倍就对齐了。而非标准的（复合的）C 数据类型按照下列原则对齐：

- 对于数组，只要按照基本数据类型进行对齐就可以了，随后的所有元素自然能够对齐。
- 对于联合体，只要它包含的长度最大的数据类型能够对齐就可以了。
- 对于结构体，只要结构体中每个元素能够正确地对齐就可以了。

结构体还要引入填补机制，这会引出下一个问题。

19.4.3　结构体填补

为了保证结构体中每一个成员都能够自然对齐，结构体要被填补。这点确保了当处理器访问结构中一个给定元素时，元素本身是对齐的。举个例子，下面是一个在 32 位机上的结构体：

```
struct animal_struct {
    char dog;                    /* 1字节 */
    unsigned long cat;           /* 4字节 */
    unsigned short pig;          /* 2字节 */
    char fox;                    /* 1字节 */
};
```

由于该结构不能准确地满足各个成员自然对齐，所以它在内存中可不是按照原样存放的。编译器会在内存中创建一个类似下面给出的结构体：

```
struct animal _struct {
    char dog;                    /* 1 字节 */
    u8 __pad0[3];                /* 3 字节 */
    unsigned long cat;           /* 4 字节 */
    unsigned short pig;          /* 2 字节 */
    char fox;                    /* 1 字节 */
    u8 __pad1;                   /* 1 字节 */
};
```

填补的变量都是为了能够让数据自然对齐而加入的。第一个填充物占用了 3 个字节的空间，保证 cat 可以按照 4 字节对齐。这也自动使其他小的对象都对齐了，因为它们长度都比 cat 要小。第二个（也是最后的）填充是为了填补 struct 本身的大小。额外的这个填补使结构体的长度能够被 4 整除，这样，在由该结构体构成的数组中，每个数组项也就会自然对齐了。

注意，在大部分 32 位系统上，对于任何一个这样的结构体，sizeof(animal_struct) 都会返回 12。C 编译器自动进行填补以保证自然对齐。

通常你可以通过重新排列结构体中的对象来避免填充。这样既可以得到一个较小的结构体，又能保证无须填补它也是自然对齐的。

```
struct animal _struct {
    unsigned long cat;           /* 4 字节 */
    unsigned short pig;          /* 2 字节 */
    char dog;                    /* 1 字节 */
    char fox;                    /* 1 字节 */
};
```

现在这个结构体只有 8 字节大小了。不过，不是任何时候都可以这样对结构体进行调整的。举个例子，如果该结构体是某个标准的一部分，或者它是现有代码的一部分，那么它的成员次序就已经被定死了，虽然内核（缺少一个正式的 ABI）相比用户空间来说，这种需求要少得多。还有些时候，因为一些原因必须使用某种固定的次序——比如说，为了提高高速缓存的命中率进行优化时设定的变量次序。注意，ANSI C 明确规定不允许编译器改变结构体内成员对象的次序⊖——它总是由程序员来决定的。虽然编译器可以帮助你做填充，但是，如果使用 -Wpadded flag 标志，那么将使 gcc 在发现结构体被填充时产生警告。

内核开发者需要注意结构体填补问题，特别是在整体使用时——这是指当需要通过网络发送它们或需要将它们写入文件的时候，因为不同体系结构之间所需要的填补也不尽相同。这也是为什么 C 语言没有提供一个内建的结构体比较操作符的原因之一。结构体内的填充字节中可能会包含垃圾信息，所以在结构体之间进行一字节一字节的比较就不大可能实现了。C 语言的设计者（正确的）感觉到最好还是由程序员自己为不同的情况编写比较函数，这样才能利用到结构体次序信息。

⊖ 如果让编译器随心所欲地改变结构体中各个对象的位置的话，现存的程序大部分都会崩溃。在 C 语言中，函数往往通过在结构体地址上加上偏移量来计算变量的位置。

19.5　字节顺序

字节顺序是指在一个字中各个字节的顺序。处理器在对字取值时既可能将最低有效位所在的字节当作第一个字节（最左边的字节），也可能将其当作最后一个字节（最右边的字节）。如果最高有效位所在的字节放在低字节位置上，其他字节依次放在高字节位置上，那么该字节顺序称作高位优先（big-endian）。如果最低有效位所在的字节放在高字节位置上，其他字节依次放在低字节位置上，那么就称作低位优先（little-endian）。

编写内核代码时不应该假设字节顺序是给定的哪一种（当然，如果你编写的是与体系结构相关的那部分代码就另当别论了）。Linux 内核支持的机器中使用哪一种字节顺序的都有（甚至包括一些可以在启动的时候选择字节顺序的机器），适用性强的代码应该两种字节顺序都支持。

图 19-1 是高位优先字节顺序的一个实例，图 19-2 是低位优先字节顺序的一个实例。

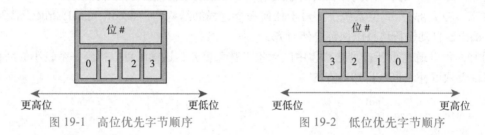

图 19-1　高位优先字节顺序　　　图 19-2　低位优先字节顺序

x86 体系结构，不论 32 位机还是 64 位机，使用的都是低位优先字节顺序。而其他系统大多使用高位优先字节顺序。

让我们看看在实际编程时这些概念有什么意义。让我们考察一下存放在一个 4 字节的整型中的二进制数，它的十进制对应值是 1027：

00000000 00000000 00000100 00000011

在内存中用高位优先和低位优先两种不同字节顺序存放时的比较如表 19-3 所示。

表 19-3　字节顺序比较

地　　址	高位优先	低位优先
0	00000000	00000011
1	00000000	00000100
2	00000000	00000000
3	00000011	00000000

注意　使用高位优先的体系结构把最高字节位存放在最小的内存地址上的。这和低位优先形成了鲜明的对照。

最后一个例子，我们提供了如何判断给定的机器使用是高位优先还是低位优先字节顺序的代码：

```
int x = 1;

if (*(char *) &x ==1)
    /* 低位优先 */
```

```
else
    /* 高位优先 */
```

这段代码在用户空间和内核空间都能用。

高位优先和低位优先的历史

　　高位优先和低位优先源于乔纳森·斯威夫特写于 1726 年的讽刺小说《格列弗游记》。在小说中，虚构的小人国里最重要的政治问题就是应该把鸡蛋从大头敲开还是从小头敲开。那些支持从大头敲开的就是高位优先；而那些支持从小头敲开的，就是低位优先。

　　高位优先与低位优先的孰优孰差就好像小人国中的政治争论一样，与其说是技术问题，倒不如说是政治问题啦。

对于 Linux 支持的每一种体系结构，相应的内核都会根据机器使用的字节顺序在它的 <asm/byteorder.h> 中定义 __BIG_ENDIAN 或 __LITTLE_ENDIAN 中的一个。

这个头文件还从 include/linux/byteorder/ 中包含了一组宏命令用于完成字节顺序之间的相互转换。最常用的宏命令有：

```
u23 __cpu_to_be32(u32);     /* 把 cpu 字节顺序转换为高位优先字节顺序 */
u32 __cpu_to_le32(u32);     /* 把 cpu 字节顺序转换为低位优先字节顺序 */
u32 __be32_to_cpu(u32);     /* 把高位优先字节顺序转换为 cpu 字节顺序 */
u32 __le32_to_cpus(u32);    /* 把低位优先字节顺序转换为 cpu 字节顺序 */
```

这些转换能够把一种字节顺序变为另一种字节顺序。如果两种字节顺序本来就相同（比如，希望从本地字节顺序转化为高位优先字节顺序，而处理器本身使用的就是高位优先字节顺序），那么宏就什么都不做。否则，它们就进行转换。

19.6　时间

时间测量是另一个内核概念，它随着体系结构甚至内核版本的不同而不同。绝对不要假定时钟中断发生的频率，也就是每秒产生的 jiffies 数目。相反，应该使用 HZ 来正确计量时间。这一点至关重要，因为不但不同的体系结构之间定时中断的频率不同，即使是在同一种体系机构上，两个不同版本的内核之间这种频率也不尽相同。

举个例子，在 x86 系统上，Hz 设定为 100。也就是说，定时中断每秒发生 100 次，也就是每 10ms 一次。可是在 2.6 版以前，x86 上 Hz 定为 1000。而其他体系机构上的数值各不相同：alpha 的 Hz 是 1024 而 ARM 的 Hz 是 100。

绝对不要用 jiffies 直接去和 1000 这样的数值比较，认为这样做大体上不会出问题是要不得的。计量时间的正确方法是乘以或除以 Hz。比如：

```
HZ              /* 1 秒 */
(2*HZ)          /* 2 秒 */
(HZ/2)          /* 半秒 */
(HZ/100)        /* 10ms */
(2*HZ/100)      /* 20ms */
```

Hz 定义在文件 <asm/param.h> 中，在前面的第 10 章中曾经讨论过。

19.7　页长度

当处理用页管理的内存时，绝对不要假设页的长度。在 x86-32 下编程的程序员往往错误地认为一页的大小就是 4KB。尽管 x86-32 机器上使用的页确实是 4KB，但是其他不同的体系结构使用的页长度可能不同。实际上有些体系结构还同时支持多种不同长度的页。表 19-4 列举了各种体系结构使用的页的长度。

当处理用页组织管理的内存时，通过 PAGE_SIZE 以字节数来表示页长度。而 PAGE_SHIFT 这个值定义了从最右端屏蔽多少位能够得到该地址对应的页的页号。举例来说，在页长为 4KB 的 x86-32 机上，PAGE_SIZE 为 4096 而 PAGE_SHIFT 为 12。它们都定义于 <ams/page.h> 中。

表 19-4　不同体系结构的页长度

体 系 结 构	PAGE_SHIFT	PAGE_SIZE
alpha	13	8KB
arm	12, 14, 15	4KB, 16KB, 32KB
avr	12	4KB
cris	13	8KB
blackfin	12	16KB
h8300	14	4KB
	12	4KB, 8KB, 16KB, 64KB
m32r	12, 13, 14, 16	4KB
m68k	12	4KB, 8KB
m68knommu	12, 13	4KB
mips	12	4KB
mn10300	12	4KB
parisc	12	4KB
powerpc	12	4KB
s390	12	4KB
sh	12	4KB
sparc	12, 13	4KB, 8KB
um	12	4KB
x86	12	4KB
xtensa	12	4KB

19.8　处理器排序

回忆第 9 章和第 10 章，其中讨论过体系结构对指令序列的排序问题。有些处理器严格限制指令排序，代码指定的所有装载或存储指令都不能被重新排序；而另外一些体系结构对排序要求则很弱，可以自行排序指令序列。

在代码中，如果在对排序要求最弱的体系结构上，要保证指令执行顺序。那么就必须使用诸如 rmb() 和 wmb() 等恰当的内存屏障来确保处理器以正确顺序提交装载和存储指令。详情请参见第 10 章。

19.9　SMP、内核抢占、高端内存

在讨论可移植性的地方加入有关并发处理、内核抢占和高端内存的部分看起来似乎不太恰当。毕竟，这些都不是会影响到操作系统的硬件之间有所差异的那些特性；恰恰相反，它们都是Linux 内核本身的一些功能，硬件体系结构根本感知不到它们的存在。但是，它们代表的其实都是可配置的重要选项，而你的代码应该充分考虑到对它们的支持。就是说，只有在编程时就针对SMP/ 内核抢占 / 高端内存进行了考虑，代码才会无论内核怎样配置，都能身处安全之中。再在前面那些保证可移植性的规范下加上这几条：

- 假设你的代码会在 SMP 系统上运行，要正确地选择和使用锁。
- 假设你的代码会在支持内核抢占的情况下运行，要正确地选择和使用锁和内核抢占语句。
- 假设你的代码会运行在使用高端内存（非永久映射内存）的系统上，必要时使用 kmap()。

19.10　小结

要想写出可移植性好、简洁、合适的内核代码，要注意以下两点：

- 编码尽量选取最大公因子：假定任何事情都可能发生，任何潜在的约束也都存在。
- 编码尽量选取最小公约数：不要假定给定的内核特性是可用的，仅仅需要最小的体系结构功能。

编写可移植的代码需要考虑许多问题：字长、数据类型、填充、对齐、字节次序、符号、字节顺序、页大小以及处理器的加载 / 存储排序等。对于绝大多数内核开发来说，可能主要考虑的问题就是保证正确使用数据类型，虽然如此，说不定有朝一日，还是会有些与古老的体系结构有关的问题突然跳出来困扰你。所以说理解移植性的重要性，并且在开发内核过程中时刻注意编写简洁、可移植的代码是非常重要的。

补丁、开发和社区

Linux 的最大优势就是它有一个紧密团结了众多使用者和开发者的社区。社区能帮你检查代码，社区中的专家给你提出忠告，社区中的用户能帮你进行测试，用户还能向你反馈存在的问题。更重要的是，什么样的代码可以加入 Linus 的官方内核树也是由社区做出决定的。因此了解系统到底是怎么运作的就显得尤为重要了。

20.1　社区

如果一定要让 Linux 内核社区在现实世界中找到它的位置，那它也许会叫做内核邮件列表（Linux Kernel Mailing List）之家。内核邮件列表（或者简写成 lkml）是对内核进行发布、讨论、争辩和打口水仗的主战场。在做任何实际的动作之前，新特性会在此处被讨论，新代码的大部分也会在此处张贴。这个列表每天发布的消息超过 300 条，所以决不适合心血来潮的玩主。任何想踏踏实实研究、认认真真开发内核的人都应该订阅它（至少要订阅它的摘要或者是它的归档资料）。单单看看这些奇才们使出的一招一式，也能让你受益匪浅了。

你可以通过向 majordomo@vger.kernel.org 发送下面的纯文本消息订阅这个邮件列表：

```
subscribe linux-kernel <your@email.address>
```

关于这方面更为详细的信息可以在 http://vger.kernel.org/ 中找到，此外在 http://www.tux.org/lkml/，还有一个专门的 FAQ。

网上还有无数与内核相关或与普通的 Linux 使用相关的资源。http://kernelnewbies.org/ 是一方适合内核开发初级黑客的乐土——该网站几乎能够满足所有磨刀霍霍向内核的新手的需求。还有两个网站也是不错的资源，包括 http://www.lwn.net/，Linux 新闻周刊，它有一个专区报道有关内核的重要新闻；http://kernelnewbies.org/，内核直通车，提供关于内核开发一针见血的评论。

20.2　Linux 编码风格

像所有其他大型软件项目一样，Linux 制定了一套编码风格，对代码的格式、风格和布局做出了规定。这么做不是因为 Linux 内核的风格有多么出众（可能确实还不错）或是你自己原来的风格有多么拙劣，而是因为保持编码风格的一致有助于提高编程效率。然而对规定编码风格还是存在一些争议，有人认为这其实无关紧要，因为无论如何，最终编译出来的目标码不会受影响。在像内核这样的大型软件项目中，涉及许许多多的开发者，编码的一致性变得至关重要。一致意味着相似和熟悉，也就意味着容易读懂，不含歧义，并且以后的代码仍旧会保持这种风格。这可以让更多的开发者读懂你的代码，也能让你读懂更多其他人编写的代码。在开源项目中，眼球自然是越多越好。

　　跟选择一个唯一确定的风格相比，到底选择什么样的风格反而显得不是那么重要了。好在 Linus 早就展示出了该用什么风格，而且绝大部分代码都照这么做了。编码风格的主要规范伴随着 Linus 一贯的幽默，都记录在内核源代码树的 Documentation/CodingStyle 中了。

20.2.1　缩进

　　缩进风格是用制表位（Tab）每次缩进 8 个字符长度。这不是说用 8 个空格缩进就行了。这里的规定很明确，每次缩进通过制表位进行，每个制表位 8 个字符长度。例如：

```
static void get_new_ship(const char *name)
{
        if (!name)
                name = DEFAULT_SHIP_NAME;
        get_new_ship_with_name(name);
}
```

　　不知为什么，虽然违反它会对可读性带来非常大的冲击，但这个规定还是最容易被人们违反。八个字符长度的缩进能让不同的代码块看起来一目了然，特别是在连续几个小时的开发之后，效果更加明显。当然，随着缩进层数的增加，八字符制表位的左侧可用空间就所剩不多了。这是因为每行最多有 80 个字符（参见 20.2.2 节）。Linus 极其反对这样做，他认为代码不应当复杂、费解到需要两级或者三级缩进。如果真的需要多层缩进，他建议，应当重构你的代码，把复杂的层次关系（为此形成多层缩进）分解为独立的功能。

20.2.2　switch 语句

　　switch 语句下属的 case 标记应该缩进到和 switch 声明对齐，这样将有助于减少 8 个字符的 tab 键带来的排版缩进，比如

```
switch (animal) {
case ANIMAL_CAT:
        handle_cats();
        break;
case ANIMAL_WOLF:
        handle_wolves();
        /* fall through */
case ANIMAL_DOG:
        handle_dogs();
        break;
default:
        printk(KERN_WARNING "Unknown animal %d!\n", animal);
}
```

　　当执行逻辑需要有意地从一个 case 声明尾部进入另外一个 case 声明时，对其进行评注无疑是一个普遍的（良好的）实践经验。如示例中所见。

20.2.3 空格

这一节讨论给符号和关键字加空格，而不涉及在缩进中加空格（这将在后面两节中讨论）。一般来说，Linux 的编码风格规定，空格放在关键字周围，函数名和圆括号之间无空格。例如：

```
if (foo)
while (foo)
for (i = 0; i < NR_CPUS; i++)
switch (foo)
```

相反，函数、宏以及与函数相像的关键字（例如 sizeof、Typeof 以及 alignof）在关键字和圆括号之间没有空格。

```
wake_up_process(task);
size_t nlongs = BITS_TO_LONG(nbits);
int len = sizeof(struct task_struct);
typeof(*p)
__alignof__(struct sockaddr *)
__attribute__((packed))
```

在括号内，如前所示，参数前后也不加空格。例如，下面这是禁止的：

```
int prio = task_prio( task ); /* BAD STYLE! */
```

对于大多数二元或者三元操作符，在操作符的两边加上空格。例如：

```
int sum = a + b;
int product = a * b;
int mod = a % b;
int ret = (bar) ? bar : 0;
return (ret ? 0 : size);
int nr = nr ? : 1; /* allowed shortcut, same as "nr ? nr : 1" */
if (x < y)
if (tsk->flags & PF_SUPERPRIV)
mask = POLLIN | POLLRDNORM;
```

相反，对于大多数一元操作符，在操作符和操作数之间不加空格：

```
if (!foo)
int len = foo.len;
struct work_struct *work = &dwork->work;
foo++;
-bar;
unsigned long inverted = ~mask;
```

在提领运算符的周围加上合适的空格尤为重要。正确的风格是：

```
char *strcpy(char *dest, const char *src)
```

在提领运算符的一边加上空格是不良的风格：

```
char * strcpy(char * dest, const char * src) /* BAD STYLE */
```

把提领运算符放在紧挨类型的地方也是借用 C++ 风格的一种不良作风：

```
char* strcpy(char* dest, const char* src) /* BAD STYLE */
```

20.2.4 花括号

花括号的使用不存在技术上的差异，完全是个人喜好问题，但我们还是必须宣传一致的风格。内核选定的风格是左括号紧跟在语句的最后，与语句在相同的一行。而右括号要新起一行，作为该行的第一个字符。如下例：

```
if (strncmp(buf, "NO_", 3) == 0) {
        neg = 1;
        cmp += 3;
}
```

注意，如果接下来的标识符是相同语句块的一部分，那么右花括号就不单独占一行，而是与那个标识符在同一行，例如：

```
if (ret) {
        sysctl_sched_rt_period = old_period;
        sysctl_sched_rt_runtime = old_runtime;
} else {
        def_rt_bandwidth.rt_runtime = global_rt_runtime();
        def_rt_bandwidth.rt_period = ns_to_ktime(global_rt_period());
}
```

还有，

```
do {
        percpu_counter_add(&ca->cpustat[idx], val);
        ca = ca->parent;
} while (ca);
```

函数不采用这样的书写方式，因为函数不会在内部嵌套定义：

```
unsigned long func(void)
{
  /* ... */
}
```

最后，不需要一定使用括号的语句可以忽略它：

```
if (cnt > 63)
        cnt = 63;
```

所有这些方法原理都源自 K&R [⊖]。大多数编码风格都遵循 K&R 风格，这是在那本著名的书中所使用的 C 编码风格。

⊖ 《C语言程序设计（第 2 版）》由 Brian Kernighan 和 Dennis Ritchie 著，这两位作者简称 K&R，该书是 C 语言的圣经，由 C 语言的发明者和他的同事合著。

20.2.5 每行代码的长度

源代码中要尽可能地保证每行代码长度不超过 80 个字符，因为这样做可使代码最适合在标准的 80×24 的终端上显示。事实上，并不存在一个广泛接受的标准——如果代码行超过 80 应该折到下一行。有些开发者也许根本不理会代码跨行问题，而是让编辑器以可读的方式处理代码的显示；而有些开发者会手动插入断行符来分割代码行，他们也许会在新行头插入两个 tab 键以便和原先行错开。

类似的，有些开发者会在圆括号内来分行，对齐排列函数参数，比如：

```
static void get_new_parrot(const char *name,
                           unsigned long disposition,
                           unsigned long feather_quality)
```

而另一些开发者虽然也会将参数分行输入，但却不会把它们对齐排列，而是在开头简单的加入两个标准 tab。比如：

```
int find_pirate_flag_by_color(const char *color,
            const char *name, int len)
```

因为分行没有确定的规则，所以开发者在这点上可采取自由行动。

大多数内核贡献者（包括我在内）更愿意采用前一个例子中的方式：把大于 80 个字符的行进行拆分，尽量让新产生的行与前一行对齐。

20.2.6 命名规范

名称中不允许使用骆驼拼写法（CamelCase）、Studly Caps 或者其他混合的大小写字符。局部变量如果能够清楚地表明它的用途，那么选取 idx 甚至是 i 这样的名称都是可行的。而像 theLoopIndex 这样冗长繁复的名字不在接受之列。匈牙利命名法（在变量名称中加入变量的类别）是不必要的，绝对不允许使用——要知道这里是 C，不是 Java；用的是 UNIX，不是 Windows。

而全局变量和函数应该选择包含描述性内容的名称，并且使用小写字母，必要时加上下划线区分单词。给一个全局函数起名为 atty() 会使人迷惑；而像 get_active_tty() 这样就比较容易让人接受了。这里是 Linux，不是 BSD。

20.2.7 函数

根据经验，函数的代码长度不应该超过两屏，局部变量不应超过 10 个。一个函数应该功能单一并且实现精准。将一个函数分解成一些更短小的函数的组合不会带来危害。如果你担心函数调用导致的开销，可以使用 inline 关键字。

20.2.8 注释

代码的注释非常重要，但注释必须按照正确的方式进行。一般情况下，你应该描述的是你的代码要做什么和为什么要做，而不是具体通过什么方式实现的。怎么实现应该由代码本身展现。如果你不是这样做的，那么应该回过头去考虑一下你写的东西了。此外，注释不应该包含谁写了哪个函数、修改日期和其他那些琐碎而无实际意义的内容。这些信息应该集中在文件最开头的地方。

虽然 gcc 也支持 C++ 风格的注释符号，但内核只使用 C 风格的注释符号。内核中一条注释看起来像是这样：

```
/*
 * get_ship_speed() - return the current speed of the pirate ship
 * We need this to calculate the ship coordinates.As this function can sleep,
 * do not call while holding a spinlock
 */
```

在注释中，重要信息常常以"XXX："开头，而 bug 通常以"FIXME："开头，就像：

```
/*
 * FIXME: We assume dog == cat which may not be true in the future
 */
```

内核包含一套自动文档生成工具。它源自 GNOME-doc，略加修改后命名为 Kernel-doc。如果想要生成独立的 HTML 格式文档，运行

```
make htmldocs
```

如果想要 postscript 格式的话，用下列命令：

```
make psdocs
```

你也可以按照特定的格式对你的函数进行注解，这样该工具也可以为你的函数服务：

```
/**
 * find_treasure   find 'X marks the spot'
 * @map _treasure map
 * @time - time the  treasure was hidden
 *
 * Must call while holding the pirate_ship_lock.
 */
void find_treasure(int map, struct timeval *time)
{
 /* ... */
}
```

有关此方面更多的细节请参看 Documentation/kernel-doc-nano-HOWTO.txt 文件。

20.2.9　typedef

内核开发者们强烈反对使用 typedef 语句。他们的理由是：

- typedef 掩盖了数据的真实类型。
- 由于数据类型隐藏起来了，所以很容易因此而犯错误，比如以传值的方式向栈中推入结构。
- 使用 typedef 往往是因为想要偷懒。⊖

⊖　有些程序员往往是为了少敲打几次键盘而使用 typedef，比如 typedef unsigned char uchar。而这种缩写可能会引发理解和一致性上的问题，所以仅仅出于此目的而使用 typedef 被作者视为懒惰行为。——译者注

无论如何，就算是为了别惹人耻笑吧，尽量少用 typedef。

当然，typedef 也有它施展身手的时候：当需要隐藏变量与体系结构相关的实现细节的时候，当某种类型将来有可能发生变化，而现有程序必须要考虑到向前兼容问题的时候，都需要typedef。使用 typedef 要谨慎，只有在确实需要的时候再用它；如果仅仅是为了少敲打几下键盘，别使用它。

20.2.10　多用现成的东西

请勿闭门造车。内核本身就提供了字符串操作函数、压缩函数和一个链表接口，所以请使用它们。

不要为了使现存接口更通用化而对它们进行新的封装。你经常会发现，当把一段代码从某个操作系统移植到 Linux 上的时候，表面好像看起来根本没什么问题，可是隐藏在接口下面复杂的函数调用却往往是与它原有的内核相关的。没人愿意面对这些问题，所以请直接使用内核提供的接口。

20.2.11　在源码中减少使用 ifdef

我们不赞成在源码中使用 ifdef 预处理指令。你绝不应该在自己的函数中使用如下的实现方法：

```
        ...
#ifdef CONFIG_FOO
        foo();
#endif
        ...
```

相反，应该采取的方法是在 CONFIG_FOO 没定义的时候让 foo() 函数为空。

```
#ifdef CONFIG_FOO
static int foo(void)
{
    /* ... */
}
#else
static inline int foo(void) { }
#endif /*CONFIG_FOO*/
```

这样，你在任何情况下都能调用 foo() 了。让编译器去做这些工作好了。

20.2.12　结构初始化

结构初始化的时候必须在它的成员前加上结构标识符。这种初始化能避免错误地使用其他结构而引发一个初始化错误。它也支持使用忽略值。不幸的是，C99 标准改用了一种丑陋的格式来表示这种标识符，于是 gcc 就再也不支持原来 GNU 风格的标识符了，尽管它看起来确实要更帅一些。结果，内核代码现在必须都要使用新的 C99 标识符格式了，不管它有多难看：

```
struct foo my_foo = {
        .a      = INITIAL_A,
```

```
            .b    = INITIAL_B,
    };
```

其中 a 和 b 是结构体 foo 的成员，而 INITIAL_A 和 INITIAL_B 是它们对应的初始值。如果一个字段没有给初始值，那么它就会被设置为 ANSI C 规定的默认值（如指针被设为 NULL，整型被设为 0，浮点数被设置为 0.0）。举例来说，如果 foo 结构体还有一个 int 型的 c 成员，那么上面的初始化语句执行之后 c 会被设置为 0。

20.2.13　代码的事后修正

即使你得到了一段与内核编码风格风马牛不相及的代码，也不用发愁。只消抬抬手，indent 工具就能帮你解决它。indent 是一个在大多数 Linux 系统中都能找到的好工具，它可以按照指定的方式对源代码进行格式化。默认情况下它按照不怎么好看的 GNU 编码风格格式化代码。想要用 Linux 内核编码风格，执行下列命令：

```
indent -kr -i8 -ts8 -sob -l80 -ss -bs -psl <file>
```

这样就能调用该工具按内核编码风格对你的代码进行格式化了。此外，还可以通过 scripts/Lindent 自动按照所需的格式调用 indent。

20.3　管理系统

内核黑客就是那些从事内核开发工作的人。做这些工作有些人是因为钱，有些人是因为嗜好，但几乎所有人都是为了从中找到快乐。所有做出卓越贡献的黑客都能在源代码树根目录上的 CREDITS 文件中留名。

内核中几乎每个部分都对应一个维护者。维护者是指一个或几个对内核特定部分负责的人。比如，每个单独的驱动程序都对应一个维护者。每个内核子系统（如网络）也有一个维护者。驱动程序和子系统的维护者也能在源代码树根目录上的 MAINTAINERS 文件中找到。

还有一类特殊的维护者称作内核维护者。这些人负责维护的实际上就是代码树本身。以前，由 Linus 自己负责维护开发版的内核（乐趣尽在此中），稳定版最开始的一段时间也由他来维护。等到该内核稳定下来了，他就会把火炬传递给最好的内核开发者中的一些人手上，由这些人负责维护该代码树，而 Linus 会转身启动下一开发版本的内核开发工作。在 2.6 内核继续保持稳定的"新世界秩序"前提下，Linus 仍然维护着 2.6 系列的内核。另外的开发者以严格的"发现 bug-修订 bug"模式维护 2.4 系列内核。

20.4　提交错误报告

如果碰到了一个 bug，最理想的应对无疑是写出修正代码，创建补丁，测试后提交它，这个流程在 20.5 节会仔细介绍。当然，也可以报告这个问题，然后让其他人替你解决。

提交一个错误报告最重要的莫过于对问题进行清楚的描述。要讲清楚症状、系统输出信息、完整并经过解码的 oops（如果有的话）。更重要的是，你应该尽可能地提供能够准确地重现这个错误的步骤，并提供你的机器的硬件配置基本信息。

然后再来考虑把这个错误报告发送给谁。在内核源代码书的根目录中，MAINTAINERS 文件列举出了每个相关的设备驱动程序和子系统的单独信息——接收关于其所维护的代码的所有问题。如果找不到对此问题感兴趣的人，那么就把它报告给位于 linux-kernel@vger.kernel.org 的内核邮件列表。即使你已经找到维护者了，贴一份副本在那里也不会有什么坏处。

文档 REPORTING-BUGS 和 Documentation/oops-tracing.txt 中有更多相关信息。

20.5 补丁

对内核的任何修改都是以补丁的形式发布的，而补丁其实是 GNU diff(1) 程序的一种特定格式的输出，该格式的信息能够被 patch(1) 程序接受。

20.5.1 创建补丁

创建补丁最简单的办法是通过两份内核源代码进行，一份源码，另一份是加进了所修改部分的源代码。一般会给原来的内核代码起名 linux-x.y.z（其实就是把源代码包解压缩后所得到的文件夹），而修改过的就起名为 linux。然后利用下面的命令通过这两份代码创建补丁：

```
diff -urN linux-x.y.z/ linux/ > my-patch
```

你可以在自己的目录下运行该命令，一般都是在 home 目录下，而不是在 /usr/src/linux 目录下进行这种操作，所以不一定必须具备超级用户权限。通过 -u 参数指定使用特殊的 diff 输出格式。否则得到的 patch 格式怪异，一般人都无法看懂。-r 参数保证会遍历所有子目录进行操作，而 -N 参数指明做出修改的源代码中所有新加入的文件在 diff 操作时会包含在内。另外，如果想对一个单独的文件进行 diff，你也可以这么做：

```
diff -u linux-x.y.z/some/file linux/some/file > my-patch
```

注意，在你自己代码所在的目录下执行 diff 很重要。这样创建的补丁别人用起来更方便，哪怕他们的目录名字叫 differ 也没问题。执行一个这样生成的补丁，只需要在你自己代码树的根目录执行下列命令就可以了：

```
patch -p1 < .../my-patch
```

在这个例子中，补丁的名字叫 my-patch，它位于当前目录的上一级目录中。-p1 参数用来剥去补丁中头一个目录的名称。这么做的好处是可以在打补丁的时候忽略创建补丁的人的目录命名习惯。

diffstat 是一个很有用的工具，它可以列出补丁所引起的变更的统计（加入或移去的代码行）。输出关于补丁的信息，执行：

```
diffstat -p1 my-patch
```

在向 lkml 贴出自己的补丁时，附带上这份信息往往会很有用。由于 patch(1) 会忽略第一个 diff 之前的所有内容，所以你甚至可以在 patch 的最前面直接加上简短的说明。

20.5.2　用 Git 创建补丁

如果你用 Git 管理源代码树，你照样需要用 Git 创建补丁——也就是没有必要按部就班地把上述手工的步骤操作一遍，但是你需要忍受 Git 的复杂性。用 Git 创建补丁并不是什么难事，只需要两个过程。首先，你必须是修改者，然后在本地提交你的修改。把修改提交到 Git 树与提交到标准的源代码树并没有什么两样。你根本不需要专门做任何事情去编辑存放在 Git 中的文件。你做出修改后，就需要把所做的修改提交到你的 Git 版本库：

```
git commit -a
```

-a 参数表示提交所有的修改。如果你仅仅想提交某个指定文件的修改，则如下示例：

```
git commit some/file.c
```

但是即使有了 -a 参数，Git 并不立即提交新文件，直到把它们添加到版本库中才提交。要增加个文件，然后再提交（以及其他所有的修改），则输入如下两条命令：

```
git add some/other/file.c
git commit -a
```

当执行 Git 的 commit 命令时，Git 会要求输入一个更改日志。你应该尽量填写的详细和完整，清楚地解释修改缘由。（我们将在 20.5.3 节里详细介绍修改日志里应该包含什么）你可以针对你的版本库创建多个提交。Git 的设计可谓考虑周全，多个提交甚至可以针对同一文件，每个提交的创建各自独立。当在源码树中有一个（或两个）提交时，可以为每个提交创建一个补丁，可以像 20.5.1 节所描述的那样来处理这个补丁：

```
git format-patch origin
```

对于所有的提交，这样产生的补丁放在你的版本库中而不是原始树中。Git 产生的补丁位于源代码树的根目录中。如果只想为最后第 N 次提交产生补丁，则可以执行下列命令：

```
git format-patch -N
```

例如，下面的命令只为最后一次提交产生一个补丁：

```
git format-patch -1
```

20.5.3　提交补丁

补丁可以按照 20.5.2 节描述的方式创建。如果补丁涉及了某个特定的驱动程序或子系统，应该把它发给 MAINTAINER 中列举的相关部分的维护者。此外，还应该向 Linux 内核邮件列表 linux-kernel@vger.kernel.org 发送一份拷贝。只有在经过广泛的讨论之后，或者是补丁所做的修改很细微并且很容易就能保证正确的时候，才应该向内核维护者（比如说 Linus）提交。

一般包含一份补丁的邮件，它的主题一栏内容应该以 "[PATCH] 简要说明" 的格式写出。邮件的主体部分应该描述所做的改变的技术细节，以及要做这些的原因，越详细越准确越好。在 E-mail 中还要注明补丁对应的内核版本。

内核开发者们都希望能通过邮件阅读补丁，并且能够将其保存为一个单独文件。因此，最好把补丁直接插入邮件，放在所有信息的最后。还要小心一些，差劲的邮件客户端工具，它们会加入信息或者改变邮件的格式；这会导致补丁出错，从而引起其他开发者的不满。如果你用的邮件客户端工具也有类似表现，就检查一下，看它是否有"Insert Inline""Preformat"或类似功能。如果有的话，就用纯文本方式把你的补丁贴到邮件上作为附件，不要对它做什么编码工作。

如果你的补丁很大或者包含对几个不同的逻辑的修改，那么应该将你的补丁分成几块，每块对应一个逻辑。比如你在补丁中引入了一个新的 API，并且同时对几个驱动程序进行了修改以便利用它，那么应该把该补丁一分为二（先是新的 API，然后是对驱动程序的修改），邮件也写成两份。如果任何一个部分需要其他的补丁先行，要明确地注明这一点。

提交之后，保持耐心，等待答复。别因为某些反对言论而灰心——至少你还是得到回应了嘛！和其他人讨论这个问题并且在需要的时候应该提交修正过的新补丁。如果你压根就没听到回声，想想是什么出了问题，然后着手解决它。多请邮件列表和维护者们提出宝贵意见。运气好的话，未来版本的内核发行时，你可能就会看到自己做出的修改了——那可就真的该恭喜你了！

20.6　小结

对于黑客而言，最可贵的品质便是渴望——就如身上痒痒，不抓不快一般的渴望和决心。本书讲述了 Linux 内核的主要部分，讨论了接口、数据结构、算法和原理。它从实践出发，以内在的视角洞悉内核，既可以满足你的好奇心，也可以帮助你开始学习内核。

不过，正如我前面所说，你上路的唯一方法是去自己读、写代码。Linux 社区不但创造了这样的条件，而且很欢迎大家这么做。好了，不管你追求什么，现在就开始去做吧。